康复机器人关键技术
安全控制

孙平　著

清華大學出版社
北　京

内 容 简 介

本书着重讨论康复机器人系统的安全性和跟踪性问题，从控制的视角给出保障人机合作系统安全性的方案。书中研究康复机器人数学模型、执行器故障、各轴速度约束、安全速度性能、轨迹跟踪误差约束、运动状态约束、人机作用力观测、有限时间稳定跟踪及速度决策限时学习安全控制问题，给出康复机器人跟踪误差系统的稳定性条件及安全控制器的求解方法，解决了康复机器人安全控制的技术问题。本书提出若干新的理论、方法和技术，为发展康复机器人安全控制理论和应用提供了途径。

本书内容实用、表述清楚，结合实际解决问题，主要供从事康复机器人研究的科研人员参考，也可作为高等学校相关专业研究生的参考书。

本书封面贴有清华大学出版社防伪标签，无标签者不得销售。
版权所有，侵权必究。举报：010-62782989，beiqinquan@tup.tsinghua.edu.cn。

图书在版编目(CIP)数据

康复机器人关键技术：安全控制 / 孙平著. —北京：清华大学出版社，2023.3
ISBN 978-7-302-62609-1

Ⅰ.①康… Ⅱ.①孙… Ⅲ.①康复训练—专用机器人—安全技术 Ⅳ.①TP242.3

中国国家版本馆 CIP 数据核字(2023)第 021515 号

责任编辑：王　军
装帧设计：孔祥峰
责任校对：马遥遥
责任印制：沈　露

出版发行：清华大学出版社
　　　网　　址：http://www.tup.com.cn，http://www.wqbook.com
　　　地　　址：北京清华大学学研大厦 A 座　　邮　编：100084
　　　社 总 机：010-83470000　　邮　购：010-62786544
　　　投稿与读者服务：010-62776969，c-service@tup.tsinghua.edu.cn
　　　质 量 反 馈：010-62772015，zhiliang@tup.tsinghua.edu.cn
印 装 者：三河市人民印务有限公司
经　　销：全国新华书店
开　　本：185mm×260mm　　印　张：14.25　　字　数：346 千字
版　　次：2023 年 5 月第 1 版　　印　次：2023 年 5 月第 1 次印刷
定　　价：198.00 元

产品编号：099488-01

序

生命的本质在于运动，运动的主体是步行。老年人由于加龄、疾病、交通事故等原因导致步行功能障碍时，如果不能及时得到康复治疗，不能迅速恢复步行功能，就可能由步行功能障碍导致身体运动系统功能衰减，进而卧床不起，甚至死亡。近年来，老龄化加剧，需要步行训练的老年人激增，而物理治疗师人才缺口巨大，因此步行训练机器人成为康复机器人中的研发热点。

步行训练机器人与工业机器人有着本质的不同，主要体现在两个方面：操作对象和研究课题的目标。工业机器人的操作对象是无生命的物体，所有研究课题的最终目标是追求作业本身的高速度及高精度。而步行训练机器人的操作对象是步行功能障碍患者，其研究课题的目标是在确保安全的基础上，通过精准执行医生的运动处方来实现患者的早期康复。因此，确保安全是步行训练机器人在康复医疗领域得以应用的先决条件。

确保安全不仅对步行训练机器人，对其他参与人类活动的机器人都是至关重要的。这是因为，这类机器人是通过力或信息对人类施加作用。为了避免或降低作用力所造成的危险，通常采用安装硬件(如急停按钮、双重保险回路、限速机构)等措施保障安全。然而，从控制算法的角度来实现安全保障也是非常重要的。我们只要思考一下人类驾驶汽车的过程，就很容易理解其重要性。汽车驾驶过程中，司机相当于控制器，司机大脑中的驾驶方法相当于控制算法。大多数交通事故发生的原因并不是汽车本身出了故障，而是司机大脑中的驾驶方法出错。另外，即使汽车发生轮子脱落等突发性意外机械故障，如果驾驶方法(控制算法)足够优秀，也能将故障造成的伤害降到最低。同样的道理，在步行训练机器人的研发中，通过控制算法来确保步行训练者的安全是非常重要的。安全控制必将成为康复机器人的关键技术。

康复机器人的安全控制是机器人研究的新领域，很多学术难题有待解决。近十年来，孙平教授基于步行训练机器人这个典型的康复机器人，针对康复机器人关键技术“安全控制”开展了系统且深入的研究，取得了多项开创性成果，为康复机器人安全控制理论的体系化奠定了良好基础。本书是孙平教授在自己多篇学术论文的基础上系统编写而成的。我相信本书不仅是相关知识的传播媒体，其内容很有可能激发读者的某些灵感，本书的出版对康复机器人安全控制理论体系的构建一定能起到积极的促进作用。我作为长期从事康复机器人研发的研究者，在此向广大读者推荐本书。

王硕玉

日本工程院院士

日本机器人学会 Fellow

日本机械学会 Fellow

2022 年 8 月

前　　言

步行训练机器人可以改善患者行走能力，帮助患者回归社会，实现自主生活，受到了研究者的广泛关注。在患者的康复训练过程中，保障人机系统的安全性非常重要。本书从系统控制的视角探讨了康复机器人的安全技术问题，在执行器故障、运动速度约束、运动轨迹约束、抑制人机作用力、有限时间稳定性、限时学习跟踪训练等方面开展了研究，提出了若干新的安全控制方法和技术，丰富了康复机器人跟踪控制的研究成果。本书主要内容如下。

(1) 研究了康复机器人重心偏移情况下发生的模型状态变化，建立了康复机器人重心偏移的运动学模型和动力学模型；同时，考虑康复机器人的电机驱动环节，建立了带有电机驱动的动力学模型。

(2) 研究了康复机器人执行器故障情况下的安全控制机制，分别描述了鲁棒非脆弱控制、自适应鲁棒控制和输入约束自适应鲁棒控制抑制执行器故障对人机系统的影响，提高了康复机器人控制系统的鲁棒性和安全性，为处理康复机器人执行器故障提供了解决方案。

(3) 研究了康复机器人系统的各轴运动速度直接约束的安全控制问题，提出了各轴速度直接约束控制方法、非脆弱保性能直接约束控制方法、速度和加速度同时直接约束控制方法。通过巧妙地设计 Lyapunov 稳定条件，使控制器直接约束各轴的运动速度，并利用非脆弱控制技术和人机系统不确定性滤波估计方法提高了控制系统的鲁棒性能，为人机系统获得安全运动速度提供了解决方案。

(4) 研究了康复机器人具有安全速度性能的跟踪控制问题，通过幅值受限函数和模型预测方法对全方向康复步行训练机器人的运动速度进行了限制，进而获得机器人运动的安全速度；提出了速度约束补偿控制方法和自适应迭代学习控制方法，给出了限制系统运动速度的补偿技术和处理人机系统不确定性的自适应方案，进而获得了康复机器人具有安全速度性能的跟踪控制策略。

(5) 研究了康复机器人轨迹跟踪误差约束安全控制问题，分别提出了最优轨迹跟踪误差安全预测控制和跟踪误差约束安全运动轨迹控制，通过建立轨迹跟踪误差性能指标函数和约束条件，并求解具有控制增量形式的二次规划问题，获得了实现轨迹跟踪误差约束的安全预测控制器；同时，通过定义安全运动轨迹并建立任意初始位置的辅助运动轨迹，构建误差系统的渐近稳定条件，得到了康复机器人约束轨迹跟踪误差的控制策略，为人机系统获得安全运动轨迹提供了一种新方法。

(6) 研究了康复机器人运动轨迹和速度同时约束的安全问题，给出了辅助运动轨迹构造方案，使康复机器人从任意位置出发都能同时实现运动轨迹和运动速度跟踪，且将跟踪误差约束在指定范围内，保证了康复机器人系统运动轨迹和运动速度的安全性。为了提高控制系统的鲁棒性，提出了非脆弱安全预测控制方法，并分析了跟踪误差系统的稳定性条件。建立了康复机器人运动速度和驱动力之间的解耦模型，并设计非线性控制器实现运动轨迹和速度同时跟踪，为人机系统获得安全运动状态提供了解决方案。

(7) 研究了康复机器人的人机交互力观测方法，通过分别设计定常和时变增益相结合的观测器、模糊建模和利用跟踪误差逆向辨识技术获得了人机交互力；提出了非线性预测控制方法、自适应控制方法和随机跟踪控制方法抑制人机交互力对康复机器人运动的影响，同时实现轨迹跟踪误差和速度跟踪误差系统的稳定性，提高了人机系统的跟踪精度，避免过大的轨迹跟踪误差使康复机器人发生碰撞危险，过大的速度跟踪误差使人机系统运动不协调而威胁训练者的安全，保障了康复机器人系统的安全性，获得了人机交互力辨识方法和安全跟踪控制策略。

(8) 研究了康复机器人适用于不同康复者质量随机变化的跟踪控制方法。通过构建康复机器人的动力学模型，提出了随机有限时间控制方法抑制不同训练者对跟踪性能的影响；基于运动学模型，提出了速度约束模型预测方法，通过限制每个轮子的输入，约束机器人的运动速度，并将受限的运动速度引入跟踪误差系统，基于 Lyapunov 稳定理论分析了跟踪误差系统的有限时间随机稳定性，为不同康复训练者有限时间的安全稳定训练及随机系统实时速度约束提供了新技术。

(9) 研究了康复机器人运动速度决策和限时学习迭代控制方法，通过建立具有不确定偏移量的人机系统动力学模型，并根据机器人和康复者当前的速度误差提出了机器人速度决策方法；利用决策的运动速度设计了限时学习迭代控制器，并分析了跟踪误差系统在限时学习时间内的稳定性，抑制了康复训练者位姿不确定性对跟踪性能的影响，从而实现人机系统运动速度协调一致，提高了康复机器人的智能性，保障康复训练者主动训练的安全性。

本书是作者在多年研究成果的基础上编写而成的。在此，衷心感谢日本工程院院士、高知工科大学王硕玉教授，感谢他多年的悉心指导和支持。本书参阅了大量的参考文献，在此对这些文献的作者一并表示感谢。

由于作者编写水平有限，疏漏之处在所难免，恳请广大读者批评指正。

孙　平

2022 年 6 月

目 录

第1章

绪　论

用于辅助病人治疗的康复机器人受到了全世界的关注。在康复治疗过程中，下肢康复训练十分重要，可以改善患者行走能力，帮助患者回归社会，实现自主生活。在下肢康复训练过程中，机器人应准确跟踪医生指定的训练轨迹，才能使患者获得较好的康复效果。20 世纪 90 年代初以来，国内外研发了一系列步行训练机器人。由于机器人系统是多输入、多输出的非线性系统，具有时变、强耦合和非线性动力学特性，其控制技术十分复杂。研究者们进行了大量工作，不断改进与发展康复机器人系统的控制技术。

1.1　国内外下肢康复机器人研究现状

针对下肢运动障碍患者，步行训练机器人是一种有效的辅助治疗器械[1]。随着社会的发展，人们对下肢行走障碍患者的关注度越来越高，国内外学者对步行训练机器人进行了深入的研究和探索，开发出多种步行训练机器人，帮助患者进行步行训练并使其逐渐恢复行走能力，取得了很好的康复训练效果。

1.1.1　国外下肢康复机器人研究现状

目前，国外研发的下肢康复机器人主要分为悬吊式下肢康复机器人、坐卧式下肢康复机器人、外骨骼式下肢康复机器人和移动式下肢康复机器人[2]。

悬吊式下肢康复机器人通过固定在患者腰胸部的设备，连接悬挂于身体上方支架的绳索，以提拉躯干的方式实现体重支撑，使患者保持直立姿态进行步态训练，利用悬吊式支撑系统来减轻患者体重对腿部骨骼和肌肉的压力。该训练系统能在减重的条件下完全模拟人正常步态运行轨迹，针对不同患者的病情设定步态训练行走模型和计划，引导下肢行走障碍患者根据医疗步行训练平台设定的模式进行康复训练，帮助患者逐渐恢复下肢运动能力，修正下肢行走障碍患者的步态行走模式，使患者恢复正常的行走状态，甚至恢复到患病之前的身体状况。图 1.1 所示为德国的 LokoHelp 下肢康复机器人[3]，图 1.2 所示为瑞士 Hocoma 公司与瑞士苏黎世联邦工业大学联合研发的 Lokomat 下肢康复机器人[4]。

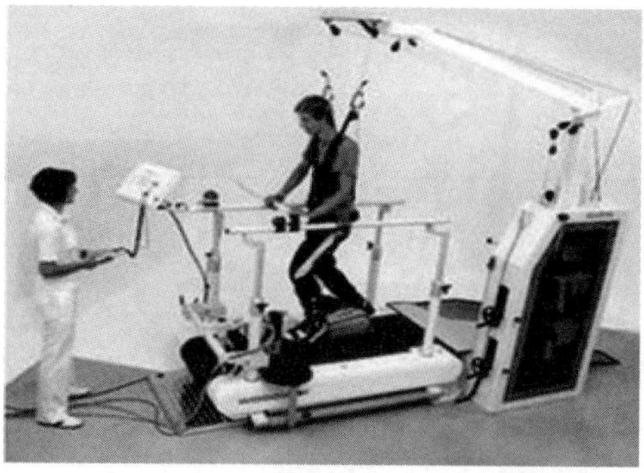

图 1.1 德国 LokoHelp 下肢康复机器人

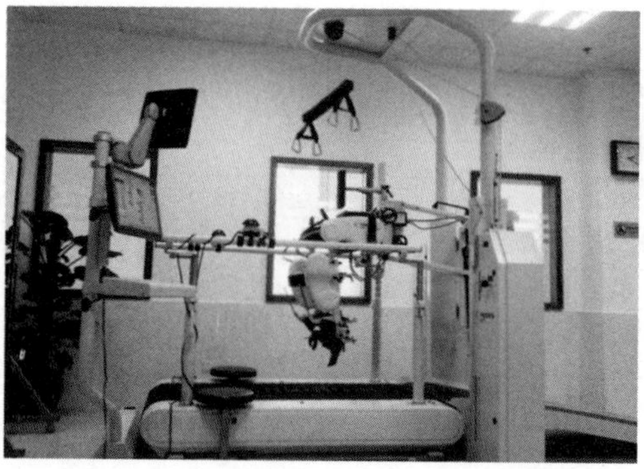

图 1.2 瑞士 Lokomat 下肢康复机器人

坐卧式下肢康复机器人使患者在运动训练过程中处于坐立、斜躺或平躺的姿态，无须为身体提供支撑设备，适用于运动功能完全丧失的瘫痪患者。康复训练过程中，患者坐在或者躺卧在医疗辅助装置上，通过刚体支撑结构将患者腿部悬吊在辅助装置的支撑架上，通过设置相应的训练模式来带动患者进行腿部功能恢复运动。瑞士 Swortec 公司研发的 Motion Maker[5](见图 1.3)是较有代表性的坐卧式下肢康复机器人。该机器人主要由 2 个三自由度的机械臂、座椅、闭环控制系统及功能电刺激模块组成。机械臂上的直流电动机带动丝杆螺母运动，使得患者下肢的各个关节跟随该运动结构进行模拟训练，根据角度传感器和压力传感器返回的数据对该闭环系统进行反馈控制，可以达到良好的步行训练效果。日本安川公司研发的 TEMLX2 下肢康复机器人[6](见图 1.4)也较有代表性。该康复机器人通过机械结构对患者的腿部进行固定和支撑，并采用伺服电动机进行驱动，利用力传感器采集训练过程中生成的数据，通过对数据的采集和分析，建立不同病情的数据模型，从而提高患者的康复效果。

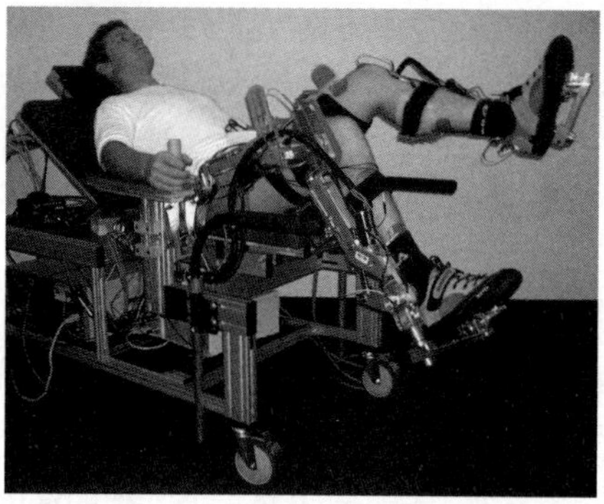

图 1.3 瑞士 Motion Maker 下肢康复机器人

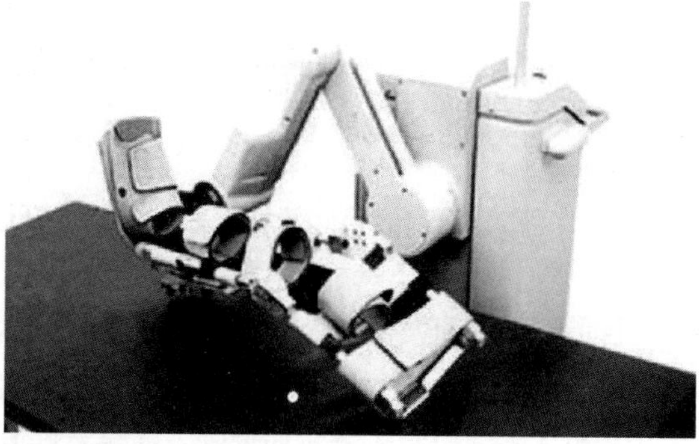

图 1.4 日本 TEMLX2 下肢康复机器人

外骨骼式下肢康复机器人利用可外部携带的腿部辅助训练设备，使患者能够模拟正常行走步态进行步行康复训练，最终恢复正常步行能力。外骨骼式下肢康复机器人不仅可以提供人体下肢单关节单自由度的运动康复训练，同时能提供下肢多关节多自由度协调的康复训练，运动轨迹在相应的工作空间内可通过编程自由调节，并具备多种主被动康复训练策略。图 1.5 所示为日本筑波大学研发的 HAL 系列穿戴式助力训练机器人，可以模拟健康下肢的步态行走特点，改变患者的步态运动规律，使下肢行走障碍患者能够自主行走。该穿戴式助力训练机器人内部嵌有多种压力传感器，实时采集步行训练时肌肉着力点的受力情况，并分析、反馈数据的实时特征，进而对患者的步态进行控制，达到规范患者行走步态的目的，从而实现高效的康复训练。为了应对诸如训练者滑倒和摔跤等突发状况，机器人不能预先进行识别，无法采取相关措施使患者免受伤害的情况，SuitX 公司研发了可移动外骨骼机器人 PhoeniX，如图 1.6 所示。PhoeniX 用传感器监测人体小腿的倾斜度、角度和加速度等运动信息，在外骨骼和膝关节处安装电动机，通过驱动外骨骼带动人体小腿进行运动。为了使训练者能够自然地利用外骨骼 PhoeniX 辅助行走，位于髋关节处的电动机可以移动到训练者大腿位置，便于抬起膝关节，这样训练者的腿在摆动相可以灵活、自由地移动；在支撑相，当脚触地时，膝关节会进行自锁，以达到承受训练者整个身体重量的目的。

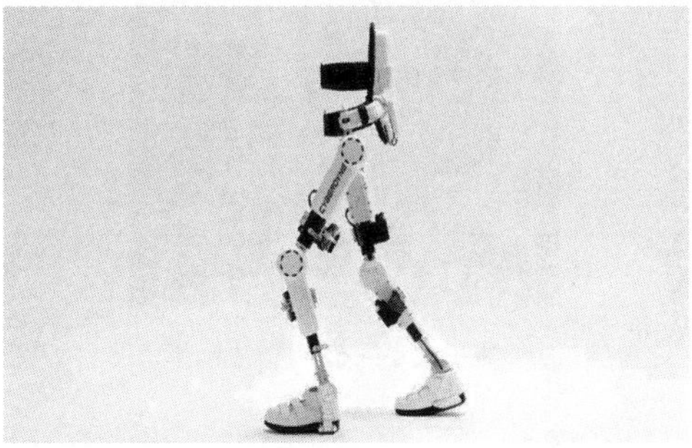

图 1.5 日本 HAL 系列穿戴式助力训练机器人

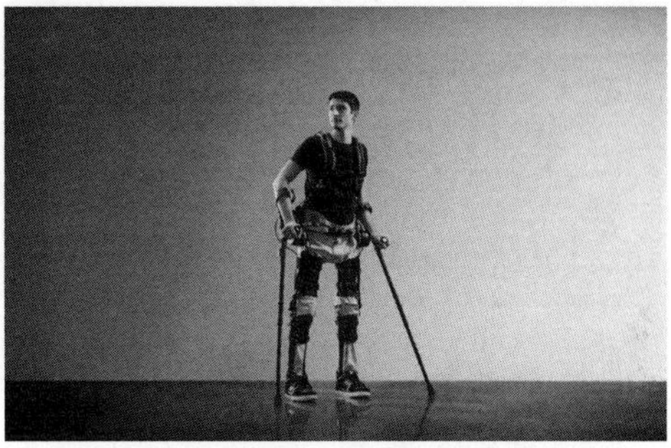

图 1.6 PhoeniX 可移动外骨骼机器人

移动式下肢康复机器人适用于已经恢复了一定步行功能的训练者。此时，训练者自身下肢和机器人支撑机构可以共同承担身体重量，训练过程中随着康复机器人的移动而进行迈步行走，从而完成康复训练。美国西北大学康复研究所研发的行走训练机器人[7]是较有代表性的移动式下肢康复机器人，如图 1.7 所示。它的主要特点是两个前轮实现转向功能，两个后轮驱动行走。机器人进行旋转运动时，两个后轮要完成差速运动，因此其转弯半径较大，不能做任意角度的旋转。该机器人可以按照特定轨迹对患者进行相对简单的步行训练。

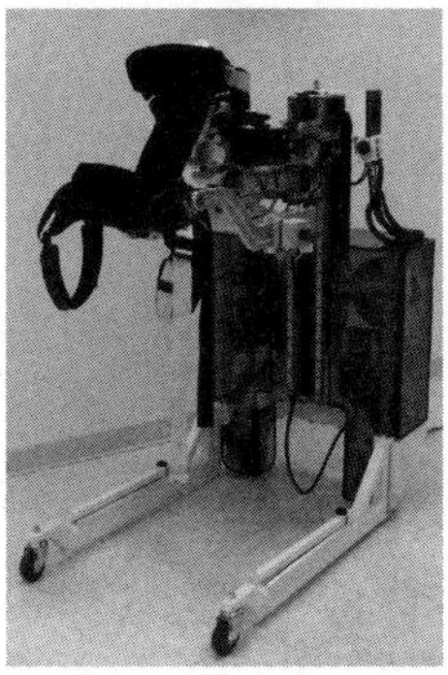

图 1.7 行走训练机器人

由步行训练的辅助工具来看，从平行棒到步行车等，也在不断地发展，如图 1.8 所示。上下楼梯步行康复机器人[8]、平衡功能步行康复机器人[9-10]、两轮驱动步行康复机器人[11]在一定程度上减轻了医护人员的负担。步行是包括前、后、左、右、斜向、旋转的全方向运动过程，若患者的腿部肌肉得不到全方向训练，将导致步行能力的恢复速度变慢。为了解决康复机器人全方向移动问题，日本高知工科大学研发了一种全方向移动步行机器人，如图 1.9 所示。该机器人由 4 个全向轮驱动，不仅可实现各个方向的步行训练，而且解决了机器人转弯半径过大的问题。机器人上设置的座椅与受力传感器连接，具有防止患者摔倒的功能。依照不同患者的身高，可对机身进行相应的高度调节，再根据患者的步行能力选择不同的训练模式，通过不断增强患者的步行能力，达到使患者独立行走的目的。

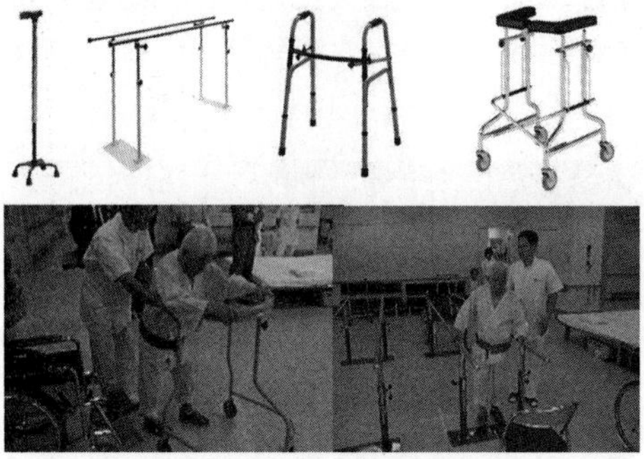

图 1.8　步行训练的辅助工具

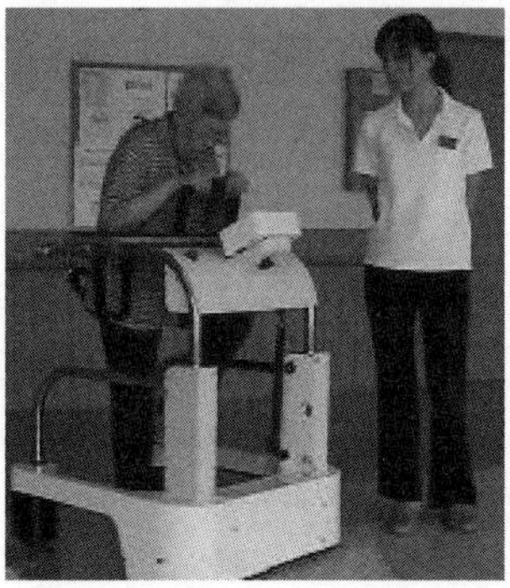

图 1.9　全方向移动步行机器人

1.1.2　国内下肢康复机器人研究现状

我国对下肢康复机器人的研究起步较晚，相应的医疗康复设备也较少。当前社会人口老龄化程度加深，步行障碍患者逐年增多，对下肢康复机器人的需求也越来越大。国家已将医疗康复工程项目研究作为重要的科技发展任务，国内很多高校和研究机构在下肢康复机器人领域均取得了很好的研究成果。

2000 年至今，清华大学研发了多种康复机器人，其中包括一款减重步行康复机器人[12]，属于悬吊式下肢康复机器人。主要利用吊带减轻患者在运动平板上的质量，这样下肢所负担的身体重量就会减小。但是，患者使用这种机器人进行康复训练时需要两名医生帮助，不能缓解我国医护资源不足的状况。哈尔滨工业大学研发了一种康复助行器，以轮椅为基础，对轮椅进行了直接改进，使患者在没有医生和家人陪同训练的情况下，独立完成坐立姿势的训练[13]。

上海交通大学研制了行走康复机器人。这种机器人属于外骨骼式下肢康复机器人[14-15]。根据人体关节的特点，该机器人的膝关节、髋关节、踝关节处分别设有一个自由度，内部设有一个弹性驱动器装置，利用直流伺服电动机驱动。考虑患者进行康复训练时的安全性，在以上机械结构的基础上，还针对患者行走时的稳定性要求设计了一款与康复外骨骼机器人相配合的拐杖，该拐杖独立于外骨骼存在。拐杖除了可以提高患者行走的稳定性外，还可以作为开关，控制外骨骼康复机器人的运动系统，从而更好地帮助患者进行康复训练。

华中科技大学开发了一款步行训练机器人[16]（见图 1.10），配有两个矫正器和一个减重系统，可以帮助患者以地面正常行走方式训练。哈尔滨工程大学研发的双曲柄助行康复机器人[17-18]（见图 1.11），依据人体步行运动机理设计了由左右两侧机构组成的助行单元，单侧机构为单电动机驱动的双曲柄摇杆，可同时控制髋、膝关节两个自由度屈伸，并给出助力协调控制策略，针对不同步行能力等级提供相应行走训练，为下肢力量弱的老年人提供行走助力。沈阳工业大学研发了可全方向移动的康复步行训练机器人[19](见图 1.12)，利用前臂扶板支撑训练者的身体重量，使用 4 个全向驱动轮，不仅可以进行正前方、正后方的单一步行训练，而且可以进行左右方向、斜侧方向、原地回转等全方位训练，帮助患者逐步恢复独立行走能力。

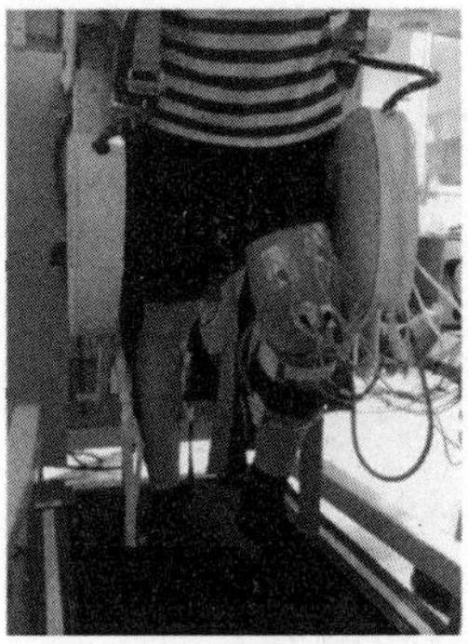

图 1.10 步行训练机器人

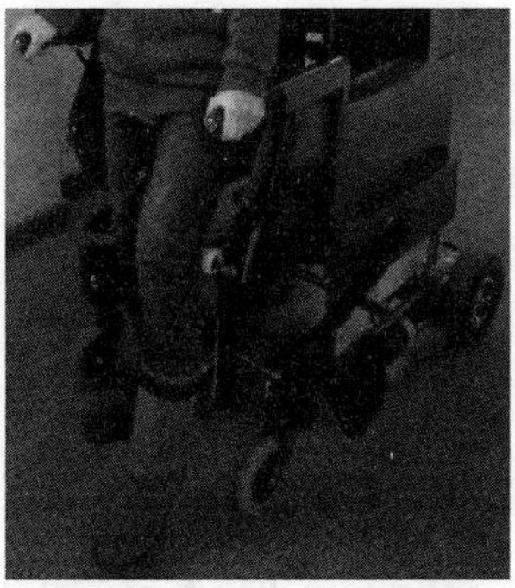

图 1.11 助行康复机器人

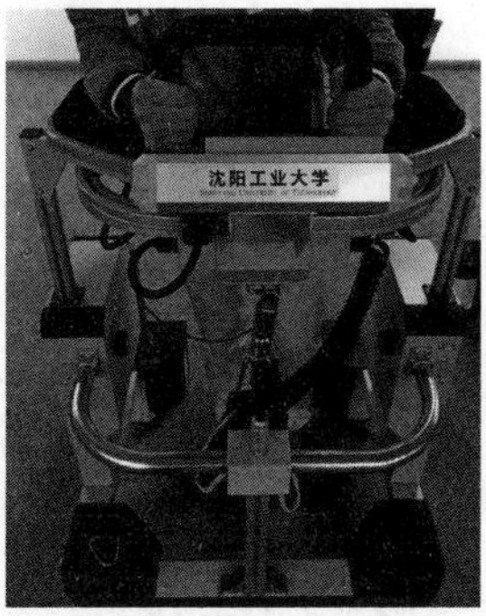

图 1.12 全方向康复步行训练机器人

此外，上海大学研制了步行康复训练机器人[20]，浙江大学研制了能够帮助脑卒中患者进行下肢训练的外骨骼原型系统[21-22]，上海交通大学和上海电气集团联合研制了智能轮椅辅助导航系统[23]，中国科学院深圳先进技术研究院研发了下肢康复外骨骼机器人[24]等。近年来，我国持续加强医疗设施建设，全民医疗意识有了较大的提升，相信在不久的将来，我国康复机器人的研究一定会满足日益增长的医疗需求，并且会不断地创新与改进，未来可以走向国际市场。

1.2 不确定康复训练机器人跟踪控制的研究现状

在实际运动过程中，康复步行训练机器人的系统参数会发生变化，这些不确定的时变参数会严重影响轨迹跟踪精度，甚至会导致系统不稳定。现有研究成果集中在通过控制方法解决时变参数对系统跟踪性能的影响，为了提高跟踪精度，往往使控制方法变得复杂。

为了克服患者体重差异和下肢肌张力参数变化，提出鲁棒控制策略，基于 Lyapunov 理论求解控制器，保证了助行康复训练的稳定性，然而，任意初始条件下轨迹跟踪精度并不理想[25]；为了提高跟踪精度，在鲁棒控制方法的基础上增加模糊控制，逼近 11 个自由度两足康复步行机器人非线性模型，系统参数变化对跟踪性能的影响被大大减弱，但控制方法复杂且存在模糊规则优化问题[26]。

对于系统不确定参数，研究者们不断进行尝试，寻找更好的解决方案以提高轨迹跟踪精度。应用滑模控制解决车式移动机器人轨迹跟踪问题，驱使非线性系统状态渐近到达滑模面。理论上，系统状态可以指数滑动到零，而与被控对象无关，因此对系统不确定性参数是鲁棒和不敏感的[27]。然而滑模控制产生的速度信号不是光滑曲线，导致机器人运动速度不稳定，甚至会出现突变。

为适应不确定参数变化，基于自适应 Backstepping 方法解决了机械手跟踪控制[28]问题，采用切换自适应方法研究了机械手运动方向未知的跟踪控制[29]技术。上述两种方法利用自适应律在线调整控制器增益，保证了系统对参数变化的鲁棒性，然而自适应控制方法需要满足匹配条件，康复步行训练机器人时变转动惯量与偏心距的二次方成正比，许多物理系统，如单关节柔性机械手(single-link manipulator with flexible joint)、主动悬挂系统(active suspension)、化学反应器循环系统(chemical reactor recycle system)、生化过程补料搅拌罐反应器(feed-batch stirred tank reactor)，这些系统均不满足匹配条件，因此限制了该方法的实际应用[30]。

基于全方向康复步行训练机器人，假设训练者使系统重心偏移到固定点，得到了重心固定偏移特性，并采用鲁棒控制方法实现了轨迹跟踪[31]。在此基础上，得到了独立于训练者体重的鲁棒控制器[32]，体现了系统对不同体重的训练者具有鲁棒性。然而在实际步行训练过程中，训练者位姿变化往往导致系统重心发生时变偏移。如何减少这些随机时变参数对系统跟踪精度的影响仍然需要深入研究。

1.3 状态受限康复训练机器人跟踪控制的研究现状

由于空间环境或性能要求不同，物理系统的状态限制是一个基本问题，如康复步行训练机器人运动速度不能超过患者的承受范围，运动位置与医生指定轨迹的跟踪误差在指定范围内。从控制角度看，只有限制了运动状态的轨迹跟踪对患者来讲才是安全的。然而，现有的通过约束康复步行训练机器人运动状态保障人机系统安全的相关研究成果很少。

非线性系统状态限制问题的研究是一个活跃领域，其中模型预测控制通过在线约束系统状态，采用非线性优化方法求解控制器，成功地应用于炼油、化工、电力等复杂工业过程控制[33]。然而模型预测控制计算开销很大，通过约束状态求解的控制器，一旦计算上出现误差，状态超出约束范围，控制器有没有能力限制系统状态未被提及。这一点对于康复步行训练机器人速度状态限制是非常重要的，因为尽管医生规划了平缓的运动轨迹，但受到运动环境变化、突发故障等因素的影响，非线性机械系统平滑运动是很困难的，速度可能会发生突变[34-35]。因此，控制器具有限制速度状态的性能非常重要。当系统状态超过指定范围，饱和函数[36]、Barrier Lyapunov 函数[37-38]也是实现状态限制的技术手段，但这种被动限制状态的方式必须增加其他控制方法才能防止系统性能下降，控制器设计复杂且不具有状态限制的性能。

从实践角度看，机器人系统可以通过高精度位置检测装置获得精确的位置信息，而速度信息的获得除易受到噪声干扰之外，附加的测速传感器使其变得臃肿，降低了系统可靠性。而没有安装测速传感器的速度信号一般通过直接对位置信号进行微分来获得，这样得到的速度信号往往掺杂较大测量噪声，容易引起系统颤振[39]，因此基于观测器输出反馈轨迹跟踪控制避免了速度信号误差，提高了跟踪精度[40]。如果系统速度状态受到限制，控制器性能将受到影响，实现轨迹跟踪将变得非常困难，目前还没有相关研究结果，此方面研究具有重要理论意义和应用价值。

已有轨迹跟踪控制研究大多集中在稳态跟踪性能讨论[41-42]方面，而涉及暂态跟踪的研究却很少，暂态调整时间短暂，一旦发生事故就是迅速的。如果康复训练机器人的运动轨迹较大幅度偏离医生指定轨迹，碰到周围物体或墙壁，则对训练中的康复者是非常危险的，尤其在任意初始条件下，暂态过大的超调量容易使系统陷入极限环或不稳定[43]。研究者们逐渐意识到提高暂态性能的意义[44]，采用有限时间鲁棒控制方法[45]、全局跟踪有界反馈控制方法[46]，试图让系统快速进入稳定状态，从而提高跟踪精度。然而对步行训练机器人来讲，为保证患者安全，其速度已经受到限制，无法在有限时间内进入稳态，而且任意初始位置可能导致较大初始误差，系统稳定性都难以保证，有限时间内进入稳态就变得困难。一种自适应鲁棒跟踪控制方法[47]能以较小稳态误差和快速暂态响应跟踪指定轨迹，未涉及初始跟踪误差讨论。假设初始跟踪误差在指定范围内，通过滤除高频振荡，基于递归线性矩阵不等式(recursive linear matrix inequality)得到了不完整信息反馈跟踪控制结果[48]。

尽管康复训练机器人跟踪控制已经取得了一些成果，但大多数都是在系统状态未受到限制的情况下得到的，而实际上系统运动过程中的速度状态、位置状态都威胁着患者安全。尤其是暂态阶段保证康复训练机器人安全、稳定运动非常重要，否则机器人的运动轨迹会严重偏离训练轨迹，无法进入稳态。对于任意位置出发，速度受到限制的康复训练机器人，能保证患者暂态阶段安全稳定地训练更重要，从而顺利进入稳态精确跟踪训练轨迹，这样整个跟踪过程的位置状态对训练者来讲才是安全的。

从康复训练机器人需要设计具有速度限制性能的控制策略，任意初始位置及速度受限情况下难以提高暂态跟踪精度的角度看，非线性系统状态受限及提高跟踪精度的相关方法无法直接应用于康复训练机器人，任意初始条件下通过限制跟踪误差，进而实现运动状态约束确保训练者安全，具有重要理论意义和应用价值。

1.4 康复机器人运动速度决策的研究现状

通常情况下，康复训练机器人有被动训练模式、主动训练模式、主动和被动混合的训练模式，随着训练者步行能力的提升，大多要从被动训练模式进入主动训练模式。因此，康复机器人具有训练者运动速度识别及决策自身速度的功能极为重要，不仅增加了机器人的智能性，而且实现了人机速度协调一致的安全性。

近年来，随着人工智能、仪器检测等技术的不断进步，自主驾驶在智能决策方面已经取得了一些理论成果和实践经验。为了实现车辆自主驾驶功能而提出的基于模糊逻辑的决策算法，通过对专家知识的搜集与分析建立模糊逻辑，并由此设计模糊规则，其核心思想是在不确定运动环境下给出基于模糊逻辑的复杂场景驾驶决策算法[49]。同时，考虑机器人自学习决策的问题，在高速公路仿真实验平台中，通过使用增强学习算法实现了对自动驾驶车辆决策机构的自学习过程，并且得到了期望的决策行为机制，提出的算法在实验中得到了有效验证[50]。

对于自动驾驶速度决策问题，在控制方法上提出了一种基于前视轨迹曲率的算法，从而得到复杂环境中自动驾驶的期望速度，同时针对驾驶员的操作习惯不同会出现相异运动轨迹状态，导致决策算法输出值有所差异的问题，进一步提出了一种滚动时域算法。通过将不同的轨迹决策目标和速度决策目标进行组合，进一步得到不同驾驶习惯下的速度曲线，进而模拟出多种实际场景驾驶行为[51]。

在速度决策模型中，针对不同驾驶员分别建立了期望轨迹和期望速度的决策目标函数，在约束条件方面，考虑了车辆特性、道路情况及人体感受等因素，利用滚动时域算法对模型进行优化求解，增强了系统对动态不确定环境因素的反应能力[52]。一种基于核超限学习机的自主速度决策建模和预测方法[53]，通过采集典型数据集，设计核超限学习机进行监督学习训练，对驾驶员的速度决策机制进行学习和建模，提高了自主驾驶车辆在不同场景下的应变能力。为了减小地面粗糙程度的影响，在设计运动速度决策算法时，采集驾驶员的训练数据，并通过监督学习算法得出所需参数，得到了运动速度预测的改进算法[54]。

虽然上述研究在车辆自主驾驶速度决策方面取得了一定的成果，然而对于康复训练机器人来讲，为保障人机系统的安全性，无法直接应用自主驾驶速度决策算法。目前已有的与康复训练机器人有关的研究成果中，几乎都没有考虑运动速度决策问题。实际上，训练者的主动步行速度体现了康复训练的效果，如果机器人能适应训练者的步行速度则可增强患者的训练兴趣，促进训练者步行能力的提升。在实际应用中，随着训练者运动能力的逐渐增强，训练者会有主动参与训练的愿望，这样需要机器人不断调整运动速度，从而实现人机运动速度协调一致。因此，研究康复机器人的运动速度决策算法以及适应运动速度决策的跟踪控制技术，对提高康复机器人的智能性和安全性具有重要意义。

1.5 康复机器人人机相互作用跟踪控制的研究现状

康复机器人通常需要跟踪医生指定的运动轨迹，辅助患者做康复训练，因此轨迹跟踪控制一直是康复机器人研究的热点。近年来，研究者们提出了多种跟踪控制算法，取得了很多研究成果，如针对执行器故障问题的冗余可靠跟踪控制[55-56]、提高步态轨迹跟踪精度的解耦控制[57]、考虑负载变化和重心偏移的自适应控制方法[58-60]、识别用户方向意图适应个体差异的模糊学习控制[61]、运动状态约束控制[62-64] 等。然而，这些成果大多没有考虑康复者与康复机器人之间的相互作用对跟踪性能的影响。

在实际应用中，被控机械系统通常会被各种不确定因素的干扰所影响。有系统内部产生的干扰，如系统模型参数变化问题[65]、机械摩擦力[66]等；也有系统外部的干扰，如随机噪声干扰[67]等。在实际工作中，机械系统不可避免地会受到不确定性因素的影响，因此避免系统不确定性对跟踪性能的影响是控制领域面临的挑战之一。尤其对于人机合作的康复机器人，康复者位于整个闭环系统内部，与康复机器人之间存在人机相互作用，对机器人跟踪性能的影响比较大，会产生一些不确定的因素。当不同康复者使用康复机器人时，需要对未知质量参数进行估计并设计补偿控制器，从而提高跟踪精度[68]。为了解决康复者质量不同引起的人机系统重心变化问题，提出了鲁棒跟踪控制方法[69]，进一步分析了康复者质心变化的运动规律，以获得更好的运动训练跟踪性能[70]。

此外，在康复训练过程中，由于康复者与机器人的相互接触会产生压力、主动步行力、推力等人机交互力，当机器人跟踪指定的训练轨迹时，人机交互力将大大降低跟踪精度。如果在控制器设计过程中忽略这一重要的人机交互力，那么在实际应用中将导致跟踪精度不理想，并且工程应用时会有很大的局限性。

近年来，人机相互作用对机械系统的影响引起了研究者的极大关注，已经取得了一些研究成果，如人与机器人交互控制[71-72]、人与机器人交互的自适应阻抗控制[73]、人机交互力和运动估计器的阻抗控制[74]、康复机器人交互力估计[75-76] 等。上述研究均利用传感器对人机交互力进行直接测量，传感器的测量精度和测量环境往往导致人机相互作用的测量出现误差。实际上，康复者与机器人是一个统一的整体，人机相互作用对跟踪性能的影响相当于来自系统内部的干扰。到目前为止，从人机相互作用对跟踪性能影响的机理出发，研究人机相互作用的估计方法并实现精确跟踪控制的研究成果不多。因此，研究抑制人机相互作用的跟踪控制方法，对提高人机系统的安全性具有重要作用。

1.6　本书的主要成果

康复机器人通常需要跟踪医生指定的运动轨迹帮助康复者进行步行训练，因此研究者们提出了多种跟踪控制方法，以实现康复机器人的跟踪性能。然而，在实际应用中还未能解决康复机器人的安全跟踪控制问题，限制了康复机器人的广泛应用。本书从控制系统设计的角度研究了康复机器人的安全技术，意在为人机合作的康复机器人提供安全性能保障。本书的主要成果概括如下。

1) 关于康复机器人数学模型

研究了康复机器人重心偏移情况下发生的模型状态变化，建立了康复机器人重心偏移的运动学模型和动力学模型；同时，考虑康复机器人的电动机驱动环节，建立了带有电动机驱动的动力学模型，扩展了模型的描述范围。

2) 关于康复机器人执行器故障的安全控制

研究了康复机器人执行器故障情况下的安全控制机制，分别描述了鲁棒非脆弱控制、自适应鲁棒控制和输入约束自适应鲁棒控制抑制执行器故障对人机系统的影响，提高了康复机器人控制系统的鲁棒性和安全性，为处理康复机器人执行器故障提供了解决方案。

3) 关于康复机器人各轴运动速度直接约束的安全控制

研究了康复机器人系统的各轴运动速度直接约束安全控制问题，提出了各轴速度直接约束控制方法、非脆弱保性能直接约束控制方法、速度和加速度同时直接约束控制方法。通过巧妙地设计 Lyapunov 稳定条件，使控制器直接约束各轴的运动速度，并利用非脆弱控制技术和人机系统不确定性滤波估计方法提高控制系统的鲁棒性能，为人机系统获得安全运动速度提供了解决方案。

4) 关于康复机器人具有安全速度性能的跟踪控制

研究了康复机器人具有安全速度性能的跟踪控制问题，通过幅值受限函数和模型预测方法对全方向康复步行训练机器人的运动速度进行了限制，进而获得机器人运动的安全速度；提出了速度约束补偿控制方法和自适应迭代学习控制方法，给出了限制系统运动速度的补偿技术和处理人机系统不确定性的自适应方案，进而获得了康复机器人具有安全速度性能的跟踪控制策略，为人机系统获得安全运动速度提供了解决技术。

5) 关于康复机器人轨迹跟踪误差约束的安全控制

研究了康复机器人轨迹跟踪误差约束安全控制问题，分别提出了最优轨迹跟踪误差安全预测控制和跟踪误差约束安全运动轨迹控制，通过建立轨迹跟踪误差性能指标函数和约束条件，并求解具有控制增量形式的二次规划问题，获得了轨迹跟踪误差约束的安全预测控制器；同时，通过定义安全运动轨迹并建立任意初始位置的辅助运动轨迹，构建误差系统的渐近稳定条件，得到了康复机器人约束轨迹跟踪误差的控制策略，为人机系统获得安全运动轨迹提供了一种新方法。

6) 关于康复机器人运动速度和轨迹同时约束的安全控制

研究了康复机器人运动轨迹和速度跟踪误差同时约束的安全跟踪控制问题，给出了辅助运动轨迹构造方案，使全方向康复步行训练机器人从任意位置出发都能同时实现运动轨迹和运动速度跟踪，且将跟踪误差约束在指定范围内，保证了全方向康复步行训练机器人系统运动轨迹和运动速度的安全性。同时，为了提高控制系统的鲁棒性，提出了非脆弱安全预测控制方法，并分析了跟踪误差系统的稳定性条件，为人机系统同时获得安全运动轨迹和安全运动速度提供了解决方案。

7) 关于康复机器人抑制人机交互力的安全跟踪控制

研究了康复机器人的人机交互力观测方法，通过设计定常和时变增益相结合的观测器、模糊建模和利用跟踪误差逆向辨识技术获得了人机交互力；提出了采用非线性预测控制方法、自适应控制方法和随机跟踪控制方法抑制人机交互力对康复机器人运动的影响，同时实现轨迹跟踪误差和速度跟踪误差系统的稳定性，提高人机系统的跟踪精度，保障了系统的安全性，获得了人机交互力辨识方法和安全跟踪控制策略。

8) 关于康复机器人有限时间随机跟踪安全控制

研究了康复机器人适用于不同康复者质量随机变化的跟踪控制方法。通过构建康复机器人的动力学模型，提出了随机有限时间控制方法抑制不同训练者对跟踪性能的影响；基于运动学模型，提出了速度约束模型预测方法，通过限制每个轮子的输入约束机器人的运动速度，将受限的运动速度引入跟踪误差系统，基于 Lyapunov 稳定理论分析了跟踪误差系统的有限时间随机稳定性，为不同康复者有限时间的安全稳定训练及随机系统实时速度约束提供了新技术。

9) 关于康复机器人运动速度决策和限时学习迭代控制

研究了康复机器人运动速度决策和限时学习迭代控制方法，通过建立具有不确定偏移量的人机系统动力学模型，并根据机器人和康复者当前的速度误差提出了机器人速度决策方法；根据决策的运动速度设计了限时学习迭代控制器，并分析了跟踪误差系统在限时学习时间内的稳定性，抑制了康复者位姿不确定性对跟踪性能的影响，从而实现人机运动速度协调一致，保障康复者主动训练的安全性，为解决人机协调运动问题提供了一种新的技术方案。

参考文献

[1] 谭民，王硕. 机器人技术研究进展[J].自动化学报，2013，39(7)：963-972.

[2] 张娇娇，胡秀枋，徐秀林. 下肢康复训练机器人研究进展[J]. 中国康复理论与实践，2012，18(8)：728-730.

[3] Freivogel S, Mehrholz J, Husak-Sotomayor T. Gait Training with the Newly Developed Loko Help-system Is Feasible for Non-ambulatory Patients After Stroke, Spinal Cord and Brain Injury: a Feasibility Study [J]. Brain Injury, 2008, 22(7): 625-632.

[4] Westlake K P, Patten C. Pilot Study of Lokomat Versus Manual-assisted Treadmill Training for Locomotor Recovery Post-stroke [J]. Journal of Neuro Engineering and Rehabilitation, 2009, 6(1):18-29.

[5] Metrailler P, Blanchard V, Perrin I. Improvement of Rehabilitation Possibilities with the Motion Maker [C]. The First IEEE/RAS-EMBS International Conference on Biomedical Robotics and Biomechatronics, Pisa: 2006:359-364.

[6] Yano H, Kasai K. Sharing Sense of Walking with Locomotion Interfaces [J]. International Journal of Human Computer Interaction, 2005, 17(4):447-462.

[7] Burgess J K, Weibel G C, Brown D A. Overground Walking Speed Changes When Subjected to Body Weight Support Conditions for Nonimpaired and Post Stroke Individuals [J]. Journal of Neuroengineering and Rehabilitation, 2010, 7: 1-11.

[8] Hesse S, Waldner A, Tomelleri C. Innovative Gait Robot for the Repetitive Practice of Floor Walking and Stair Climbing Up and Down in Stroke Patients [J]. Journal of Neuro Engineering and Rehabilitation, 2010, 7: 1-10.

[9] Wyss D, Vallery H, Riener R. Effects of Added Inertia and Body Weight Support on Lateral Balance Control During Walking [C]. Proceedings of the 2011 IEEE International Conference on Rehabilitation Robotics, 2011: 1-5.

[10] Veg A, Popovic D B. Walk Around: Mobile Balance Support for Therapy of Walking [J]. IEEE Transactions on Neural Systems and Rehabilitation Engineering, 2008, 16(3): 264-269.

[11] Seo K, Lee J. The Development of Two Mobile Gait Rehabilitation Systems [J]. IEEE Transactions on Neural Systems and Rehabilitation Engineering, 2009, 17(2): 156-166.

[12] 程方，王人成，贾晓红，等. 减重步行康复机器人研究进展[J]. 中国康复医学杂志，2008，23(4)：366-368.

[13] 薛渊，吕广明. 下肢康复助行机构本体设计及运动学分析[J]. 机械设计与制造，2006(5)：131-133.

[14] 饶玲军. 下肢外骨骼行走康复机器人研究 [D]. 上海：上海交通大学，2012.

[15] 饶玲军，谢叻，朱小标. 下肢外骨骼行走康复机器人研究与设计[J]. 机械设计与研究，2012，28(3)：24-26.

[16] Huang J, Xu W X, Mohammed S, et al. Posture Estimation and Human Support Using Wearable Sensors and Walking-aid Robot [J]. Robotics and Autonomous Systems, 2015, 73: 24-43.

[17] 张立勋，张晓超. 下肢康复机器人步态规划及运动学仿真[J]. 哈尔滨工业大学学报，2009，30(2)：187-191.

[18] 伊蕾. 助行康复机器人控制策略研究[D]. 哈尔滨：哈尔滨工程大学，2012.

[19] 孙平，周晓舟，王洲洲，等. 不确定康复步行训练机器人的精确轨迹跟踪最优控制方法：201410681908.3 [P]. 2017-07-14.

[20] 王企远. 步行康复机器人助行腿的步态规划与运动控制[D]. 上海：上海大学. 2011.

[21] 董亦鸣. 下肢康复医疗外骨骼训练控制系统研究与初步实现[D]. 杭州：浙江大学，2008.

[22] 张欣. 下肢康复医疗外骨骼气动控制系统的设计与实验研究[D]. 杭州：浙江大学，2009.

[23] 曾翔. 面向助老助残的智能轮椅开发[D]. 上海：上海交通大学，2007.

[24] 张邵敏. 康复用下肢外骨骼系统仿生步态规划方法研究[D]. 深圳：中国科学院深圳先进技术研究院，2016.

[25] 张力勋，伊蕾，白大鹏. 六连杆助行康复机器人鲁棒控制[J]. 机器人，2011，33(5)：585-591.

[26] Shen B S, Wu C C, Chen Y W. Human Walking Gait with 11-DOF Humanoid Robot Through Robust Neural Fuzzy Networks Tracking Control [J]. International Journal of Fuzzy Systems, 2013, 15(1)：22-35.

[27] 曹政才，赵应涛，付宜利. 车式移动机器人轨迹跟踪控制方法[J]. 电子学报，2012，40(4)：632-635.

[28] Hu Q L, Xu L, Zhang A H. Adaptive Backstepping Trajectory Tracking Control of Robot Manipulator [J]. Journal of the Franklin Institute, 2012, 349：1087-1105.

[29] Wang X, Zhao J. Switched Adaptive Tracking Control of Robot Manipulators with Friction and Changing Loads [J]. International Journal of Systems Science, 2015, 46(6)：955-965.

[30] Xu Y Y, Tong S C, Li Y M. Prescribed Performance Fuzzy Adaptive Fault-tolerant Control of Non-linear Systems with Actuator Faults [J]. IET Control Theory and Applications, 2014, 8(6)：420-431.

[31] Sun P, Wang S Y, Karimi H R. Robust Redundant Input Reliable Tracking Control for Omnidirectional Rehabilitative Training Walker [J]. Mathematical Problems in Engineering, 2014, 2014：1-10.

[32] 孙平，赵明，宗良，等. 一种独立于康复者质量的轮式康复机器人的控制方法：201310596476.1 [P]. 2017-05-03.

[33] 孔小兵，刘向杰. 永磁同步电机高效非线性模型预测控制[J]. 自动化学报，2014，40(9)：1958-1966.

[34] Wang Y S, Sun L, Zhou L, et al. Online Minimum-acceleration Trajectory Planning with the Kinematic Constraints [J]. Acta Automatica Sinica, 2014, 40(7): 1328-1338.

[35] Basant K S, Bidyadhar S. Adaptive Tracking Control of an Autonomous Underwater Vehicle [J]. International Journal of Automation and Computing, 2014, 11(3): 299-307.

[36] Li Y M, Tong S C, Li T S. Adaptive Fuzzy Output-feedback Control for Output Constrained Nonlinear Systems in the Presence of Input Saturation [J]. Fuzzy Sets and Systems, 2014, 248: 138-155.

[37] Han S I, Lee J M. Output Tracking Error Constrained Robust Positioning Control for a Nonsmooth Nonlinear Dynamic System [J]. IEEE Transactions on Industrial Electronics, 2014, 61(12): 6882-6891.

[38] Niu B, Zhao J. Output Tracking Control for a Class of Switched Nonlinear Systems with Partial State Constraints [J]. IET Control Theory and Applications, 2013, 7(4): 623-631.

[39] 田慧慧，苏玉鑫. 机器人系统输出反馈重复学习轨迹跟踪控制[J]. 控制与决策，2012，27(11)：1756-1760.

[40] 杨波，李惠光，沙晓鹏，等. 基于 I &I 与 Hamiltonian 理论的机器人速度观测器设计[J]. 自动化学报，2012，38(11)：1757-1764.

[41] Dong X X, Zhao J. Incremental Passivity and Output Tracking of Switched Nonlinear Systems[J]. International Journal of Control, 2012, 85(10): 1477-1485.

[42] 田慧慧，苏玉鑫. 机器人系统非线性分散重复学习轨迹跟踪控制[J]. 自动化学报，2011，37(10)：1264-1271.

[43] 严求真，孙明轩. 一类非线性系统的误差轨迹跟踪鲁棒学习控制算法[J]. 控制理论与应用，2013，30(1)：23-30.

[44] Sun P, Wang S Y. Redundant Input Guaranteed Cost Non-fragile Tracking Control for Omnidirectional Rehabilitative Training Walker [J]. International Journal of Control, Automation and Systems, 2015, 13(2): 454-462.

[45] Munoz D A, Marquardt W. Robust Control Design of a Class of Nonlinear Input and State Constrained Systems [J]. Annual Reviews in Control, 2013, 37: 232-245.

[46] Yucelen T, Torre G D, Johnson E N. Improving Transient Performance of Adaptive Control Architectures Using Frequency-limited System Error Dynamics [J]. International Journal of Control, 2014, 87(11): 2383-2397.

[47] Turetsky V, Glizer V Y, Shinar J. Robust Trajectory Tracking: Differential Game/Cheap Control Approach [J]. International Journal of Systems Science, 2014, 45(11): 2260-2274.

[48] Harmouche M, Laghrouche S, Chitour Y. Global Tracking for Under Actuated Ships with Bounded Feedback Controllers [J]. International Journal of Control, 2014, 87(10): 2035-2043.

[49] Perez J, Milanes V, Onieva E, et al. Longitudinal Fuzzy Control for Autonomous Overtaking [C]. Proceedings of the 2011 IEEE International Conference on Mechatronics, 2011: 188-193.

[50] Zhang K, McLeod S, Minwoo L. Continuous Reinforcement Learning to Adapt Multi-objective Optimization Online for Robot Motion [J]. International Journal of Advanced Robotic Systems, 2020, 17:1-14.

[51] 徐进，赵军，罗庆. 基于轨迹-速度耦合策略的复杂道路汽车行驶速度决策[J]. 西南交通大学学报，2015，50(4)：577-589.

[52] 庄灿. 车辆行驶期望轨迹与期望速度协同决策模型研究[D]. 天津：河北工业大学，2017.
[53] 吴相飞. 基于模型预测的自主驾驶车辆速度决策和运动规划方法研究[D]. 长沙：国防科技大学，2017.
[54] 赵翾. 无人驾驶地下矿用汽车路径跟踪与速度决策研究[D]. 北京：北京科技大学，2016.
[55] Sun P, Wang S Y. Self-safety Tracking Control for Redundant Actuator Omnidirectional Rehabilitative Training Walker [J]. ICIC Express Letters, 2015, 9(2): 357-363.
[56] Sun P, Wang S Y. Redundant Input Safety Tracking Control for Omnidirectional Rehabilitative Training Walker with Control Constraints [J]. Asian Journal of Control, 2017, 19(1):116-130.
[57] Li F, Wu Z, Qian J. An Adaptive Controller Design Based on Invertibility Decoupling for Lower Extremity Rehabilitation Robot [J]. Sensors and Transducers, 2013, 161(12):192-197.
[58] Tan R P, Wang S X, Jiang Y L. Adaptive Control Method for Path-tracking Control of an Omnidirectional Walker Compensating for Center-of-gravity Shifts and Load Changes [J]. International Journal of Innovative Computing, Information and Control, 2011, 7(7): 4423-4434.
[59] 孙平，单芮，王殿辉，等. 基于 SCN 系统偏移量辨识的坐垫机器人限时学习控制方法：202011363081.3 [P]. 2022-05-13.
[60] Lu L, Yao B. A Performance Oriented Multi-loop Constrained Adaptive Robust Tracking Control of One-degree-of-freedom Mechanical Systems: Theory and Experiments [J]. Automatica, 2014, 50: 1143-1150.
[61] Jiang Y L, Wang S Y, Ishida K, et al. Directional Control of an Omnidrectional Walking Support Walker: Adaptation to Individual Differences with Fuzzy Learning [J]. Advanced Robotics, 2014, 28(7): 479-485.
[62] Li Y M, Tong S C, Li T S. Adaptive Fuzzy Output-feedback Control for Output Constrained Nonlinear Systems in the Presence of Input Saturation [J]. Fuzzy Sets and Systems, 2014, 248: 138-155.
[63] Han S I, Lee J M. Output Tracking Error Constrained Robust Positioning Control for a Nonsmooth Nonlinear Dynamic System [J]. IEEE Transactions on Industrial Electronics, 2014, 61(12): 6882-6891.
[64] Wei G L, Wang Z D, Shen B. Error-constrained Finite-horizon Tracking Control with Incomplete Measurements and Bounded Noises [J]. International Journal of Robust and Nonlinear Control, 2012, 22: 223-238.
[65] Chang H B, Sun P, Wang S Y. A Robust Adaptive Tracking Control Method for a Rehabilitative Walker Using Random Parameters [J]. International Journal of Control, 2017, 90(7):1446-1456.
[66] Dong K H, Chang P H. Robust Tracking of Robot Manipulator with Nonlinear Friction Using Time Delay Control with Gradient Estimator [J]. Journal of Mechanical Science and Technology, 2010, 24(8):1743-1752.
[67] Liu Z G, Wu Y Q. Modeling and Adaptive Tracking Control for Flexible Joint Robots with Random Noises [J]. International Journal of Control, 2014, 87(12): 2499-2510.

[68] Wilkening A, Ivlev O. Estimation of Mass Parameters for Cooperative Human and Soft-robots as Basis for Assistive Control of Rehabilitation Devices [C]. Proceedings of the 2014 IEEE International Conference on Robotics in Alpe-Adria-Danube Region, 2014:1-6.

[69] Sun P, Wang S Y. Guaranteed Cost Non-fragile Tracking Control for Omnidirectional Rehabilitative Training Walker with Velocity Constraints [J]. International Journal of Control, Automation and Systems, 2016, 4(5): 1340-1351.

[70] 王志强，姜洪源，Roman K. 康复机器人辅助站立人体质心动量测试及模拟[J]. 吉林大学学报，2015, 45(3)：844-850.

[71] Yu H, Huang S, Chen G, et al. Human-robot Interaction Control of Rehabilitation Robots with Series Elastic Actuators [J]. IEEE Transactions on Robotics, 2015, 31(5): 1089-1100.

[72] Zhang J, Cheah C C. Passivity and Stability of Human-robot Interaction Control for Upper-limb Rehabilitation Robots [J]. IEEE Transactions on Robotics, 2015, 31(2): 233-245.

[73] Sharifi M, Behzadipour S, Vossoughi G. Nonlinear Model Reference Adaptive Impedance Control for Human-robot Interactions [J]. Control Engineering Practice, 2014, 32: 9-27.

[74] Mancisidor A, Zubizarreta A, Cabanes I, et al. Interaction Force and Motion Estimators Facilitating Impedance Control of the Upper Limb Rehabilitation Robot [C]. Proceedings of the 2017 IEEE International Conference on Rehabilitation Robotics, 2017: 561-566.

[75] Sun P, Wang S, Chang H. Tracking Control and Identification of Interaction Forces for a Rehabilitative Training Walker Whose Centre of Gravity Randomly Shifts [J]. International Journal of Control, 2021, 94(5): 1143-1155.

[76] 孙平，张文娇，孟奇，等. 康复步行训练机器人的人机互作用力辨识及控制方法：201711121857.9 [P]. 2020-12-29.

第2章

康复机器人数学模型

康复机器人通常需要跟踪医生指定的运动轨迹，帮助患者进行康复训练[1-3]。近年来，研究者们提出了多种跟踪控制方法，目的是提高轨迹跟踪精度，进而尽快提高康复者的腿部肌肉力量和平衡能力，使康复训练达到良好效果。康复者训练过程中患者位姿变化、人机相互作用等因素的影响，会导致运动环境发生变化[4-5]。因此，为了提高跟踪性能，进行康复机器人数学模型研究是十分必要的。数学模型是控制方式的基础，是用数学的表现形式对实际过程或被控对象进行描述，是进行系统设计和研究的重要环节。所以，获得反映康复机器人人机合作本质的特征，刻画运动过程的数学模型，对实施具体的控制方式至关重要。

2.1 康复机器人结构

图 2.1 所示为一种全方向康复步行训练机器人(Omnidirectional Rehabilitative Training Walker，ODW)[6]，由存储器、前臂扶板、防摔座、全向轮等组成。ODW 运动机构由 4 个直流电动机驱动全向轮构成，存储器内存放医生指定的训练轨迹，使用者将前臂放在扶板上支撑身体重量。在运动机构作用下，ODW 可跟踪训练轨迹帮助康复者实现前、后、左、右、斜向、旋转各个运动方向的步行训练；同时，为了防止康复者跌倒，ODW 设有连接受力传感器的防摔座，当传感器检测到受力时，机器人停止运动，以保证康复者的安全，ODW 结构坐标如图 2.2 所示。

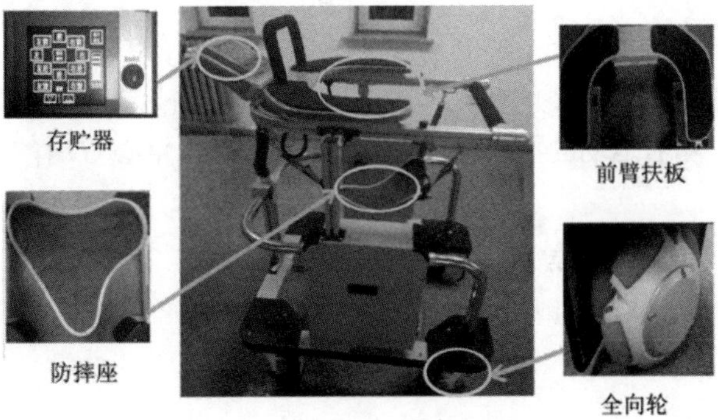

图 2.1　全方向康复步行训练机器人

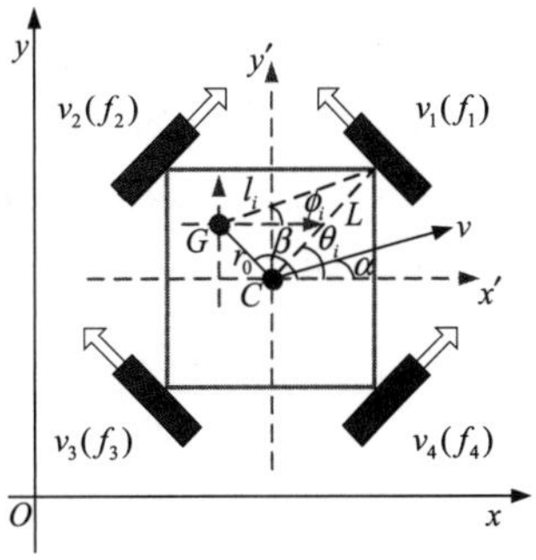

图 2.2　结构坐标图

图 2.2 中，$\sum(x,O,y)$ 和 $\sum(x',C,y')$ 分别表示机器人运动的全局坐标系和局部坐标系；v 表示机器人运动速度，v_i 表示每个驱动轮的速度；f_i 表示机器人每个轮子的控制输入力；C 和 G 分别表示人机系统的运动中心和重心；r_0 表示中心到重心的距离，L 表示人机系统中心到全向轮的距离，l_i 表示机器人重心到每个轮子中心的距离；α 表示 x' 轴方向与速度 v 所在方向之间的夹角，β 表示 x' 轴方向与 r_0 之间的夹角，θ_i 表示 x' 轴方向与每个轮子对应 L 之间的夹角，ϕ_i 表示 x' 轴方向与每个轮子对应 l_i 之间的夹角，其中 $i=1,2,3,4$。

分析康复机器人系统的数学模型时，从运动特点出发，通常要从运动学模型和动力学模型两个方面进行考查。现有关于康复机器人的数学模型大多过于理想化，忽略了康复者自身以及电机驱动环节对人机系统的影响[7-8]。为了能够更好地描述康复机器人系统，本章力求描述康复机器人的实际工作环境，进而为实现准确的跟踪控制奠定基础。

2.2 康复机器人人机系统偏移的运动学模型

由图 2.2 可以看出，4 个全向轮的运动速度分别为

$$\begin{cases} v_1 = -\dot{x}_C \sin\theta_1 + \dot{y}_C \cos\theta_1 + L\dot{\theta} \\ v_2 = \dot{x}_C \sin\theta_2 - \dot{y}_C \cos\theta_2 - L\dot{\theta} \\ v_3 = \dot{x}_C \sin\theta_3 - \dot{y}_C \cos\theta_3 - L\dot{\theta} \\ v_4 = -\dot{x}_C \sin\theta_4 + \dot{y}_C \cos\theta_4 + L\dot{\theta} \end{cases} \tag{2-1}$$

其中，$\dot{x}_C=v\cos\alpha$ 和 $\dot{y}_C=v\sin\alpha$ 分别表示 v 在 x 轴和 y 轴上的速度，由康复机器人 4 个全向轮的对称排布可知 $\theta_1=\theta$，$\theta_2=\theta+\dfrac{\pi}{2}$，$\theta_3=\theta+\pi$，$\theta_4=\theta+\dfrac{3\pi}{2}$。

将式(2-1)写成如下形式：

$$\boldsymbol{V} = \boldsymbol{K}_C\dot{\boldsymbol{X}} \tag{2-2}$$

其中：

$$\boldsymbol{V} = \begin{bmatrix} v_1 \\ v_2 \\ v_3 \\ v_4 \end{bmatrix},\quad \boldsymbol{K}_C = \begin{bmatrix} -\sin\theta_1 & \cos\theta_1 & L \\ \sin\theta_2 & -\cos\theta_2 & -L \\ \sin\theta_3 & -\cos\theta_3 & -L \\ -\sin\theta_4 & \cos\theta_4 & L \end{bmatrix},\quad \boldsymbol{X} = \begin{bmatrix} x_C \\ y_C \\ \theta_C \end{bmatrix}$$

当康复机器人帮助训练者运动时，随着训练者位姿的变化，往往导致人机系统运动中心 C 发生重心偏移，产生偏心距 r_0 和偏心角 β。随着运动的不断进行，运动中心偏移至重心 G 时的运动学方程表示如下：

$$\boldsymbol{V} = \boldsymbol{K}_G\dot{\boldsymbol{X}}_G \tag{2-3}$$

其中：

$$\boldsymbol{K}_G=\begin{bmatrix}-\sin\theta_1 & \cos\theta_1 & \lambda_1\\ \sin\theta_2 & -\cos\theta_2 & -\lambda_2\\ \sin\theta_3 & -\cos\theta_3 & -\lambda_3\\ -\sin\theta_4 & \cos\theta_4 & \lambda_4\end{bmatrix},\quad \boldsymbol{X}_G=\begin{bmatrix}x_G\\ y_G\\ \theta_G\end{bmatrix}$$

其中，λ_i 表示机器人重心到各轮子的距离，从图 2.2 可以看出，λ_i 和 l_i 之间的关系可以表示为

$$\begin{cases}\lambda_1=l_1\cos(\theta_1-\phi_1)\\ \lambda_2=l_2\cos(\theta_2-\phi_2)\\ \lambda_3=l_3\cos(\theta_3-\phi_3)\\ \lambda_4=l_4\cos(\theta_4-\phi_4)\end{cases}\tag{2-4}$$

其中，l_i 表示机器人重心与各轮中心之间的距离，且有

$$\begin{cases}l_1=\dfrac{L\sin\theta_1-y_G}{\sin\phi_1}\\ l_2=\dfrac{L\sin\theta_2-y_G}{\sin\phi_2}\\ l_3=\dfrac{L\cos\theta_3-x_G}{\cos\phi_3}\\ l_4=\dfrac{L\sin\theta_4-y_G}{\sin\phi_4}\end{cases}\tag{2-5}$$

其中，x_G 和 y_G 分别表示机器人重心偏移到 G 点时的位置分量，且有

$$\begin{cases}x_G=r_0\cos\beta\\ y_G=r_0\sin\beta\end{cases}\tag{2-6}$$

ϕ_i 表示机器人重心到各轮中心距离 l_i 与 x 轴之间的夹角，且满足

$$\tan\phi_i=\frac{L\sin\theta_i-y_G}{L\cos\theta_i-x_G}\tag{2-7}$$

结合式(2-2)和式(2-3)，可以得到

$$\dot{\boldsymbol{X}}_G=(\boldsymbol{K}_G^{\mathrm{T}}\cdot\boldsymbol{K}_G)^{-1}\cdot\boldsymbol{K}_G^{\mathrm{T}}\boldsymbol{V}=(\boldsymbol{K}_G^{\mathrm{T}}\cdot\boldsymbol{K}_G)^{-1}\cdot\boldsymbol{K}_G^{\mathrm{T}}\boldsymbol{K}_C\dot{\boldsymbol{X}}\tag{2-8}$$

其中，$(\boldsymbol{K}_G^{\mathrm{T}}\cdot\boldsymbol{K}_G)^{-1}\cdot\boldsymbol{K}_G^{\mathrm{T}}$ 表示 $\boldsymbol{K}_G$ 的伪逆矩阵，且通过计算可得

$$(\boldsymbol{K}_G^{\mathrm{T}}\cdot\boldsymbol{K}_G)^{-1}\cdot\boldsymbol{K}_G^{\mathrm{T}}\boldsymbol{K}_C=\begin{bmatrix}1 & 0 & p\\ 0 & 1 & q\\ 0 & 0 & 1\end{bmatrix}\tag{2-9}$$

其中：

$$p=\frac{1}{2}[\sin\theta(\lambda_1-\lambda_3)+\cos\theta(\lambda_2-\lambda_4)]$$

$$q=\frac{1}{2}[\sin\theta(\lambda_2-\lambda_4)-\cos\theta(\lambda_1-\lambda_3)]$$

令 $\boldsymbol{K}=(\boldsymbol{K}_G^{\mathrm{T}}\cdot\boldsymbol{K}_G)^{-1}\cdot\boldsymbol{K}_G^{\mathrm{T}}\boldsymbol{K}_C$ ，将式(2-8)整理成如下形式：

$$\dot{\boldsymbol{X}}_G=\boldsymbol{K}\dot{\boldsymbol{X}} \tag{2-10}$$

当人机系统运动中心发生偏移时，式(2-10)刻画了重心 G 点的位置和各轴运动速度 $\dot{\boldsymbol{X}}$ 之间的关系，即得到了人机系统偏移的运动学模型。

2.3 康复机器人人机系统偏移的动力学模型

康复机器人动力学模型的建立通常采用拉格朗日方程法和牛顿-欧拉方程法，这里采用拉格朗日方程法对康复机器人的动力学模型进行分析。拉格朗日方程如下：

$$\frac{\mathrm{d}}{\mathrm{d}t}\left(\frac{\partial \boldsymbol{L}_l}{\partial \dot{\boldsymbol{q}}_l}\right)-\frac{\partial \boldsymbol{L}_l}{\partial \boldsymbol{q}_l}=\boldsymbol{F} \tag{2-11}$$

其中，$\boldsymbol{q}_l=\begin{bmatrix}x_C & y_C & \theta_C\end{bmatrix}^{\mathrm{T}}$ 表示机器人运动位置，$\boldsymbol{F}$ 表示机器人广义输入力，$\boldsymbol{L}_l$ 表示机器人系统动能 $\boldsymbol{T}_l$ 与系统势能 $\boldsymbol{P}_l$ 之差，即

$$\boldsymbol{L}_l=\boldsymbol{T}_l-\boldsymbol{P}_l \tag{2-12}$$

动能 $\boldsymbol{T}_l$ 可以表示为

$$\begin{aligned}\boldsymbol{T}_l&=\begin{bmatrix}T_x & T_y & T_\theta\end{bmatrix}^{\mathrm{T}}\\&=\begin{bmatrix}\frac{1}{2}(M+m)\dot{x}^2 & \frac{1}{2}(M+m)\dot{y}^2 & \frac{1}{2}(I_0+mr_0^2)\dot{\theta}^2\end{bmatrix}^{\mathrm{T}}\\&=\frac{1}{2}\begin{bmatrix}M+m & 0 & 0\\0 & M+m & 0\\0 & 0 & I_0+mr_0^2\end{bmatrix}\begin{bmatrix}\dot{x}_C^2\\\dot{y}_C^2\\\dot{\theta}_C^2\end{bmatrix}\end{aligned} \tag{2-13}$$

其中，M 表示康复机器人质量，m 表示康复者质量，I_0 表示机器人转动惯量，mr_0^2 表示康复者转动惯量。

令 $\dot{\boldsymbol{q}}=\begin{bmatrix}\dot{x}_C & \dot{y}_C & \dot{\theta}_C\end{bmatrix}^{\mathrm{T}}$ 表示机器人各轴的运动速度，且

$$\boldsymbol{M}_0=\begin{bmatrix}M+m & 0 & 0\\0 & M+m & 0\\0 & 0 & I_0+mr_0^2\end{bmatrix} \tag{2-14}$$

则机器人动能可以表示为

$$\boldsymbol{T}_l = \frac{1}{2}\boldsymbol{M}_0\dot{\boldsymbol{q}}^2 \tag{2-15}$$

考虑机器人在水平地面上移动时，其势能可以近似为零，则有 $\boldsymbol{L}_l = \boldsymbol{T}_l$。于是可得

$$\begin{aligned}\frac{\mathrm{d}}{\mathrm{d}t}\left(\frac{\partial \boldsymbol{T}_l}{\partial \dot{\boldsymbol{q}}}\right) &= \frac{1}{2}\boldsymbol{M}_0\frac{\mathrm{d}}{\mathrm{d}t}\left(\frac{\partial \dot{\boldsymbol{q}}^2}{\partial \dot{\boldsymbol{q}}}\right)\\ &= \boldsymbol{M}_0\frac{\mathrm{d}\dot{\boldsymbol{q}}}{\mathrm{d}t} = \boldsymbol{M}_0\ddot{q}\end{aligned} \tag{2-16}$$

$$\frac{\partial \boldsymbol{T}_l}{\partial \boldsymbol{q}} = 0 \tag{2-17}$$

将式(2-16)和式(2-17)代入式(2-11)，得到

$$\boldsymbol{M}_0\ddot{q} = \boldsymbol{F} \tag{2-18}$$

其中，$\boldsymbol{F} = \begin{bmatrix} F_x & F_y & F_\theta \end{bmatrix}^{\mathrm{T}}$ 表示机器人在各轴的广义输入力。

接下来，继续分析 4 个轮子的广义输入力情况。

由图 2.2 可以看出，当人机系统重心和中心重合于 C 点时，将力 f_1 分别分解到 x 轴、y 轴和旋转角 θ 运动方向上，可以得到 f_1 在各轴的分力如下：

$$\begin{cases} F_{1x} = -f_1\sin\theta_1 \\ F_{1y} = f_1\cos\theta_1 \\ F_{1\theta} = f_1 L \end{cases} \tag{2-19}$$

同理，可分别得到力 f_2、f_3、f_4 在各轴的分力如下：

$$\begin{cases} F_{2x} = f_2\sin\theta_2 \\ F_{2y} = -f_2\cos\theta_2 \\ F_{2\theta} = -f_2 L \end{cases} \tag{2-20}$$

$$\begin{cases} F_{3x} = f_3\sin\theta_3 \\ F_{3y} = -f_3\cos\theta_3 \\ F_{3\theta} = -f_3 L \end{cases} \tag{2-21}$$

$$\begin{cases} F_{4x} = -f_4\sin\theta_4 \\ F_{4y} = f_4\cos\theta_4 \\ F_{4\theta} = f_4 L \end{cases} \tag{2-22}$$

这样，由式(2-19)～式(2-22)可得

$$\begin{aligned} F_x &= F_{1x} + F_{2x} + F_{3x} + F_{4x} \\ &= -f_1\sin\theta_1 + f_2\sin\theta_2 + f_3\sin\theta_3 - f_4\sin\theta_4 \end{aligned} \tag{2-23}$$

$$F_y = F_{1y} + F_{2y} + F_{3y} + F_{4y}$$
$$= f_1\cos\theta_1 - f_2\cos\theta_2 - f_3\cos\theta_3 + f_4\cos\theta_4 \tag{2-24}$$

$$F_\theta = F_{1\theta} + F_{2\theta} + F_{3\theta} + F_{4\theta}$$
$$= f_1 L - f_2 L - f_3 L + f_4 L \tag{2-25}$$

进一步，由式(2-23)～式(2-25)可得重心和中心重合于 C 点的动力学模型如下：

$$\begin{bmatrix} M+m & 0 & 0 \\ 0 & M+m & 0 \\ 0 & 0 & I_0 + mr_0^2 \end{bmatrix}\begin{bmatrix} \ddot{x}_C \\ \ddot{y}_C \\ \ddot{\theta}_C \end{bmatrix} = \begin{bmatrix} -\sin\theta_1 & \sin\theta_2 & \sin\theta_3 & -\sin\theta_4 \\ \cos\theta_1 & -\cos\theta_2 & -\cos\theta_3 & \cos\theta_4 \\ L & -L & -L & L \end{bmatrix}\begin{bmatrix} f_1 \\ f_2 \\ f_3 \\ f_4 \end{bmatrix} \tag{2-26}$$

在式(2-26)的基础上，当人机系统重心和中心不重合，重心偏移到 G 点时，得到动力学模型如下：

$$\begin{cases} (M+m)\ddot{x}_G = -f_1\sin\theta_1 + f_2\sin\theta_2 + f_3\sin\theta_3 - f_4\sin\theta_4 \\ (M+m)\ddot{y}_G = f_1\cos\theta_1 - f_2\cos\theta_2 - f_3\cos\theta_3 + f_4\cos\theta_4 \\ (I_0 + mr_0^2)\ddot{\theta}_G = \lambda_1 f_1 - \lambda_2 f_2 - \lambda_3 f_3 + \lambda_4 f_4 \end{cases} \tag{2-27}$$

其中，f_i 表示各个驱动轮的控制输入力。将式(2-27)简写为如下形式：

$$\boldsymbol{M}_0 \ddot{\boldsymbol{X}}_G = \boldsymbol{K}_G^{\mathrm{T}} \boldsymbol{F} \tag{2-28}$$

对式(2-10)求导代入式(2-28)，可得康复机器人人机系统偏移的动力学模型如下：

$$\boldsymbol{M}_0 \boldsymbol{K}(\theta)\ddot{\boldsymbol{X}} + \boldsymbol{M}_0 \dot{\boldsymbol{K}}(\theta)\dot{\boldsymbol{X}} = \boldsymbol{B}(\theta)\boldsymbol{u}(t) \tag{2-29}$$

其中：

$$\boldsymbol{u}(t) = \boldsymbol{F} = \begin{bmatrix} f_1 \\ f_2 \\ f_3 \\ f_4 \end{bmatrix},\quad \boldsymbol{K}(\theta) = \begin{bmatrix} 1 & 0 & p \\ 0 & 1 & q \\ 0 & 0 & 1 \end{bmatrix},\quad \begin{cases} p = \dfrac{1}{2}[(\lambda_1 - \lambda_3)\sin\theta + (\lambda_2 - \lambda_4)\cos\theta] \\ q = \dfrac{1}{2}[(\lambda_2 - \lambda_4)\sin\theta - (\lambda_1 - \lambda_3)\cos\theta] \end{cases}$$

$$\boldsymbol{B}(\theta) = \boldsymbol{K}_G^{\mathrm{T}} = \begin{bmatrix} -\sin\theta_1 & \sin\theta_2 & \sin\theta_3 & -\sin\theta_4 \\ \cos\theta_1 & -\cos\theta_2 & -\cos\theta_3 & \cos\theta_4 \\ \lambda_1 & -\lambda_2 & -\lambda_3 & \lambda_4 \end{bmatrix},\quad \begin{cases} \lambda_1 = l_1\cos(\theta_1 - \varphi_1) \\ \lambda_2 = l_2\cos(\theta_2 - \varphi_2) \\ \lambda_3 = l_3\cos(\theta_3 - \varphi_3) \\ \lambda_4 = l_4\cos(\theta_4 - \varphi_4) \end{cases}$$

2.4 康复机器人具有电机驱动环节的动力学模型

在康复机器人动力学模型(2-29)的基础上，研究者们又考虑机器人本体机构设计中伺服系统、传动机构和执行机构在运动过程中会因放大、传动间隙等原因产生误差，因此建立了带有误差干扰的动力学模型[9]；接下来，又根据机器人运动过程中需要摄像头或编码器采集位置信息进行反馈控制，为提高跟踪精度，建立了含有测量系统的动力学模型[10]。本节在动力学模型(2-29)的基础上，继续考虑直流电机驱动环节，建立了改进的动力学模型[11]。

考虑电机驱动模型如下：

$$J\dot{\omega}_i + D\omega_i + T_i = \tau_i \tag{2-30}$$

其中，J 表示电机惯性质量，D 表示滚动摩擦系数，ω_i 表示驱动轮的角速度，T_i 表示电机负载转矩，τ_i 表示电机电磁转矩。令 β_i 表示驱动轮的旋转角度，得到

$$\begin{cases} \dot{\beta}_i = \omega_i \\ v_i = \dot{\beta}_i r \end{cases} \tag{2-31}$$

由此可得

$$\begin{cases} \dot{\beta}_i = \dfrac{v_i}{r} \\ \ddot{\beta}_i = \dfrac{\dot{v}_i}{r} \end{cases} \tag{2-32}$$

根据式(2-30)和负载转矩 $T_i = f_i r$ ，r 表示驱动轮半径，得到

$$f_i r = \tau_i - J\dot{\omega}_i - D\omega_i \tag{2-33}$$

根据式(2-31)～式(2-33)，有

$$\begin{aligned} f_i &= \frac{1}{r}(\tau_i - J\dot{\omega}_i - D\omega_i) \\ &= \frac{1}{r}(\tau_i - J\ddot{\beta}_i - D\dot{\beta}_i) \\ &= \frac{1}{r}(\tau_i - \frac{1}{r}J\dot{v}_i - \frac{1}{r}Dv_i) \\ &= \frac{1}{r^2}(r\tau_i - J\dot{v}_i - Dv_i) \end{aligned} \tag{2-34}$$

根据式(2-2)可得到下式：

$$\begin{bmatrix} \dot{v}_1 \\ \dot{v}_2 \\ \dot{v}_3 \\ \dot{v}_4 \end{bmatrix} = \begin{bmatrix} -\cos\theta & -\sin\theta & 0 \\ -\sin\theta & \cos\theta & 0 \\ -\cos\theta & -\sin\theta & 0 \\ -\sin\theta & \cos\theta & 0 \end{bmatrix} \begin{bmatrix} v_x \\ v_y \\ \dot{\theta} \end{bmatrix} + \begin{bmatrix} -\sin\theta & \cos\theta & L \\ \cos\theta & \sin\theta & -L \\ -\sin\theta & \cos\theta & -L \\ \cos\theta & \sin\theta & L \end{bmatrix} \begin{bmatrix} \dot{v}_x \\ \dot{v}_y \\ \ddot{\theta} \end{bmatrix} \tag{2-35}$$

即

$$\begin{bmatrix} \dot{v}_1 \\ \dot{v}_2 \\ \dot{v}_3 \\ \dot{v}_4 \end{bmatrix} = \begin{bmatrix} -\cos\theta & -\sin\theta & 0 \\ -\sin\theta & \cos\theta & 0 \\ -\cos\theta & -\sin\theta & 0 \\ -\sin\theta & \cos\theta & 0 \end{bmatrix} \begin{bmatrix} \dot{x}_C \\ \dot{y}_C \\ \dot{\theta}_C \end{bmatrix} + \begin{bmatrix} -\sin\theta & \cos\theta & L \\ \cos\theta & \sin\theta & -L \\ -\sin\theta & \cos\theta & -L \\ \cos\theta & \sin\theta & L \end{bmatrix} \begin{bmatrix} \ddot{x}_C \\ \ddot{y}_C \\ \ddot{\theta}_C \end{bmatrix} \tag{2-36}$$

将式(2-34)代入式(2-26)，可得

$$\begin{bmatrix} M+m & 0 & 0 \\ 0 & M+m & 0 \\ 0 & 0 & I_0+mr_0^2 \end{bmatrix}\begin{bmatrix} \ddot{x}_C \\ \ddot{y}_C \\ \ddot{\theta}_C \end{bmatrix}=\begin{bmatrix} -\sin\theta & \cos\theta & -\sin\theta & \cos\theta \\ \cos\theta & \sin\theta & \cos\theta & \sin\theta \\ L & -L & -L & L \end{bmatrix}\begin{bmatrix} \frac{1}{r^2}(r\tau_1-J\dot{v}_1-Dv_1) \\ \frac{1}{r^2}(r\tau_2-J\dot{v}_2-Dv_2) \\ \frac{1}{r^2}(r\tau_3-J\dot{v}_3-Dv_3) \\ \frac{1}{r^2}(r\tau_4-J\dot{v}_4-Dv_4) \end{bmatrix}$$

$$=\frac{1}{r}\begin{bmatrix} -\sin\theta & \cos\theta & -\sin\theta & \cos\theta \\ \cos\theta & \sin\theta & \cos\theta & \sin\theta \\ L & -L & -L & L \end{bmatrix}\begin{bmatrix} \tau_1 \\ \tau_2 \\ \tau_3 \\ \tau_4 \end{bmatrix}-\frac{J}{r^2}\begin{bmatrix} -\sin\theta & \cos\theta & -\sin\theta & \cos\theta \\ \cos\theta & \sin\theta & \cos\theta & \sin\theta \\ L & -L & -L & L \end{bmatrix}\begin{bmatrix} \dot{v}_1 \\ \dot{v}_2 \\ \dot{v}_3 \\ \dot{v}_4 \end{bmatrix}-$$

$$\frac{D}{r^2}\begin{bmatrix} -\sin\theta & \cos\theta & -\sin\theta & \cos\theta \\ \cos\theta & \sin\theta & \cos\theta & \sin\theta \\ L & -L & -L & L \end{bmatrix}\begin{bmatrix} v_1 \\ v_2 \\ v_3 \\ v_4 \end{bmatrix} \tag{2-37}$$

进一步，将式(2-2)和式(2-35)代入式(2-37)，可得

$$\begin{bmatrix} M+m & 0 & 0 \\ 0 & M+m & 0 \\ 0 & 0 & I_0+mr_0^2 \end{bmatrix}\begin{bmatrix} \ddot{x}_C \\ \ddot{y}_C \\ \ddot{\theta}_C \end{bmatrix}=\frac{1}{r}\begin{bmatrix} -\sin\theta & \cos\theta & -\sin\theta & \cos\theta \\ \cos\theta & \sin\theta & \cos\theta & \sin\theta \\ L & -L & -L & L \end{bmatrix}\begin{bmatrix} \tau_1 \\ \tau_2 \\ \tau_3 \\ \tau_4 \end{bmatrix}-$$

$$\frac{J}{r^2}\begin{bmatrix} 0 & 2 & 0 \\ -2 & 0 & 0 \\ 0 & 0 & 0 \end{bmatrix}\begin{bmatrix} \dot{x}_C \\ \dot{y}_C \\ \dot{\theta}_C \end{bmatrix}-\frac{J}{r^2}\begin{bmatrix} 2 & 0 & 0 \\ 0 & 2 & 0 \\ 0 & 0 & 4L^2 \end{bmatrix}\begin{bmatrix} \dot{x}_C \\ \dot{y}_C \\ \dot{\theta}_C \end{bmatrix}-\frac{D}{r^2}\begin{bmatrix} 2 & 0 & 0 \\ 0 & 2 & 0 \\ 0 & 0 & 4L^2 \end{bmatrix}\begin{bmatrix} \dot{x}_C \\ \dot{y}_C \\ \dot{\theta}_C \end{bmatrix} \tag{2-38}$$

整理式(2-38)可得

$$\begin{bmatrix} M+m+\frac{2J}{r^2} & 0 & 0 \\ 0 & M+m+\frac{2J}{r^2} & 0 \\ 0 & 0 & I_0+mr_0^2+\frac{4JL^2}{r^2} \end{bmatrix}\begin{bmatrix} \ddot{x}_C \\ \ddot{y}_C \\ \ddot{\theta}_C \end{bmatrix}+\begin{bmatrix} \frac{2D}{r^2} & \frac{2J}{r^2} & 0 \\ -\frac{2J}{r^2} & \frac{2D}{r^2} & 0 \\ 0 & 0 & \frac{4DL^2}{r^2} \end{bmatrix}\begin{bmatrix} \dot{x}_C \\ \dot{y}_C \\ \dot{\theta}_C \end{bmatrix} \tag{2-39}$$

$$=\frac{1}{r}\begin{bmatrix} -\sin\theta & \cos\theta & -\sin\theta & \cos\theta \\ \cos\theta & \sin\theta & \cos\theta & \sin\theta \\ L & -L & -L & L \end{bmatrix}\begin{bmatrix} \tau_1 \\ \tau_2 \\ \tau_3 \\ \tau_4 \end{bmatrix}$$

根据电磁转矩和电流的关系可得

$$\tau_i = k i_i \tag{2-40}$$

其中，k 表示电磁转矩系数，i_i 表示电流。将式(2-40)代入式(2-39)可得

$$\begin{bmatrix} M+m+\dfrac{2J}{r^2} & 0 & 0 \\ 0 & M+m+\dfrac{2J}{r^2} & 0 \\ 0 & 0 & I_0+mr_0^2+\dfrac{4JL^2}{r^2} \end{bmatrix}\begin{bmatrix} \ddot{x}_C \\ \ddot{y}_C \\ \ddot{\theta}_C \end{bmatrix}+\begin{bmatrix} \dfrac{2D}{r^2} & \dfrac{2J}{r^2} & 0 \\ -\dfrac{2J}{r^2} & \dfrac{2D}{r^2} & 0 \\ 0 & 0 & \dfrac{4DL^2}{r^2} \end{bmatrix}\begin{bmatrix} \dot{x}_C \\ \dot{y}_C \\ \dot{\theta}_C \end{bmatrix} \tag{2-41}$$

$$=\frac{k}{r}\begin{bmatrix} -\sin\theta & \cos\theta & -\sin\theta & \cos\theta \\ \cos\theta & \sin\theta & \cos\theta & \sin\theta \\ L & -L & -L & L \end{bmatrix}\begin{bmatrix} i_1 \\ i_2 \\ i_3 \\ i_4 \end{bmatrix}$$

这样，得到了考虑电机驱动环节的动力学模型式(2-41)。为简化表达式，写成如下形式：

$$\boldsymbol{M}_{0r}\ddot{\boldsymbol{X}}+\boldsymbol{M}_{1r}\dot{\boldsymbol{X}}=\boldsymbol{B}_r(\theta)\boldsymbol{u}_r(t) \tag{2-42}$$

其中：

$$\boldsymbol{M}_{0r}=\begin{bmatrix} M+m+\dfrac{2J}{r^2} & 0 & 0 \\ 0 & M+m+\dfrac{2J}{r^2} & 0 \\ 0 & 0 & I_0+mr_0^2+\dfrac{4JL^2}{r^2} \end{bmatrix},\quad \boldsymbol{M}_{1r}=\begin{bmatrix} \dfrac{2D}{r^2} & \dfrac{2J}{r^2} & 0 \\ -\dfrac{2J}{r^2} & \dfrac{2D}{r^2} & 0 \\ 0 & 0 & \dfrac{4DL^2}{r^2} \end{bmatrix}$$

$$\boldsymbol{u}_r(t)=\begin{bmatrix} i_1 \\ i_2 \\ i_3 \\ i_4 \end{bmatrix},\quad \boldsymbol{B}_r(\theta)=\frac{k}{r}\begin{bmatrix} -\sin\theta & \cos\theta & -\sin\theta & \cos\theta \\ \cos\theta & \sin\theta & \cos\theta & \sin\theta \\ L & -L & -L & L \end{bmatrix}$$

2.5　本章小结

本章给出了康复机器人的结构设计，对康复机器人模型进行了数学分析，考虑了康复机器人重心偏移情况下所发生的模型状态变化，并建立了康复机器人考虑重心偏移的运动学模型和动力学模型；同时，考虑康复机器人的电机驱动环节，建立了带有电机驱动的动力学模型。

参考文献

[1] Li X, Liu Y H, Yu H. Iterative Learning Impedance Control for Rehabilitation Robots Driven by Series Elastic Actuators [J]. Automatica, 2018, 90: 1-7.

[2] Cao J, Xie S Q, Das R. MIMO Sliding Mode Controller for Gait Exoskeleton Driven by Pneumatic Muscles [J]. IEEE Transactions on Control Systems Technology, 2017, 99: 1-8.

[3] Qin F, Zhao H, Zhen S. Lyapunov Based Robust Control for Tracking Control of Lower Limb Rehabilitation Robot with Uncertainty [J]. International Journal of Control, Automation and Systems, 2020, 18(1): 76-84.

[4] Sun P, Zhang W, Wang S, et al. Interaction Forces Identification Modeling and Tracking Control for Rehabilitative Training Walker [J]. Journal of Advanced Computational Intelligence and Intelligent Informatics, 2019, 23(2):183-195.

[5] 孙平，单芮，王硕玉. 人机不确定条件下康复步行训练机器人的部分记忆迭代学习限速控制[J]. 机器人，2021，43(4)：502-512.

[6] Sun P, Wang S, Chang H B. Tracking Control and Identification of Interaction Forces for a Rehabilitative Training Walker Whose Centre of Gravity Randomly Shifts [J]. International Journal of Control, 2021, 94(5): 1143-1155.

[7] Tan R, Wang S, Jiang Y, et al. Adaptive Control Method for Path-tracking Control of an Omnidirectional Walker Compensating for Center-of-gravity Shifts and Load Changes [J]. International Journal of Innovative Computing Information and Control, 2011, 7(7): 4423-4434.

[8] Tan R, Wang S, Jiang Y, et al. Adaptive Controller for Omnidirectional Walker: Improvement of Dynamic Model [C]. Proceedings of the 2011 IEEE International Conference on Mechatronics and Automation, 2011: 325-330.

[9] Chang Y C. Robust Adaptive Neural Tracking Control for a Class of Electrically Driven Robots with Time Delays [J]. International Journal of Systems Science, 2014, 45(11): 2418-2434.

[10] Yang F, Wang C L. Adaptive Stabilization for Nonholonomic Mobile Robots with Uncertain Dynamics and Unknown Visual Parameters [J]. Transactions of the Institute of Measurement and Control, 2015, 37(2): 282-288.

[11] Sun P, Wang S Y. Improvement Model for Omnidirectional Rehabilitative Training Walker and Tracking Control [C]. Proceedings of the 2014 IEEE International Conference on Mechatronics and Automation, 2014: 1359-1364.

第 3 章

康复机器人执行器故障的安全跟踪控制

对于康复机器人来说，设计安全的控制系统是首要任务。当使用者随康复机器人按照指定轨迹进行训练时，执行器发生故障是无法避免的，这可能造成灾难性影响[1]。若控制系统无法处理这种突发故障，机器人可能严重偏离指定的运动轨迹，如果跟踪误差过大，则可能使人机运动不协调，甚至导致碰撞事故，严重威胁训练者的安全。

近年来，为了提高控制系统的可靠性，研究者们对康复机器人系统的容错控制进行了大量研究[2-4]。容错控制是处理执行器故障的有效控制方法，但需要对故障类型进行估计，由估计导致的误差使控制系统的性能随着故障数量的增加而降低[5-9]。

为了确保系统的可靠性，许多现代控制系统，特别是康复机器人系统，都使用冗余执行器[10]。冗余执行器的系统具有冗余自由度。也就是说，冗余输入控制器具有比在操作空间中执行任务所需的更多自由度。因此，这些冗余的自由度使系统能够执行更复杂的任务[11]，并增强系统实现预定任务目标的能力，而不会在执行器出现故障时因系统自重构而突然暂停运行或随意运行，确保系统能够安全完成任务。对于康复机器人，若通过冗余执行器抑制系统的故障，无疑会极大地提高人机系统的安全性能[12-13]。

另外，执行器输入饱和往往导致系统不稳定而引发安全问题[14]，这也是控制系统设计中要考虑的重要因素[15]。现有关于康复机器人冗余安全控制、冗余输入约束安全控制的研究成果不多[16-17]。若通过冗余自由度从控制系统设计角度抑制执行器故障，可以为康复机器人系统增加安全屏障。同时，人机系统合作运动时，康复者通常会保持一定的位姿，使人机系统重心偏移到某个固定位置，将得到人机系统偏移特性，如何利用偏移特性设计安全控制器使康复机器人可帮助任意质量的康复者训练，这是值得深入研究的问题[18]。

本章针对康复机器人研究了冗余输入安全控制问题，通过构建冗余输入模型、自适应鲁棒安全控制、输入饱和约束安全控制、利用人机系统偏移特性的安全控制等技术手段，为设计安全的康复机器人控制系统提供参考方法。

3.1 非线性冗余输入系统描述

考虑如下非线性系统：

$$\dot{\boldsymbol{x}} = \boldsymbol{f}(x) + \boldsymbol{B}(x)\boldsymbol{u}(t) \tag{3-1}$$

其中，$\boldsymbol{f}(x) \in R^n$，$\boldsymbol{B}(x) \in R^{n\times m}$，$\boldsymbol{x}(t) \in R^n$ 为状态变量，$\boldsymbol{u}(t) \in R^m$ 为控制输入。假设矩阵秩 $\boldsymbol{B}(x) = k < m, \forall x$，即 $\boldsymbol{B}(x)$ 非列满秩，这意味着 $\boldsymbol{u}(t)$ 有冗余输入。$\boldsymbol{B}(x)$ 和 $\boldsymbol{u}(t)$ 可分解为如下形式：

$$\boldsymbol{B}(x) = \begin{bmatrix} \boldsymbol{B}_0(x) & \boldsymbol{B}_i(x) \end{bmatrix} \tag{3-2}$$

$$\boldsymbol{u}(t) = \begin{bmatrix} \boldsymbol{u}_0(t) & \boldsymbol{u}_i(t) \end{bmatrix}^{\mathrm{T}} \tag{3-3}$$

其中，$\boldsymbol{B}_0(x)$ 列满秩为 k，$\boldsymbol{B}_0(x)$ 由矩阵 $\boldsymbol{B}(x)$ 中的某几列构成，并且 $\boldsymbol{B}_i(x)$ 矩阵的列与 $\boldsymbol{B}_0(x)$ 矩阵的列相互独立。

为了描述冗余输入安全控制问题，本章采用文献[5-6]中的执行器故障模型。当 $q=1,\cdots,n_1$，$j=1,\cdots,n_2$ 时，有

$$\boldsymbol{u}_{qj}^F(t) = (1-\rho_q^j)\boldsymbol{u}_q(t)，\ 0 \leqslant \rho_q^j \leqslant 1 \tag{3-4}$$

其中，ρ_q^j 为未知常数，指数 j 表示第 j 种故障模式，n_1 表示执行器总数，n_2 表示执行器故障总数。令 $\boldsymbol{u}_{qj}^F(t)$ 表示第 q 个执行器在第 j 种故障模式下的运行状态。当 $\rho_q^j=0$ 时，表示在第 j 种故障模式下第 q 个执行器 $\boldsymbol{u}_q(t)$ 运行正常；当 $\rho_q^j=1$ 时，表示在第 j 种故障模式下第 q 个执行器运行中断；当 $0<\rho_q^j<1$ 时，表示在第 j 种故障模式下第 q 个执行器发生失效故障。

为了便于描述所有可能的故障模式，文中使用统一的执行器故障模型(3-4)，并将故障执行器进行分离。

$$\boldsymbol{u}^F(t) = (\boldsymbol{I}-\boldsymbol{\rho}^F)\boldsymbol{u}(t) = \begin{bmatrix} \boldsymbol{u}_0(t) & (\boldsymbol{I}-\boldsymbol{\rho})\boldsymbol{u}_i(t) \end{bmatrix}^{\mathrm{T}}，\ \rho^F \in \{\boldsymbol{\rho}^1, \boldsymbol{\rho}^2, \cdots, \rho^L\} \tag{3-5}$$

其中，$\boldsymbol{\rho} = \mathrm{diag}[\rho_1, \rho_2, \cdots, \rho_{m-k}]$，$m-k$ 表示故障执行器的数量。

当执行器出现式(3-5)所示的故障时，系统模型(3-1)可以描述为

$$\dot{\boldsymbol{x}} = \boldsymbol{f}(x) + \boldsymbol{B}(x)(\boldsymbol{I}-\boldsymbol{\rho}^F)\boldsymbol{u}(t) \tag{3-6}$$

当故障执行器 $\rho_q^j \neq 0$ 时，将其从模型(3-6)中分离，得到以下非线性冗余输入模型：

$$\dot{\boldsymbol{x}} = \boldsymbol{f}(x) + \boldsymbol{B}_0(x)\boldsymbol{u}_0(t) + \boldsymbol{B}_i(x)(\boldsymbol{I}-\boldsymbol{\rho})\boldsymbol{u}_i(t) \tag{3-7}$$

其中，$\boldsymbol{u}_0(t)$ 表示待设计的正常执行器的控制输入；$\boldsymbol{u}_i(t)$ 表示影响系统正常运行的故障执行器的输入，这一故障输入将通过正常执行器的控制抑制其对系统的影响。

3.2 康复机器人冗余输入模型

利用第 2 章建立的康复机器人 ODW 运动学模型(2-1)可以推导出 4 个驱动轮运动速度的约束关系满足：

$$v_1+v_2=v_3+v_4 \tag{3-8}$$

由式(3-8)可知，ODW 4 个驱动轮的控制输入力中，只有 3 个是独立的，这说明 ODW 具有一个冗余自由度。当 ODW 的动力学模型采用式(2-26)的中心和重心重合时，有

$$\dot{\boldsymbol{X}}=\boldsymbol{M}_0^{-1}\boldsymbol{B}_1(\theta)\boldsymbol{u}(t) \tag{3-9}$$

其中：

$$\boldsymbol{X}=\begin{bmatrix} x \\ y \\ \theta \end{bmatrix},\quad \boldsymbol{B}_1(\theta)=\begin{bmatrix} -\sin\theta & \cos\theta & -\sin\theta & \cos\theta \\ \cos\theta & \sin\theta & \cos\theta & \sin\theta \\ L & -L & -L & L \end{bmatrix},\quad \boldsymbol{u}(t)=\begin{bmatrix} f_1 \\ f_2 \\ f_3 \\ f_4 \end{bmatrix}$$

定义 3.1　对于非线性系统

$$\dot{\boldsymbol{x}}(t)=\boldsymbol{f}(x,t)+\boldsymbol{B}\boldsymbol{u}(t) \tag{3-10}$$

控制矩阵 $\boldsymbol{B}\in R^{n\times m}$ ，且 $\mathrm{rank}(\boldsymbol{B})=\min\{n,m\}$ ，记 $\boldsymbol{B}$ 的冗余自由度为 d，且 $d=\max\{n,m\}-\min\{n,m\}$ 。若系统执行器个数少于 d 个出现故障时，系统(3-10)的其他执行器可以维持系统的正常运动，则称系统(3-10)能够实现冗余输入安全控制。另外，如果系统(3-10)能够在少于 d 个执行器发生故障时依然实现指定路径跟踪，则称系统(3-10)能够实现保性能跟踪控制。

通过上面的分析可知，康复机器人具有一个冗余自由度，当某一个执行器发生故障时，将其从系统(3-9)中分离，获得以下冗余输入模型：

$$\dot{\boldsymbol{x}}=\boldsymbol{M}^{-1}\boldsymbol{B}_\sigma(\theta)\boldsymbol{u}_\sigma(t)+\boldsymbol{M}^{-1}\Delta\boldsymbol{B}_\sigma(\theta)\boldsymbol{f}_\sigma(t) \tag{3-11}$$

其中，$\boldsymbol{u}_\sigma(t)$ 表示待设计的正常执行器的控制输入力，$\boldsymbol{f}_\sigma(t)$ 表示故障执行器的输入力，这里包括中断和卡死两种故障，并且 $\boldsymbol{f}_\sigma(t)$ 满足以下条件：

$$-|f|_{\max}\leqslant \boldsymbol{f}_\sigma(t)\leqslant |f|_{\max} \tag{3-12}$$

基于模型(3-9)，通过直接分离故障执行器得到了 ODW 的冗余输入模型(3-11)。

接下来，继续利用执行器故障模型(3-5)建立 ODW 人机系统偏移模型(2-29)的冗余输入模型，将故障执行器从系统中分离得到：

$$\boldsymbol{M}_0\boldsymbol{K}(\theta)\ddot{\boldsymbol{X}}(t)+\boldsymbol{M}_0\dot{\boldsymbol{K}}(\theta,\dot{\theta})\dot{\boldsymbol{X}}(t)=\boldsymbol{B}_0(\theta)\boldsymbol{u}_0(t)+\boldsymbol{B}_i(\theta)(\boldsymbol{I}-\boldsymbol{\rho})\boldsymbol{u}_i(t) \tag{3-13}$$

这样利用故障模型(3-5)得到了人机系统发生偏移情况下的冗余输入模型。

3.3 康复机器人鲁棒非脆弱安全控制

3.3.1 鲁棒非脆弱控制器的设计

针对 ODW 冗余输入模型(3-11)，当执行器在系统运行过程中出现故障时，$\Delta\boldsymbol{B}_{\sigma}(\theta)$ 是控制矩阵 $\boldsymbol{B}(\theta)$ 故障执行器的对应列，并且将其视为系统的参数不确定项，假设其表达形式如下：

$$\Delta\boldsymbol{B}_{\sigma}(\theta)=\boldsymbol{S}_{\sigma}\boldsymbol{H}_{\sigma}(\theta)\boldsymbol{Q}_{\sigma} \tag{3-14}$$

其中，$\boldsymbol{H}_{\sigma}(\theta)$ 满足

$$\boldsymbol{H}_{\sigma}^{\mathrm{T}}(\theta)\boldsymbol{H}_{\sigma}(\theta)\leqslant\boldsymbol{I} \tag{3-15}$$

设计具有加性增益变化的控制器如下：

$$\boldsymbol{u}_{\sigma}(t)=\boldsymbol{c}(t)+\Delta\boldsymbol{c}(t) \tag{3-16}$$

其中，$\Delta\boldsymbol{c}(t)$ 表示加性增益，且有

$$\Delta\boldsymbol{c}(t)=\boldsymbol{S}\boldsymbol{H}(t)\boldsymbol{Q} \tag{3-17}$$

其中，$\boldsymbol{H}(t)$ 满足

$$\boldsymbol{H}^{\mathrm{T}}(t)\boldsymbol{H}(t)\leqslant\boldsymbol{I} \tag{3-18}$$

将控制器(3-16)作用于系统(3-11)，化为如下形式：

$$\dot{\boldsymbol{x}}=\boldsymbol{M}^{-1}\boldsymbol{B}_{\sigma}(\theta)[\boldsymbol{c}(t)+\Delta\boldsymbol{c}(t)]+\boldsymbol{M}^{-1}\Delta\boldsymbol{B}_{\sigma}(\theta)\boldsymbol{f}_{\sigma}(t) \tag{3-19}$$

设 ODW 实际运动轨迹为 $\boldsymbol{X}_G$，期望运动轨迹为 $\boldsymbol{X}_{\mathrm{d}}$，则轨迹跟踪误差 $\boldsymbol{e}(t)$ 和加速度跟踪误差 $\ddot{\boldsymbol{e}}(t)$ 分别表示为

$$\boldsymbol{e}(t)=\boldsymbol{X}_G-\boldsymbol{X}_{\mathrm{d}} \tag{3-20}$$

$$\ddot{\boldsymbol{e}}(t)=\ddot{\boldsymbol{X}}_G-\ddot{\boldsymbol{X}}_{\mathrm{d}} \tag{3-21}$$

其中：

$$\boldsymbol{e}(t)=\begin{pmatrix}\boldsymbol{e}_1(t)\\ \boldsymbol{e}_2(t)\\ \boldsymbol{e}_3(t)\end{pmatrix}=\begin{pmatrix}x_G-x_{\mathrm{d}}\\ y_G-y_{\mathrm{d}}\\ \theta_G-\theta_{\mathrm{d}}\end{pmatrix},\ \boldsymbol{E}(t)=\dot{\boldsymbol{e}}(t) \tag{3-22}$$

则跟踪误差状态方程为

$$\dot{\boldsymbol{E}}(t)=\boldsymbol{M}^{-1}\boldsymbol{B}_{\sigma}(\theta)[\boldsymbol{c}(t)+\Delta\boldsymbol{c}(t)]-\ddot{\boldsymbol{X}}_{\mathrm{d}}+\boldsymbol{M}^{-1}\Delta\boldsymbol{B}_{\sigma}(\theta)\boldsymbol{f}_{\sigma}(t) \tag{3-23}$$

设计系统(3-23)的性能指标函数为

$$J=\int_0^{\infty}[\boldsymbol{E}^{\mathrm{T}}(t)\boldsymbol{T}\boldsymbol{E}(t)+\boldsymbol{e}^{\mathrm{T}}(t)\boldsymbol{P}\boldsymbol{e}(t)]\mathrm{d}t \tag{3-24}$$

其中，$\boldsymbol{T}>0$ 和 $\boldsymbol{P}>0$ 是对称常数矩阵。

3.3.2　稳定性分析

针对 ODW 执行器发生故障的跟踪误差系统(3-23)，设计非脆弱控制器(3-16)，保障 ODW 人机系统实现非脆弱保性能安全控制。

定义 3.2　如果存在控制器 $\boldsymbol{u}_{\sigma}(t)$ 和标量正数 J^*，使得对于所有容许的不确定性和执行器故障，跟踪误差系统(3-23)渐近稳定，并且性能函数(3-24)满足 $J\leqslant J^*$，则称 $\boldsymbol{u}_{\sigma}(t)$ 为保性能控制器，且保性能值为 J^*。

接下来，针对跟踪误差系统(3-23)设计 Lyapunov 函数，解决执行器发生故障情况下的非脆弱保性能安全控制问题。

定理 3.1　考虑冗余输入跟踪误差状态方程(3-23)，假设存在对称矩阵 $\boldsymbol{T}>0,\ \boldsymbol{P}>0,\ \boldsymbol{R}>0$，常数 $\varepsilon>0$ 和 $\varepsilon_{\sigma}>0$，满足以下 LMI：

$$\begin{bmatrix} \boldsymbol{\Phi}_1 & \boldsymbol{\Phi}_2 & 0 & 0 & 0 & 0 & 0 \\ \boldsymbol{\Phi}_2^{\mathrm{T}} & -\dfrac{4}{\varepsilon_{\sigma}}\boldsymbol{I} & 0 & 0 & 0 & 0 & 0 \\ 0 & 0 & 0 & \boldsymbol{P} & 0 & 0 & 0 \\ 0 & 0 & P & -\boldsymbol{P} & 0 & 0 & 0 \\ 0 & 0 & 0 & 0 & 0 & \boldsymbol{Q}^{\mathrm{T}} & \boldsymbol{\Phi}_3^{\mathrm{T}} \\ 0 & 0 & 0 & 0 & \boldsymbol{Q} & -\varepsilon\boldsymbol{I} & 0 \\ 0 & 0 & 0 & 0 & \boldsymbol{\Phi}_3 & 0 & -\varepsilon_{\sigma}\boldsymbol{I} \end{bmatrix}<0 \tag{3-25}$$

其中，$\boldsymbol{\Phi}_1=-\boldsymbol{R}+\boldsymbol{T}$，$\boldsymbol{\Phi}_2=\boldsymbol{T}\boldsymbol{M}^{-1}\boldsymbol{S}_{\sigma}$，$\boldsymbol{\Phi}_3=\boldsymbol{f}_{\sigma}^{\mathrm{T}}(t)\boldsymbol{Q}_{\sigma}^{\mathrm{T}}$，则误差系统(3-23)渐近稳定，并且设计的控制输入

$$\boldsymbol{c}(t)=\boldsymbol{B}_{\sigma}^{-1}(\theta)\boldsymbol{M}\boldsymbol{T}^{-1}[\boldsymbol{T}\ddot{\boldsymbol{X}}_{\mathrm{d}}-\boldsymbol{P}\boldsymbol{e}(t)-\boldsymbol{R}\boldsymbol{E}(t)-\frac{\varepsilon}{4}\boldsymbol{T}\boldsymbol{M}^{-1}\boldsymbol{B}_{\sigma}(\theta)\boldsymbol{S}\boldsymbol{S}^{\mathrm{T}}\boldsymbol{B}_{\sigma}^{\mathrm{T}}(\theta)\boldsymbol{M}^{-1}\boldsymbol{T}\boldsymbol{E}(t)] \tag{3-26}$$

解决了执行器故障的非脆弱保性能安全跟踪控制问题，且保性能值 J^* 满足

$$J^*=V(t_0) \tag{3-27}$$

证明：定义 Lyapunov 函数

$$V(t)=\frac{1}{2}\boldsymbol{E}^{\mathrm{T}}(t)\boldsymbol{T}\boldsymbol{E}(t)+\frac{1}{2}\boldsymbol{e}^{\mathrm{T}}(t)\boldsymbol{P}\boldsymbol{e}(t)$$

对 $V(t)$ 沿误差系统(3-23)求导，可得

$$
\begin{aligned}
\dot{V}(t) &= \boldsymbol{E}^{\mathrm{T}}(t)\boldsymbol{T}\dot{\boldsymbol{E}}(t)+\dot{\boldsymbol{e}}^{\mathrm{T}}(t)\boldsymbol{P}\boldsymbol{e}(t) \\
&= \boldsymbol{E}^{\mathrm{T}}(t)\boldsymbol{T}[\boldsymbol{M}^{-1}\boldsymbol{B}_{\sigma}(\theta)(\boldsymbol{c}(t)+\Delta\boldsymbol{c}(t))-\ddot{\boldsymbol{X}}_{\mathrm{d}}+\boldsymbol{M}^{-1}\Delta\boldsymbol{B}_{\sigma}(\theta)\boldsymbol{f}_{\sigma}(t)]+\boldsymbol{E}^{\mathrm{T}}(t)\boldsymbol{P}\boldsymbol{e}(t) \\
&= \boldsymbol{E}^{\mathrm{T}}(t)\boldsymbol{T}\boldsymbol{M}^{-1}\boldsymbol{B}_{\sigma}(\theta)\boldsymbol{c}(t)-\boldsymbol{E}^{\mathrm{T}}(t)\boldsymbol{T}\ddot{\boldsymbol{X}}_{\mathrm{d}}+\boldsymbol{E}^{\mathrm{T}}(t)\boldsymbol{T}\boldsymbol{M}^{-1}\boldsymbol{B}_{\sigma}(\theta)\boldsymbol{S}\boldsymbol{H}(t)\boldsymbol{Q}+ \\
&\quad \boldsymbol{E}^{\mathrm{T}}(t)\boldsymbol{T}\boldsymbol{M}^{-1}\boldsymbol{S}_{\sigma}\boldsymbol{H}_{\sigma}(\theta)\boldsymbol{Q}_{\sigma}\boldsymbol{f}_{\sigma}(t)+\boldsymbol{E}^{\mathrm{T}}(t)\boldsymbol{P}\boldsymbol{e}(t) \\
&\leqslant \boldsymbol{E}^{\mathrm{T}}(t)\boldsymbol{T}\boldsymbol{M}^{-1}\boldsymbol{B}_{\sigma}(\theta)\boldsymbol{c}(t)-\boldsymbol{E}^{\mathrm{T}}(t)\boldsymbol{T}\ddot{\boldsymbol{X}}_{\mathrm{d}}+ \\
&\quad \frac{\varepsilon}{4}\boldsymbol{E}^{\mathrm{T}}(t)\boldsymbol{T}\boldsymbol{M}^{-1}\boldsymbol{B}_{\sigma}(\theta)\boldsymbol{S}\boldsymbol{S}^{\mathrm{T}}\boldsymbol{B}_{\sigma}^{\mathrm{T}}(\theta)\boldsymbol{M}^{-1}\boldsymbol{T}\boldsymbol{E}(t)+\frac{1}{\varepsilon}\boldsymbol{Q}^{\mathrm{T}}\boldsymbol{Q}+ \\
&\quad \frac{\varepsilon_{\sigma}}{4}\boldsymbol{E}^{\mathrm{T}}(t)\boldsymbol{T}\boldsymbol{M}^{-1}\boldsymbol{S}_{\sigma}\boldsymbol{S}_{\sigma}^{\mathrm{T}}\boldsymbol{M}^{-1}\boldsymbol{T}\boldsymbol{E}(t)+ \\
&\quad \frac{1}{\varepsilon_{\sigma}}\boldsymbol{f}_{\sigma}^{\mathrm{T}}(t)\boldsymbol{Q}_{\sigma}^{\mathrm{T}}\boldsymbol{Q}_{\sigma}\boldsymbol{f}_{\sigma}(t)+\boldsymbol{E}^{\mathrm{T}}(t)\boldsymbol{P}\boldsymbol{e}(t)
\end{aligned}
$$

令

$$
\boldsymbol{\vartheta}(t)=\begin{bmatrix}\boldsymbol{E}^{\mathrm{T}}(t) & \boldsymbol{e}^{\mathrm{T}}(t) & \boldsymbol{I}\end{bmatrix}^{\mathrm{T}} \tag{3-28}
$$

$$
\boldsymbol{\Theta}=\begin{bmatrix}\boldsymbol{\Theta}_{11} & 0 & 0 \\ 0 & P & 0 \\ 0 & 0 & \boldsymbol{\Theta}_{33}\end{bmatrix} \tag{3-29}
$$

其中：

$$
\begin{cases}
\boldsymbol{\Theta}_{11}=-\boldsymbol{R}+\boldsymbol{T}+\dfrac{\varepsilon_{\sigma}}{4}\boldsymbol{T}\boldsymbol{M}^{-1}\boldsymbol{S}_{\sigma}\boldsymbol{S}_{\sigma}^{T}\boldsymbol{M}^{-1}\boldsymbol{T} \\
\boldsymbol{\Theta}_{33}=\dfrac{1}{\varepsilon}\boldsymbol{Q}^{\mathrm{T}}\boldsymbol{Q}+\dfrac{1}{\varepsilon_{\sigma}}\boldsymbol{f}_{\sigma}^{\mathrm{T}}(t)\boldsymbol{Q}_{\sigma}^{\mathrm{T}}\boldsymbol{Q}_{\sigma}\boldsymbol{f}_{\sigma}(t)
\end{cases}
$$

根据式(3-26)、式(3-28)和式(3-29)，得到

$$
\dot{V}(t)\leqslant\boldsymbol{\vartheta}^{\mathrm{T}}(t)\boldsymbol{\Theta}\boldsymbol{\vartheta}(t)-\boldsymbol{E}^{\mathrm{T}}(t)\boldsymbol{T}\boldsymbol{E}(t)-\boldsymbol{e}^{\mathrm{T}}(t)\boldsymbol{P}\boldsymbol{e}(t)
$$

进而根据 Schur Completement 引理和式(3-25)得$\boldsymbol{\Theta}<0$，因此有$\dot{V}(t)<0$，则跟踪误差系统(3-23)渐近稳定。而且，保性能上界满足

$$
\begin{aligned}
J &= \int_0^{\infty}[\boldsymbol{E}^{\mathrm{T}}(t)\boldsymbol{T}\boldsymbol{E}(t)+\boldsymbol{e}^{\mathrm{T}}(t)\boldsymbol{P}\boldsymbol{e}(t)]\mathrm{d}t \\
&= \int_0^{\infty}[\boldsymbol{E}^{\mathrm{T}}(t)\boldsymbol{T}\boldsymbol{E}(t)+\boldsymbol{e}^{\mathrm{T}}(t)\boldsymbol{P}\boldsymbol{e}(t)+\dot{V}(t)-\dot{V}(t)]\mathrm{d}t \\
&\leqslant \int_0^{\infty}[\boldsymbol{\vartheta}^{\mathrm{T}}(t)\boldsymbol{\Theta}\boldsymbol{\vartheta}(t)]\mathrm{d}t-\int_0^{\infty}\dot{V}(t)\mathrm{d}t \\
&\leqslant -\sum_{k=0}^{\infty}\int_{t_k}^{t_{k+1}}\dot{V}(t_k)\mathrm{d}t \\
&= V(t_0)
\end{aligned}
$$

因此保性能值$J^{*}=V(t_0)$成立。定理 3.1 证毕。

3.3.3 仿真结果

将文中提出的冗余输入保性能非脆弱控制应用于 ODW 系统，跟踪医生指定的圆形训练轨迹。考虑到系统运行过程中可能发生执行器故障，并且假设对于任何时间t，只有一个执行器发生故障。不失一般性，假设第一个执行器f_1发生故障，即$\sigma=1$，则跟踪误差状态系统(3-23)可以表示为

$$\dot{\boldsymbol{E}}(t)=\boldsymbol{M}^{-1}\boldsymbol{B}_1(\theta)\boldsymbol{u}_1(t)-\ddot{\boldsymbol{X}}_{\mathrm{d}}+\boldsymbol{M}^{-1}\Delta\boldsymbol{B}_1(\theta)\boldsymbol{f}_1(t)$$

其中：

$$\boldsymbol{B}_1(\theta)=\begin{bmatrix}\cos\theta & -\sin\theta & \cos\theta\\ \sin\theta & \cos\theta & \sin\theta\\ -L & -L & L\end{bmatrix},\quad \boldsymbol{u}_1(t)=\begin{bmatrix}f_2\\ f_3\\ f_4\end{bmatrix},\quad \Delta\boldsymbol{B}_1(\theta)=\begin{bmatrix}-\sin\theta\\ \cos\theta\\ L\end{bmatrix}$$

$\Delta\boldsymbol{B}_1(\theta)$ 表示时变参数不确定性，具有如下形式：

$$\Delta\boldsymbol{B}_1(\theta)=\boldsymbol{S}_1\boldsymbol{H}_1(\theta)\boldsymbol{Q}_1$$

且

$$\boldsymbol{S}_1=\begin{bmatrix}1 & 0 & 0\\ 0 & 1 & 0\\ 0 & 0 & 1\end{bmatrix},\quad \boldsymbol{H}_1(\theta)=\begin{bmatrix}-\frac{1}{2}\sin\theta & 0 & 0\\ \frac{1}{2}\cos\theta & 0 & 0\\ \frac{1}{2}L & 0 & 0\end{bmatrix},\quad \boldsymbol{Q}_1=\begin{bmatrix}2\\ 2\\ 2\end{bmatrix}$$

$\boldsymbol{S}_\sigma$ 和 $\boldsymbol{Q}_\sigma$ 可以根据分离项 $\boldsymbol{M}^{-1}\Delta\boldsymbol{B}_\sigma(\theta)\boldsymbol{f}_\sigma(t)$ 对 ODW 跟踪性能的影响进行调整。在实际康复训练过程中，ODW 需要跟踪事先指定的训练轨迹，具体如下：

$$\begin{cases}x_{\mathrm{d}}(t)=x_0+r\cos\left[\dfrac{1}{r}\left(\dfrac{a}{3}t^3+\dfrac{b}{2}t^2\right)\right]\\ y_{\mathrm{d}}(t)=y_0+r\sin\left[\dfrac{1}{r}\left[\dfrac{a}{3}t^3+\dfrac{b}{2}t^2\right]\right]\\ \theta_{\mathrm{d}}(t)=\theta_0+\dfrac{\pi}{30}t\end{cases}$$

其中，x_0、y_0和θ_0表示 ODW 初始运动状态值。ODW 的物理参数为质量$M=58\text{kg}$，$L=0.4\text{m}$，$I_0=27.7\text{kg}\cdot\text{m}^2$，$m=55\text{kg}$，$r_0=0.2\text{m}$；参数$r=3\text{m}$，$a=-11.3\times10^{-2}$和$b=11.3\times10^{-1}$。通过求解 LMI 式(3-25)，可得控制器参数矩阵$\boldsymbol{T}=\text{diag}\{50，20，10\}$，$\boldsymbol{P}=\text{diag}\{1000，1000，100\}$和$\boldsymbol{R}=\text{diag}\{1000，500，4\}$。仿真结果如图 3.1～图 3.4 所示。

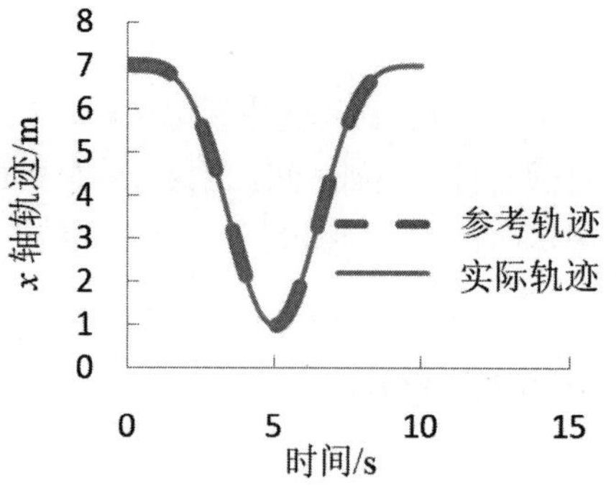

图 3.1　x 轴轨迹跟踪曲线

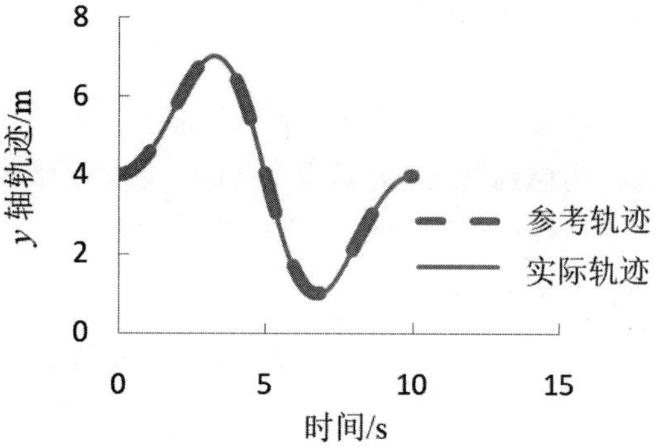

图 3.2　y 轴轨迹跟踪曲线

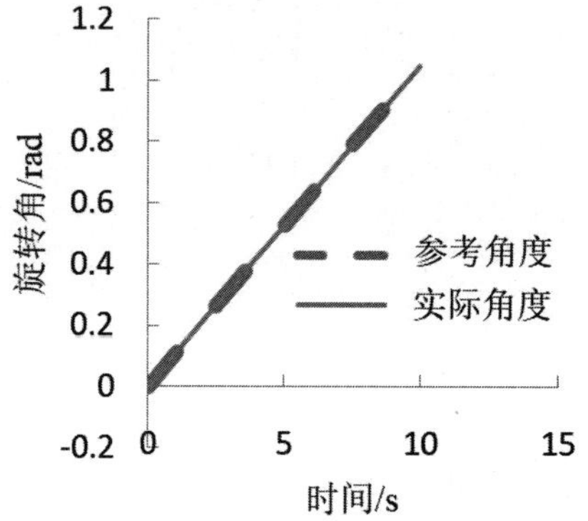

图 3.3　旋转角轨迹跟踪曲线

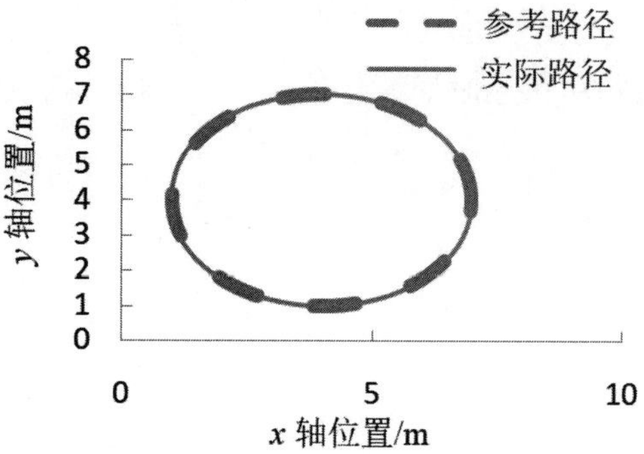

图 3.4　圆形路径跟踪曲线

图 3.1～图 3.3 分别给出了 ODW 在 x 轴、y 轴和旋转角方向的轨迹跟踪曲线，图 3.4 给出了 ODW 的圆形路径跟踪曲线。由图可知，ODW 实现了稳定的跟踪训练，鲁棒非脆弱控制器(3-26)不仅使跟踪误差状态系统(3-23)渐近稳定，而且抑制了执行器故障对跟踪性能的影响，保证了人机系统的安全运动，提高了系统的鲁棒性。同时，得到系统保性能上界 $J^* = V(t_0) = 10.35$ 。

为了验证冗余输入鲁棒非脆弱控制处理执行器故障的有效性，与不含加性增益变化的控制器进行了对比，仿真结果如图 3.5～图 3.8 所示。

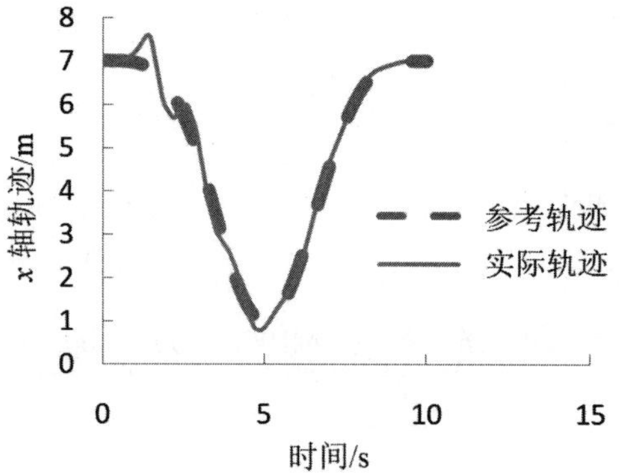

图 3.5　x 轴轨迹跟踪曲线

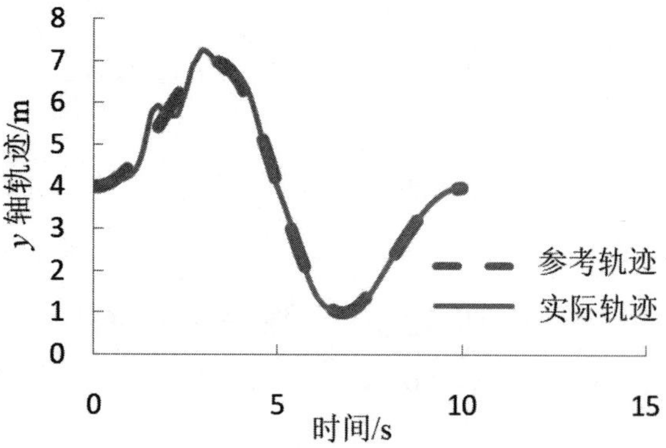

图 3.6　y 轴轨迹跟踪曲线

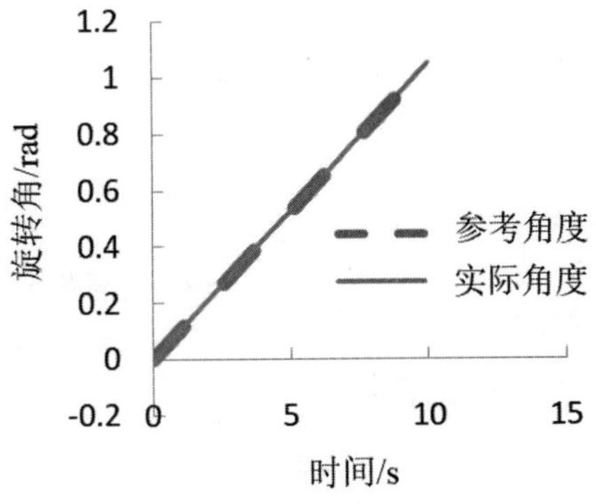

图 3.7　旋转角轨迹跟踪曲线

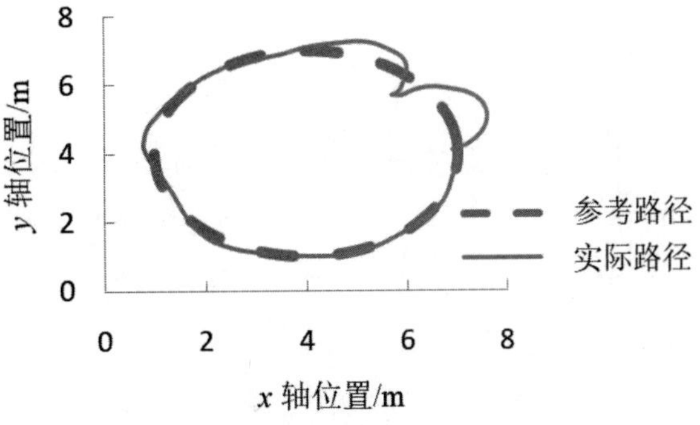

图 3.8　圆形路径跟踪曲线

图 3.5～图 3.8 分别给出了 ODW 在 x 轴、y 轴和旋转角方向的轨迹跟踪曲线，以及圆形路径跟踪曲线。可以看出，ODW 初始运动的一段时间内，x 轴和 y 轴方向产生轨迹跟踪误差，使得 ODW 运动也偏移了指定的路径，说明不含加性增益的控制器仅能在一定程度上抑制系统故障产生的扰动，文中设计的非脆弱控制器(3-26)抑制系统故障具有较强的鲁棒性。

进一步，与 4 个执行器正常工作的控制方法进行了对比仿真。如果不使用冗余自由度分解 ODW 动力学模型(3-7)，则误差状态方程表示如下：

$$\dot{\boldsymbol{E}}(t)=\boldsymbol{M}^{-1}\boldsymbol{B}(\theta)\boldsymbol{u}(t)-\ddot{\boldsymbol{X}}_{\mathrm{d}} \tag{3-30}$$

设计控制器为

$$\boldsymbol{u}(t)=\widehat{\boldsymbol{B}}(\theta)\boldsymbol{M}\boldsymbol{T}^{-1}[\boldsymbol{T}\ddot{\boldsymbol{X}}_{\mathrm{d}}-\boldsymbol{P}\boldsymbol{e}(t)-\boldsymbol{R}\boldsymbol{E}(t)] \tag{3-31}$$

$$\widehat{\boldsymbol{B}}(\theta)=\boldsymbol{B}^{\mathrm{T}}(\theta)[\boldsymbol{B}(\theta)\boldsymbol{B}^{\mathrm{T}}(\theta)]^{-1} \tag{3-32}$$

其中，$\widehat{\boldsymbol{B}}(\theta)$ 是控制矩阵 $\boldsymbol{B}(\theta)$ 的伪逆矩阵。

当 ODW 使用控制器(3-31)帮助康复者跟踪指定的训练轨迹 $\boldsymbol{X}_{\mathrm{d}}$ 时，一个驱动轮的执行器突然发生故障，康复机器人必须依靠其余三个功能正常的执行器来维持运动，仿真结果如图 3.9～图 3.12 所示。

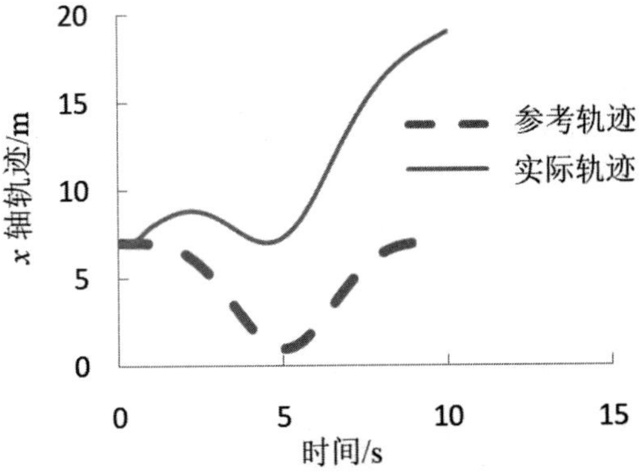

图 3.9　x 轴轨迹跟踪曲线

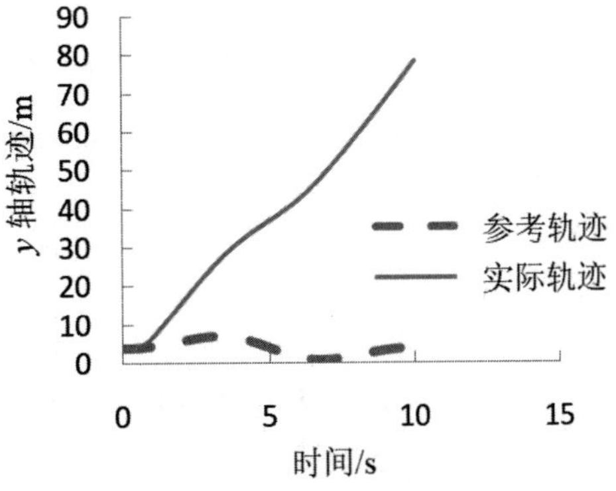

图 3.10　y 轴轨迹跟踪曲线

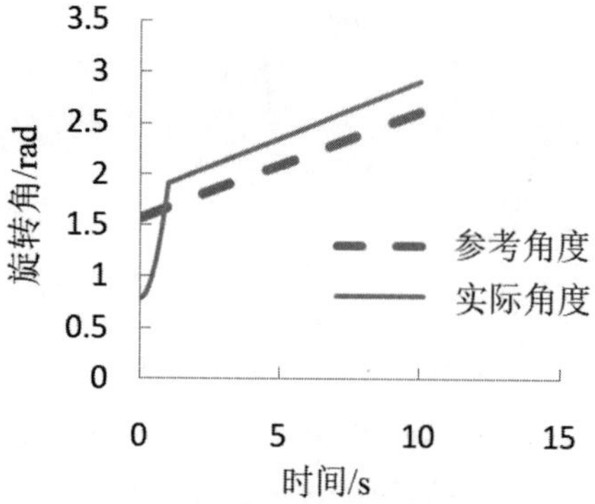

图 3.11 旋转角轨迹跟踪曲线

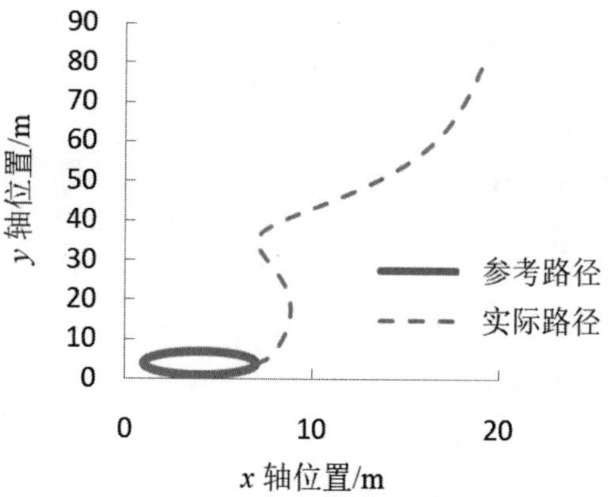

图 3.12 圆形路径跟踪曲线

图 3.9～图 3.11 分别给出了 ODW 各个执行器正常工作的状态下，一个执行器突发故障时 x 轴、y 轴和旋转角方向的轨迹跟踪曲线。可以看出，ODW 无法实现稳定运动，且较大的路径跟踪误差(见图 3.12)会导致机器人发生碰撞危险。仿真结果表明，文中提出的冗余输入安全控制方法可以抑制 ODW 的执行器故障，提高人机系统的安全性能。

3.4 康复机器人自适应鲁棒输入约束安全控制

3.4.1 自适应鲁棒安全控制器的设计

当 ODW 系统执行器发生故障，利用故障模型建立了冗余输入系统(3-13)，为了抑制系统故障，保障人机系统安全，设计定常和时变增益相结合的控制器如下：

$$\begin{aligned}\boldsymbol{u}_0(t)=\boldsymbol{B}_0^{-1}(\theta)\{(\boldsymbol{M}_0\boldsymbol{K}(\theta))[\ddot{\boldsymbol{X}}_{\mathrm{d}}(t)+(\boldsymbol{K}_{\mathrm{d}}+\hat{\boldsymbol{\rho}}(t)\boldsymbol{K}_{\mathrm{d}i})\dot{\boldsymbol{e}}(t)+\\(\boldsymbol{K}_{\mathrm{p}}+\hat{\boldsymbol{\rho}}(t)\boldsymbol{K}_{\mathrm{p}i})\boldsymbol{e}(t)]+\boldsymbol{M}_0\dot{\boldsymbol{K}}(\theta,\dot{\theta})\dot{\boldsymbol{X}}(t)\}\end{aligned} \tag{3-33}$$

其中，$\hat{\boldsymbol{\rho}}(t)$ 是 $\boldsymbol{\rho}$ 的估计值，且 $\tilde{\boldsymbol{\rho}}(t)=\hat{\boldsymbol{\rho}}(t)-\boldsymbol{\rho}$，$\boldsymbol{K}_{\mathrm{d}},\boldsymbol{K}_{\mathrm{d}i},\boldsymbol{K}_{\mathrm{p}},\boldsymbol{K}_{\mathrm{p}i}$ 是控制器可调参数矩阵。

结合式(3-13)和式(3-33)建立跟踪误差状态方程如下：

$$\ddot{\boldsymbol{e}}(t)+[\boldsymbol{K}_{\mathrm{d}}+\hat{\boldsymbol{\rho}}(t)\boldsymbol{K}_{\mathrm{d}i}]\dot{\boldsymbol{e}}(t)+[\boldsymbol{K}_{\mathrm{p}}+\hat{\boldsymbol{\rho}}(t)\boldsymbol{K}_{\mathrm{p}i}]\boldsymbol{e}(t)=\boldsymbol{D}\boldsymbol{\omega}(t) \tag{3-34}$$

其中，$\boldsymbol{D}=(\boldsymbol{M}_0\boldsymbol{K})^{-1}\boldsymbol{B}_i(\theta)$，$\boldsymbol{\omega}(t)=-(\boldsymbol{I}-\boldsymbol{\rho})\boldsymbol{u}_i(t)$。在求解自适应鲁棒控制器之前，给出$D$ 的一种分解方法如下：

$$\boldsymbol{D}=(\boldsymbol{M}_0\boldsymbol{K})^{-1}\boldsymbol{B}_i(\theta)=\begin{bmatrix}\dfrac{b_{i1}}{M+m}-\dfrac{pb_{i3}}{I_0+mr_0^2}\\\dfrac{b_{i2}}{M+m}-\dfrac{qb_{i3}}{I_0+mr_0^2}\\\dfrac{b_{i3}}{I_0+mr_0^2}\end{bmatrix}=\boldsymbol{D}_1-\boldsymbol{D}_2 \tag{3-35}$$

其中，$\boldsymbol{B}_i(\theta)=\begin{bmatrix} b_{i1} & b_{i2} & b_{i3}\end{bmatrix}^{\mathrm{T}}$，$\boldsymbol{D}_1=\begin{bmatrix}\dfrac{b_{i1}}{M+m} & \dfrac{b_{i2}}{M+m} & 0\end{bmatrix}^{\mathrm{T}}$，$\boldsymbol{D}_2=\begin{bmatrix}\dfrac{pb_{i3}}{I_0+mr_0^2} & \dfrac{pb_{i3}}{I_0+mr_0^2} & -\dfrac{b_{i3}}{I_0+mr_0^2}\end{bmatrix}^{\mathrm{T}}$。

且有

$$\boldsymbol{D}_1=\boldsymbol{H}_1\boldsymbol{F}_1(t)\boldsymbol{E}_1 \tag{3-36}$$

$$\boldsymbol{D}_2=\boldsymbol{H}_2\boldsymbol{F}_2(t)\boldsymbol{E}_2 \tag{3-37}$$

其中，$\boldsymbol{F}_1^{\mathrm{T}}(t)\boldsymbol{F}_1(t)\leqslant \boldsymbol{I}$，$\boldsymbol{F}_2^{\mathrm{T}}(t)\boldsymbol{F}_2(t)\leqslant \boldsymbol{I}$；$\boldsymbol{E}_1^{\mathrm{T}}\boldsymbol{E}_1=c_1$，$\boldsymbol{E}_2^{\mathrm{T}}\boldsymbol{E}_2=c_2$；$c_1$、$c_2$为已知常数，且$c_1<c_2$；$\boldsymbol{H}_1$、$\boldsymbol{H}_2$为已知常数矩阵。

定理 3.2 考虑跟踪误差状态方程(3-34)，如果存在对称矩阵$\boldsymbol{P}>0$、$\boldsymbol{T}>0$，使得下列线性矩阵不等式组成立：

$$\begin{bmatrix}-\boldsymbol{T}\boldsymbol{K}_{\mathrm{d}} & \boldsymbol{P}-\boldsymbol{T}\boldsymbol{K}_{\mathrm{p}}\\ 0 & 0\end{bmatrix}\leqslant 0 \tag{3-38}$$

$$\begin{bmatrix}-\rho\boldsymbol{T}\boldsymbol{K}_{\mathrm{d}i} & \boldsymbol{T}\boldsymbol{H}_1 & -\rho\boldsymbol{T}\boldsymbol{K}_{\mathrm{p}i}\\ \boldsymbol{H}_1^{\mathrm{T}}\boldsymbol{T} & -2\boldsymbol{I} & 0\\ 0 & 0 & 0\end{bmatrix}\leqslant 0 \tag{3-39}$$

且控制器(3-33)中 $\hat{\rho}(t)$ 的自适应律为

$$\dot{\hat{\rho}}(t)=l[\dot{\boldsymbol{e}}^{\mathrm{T}}(t)\boldsymbol{T}\boldsymbol{K}_{\mathrm{d}i}\dot{\boldsymbol{e}}(t)+\dot{\boldsymbol{e}}^{\mathrm{T}}(t)\boldsymbol{T}\boldsymbol{K}_{\mathrm{p}i}\boldsymbol{e}(t)] \tag{3-40}$$

那么 ODW 系统在控制器(3-33)作用下可抑制执行器故障，并使跟踪误差系统渐近稳定。

证明： 定义 Lyapunov 函数

$$V(t)=\frac{1}{2}\boldsymbol{e}^{\mathrm{T}}(t)\boldsymbol{P}\boldsymbol{e}(t)+\frac{1}{2}\dot{\boldsymbol{e}}^{\mathrm{T}}(t)\boldsymbol{T}\dot{\boldsymbol{e}}(t)+\frac{1}{2l}\tilde{\rho}^2(t)$$

将$V(t)$沿跟踪误差系统(3-34)求导，可得

$$\begin{aligned}\dot{V}(t)&=\dot{\boldsymbol{e}}^{\mathrm{T}}(t)\boldsymbol{P}\boldsymbol{e}(t)+\dot{\boldsymbol{e}}^{\mathrm{T}}(t)\boldsymbol{T}\ddot{\boldsymbol{e}}(t)+\frac{\tilde{\rho}(t)\dot{\hat{\rho}}(t)}{l}\\ &=\dot{\boldsymbol{e}}^{\mathrm{T}}(t)\boldsymbol{P}\boldsymbol{e}(t)-\dot{\boldsymbol{e}}^{\mathrm{T}}(t)\boldsymbol{T}\boldsymbol{K}_{\mathrm{d}}\dot{\boldsymbol{e}}(t)-\dot{\boldsymbol{e}}^{\mathrm{T}}(t)\boldsymbol{T}\boldsymbol{K}_{\mathrm{p}}\boldsymbol{e}(t)-\rho\dot{\boldsymbol{e}}^{\mathrm{T}}(t)\boldsymbol{T}\boldsymbol{K}_{\mathrm{d}i}\dot{\boldsymbol{e}}(t)-\rho\dot{\boldsymbol{e}}^{\mathrm{T}}(t)\boldsymbol{T}\boldsymbol{K}_{\mathrm{p}i}\boldsymbol{e}(t)-\\ &\quad\tilde{\rho}(t)\dot{\boldsymbol{e}}^{\mathrm{T}}(t)\boldsymbol{T}\boldsymbol{K}_{\mathrm{d}i}\dot{\boldsymbol{e}}(t)-\tilde{\rho}(t)\dot{\boldsymbol{e}}^{\mathrm{T}}(t)\boldsymbol{T}\boldsymbol{K}_{\mathrm{p}i}\boldsymbol{e}(t)+\dot{\boldsymbol{e}}^{\mathrm{T}}(t)\boldsymbol{T}\boldsymbol{D}\boldsymbol{\omega}(t)+\frac{\tilde{\rho}(t)\dot{\hat{\rho}}(t)}{l}\end{aligned}$$

代入自适应律(3-40)可得

$$\dot{V}(t)\leqslant\dot{\boldsymbol{e}}^{\mathrm{T}}(t)\boldsymbol{P}\boldsymbol{e}(t)-\dot{\boldsymbol{e}}^{\mathrm{T}}(t)\boldsymbol{T}\boldsymbol{K}_{\mathrm{d}}\dot{\boldsymbol{e}}(t)-\dot{\boldsymbol{e}}^{\mathrm{T}}(t)\boldsymbol{T}\boldsymbol{K}_{\mathrm{p}}\boldsymbol{e}(t)-\rho\dot{\boldsymbol{e}}^{\mathrm{T}}(t)\boldsymbol{T}\boldsymbol{K}_{\mathrm{d}i}\dot{\boldsymbol{e}}(t)-\rho\dot{\boldsymbol{e}}^{\mathrm{T}}(t)\boldsymbol{T}\boldsymbol{K}_{\mathrm{p}i}\boldsymbol{e}(t)+\dot{\boldsymbol{e}}^{\mathrm{T}}(t)\boldsymbol{T}\boldsymbol{D}\boldsymbol{\omega}(t)$$

结合式(3-35)～式(3-37)，可得

$$\begin{aligned}\dot{V}(t)&=\dot{\boldsymbol{e}}^{\mathrm{T}}(t)\boldsymbol{P}\boldsymbol{e}(t)-\dot{\boldsymbol{e}}^{\mathrm{T}}\boldsymbol{T}\boldsymbol{K}_{\mathrm{d}}\dot{\boldsymbol{e}}(t)-\dot{\boldsymbol{e}}^{\mathrm{T}}(t)\boldsymbol{T}\boldsymbol{K}_{\mathrm{p}}\boldsymbol{e}(t)-\rho\dot{\boldsymbol{e}}^{\mathrm{T}}(t)\boldsymbol{T}\boldsymbol{K}_{\mathrm{d}i}\dot{\boldsymbol{e}}(t)-\rho\dot{\boldsymbol{e}}^{\mathrm{T}}\boldsymbol{T}\boldsymbol{K}_{\mathrm{p}i}\boldsymbol{e}(t)+\\ &\quad\frac{1}{2}\dot{\boldsymbol{e}}^{\mathrm{T}}\boldsymbol{T}\boldsymbol{H}_1\boldsymbol{H}_1^{\mathrm{T}}\boldsymbol{T}\dot{\boldsymbol{e}}(t)-\frac{1}{2}\dot{\boldsymbol{e}}^{\mathrm{T}}(t)\boldsymbol{T}\boldsymbol{H}_2\boldsymbol{H}_2\boldsymbol{T}\dot{\boldsymbol{e}}(t)+\frac{c_1-c_2}{2}\boldsymbol{\omega}^{\mathrm{T}}(t)\boldsymbol{\omega}(t)\\ &=\begin{bmatrix}\dot{\boldsymbol{e}}^{\mathrm{T}}(t) & \boldsymbol{e}^{\mathrm{T}}(t)\end{bmatrix}\begin{bmatrix}-\boldsymbol{T}\boldsymbol{K}_{\mathrm{d}} & \boldsymbol{P}-\boldsymbol{T}\boldsymbol{K}_{\mathrm{p}}\\ 0 & 0\end{bmatrix}\begin{bmatrix}\dot{\boldsymbol{e}}(t)\\ \boldsymbol{e}(t)\end{bmatrix}+\begin{bmatrix}\dot{\boldsymbol{e}}^{\mathrm{T}}(t) & \boldsymbol{e}^{\mathrm{T}}(t)\end{bmatrix}\boldsymbol{\Theta}_0\begin{bmatrix}\dot{\boldsymbol{e}}(t)\\ \boldsymbol{e}(t)\end{bmatrix}-\frac{c_2-c_1}{2}\boldsymbol{\omega}^{\mathrm{T}}(t)\boldsymbol{\omega}(t)\end{aligned}$$

其中：

$$\boldsymbol{\Theta}_0 = \begin{bmatrix} -\rho \boldsymbol{T}\boldsymbol{K}_{\mathrm{d}i} + \dfrac{1}{2}\boldsymbol{T}\boldsymbol{H}_1\boldsymbol{H}_1^{\mathrm{T}}\boldsymbol{T} & -\rho \boldsymbol{T}\boldsymbol{K}_{\mathrm{p}i} \\ 0 & 0 \end{bmatrix}$$

进一步，根据式(3-38)、式(3-39)和 Schur Completement 引理可知$\dot{V}(t)<0$，即 ODW 系统某个执行器发生故障时，跟踪误差系统(3-34)渐近稳定。

3.4.2 输入约束自适应鲁棒安全控制器的设计

在冗余输入系统模型(3-13)基础上，令$\boldsymbol{x}_1(t)=\boldsymbol{X}(t),\boldsymbol{x}_2(t)=\dot{\boldsymbol{X}}(t)$，模型(3-13)可以表示为如下形式：

$$\begin{cases} \dot{\boldsymbol{x}}_1(t)=\boldsymbol{x}_2(t) \\ \dot{\boldsymbol{x}}_2(t)=-[\boldsymbol{M}_0\boldsymbol{K}(\theta)]^{-1}[\boldsymbol{M}_0\dot{\boldsymbol{K}}(\theta,\dot{\theta})]\boldsymbol{x}_2(t)+[\boldsymbol{M}_0\boldsymbol{K}(\theta)]^{-1}\boldsymbol{B}_0(\theta)\boldsymbol{u}_0(t)+\boldsymbol{D}\boldsymbol{\omega}(t) \end{cases} \tag{3-41}$$

为了实现轨迹跟踪过程中的控制输入约束，由如下定义的饱和函数进行限定：

$$\mathrm{sat}(u)=\begin{cases} u_{\max}, & u \geqslant u_{\max} \\ u, & u_{\min}<u<u_{\max} \\ u_{\min}, & u \leqslant u_{\min} \end{cases} \tag{3-42}$$

令$\boldsymbol{X}_{\mathrm{d}}(t)$表示期望运动轨迹，$\boldsymbol{X}(t)$表示实际运动轨迹，则$\boldsymbol{e}_1(t)=\boldsymbol{X}(t)-\boldsymbol{X}_{\mathrm{d}}(t)$表示轨迹跟踪误差，$\boldsymbol{e}_2(t)=\dot{\boldsymbol{X}}(t)-\dot{\boldsymbol{X}}_{\mathrm{d}}(t)$表示速度跟踪误差。文中将设计一个鲁棒控制器$\boldsymbol{u}_0(t)$，并利用式(3-42)实现输入约束；同时为保障人机系统安全，当执行器发生故障时抑制扰动$\boldsymbol{\omega}(t)$，且同时满足以下两个系统性能要求。

第一，跟踪误差$\boldsymbol{e}_1(t)$和$\boldsymbol{e}_2(t)$系统渐近稳定。

第二，给定$\gamma>0$和矩阵$\boldsymbol{Q}_0$，跟踪误差$\boldsymbol{e}_1(t)$和$\boldsymbol{e}_2(t)$满足如下性能指标：

$$\begin{bmatrix} \int_0^{\infty}\|\boldsymbol{e}_1(t)\|_2^2\mathrm{d}t \\ \int_0^{\infty}\|\boldsymbol{e}_2(t)\|_2^2\mathrm{d}t \end{bmatrix} \leqslant [(\boldsymbol{Q}_0^{\mathrm{T}}\boldsymbol{Q}_0)^{-1}\boldsymbol{Q}_0^{\mathrm{T}}][V(0)+\gamma^2\int_0^{\infty}\boldsymbol{\omega}^{\mathrm{T}}(t)\boldsymbol{\omega}(t)\mathrm{d}t] \tag{3-43}$$

文中安全控制器采用反步设计技术，定义实际跟踪速度为

$$\boldsymbol{x}_2(t)=-\boldsymbol{K}_1\hat{\boldsymbol{\rho}}(t)\boldsymbol{e}_1(t)+\dot{\boldsymbol{X}}_{\mathrm{d}}(t)+\boldsymbol{\xi}_1(t) \tag{3-44}$$

其中，$\boldsymbol{\xi}_1(t)$是速度$\boldsymbol{x}_2(t)$的补偿误差，$\hat{\boldsymbol{\rho}}(t)$是$\boldsymbol{\rho}$的估计值，并且$\tilde{\boldsymbol{\rho}}(t)=\hat{\boldsymbol{\rho}}(t)-\boldsymbol{\rho}$。

定义$\boldsymbol{\xi}_1(t)$具有如下形式：

$$\boldsymbol{\xi}_1(t)=-\boldsymbol{K}_3\boldsymbol{e}_2(t) \tag{3-45}$$

其中，$\boldsymbol{K}_1$和$\boldsymbol{K}_3$为正定对称矩阵。

令

$$e_2(t)=x_2(t)-\dot{X}_{\mathrm{d}}(t) \tag{3-46}$$

对式 (3-46)关于时间求导，并根据式(3-41)可得

$$\begin{aligned}\dot{e}_2(t)&=\dot{x}_2(t)-\ddot{X}_{\mathrm{d}}(t)\\&=-(M_0K)^{-1}(M_0\dot{K})x_2(t)+(M_0K)^{-1}B_0(\theta)u_0(t)+D\omega(t)-\ddot{X}_{\mathrm{d}}(t)\end{aligned} \tag{3-47}$$

设计理想的控制输入为

$$\begin{aligned}u^0(t)=&B_0^{-1}(\theta)[M_0K(\theta)]\{\ddot{X}_{\mathrm{d}}(t)+[M_0K(\theta)]^{-1}[M_0\dot{K}(\theta,\dot{\theta})]x_2(t)-\\&K_2\hat{\rho}(t)e_2(t)+\xi_2(t)\}\end{aligned} \tag{3-48}$$

对理想控制 $u^0(t)$ 采用饱和函数约束，实现实际控制输入 $u_0(t)$ 的限制如下：

$$\begin{aligned}u_0(t)=&\mathrm{sat}\{B_0^{-1}(\theta)M_0K(\theta)[\ddot{X}_{\mathrm{d}}(t)+(M_0K(\theta))^{-1}(M_0\dot{K}(\theta,\dot{\theta}))x_2(t)-\\&K_2\hat{\rho}(t)e_2(t)+\xi_2(t)]\}\end{aligned} \tag{3-49}$$

定义 $\xi_2(t)$ 具有如下形式：

$$\xi_2(t)=-K_4e_1(t)-[M_0K(\theta)]^{-1}B_0(\theta)[u_0(t)-u^0(t)] \tag{3-50}$$

其中，K_2 和 K_4 是正定对称矩阵。将式(3-44)代入式(3-49)，得到具有误差补偿 $\xi_1(t)$ 和 $\xi_2(t)$ 的有界控制输入如下：

$$\begin{aligned}u_0(t)=&\mathrm{sat}\{B_0^{-1}(\theta)[(M_0K(\theta))\ddot{X}_{\mathrm{d}}(t)+(M_0\dot{K}(\theta,\dot{\theta}))\dot{X}_{\mathrm{d}}(t)-(M_0\dot{K}(\theta,\dot{\theta}))K_1\hat{\rho}(t)e_1(t)-\\&(M_0K(\theta))K_2\hat{\rho}(t)e_2(t)+(M_0\dot{K}(\theta,\dot{\theta}))\xi_1(t)+(M_0K(\theta))\xi_2(t)]\}\end{aligned} \tag{3-51}$$

3.4.3　稳定性分析

定义 3.3　如果存在输入约束控制 $u_0(t)$，使得对于所有可能的执行器故障，跟踪误差系统渐近稳定，并且满足性能指标(3-43)，那么 $u_0(t)$ 称为保跟踪性能的具有输入约束的安全控制器。

定理 3.3　考虑跟踪误差 $e_1(t)$ 和 $e_2(t)$，并给定常数 $\gamma>0$，$l>0$，矩阵 $Q_1>0$，$Q_2>0$，$K_1>0$，$K_2>0$，$K_3>0$ 和 $K_4>0$，如果存在对称矩阵 $P>0$，$T>0$，使得如下线性矩阵不等式成立：

$$\begin{bmatrix}-\rho TK_1+Q_1 & -TK_3 & 0 & 0\\ -PK_4 & -\rho PK_2+Q_2 & PH_1 & PH_2\\ 0 & H_1^{\mathrm{T}}P & -2I & 0\\ 0 & H_2^{\mathrm{T}}P & 0 & -2I\end{bmatrix}<0 \tag{3-52}$$

那么，受约束的控制输入(3-49)和自适应律 $\dot{\hat{\rho}}(t)$

$$\dot{\hat{\rho}}(t)=l[e_1^{\mathrm{T}}(t)TK_1e_1(t)+e_2^{\mathrm{T}}(t)PK_2e_2(t)] \tag{3-53}$$

使跟踪误差系统渐近稳定，并实现了执行器故障下的自适应鲁棒跟踪控制。而且，跟踪误差满足性能指标：

$$\begin{bmatrix}\int_0^{\infty}\|\boldsymbol{e}_1(t)\|_2^2\mathrm{d}t\\ \int_0^{\infty}\|\boldsymbol{e}_2(t)\|_2^2\mathrm{d}t\end{bmatrix}\leqslant[(\boldsymbol{Q}_0^{\mathrm{T}}\boldsymbol{Q}_0)^{-1}\boldsymbol{Q}_0^{\mathrm{T}}][V(0)+\gamma^2\int_0^{\infty}\boldsymbol{\omega}^{\mathrm{T}}(t)\boldsymbol{\omega}(t)\mathrm{d}t]$$

证明：定义 Lyapunov 函数

$$V(t)=\frac{1}{2}\boldsymbol{e}_1^{\mathrm{T}}(t)\boldsymbol{T}\boldsymbol{e}_1(t)+\frac{1}{2}\boldsymbol{e}_2^{\mathrm{T}}(t)\boldsymbol{P}\boldsymbol{e}_2(t)+\frac{1}{2l}\tilde{\rho}^2(t)$$

将$V(t)$对时间求导，可得

$$\begin{aligned}\dot{V}(t)&=\boldsymbol{e}_1^{\mathrm{T}}(t)\boldsymbol{T}\dot{\boldsymbol{e}}_1(t)+\boldsymbol{e}_2^{\mathrm{T}}(t)\boldsymbol{P}\dot{\boldsymbol{e}}_2(t)+\frac{\tilde{\rho}(t)\dot{\hat{\rho}}(t)}{l}\\&=\boldsymbol{e}_1^{\mathrm{T}}(t)\boldsymbol{T}(-\boldsymbol{K}_1\hat{\rho}(t)\boldsymbol{e}_1(t)+\boldsymbol{\xi}_1(t))+\boldsymbol{e}_2^{\mathrm{T}}(t)\boldsymbol{P}[-(\boldsymbol{M}_0\boldsymbol{K}(\theta))^{-1}(\boldsymbol{M}_0\dot{\boldsymbol{K}}(\theta,\dot{\theta}))\boldsymbol{x}_2(t)+\\&\quad(\boldsymbol{M}_0\boldsymbol{K}(\theta))^{-1}\boldsymbol{B}_0(\theta)\boldsymbol{u}_0(t)+\boldsymbol{D}\boldsymbol{\omega}(t)-\ddot{\boldsymbol{X}}_{\mathrm{d}}(t)]+\frac{\tilde{\rho}(t)\dot{\hat{\rho}}(t)}{l}\\&=\boldsymbol{e}_1^{\mathrm{T}}(t)\boldsymbol{T}(-\boldsymbol{K}_1\hat{\rho}(t)\boldsymbol{e}_1(t)+\boldsymbol{\xi}_1(t))+\boldsymbol{e}_2^{\mathrm{T}}(t)\boldsymbol{P}[-(\boldsymbol{M}_0\boldsymbol{K}(\theta))^{-1}(\boldsymbol{M}_0\dot{\boldsymbol{K}}(\theta,\dot{\theta}))\boldsymbol{x}_2(t)+\\&\quad(\boldsymbol{M}_0\boldsymbol{K})^{-1}\boldsymbol{B}_0(\theta)\boldsymbol{u}^0(t)+(\boldsymbol{M}_0\boldsymbol{K}(\theta))^{-1}\boldsymbol{B}_0(\theta)(\boldsymbol{u}_0(t)-\boldsymbol{u}^0(t))+\boldsymbol{D}\boldsymbol{\omega}(t)-\ddot{\boldsymbol{X}}_{\mathrm{d}}(t)]+\\&\quad\frac{\tilde{\rho}(t)\dot{\hat{\rho}}(t)}{l}\end{aligned}\tag{3-54}$$

将式(3-48)、式(3-53)代入式(3-54)，有

$$\begin{aligned}\dot{V}(t)&=-\boldsymbol{e}_1^{\mathrm{T}}(t)\boldsymbol{T}\boldsymbol{K}_1(\tilde{\rho}(t)+\rho)\boldsymbol{e}_1(t)+\boldsymbol{e}_1^{\mathrm{T}}(t)\boldsymbol{T}\boldsymbol{\xi}_1(t)-\boldsymbol{e}_2^{\mathrm{T}}(t)\boldsymbol{P}\boldsymbol{K}_2(\tilde{\rho}(t)+\rho)\boldsymbol{e}_2(t)+\\&\quad\boldsymbol{e}_2^{\mathrm{T}}(t)\boldsymbol{P}\boldsymbol{D}\boldsymbol{\omega}(t)+\boldsymbol{e}_2^{\mathrm{T}}(t)\boldsymbol{P}\boldsymbol{\xi}_2(t)+\boldsymbol{e}_2^{\mathrm{T}}(t)\boldsymbol{P}(\boldsymbol{M}_0\boldsymbol{K}(\theta))^{-1}\boldsymbol{B}_0(\theta)(\boldsymbol{u}_0(t)-\boldsymbol{u}^0(t))+\\&\quad\frac{\tilde{\rho}(t)\dot{\hat{\rho}}(t)}{l}\\&=-\boldsymbol{e}_1^{\mathrm{T}}(t)\boldsymbol{T}\boldsymbol{K}_1\rho\boldsymbol{e}_1(t)-\boldsymbol{e}_2^{\mathrm{T}}(t)\boldsymbol{P}\boldsymbol{K}_2\rho\boldsymbol{e}_2(t)+\boldsymbol{e}_1^{\mathrm{T}}(t)\boldsymbol{T}\boldsymbol{\xi}_1(t)+\boldsymbol{e}_2^{\mathrm{T}}(t)\boldsymbol{P}\boldsymbol{D}\boldsymbol{\omega}(t)+\\&\quad\boldsymbol{e}_2^{\mathrm{T}}(t)\boldsymbol{P}\boldsymbol{\xi}_2(t)+\boldsymbol{e}_2^{\mathrm{T}}(t)\boldsymbol{P}(\boldsymbol{M}_0\boldsymbol{K}(\theta))^{-1}\boldsymbol{B}_0(\theta)(\boldsymbol{u}_0(t)-\boldsymbol{u}^0(t))\end{aligned}\tag{3-55}$$

由式(3-35)～式(3-37)可得

$$\begin{aligned}\boldsymbol{e}_2^{\mathrm{T}}(t)\boldsymbol{P}\boldsymbol{D}\boldsymbol{\omega}(t)&=\frac{1}{2}\boldsymbol{e}_2^{\mathrm{T}}(t)\boldsymbol{P}\boldsymbol{D}\boldsymbol{\omega}(t)+\frac{1}{2}\boldsymbol{\omega}^{\mathrm{T}}(t)\boldsymbol{D}^{\mathrm{T}}\boldsymbol{P}\boldsymbol{e}_2(t)\\&=\frac{1}{2}\boldsymbol{e}_2^{\mathrm{T}}(t)\boldsymbol{P}(\boldsymbol{D}_1-\boldsymbol{D}_2)\boldsymbol{\omega}(t)+\frac{1}{2}\boldsymbol{\omega}^{\mathrm{T}}(t)(\boldsymbol{D}_1^{\mathrm{T}}-\boldsymbol{D}_2^{\mathrm{T}})\boldsymbol{P}\boldsymbol{e}_2(t)\\&=\frac{1}{2}\boldsymbol{e}_2^{\mathrm{T}}(t)\boldsymbol{P}\boldsymbol{D}_1\boldsymbol{\omega}(t)+\frac{1}{2}\boldsymbol{\omega}^{\mathrm{T}}(t)\boldsymbol{D}_1^{\mathrm{T}}\boldsymbol{P}\boldsymbol{e}_2(t)+[\frac{1}{2}\boldsymbol{e}_2^{\mathrm{T}}(t)\boldsymbol{P}(-\boldsymbol{D}_2)\boldsymbol{\omega}(t)+\frac{1}{2}\boldsymbol{\omega}^{\mathrm{T}}(t)(-\boldsymbol{D}_2^{\mathrm{T}})\boldsymbol{P}\boldsymbol{e}_2(t)]\\&\leqslant\frac{1}{2}\boldsymbol{e}_2^{\mathrm{T}}(t)\boldsymbol{P}\boldsymbol{H}_1\boldsymbol{H}_1^{\mathrm{T}}\boldsymbol{P}\boldsymbol{e}_2(t)+\frac{c_1}{2}\boldsymbol{\omega}^{\mathrm{T}}(t)\boldsymbol{\omega}(t)+\frac{1}{2}\boldsymbol{e}_2^{\mathrm{T}}(t)\boldsymbol{P}\boldsymbol{H}_2\boldsymbol{H}_2^{\mathrm{T}}\boldsymbol{P}\boldsymbol{e}_2(t)+\frac{c_2}{2}\boldsymbol{\omega}^{\mathrm{T}}(t)\boldsymbol{\omega}(t)\end{aligned}\tag{3-56}$$

将式(3-56)代入式(3-55)，可得

$$\dot{V}(t) \leqslant -\rho \boldsymbol{e}_1^{\mathrm{T}}(t)\boldsymbol{T}\boldsymbol{K}_1\boldsymbol{e}_1(t) - \rho \boldsymbol{e}_2^{\mathrm{T}}(t)\boldsymbol{P}\boldsymbol{K}_2\boldsymbol{e}_2(t) + \frac{1}{2}\boldsymbol{e}_2^{\mathrm{T}}(t)\boldsymbol{P}\boldsymbol{H}_1\boldsymbol{H}_1^{\mathrm{T}}\boldsymbol{P}\boldsymbol{e}_2(t) + \frac{1}{2}\boldsymbol{e}_2^{\mathrm{T}}(t)\boldsymbol{P}\boldsymbol{H}_2\boldsymbol{H}_2^{\mathrm{T}}\boldsymbol{P}\boldsymbol{e}_2(t) + \\ \frac{(c_1+c_2)}{2}\boldsymbol{\omega}^{\mathrm{T}}(t)\boldsymbol{\omega}(t) + \boldsymbol{e}_1^{\mathrm{T}}(t)\boldsymbol{T}\boldsymbol{\xi}_1(t) + \boldsymbol{e}_2^{\mathrm{T}}(t)\boldsymbol{P}\boldsymbol{\xi}_2(t) + \boldsymbol{e}_2^{\mathrm{T}}(t)\boldsymbol{P}(\boldsymbol{M}_0\boldsymbol{K}(\theta))^{-1}\boldsymbol{B}_0(\theta)(\boldsymbol{u}_0(t) - \boldsymbol{u}^0(t)) \tag{3-57}$$

由式(3-45)、式(3-50)和式(3-57)可知

$$\begin{aligned}\dot{V}(t) \leqslant & -\rho \boldsymbol{e}_1^{\mathrm{T}}(t)\boldsymbol{T}\boldsymbol{K}_1\boldsymbol{e}_1(t) - \rho \boldsymbol{e}_2^{\mathrm{T}}(t)\boldsymbol{P}\boldsymbol{K}_2\boldsymbol{e}_2(t) + \frac{1}{2}\boldsymbol{e}_2^{\mathrm{T}}(t)\boldsymbol{P}\boldsymbol{H}_1\boldsymbol{H}_1^{\mathrm{T}}\boldsymbol{P}\boldsymbol{e}_2(t) + \\ & \frac{1}{2}\boldsymbol{e}_2^{\mathrm{T}}(t)\boldsymbol{P}\boldsymbol{H}_2\boldsymbol{H}_2^{\mathrm{T}}\boldsymbol{P}\boldsymbol{e}_2(t) + \frac{(c_1+c_2)}{2}\boldsymbol{\omega}^{\mathrm{T}}(t)\boldsymbol{\omega}(t) - \boldsymbol{e}_1^{\mathrm{T}}(t)\boldsymbol{T}\boldsymbol{K}_3\boldsymbol{e}_2(t) - \boldsymbol{e}_2^{\mathrm{T}}(t)\boldsymbol{P}\boldsymbol{K}_4\boldsymbol{e}_1(t) \\ = & [\boldsymbol{e}_1^{\mathrm{T}}(t) \quad \boldsymbol{e}_2^{\mathrm{T}}(t)]\boldsymbol{Q}\begin{bmatrix}\boldsymbol{e}_1(t)\\ \boldsymbol{e}_2(t)\end{bmatrix} + \frac{(c_1+c_2)}{2}\boldsymbol{\omega}^{\mathrm{T}}(t)\boldsymbol{\omega}(t)\end{aligned} \tag{3-58}$$

其中：

$$\boldsymbol{Q} = \begin{bmatrix} -\rho \boldsymbol{T}\boldsymbol{K}_1 & -\boldsymbol{T}\boldsymbol{K}_3 \\ -\boldsymbol{P}\boldsymbol{K}_4 & -\rho \boldsymbol{P}\boldsymbol{K}_2 + \frac{1}{2}\boldsymbol{P}\boldsymbol{H}_1\boldsymbol{H}_1^{\mathrm{T}}\boldsymbol{P} + \frac{1}{2}\boldsymbol{P}\boldsymbol{H}_2\boldsymbol{H}_2^{\mathrm{T}}\boldsymbol{P} \end{bmatrix}$$

因此，根据式(3-52)和Schur Completement引理可知$\boldsymbol{Q}<0$；进一步，当$\boldsymbol{\omega}(t)=0$，有$\dot{V}(t)<0$成立，这样可以得到轨迹跟踪误差$\boldsymbol{e}_1(t)$和速度跟踪误差$\boldsymbol{e}_2(t)$渐近稳定。

接下来，继续分析$\boldsymbol{e}_1(t)$和$\boldsymbol{e}_2(t)$满足的性能指标。对式(3-58)两侧同时积分，可得

$$\int_0^{\infty}\dot{V}(t)\mathrm{d}t \leqslant \int_0^{\infty}\left[\boldsymbol{e}_1^{\mathrm{T}}(t) \quad \boldsymbol{e}_2^{\mathrm{T}}(t)\right]\boldsymbol{Q}\begin{bmatrix}\boldsymbol{e}_1(t)\\ \boldsymbol{e}_2(t)\end{bmatrix}\mathrm{d}t + \frac{1}{2}\int_0^{\infty}(c_1+c_2)\boldsymbol{\omega}^{\mathrm{T}}(t)\boldsymbol{\omega}(t)\mathrm{d}t \tag{3-59}$$

进一步，根据定理3.3推导得出

$$\int_0^{\infty}[\boldsymbol{e}_1^{\mathrm{T}}(t)\boldsymbol{Q}_1\boldsymbol{e}_1(t) + \boldsymbol{e}_2^{\mathrm{T}}(t)\boldsymbol{Q}_2\boldsymbol{e}_2(t)]\mathrm{d}t \leqslant \int_0^{\infty}\left[\boldsymbol{e}_1^{\mathrm{T}}(t) \quad \boldsymbol{e}_2^{\mathrm{T}}(t)\right]\left(\boldsymbol{Q} + \begin{bmatrix}\boldsymbol{Q}_1 & 0\\ 0 & \boldsymbol{Q}_2\end{bmatrix}\right)\begin{bmatrix}\boldsymbol{e}_1(t)\\ \boldsymbol{e}_2(t)\end{bmatrix}\mathrm{d}t + V(0) + \\ \frac{(c_1+c_2)}{2}\int_0^{\infty}\boldsymbol{\omega}^{\mathrm{T}}(t)\boldsymbol{\omega}(t)\mathrm{d}t$$

$$\int_0^{\infty}\lambda_{\min}(\boldsymbol{Q}_1)\left\|\boldsymbol{e}_1^{\mathrm{T}}(t)\right\|_2^2\mathrm{d}t + \int_0^{\infty}\lambda_{\min}(\boldsymbol{Q}_2)\left\|\boldsymbol{e}_2^{\mathrm{T}}(t)\right\|_2^2)\mathrm{d}t \leqslant V(0) + \frac{(c_1+c_2)}{2}\int_0^{\infty}\boldsymbol{\omega}^{\mathrm{T}}(t)\boldsymbol{\omega}(t)\mathrm{d}t$$

令$\gamma^2 = \dfrac{c_1+c_2}{2}$，$\boldsymbol{Q}_0 = [\lambda_{\min}(\boldsymbol{Q}_1) \quad \lambda_{\min}(\boldsymbol{Q}_2)]$，$(\boldsymbol{Q}_0^{\mathrm{T}}\boldsymbol{Q}_0)^{-1}\boldsymbol{Q}_0^{\mathrm{T}}$是$\boldsymbol{Q}_0$的伪逆矩阵，因此有如下不等式成立：

$$\begin{bmatrix}\int_0^{\infty}\|\boldsymbol{e}_1(t)\|_2^2\mathrm{d}t \\ \int_0^{\infty}\|\boldsymbol{e}_2(t)\|_2^2\mathrm{d}t\end{bmatrix} \leqslant \left[(\boldsymbol{Q}_0^{\mathrm{T}}\boldsymbol{Q}_0)^{-1}\boldsymbol{Q}_0^{\mathrm{T}}\right]\left[V(0) + \gamma^2\int_0^{\infty}\boldsymbol{\omega}^{\mathrm{T}}(t)\boldsymbol{\omega}(t)\mathrm{d}t\right]$$

这样得到了跟踪误差满足的性能指标要求式(3-43)。

3.4.4 仿真结果

本节通过 ODW 路径跟踪仿真实验，验证了提出的自适应鲁棒输入约束安全跟踪控制算法抑制执行器故障的有效性。对于任意时间 t 仅有一个执行器故障，不失一般性，假设第四个执行器 f_4 故障，即 $\rho_1^0=0,\rho_2^0=0,\rho_3^0=0,\rho_4^1=1$。因此，冗余输入模型可以写为如下形式：

$$\boldsymbol{M}_0\boldsymbol{K}(\theta)\ddot{\boldsymbol{X}}(t)+\boldsymbol{M}_0\dot{\boldsymbol{K}}(\theta,\dot{\theta})\dot{\boldsymbol{X}}(t)=\boldsymbol{B}_0(\theta)\boldsymbol{u}_0(t)+\boldsymbol{B}_4(\theta)(\boldsymbol{I}-\boldsymbol{\rho})\boldsymbol{u}_4(t)$$

其中：

$$\boldsymbol{u}_0(t)=\begin{bmatrix} f_1 \\ f_2 \\ f_3 \end{bmatrix},\quad \boldsymbol{\omega}(t)=-(\boldsymbol{I}-\boldsymbol{\rho})\boldsymbol{u}_4(t),\quad \boldsymbol{B}_0(\theta)=\begin{bmatrix} -\sin\theta & \cos\theta & -\sin\theta \\ \cos\theta & \sin\theta & -\cos\theta \\ \lambda_1 & \lambda_2 & -\lambda_3 \end{bmatrix},\quad \boldsymbol{B}_4(\theta)=\begin{bmatrix} \cos\theta \\ \sin\theta \\ \lambda_4 \end{bmatrix}$$

$$\boldsymbol{D}=[(\boldsymbol{M}_0\boldsymbol{K}(\theta)]^{-1}\boldsymbol{B}_4(\theta)=\begin{bmatrix} \dfrac{\cos\theta}{M+m}-\dfrac{p\lambda_4}{I_0+mr_0^2} \\ \dfrac{\sin\theta}{M+m}-\dfrac{q\lambda_4}{I_0+mr_0^2} \\ \dfrac{\lambda_4}{I_0+mr_0^2} \end{bmatrix}=\boldsymbol{D}_1-\boldsymbol{D}_2$$

$$\boldsymbol{D}_1=\begin{bmatrix} \dfrac{\cos\theta}{M+m} \\ \dfrac{\sin\theta}{M+m} \\ 0 \end{bmatrix},\quad \boldsymbol{D}_2=\begin{bmatrix} \dfrac{p\lambda_4}{I_0+mr_0^2} \\ \dfrac{q\lambda_4}{I_0+mr_0^2} \\ \dfrac{-\lambda_4}{I_0+mr_0^2} \end{bmatrix}$$

$$\boldsymbol{H}_1=\begin{bmatrix} \dfrac{2}{M+m} & 0 & 0 \\ 0 & \dfrac{2}{M+m} & 0 \\ 0 & 0 & \dfrac{1}{I_0+mr_0^2} \end{bmatrix},\quad \boldsymbol{F}_1(t)=\begin{bmatrix} \dfrac{1}{2}\cos\theta & 0 & 0 \\ \dfrac{1}{2}\sin\theta & 0 & 0 \\ 0 & 0 & 0 \end{bmatrix},\quad \boldsymbol{E}_1=\begin{bmatrix} 1 \\ 1 \\ 1 \end{bmatrix}$$

$$\boldsymbol{H}_2=\begin{bmatrix} \dfrac{2\sqrt{2}L}{I_0+mr_0^2} & 0 & 0 \\ 0 & \dfrac{2\sqrt{2}L}{I_0+mr_0^2} & 0 \\ 0 & 0 & \dfrac{2L}{I_0+mr_0^2} \end{bmatrix},\quad \boldsymbol{F}_2(t)=\begin{bmatrix} \dfrac{p\lambda_4}{2\sqrt{2}L} & 0 & 0 \\ \dfrac{q\lambda_4}{2\sqrt{2}L} & 0 & 0 \\ \dfrac{\lambda_4}{2L} & 0 & 0 \end{bmatrix},\quad \boldsymbol{E}_2=\begin{bmatrix} 1 \\ 1 \\ 1 \end{bmatrix}$$

$\boldsymbol{E}_1$ 和 $\boldsymbol{E}_2$ 代表了分离故障执行器对 ODW 运动的影响，其可根据跟踪性能进行调整。设医生指定的训练轨迹 $\boldsymbol{X}_{\mathrm{d}}(t)$ 如下：

$$\begin{cases} x_{\mathrm{d}}(t)=30(1-\mathrm{e}^{-0.2t}) \\ y_{\mathrm{d}}(t)=30(1-\mathrm{e}^{-0.2t}) \\ \theta_{\mathrm{d}}(t)=\dfrac{\pi}{2} \end{cases}$$

仿真中，ODW 的物理参数为 $M=58\mathrm{kg}$，$L=0.4\mathrm{m}$，$I_0=27.7\mathrm{kg}\cdot\mathrm{m}^2$，$r_0=0.1\mathrm{m}$，$\beta=(\pi/4)\mathrm{rad}$，$m=60\mathrm{kg}$。当第四个执行器发生中断故障时，即 $f_4=0\mathrm{N}$，控制器参数矩阵 $\boldsymbol{K}_1=\mathrm{diag}\{8,2,1\}$，$\boldsymbol{K}_2=\mathrm{diag}\{1,15,16\}$，补偿矩阵 $\boldsymbol{K}_3=\mathrm{diag}\{10,20,10\}$，$\boldsymbol{K}_4=\mathrm{diag}\{1,2,2\}$。仿真结果如图 3.13～图 3.16 所示。

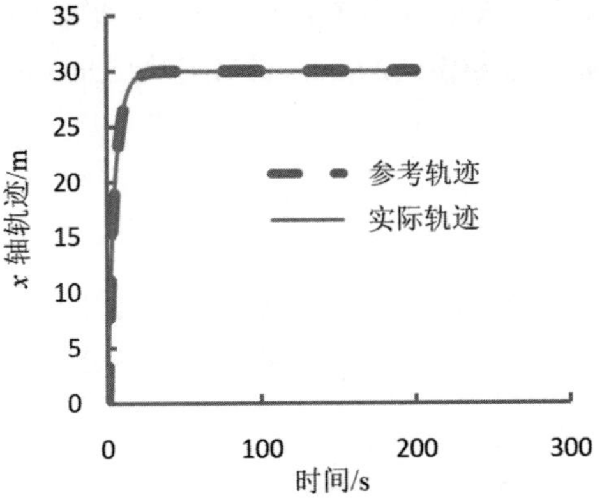

图 3.13　x 轴轨迹跟踪曲线

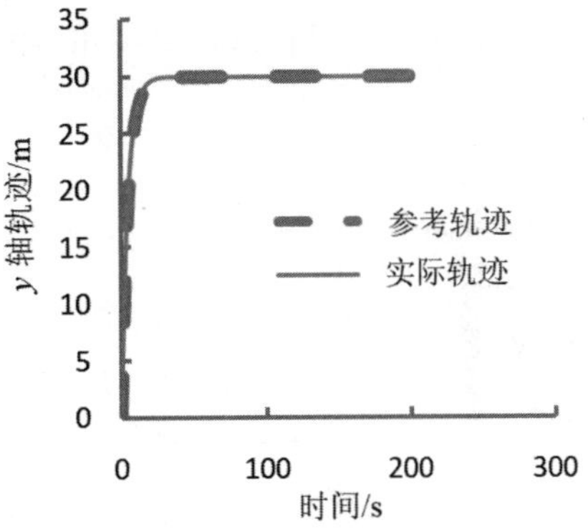

图 3.14　y 轴轨迹跟踪曲线

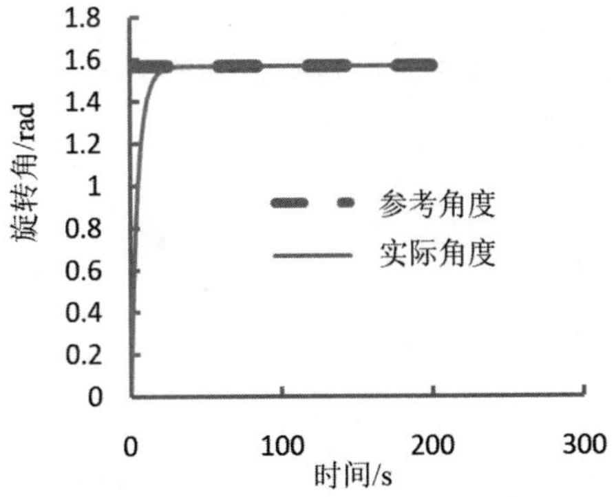

图 3.15　旋转角轨迹跟踪曲线

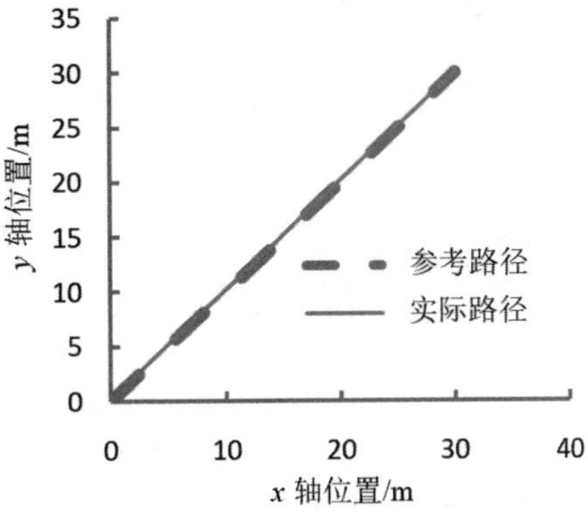

图 3.16　路径跟踪曲线

图 3.13～图 3.16 分别给出了 ODW 在 x 轴、y 轴和旋转角方向的轨迹跟踪曲线，以及路径跟踪曲线。可以看出，ODW 实现了稳定的轨迹跟踪和路径跟踪，所设计的自适应鲁棒控制器有效抑制了执行器故障对跟踪性能的影响，当第四个执行器发生故障时，ODW 可利用其余三个功能正常的执行器实现安全运动。图 3.17 给出了功能正常的执行器的输入力曲线，由此可见，输入约束方法有效地将各正常执行器的控制力约束在 $|f_i|\leqslant 255\,\mathrm{N}$ 范围内，保障电动机的安全运行。

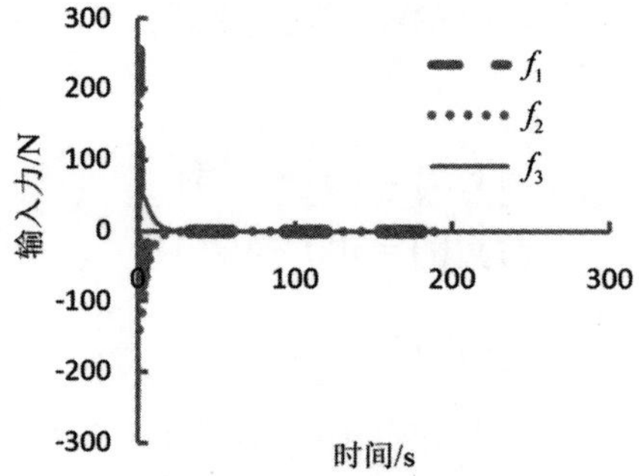

图 3.17 功能正常执行器的输入力曲线

为了充分解释控制器(3-51)的鲁棒性和自适应性，假设第四个故障执行器的输入力为 $f_4 = 20\sin(0.1t)\text{N}$，由于自适应律 $\hat{\boldsymbol{\rho}}(t)$ 能调节控制器参数 $\boldsymbol{K}_1\hat{\boldsymbol{\rho}}(t)$ 和 $\boldsymbol{K}_2\hat{\boldsymbol{\rho}}(t)$，则控制器矩阵 $\boldsymbol{K}_1$ 和 $\boldsymbol{K}_2$ 可以保持不变。补偿矩阵 $\boldsymbol{K}_3 = \text{diag}\{8,15,29\}$，$\boldsymbol{K}_4 = \text{diag}\{12,120,36\}$，仿真结果如图 3.18～图 3.21 所示。

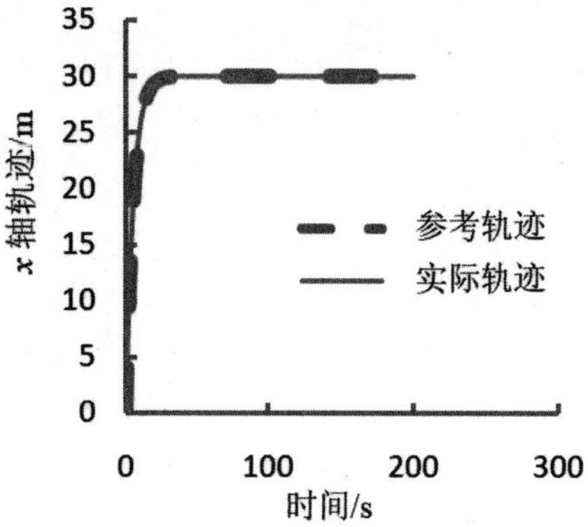

图 3.18 x 轴轨迹跟踪曲线

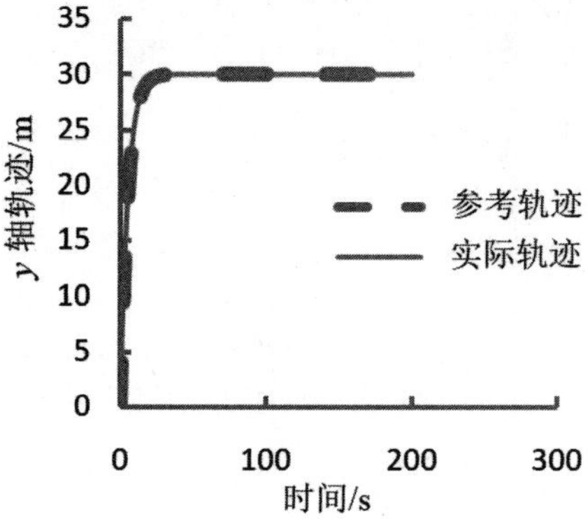

图 3.19 y 轴轨迹跟踪曲线

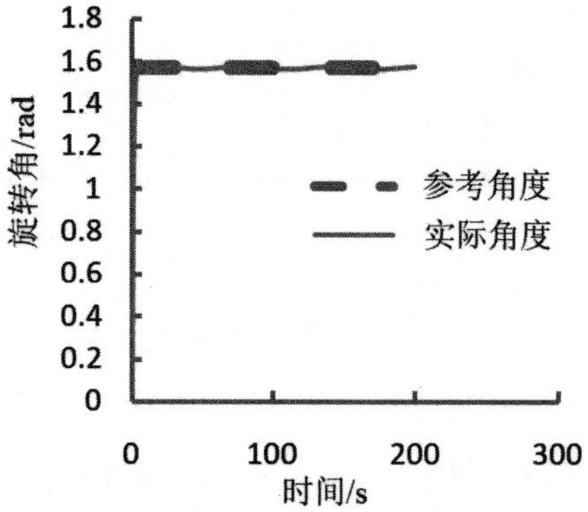

图 3.20 旋转角轨迹跟踪曲线

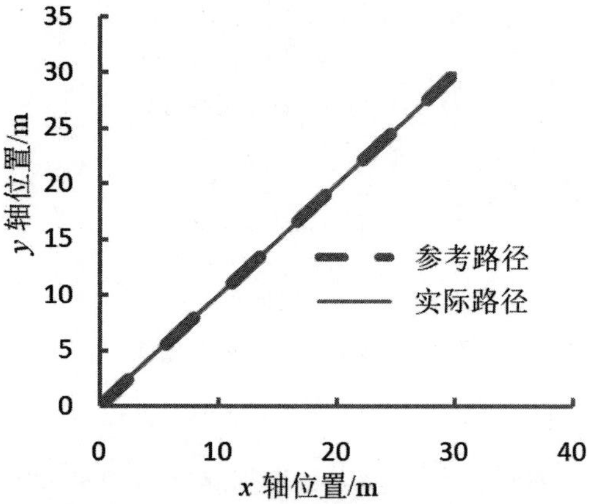

图 3.21 路径跟踪曲线

图 3.22 描述了第四个执行器的故障输入力，通过自适应参数调整，以及增加的补偿项 $\boldsymbol{\xi}_1(t)$ 和 $\boldsymbol{\xi}_2(t)$，鲁棒控制器(3-51)能够抑制由失效的第四个执行器产生的不确定故障输入力，实现的

轨迹跟踪曲线如图 3.18～图 3.20 所示。ODW 在执行器发生故障的情况下可以完成路径跟踪，如图 3.21 所示。同时，功能正常执行器的输入力均被限制在$|f_i|\leqslant 255$N 范围内，如图 3.23 所示。因此，三个功能正常无故障执行器的变增益自适应控制器可以维持康复机器人的连续运动。

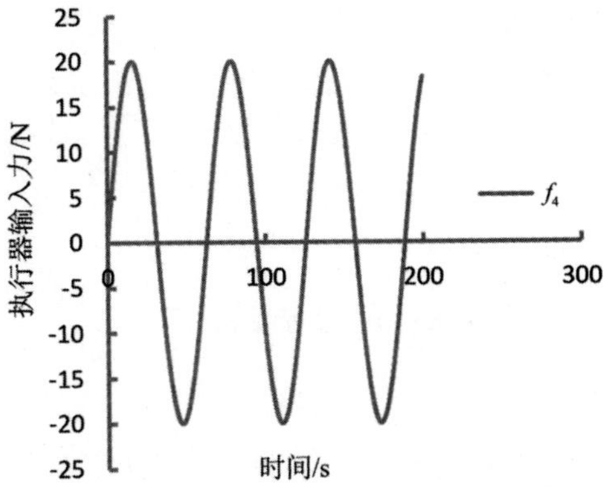

图 3.22　故障执行器的输入力曲线

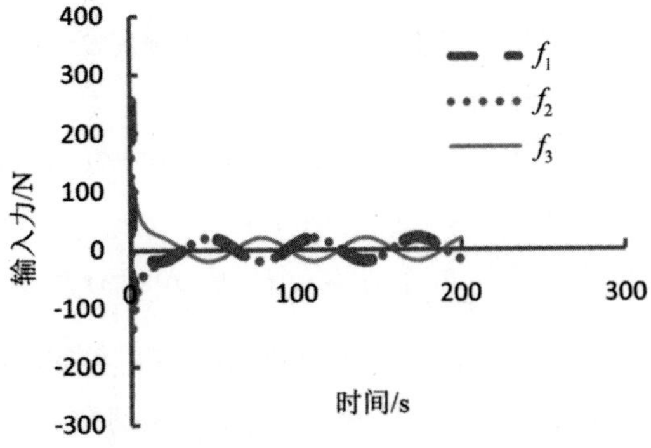

图 3.23　功能正常执行器的输入力曲线

当控制器(3-48)不采用补偿项$\boldsymbol{\xi}_1(t)$和$\boldsymbol{\xi}_2(t)$设计，并且非故障执行机构的输入力限制在$|f_i|\leqslant 255$N 范围内，仿真结果如图 3.24～图 3.26 所示。

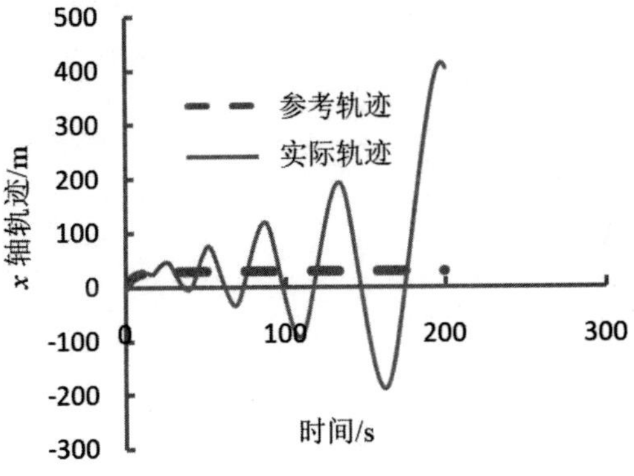

图 3.24　x 轴轨迹跟踪曲线

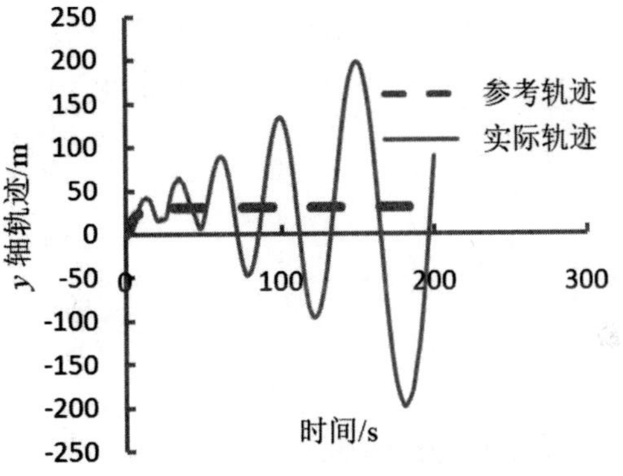

图 3.25　y 轴轨迹跟踪曲线

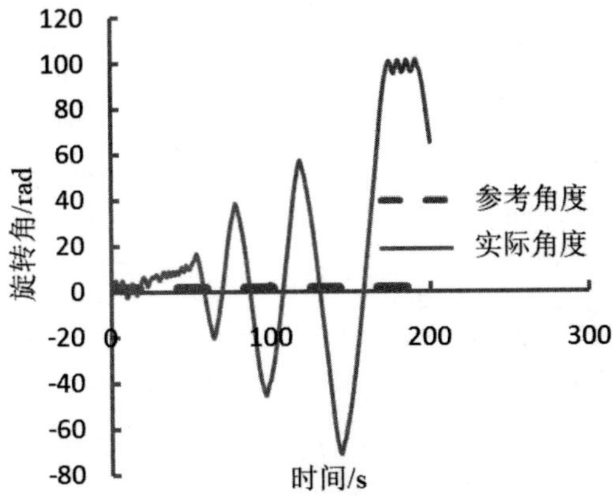

图 3.26　旋转角轨迹跟踪曲线

图 3.24～图 3.26 分别给出了 ODW 在 x 轴、y 轴和旋转角方向的轨迹跟踪曲线，当控制输入力$|f_i| \leqslant 255\text{N}$ 受到限制时，ODW 无法实现稳定的轨迹跟踪，且跟踪误差过大可能导致机器人发生碰撞危险。因此，当执行器发生故障，其余功能正常的执行器输入力受到限制时，设计补偿项$\boldsymbol{\xi}_1(t)$ 和$\boldsymbol{\xi}_2(t)$ 是非常重要的。

为了进一步验证所提出的冗余输入安全控制方法处理执行器故障的有效性，与常规反步跟踪控制进行仿真对比。

当不使用系统冗余自由度分离控制矩阵的相应列时，模型(3-41)变为如下形式：

$$\begin{cases}\dot{\boldsymbol{x}}_1(t)=\boldsymbol{x}_2(t)\\ \dot{\boldsymbol{x}}_2(t)=-[\boldsymbol{M}_0\boldsymbol{K}(\theta)]^{-1}[\boldsymbol{M}_0\dot{\boldsymbol{K}}(\theta,\dot{\theta})]\boldsymbol{x}_2(t)+[\boldsymbol{M}_0\boldsymbol{K}(\theta)]^{-1}\boldsymbol{B}(\theta)\boldsymbol{u}(t)\end{cases} \tag{3-60}$$

根据式(3-46)，系统(3-60)的实际跟踪速度设计为

$$\boldsymbol{x}_2(t)=-\boldsymbol{K}_1\boldsymbol{e}_1(t)+\dot{\boldsymbol{X}}_{\rm d}(t) \tag{3-61}$$

设计系统(3-60)的实际控制输入如下：

$$\boldsymbol{u}(t)=\widehat{\boldsymbol{B}}(\theta)(\boldsymbol{M}_0\boldsymbol{K}(\theta))[\ddot{\boldsymbol{X}}_{\rm d}(t)+(\boldsymbol{M}_0\boldsymbol{K}(\theta))^{-1}(\boldsymbol{M}_0\dot{\boldsymbol{K}}(\theta,\dot{\theta}))\boldsymbol{x}_2(t)-\boldsymbol{K}_2\boldsymbol{e}_2(t)] \tag{3-62}$$

其中，$\widehat{\boldsymbol{B}}(\theta)=[\boldsymbol{B}^{\rm T}(\theta)\boldsymbol{B}(\theta)]^{-1}\boldsymbol{B}^{\rm T}(\theta)$ 表示 $\boldsymbol{B}(\theta)$ 的伪逆矩阵。基于Lyapunov稳定理论，利用控制器(3-62)可以保证系统(3-60)的稳定性。

为了验证ODW对各种运动轨迹的适用性，设计指定的曲线运动轨迹如下：

$$\begin{cases}x_{\rm d}(t)=2\cos^3(0.1t)\\ y_{\rm d}(t)=2\sin^3(0.1t)\\ \theta_{\rm d}(t)=\dfrac{\pi}{4}\end{cases}$$

当所有执行器都处于正常工作状态时，控制器参数调整为 $\boldsymbol{K}_1=\text{diag}\{1,8,1\}$，$\boldsymbol{K}_2=\text{diag}\{0.001,0.019,1\}$，仿真结果如图 3.27～图 3.30 所示。

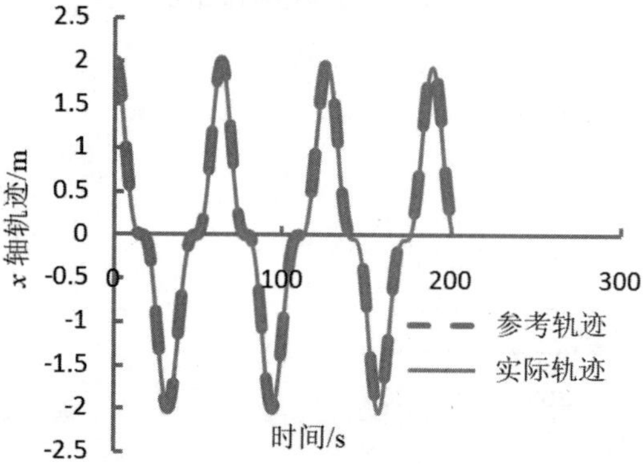

图 3.27　x 轴轨迹跟踪曲线

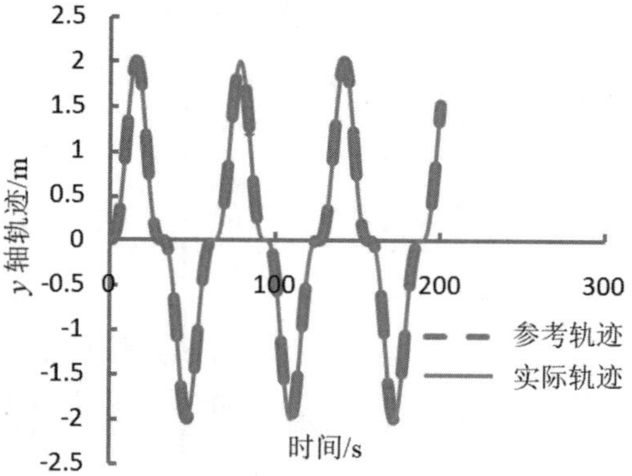

图 3.28　y 轴轨迹跟踪曲线

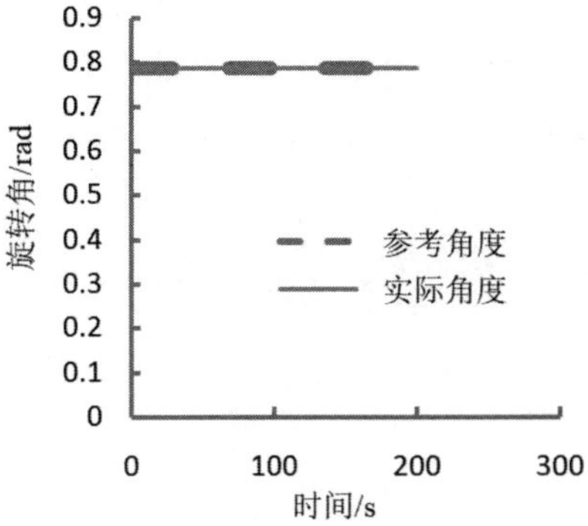

图 3.29　旋转角轨迹跟踪曲线

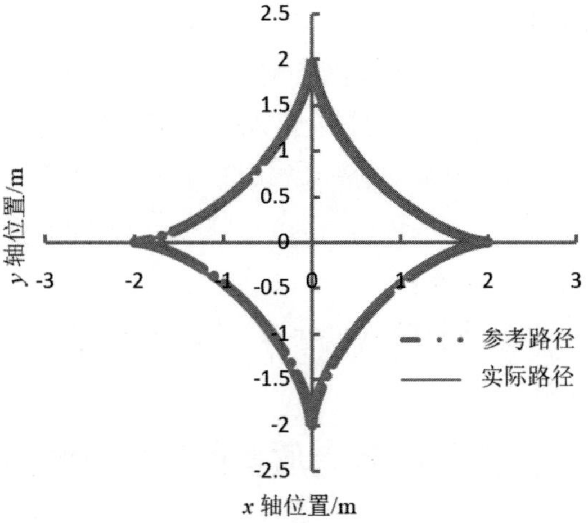

图 3.30　路径跟踪曲线

图 3.27～图 3.30 分别给出了 ODW 在 x 轴、y 轴和旋转角方向的轨迹跟踪曲线，以及路径跟踪曲线，当所有执行器都能正常工作时，ODW 可以实现稳定的跟踪训练，说明控制器(3-62)在所有执行器无故障的情况下，可以保证人机系统的正常跟踪运动。

人机系统运动过程中，第四个执行器突发故障，即 $\rho_1^0 = 0, \rho_2^0 = 0, \rho_3^0 = 0, \rho_4^2 = 0.8$，在其余三个执行器正常工作的情况下，验证控制器(3-62)的有效性，仿真结果如图 3.31～图 3.34 所示。

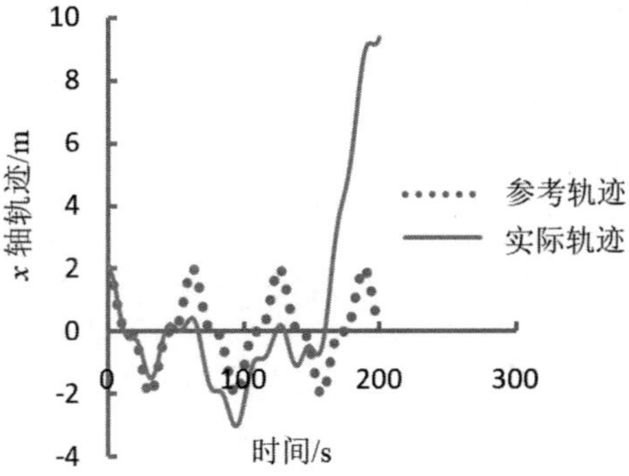

图 3.31　x 轴轨迹跟踪曲线

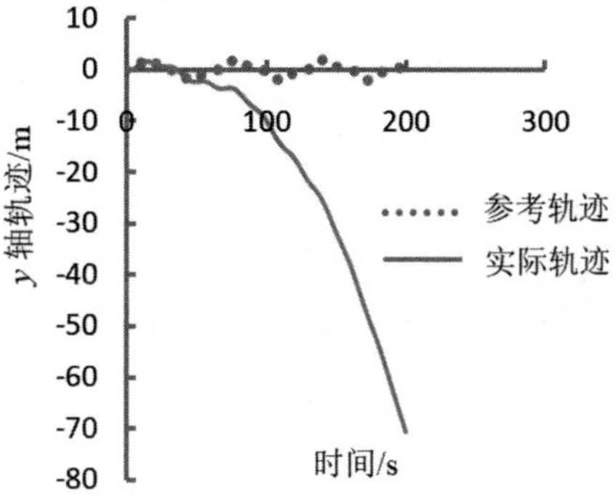

图 3.32　y 轴轨迹跟踪曲线

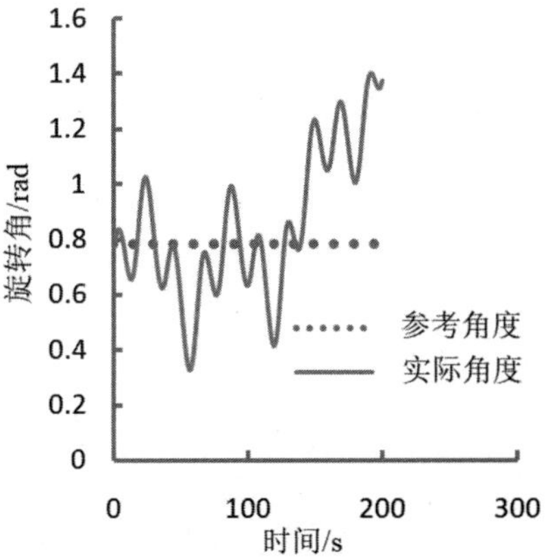

图 3.33　旋转角轨迹跟踪曲线

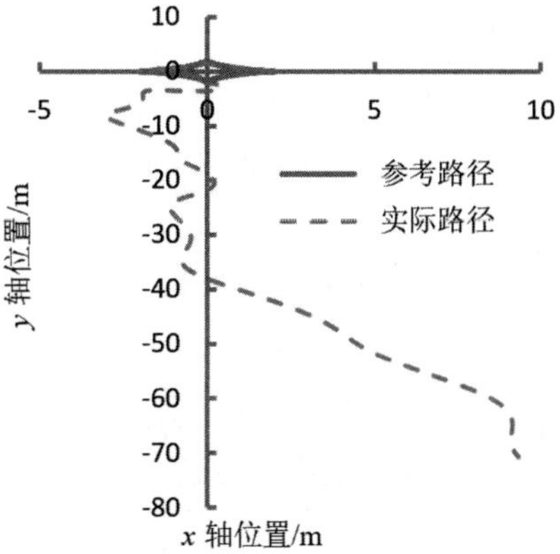

图 3.34　路径跟踪曲线

图 3.31～图 3.34 给出了 ODW 在第四个执行器突发故障的情况下，x 轴、y 轴和旋转角方向的轨迹跟踪曲线，以及路径跟踪曲线。可以看出 ODW 无法跟踪指定轨迹，并且实际运动路径远远偏离指定路径，这样会给人机系统带来严重危险。说明控制器(3-62)仅在所有执行器无故障的情况下才能保证 ODW 正常跟踪运动，同时可以看出通过分离故障执行器建立 ODW 的冗余输入模型，对处理执行器故障保障人机系统安全是重要的。

3.5 康复机器人独立于康复者质量的鲁棒安全控制

3.5.1 独立于康复者质量的特性分析

康复机器人帮助康复者进行实际训练的过程中，由于康复者腿部肌肉力量弱，其通常保持一定的位姿，这样导致人机系统重心发生定常偏移，通过 p 和 q 的表达式可以得到

$$\begin{cases} \dot{p} = -q\dot{\theta} \\ \dot{q} = p\dot{\theta} \end{cases} \tag{3-63}$$

用 $(\boldsymbol{M}_0\boldsymbol{K})^{\mathrm{T}}$ 左乘康复机器人动力学模型 $\boldsymbol{M}_0\boldsymbol{K}\ddot{\boldsymbol{X}} + \boldsymbol{M}_0\dot{\boldsymbol{K}}\dot{\boldsymbol{X}} = \boldsymbol{K}_G^{\mathrm{T}}\boldsymbol{F}$ ，可以得到

$$\boldsymbol{M}_1\ddot{\boldsymbol{X}} + \boldsymbol{M}_2\dot{\boldsymbol{X}} = \boldsymbol{B}(\theta)\boldsymbol{F} \tag{3-64}$$

其中：

$$\begin{cases} \boldsymbol{M}_1 = \begin{bmatrix} (M+m)^2 & 0 & p(M+m)^2 \\ 0 & (M+m)^2 & q(M+m)^2 \\ p(M+m)^2 & q(M+m)^2 & (I_0+mr_0^2)^2 + \dfrac{(M+m)^2}{4}[(\lambda_1-\lambda_3)^2+(\lambda_2-\lambda_4)^2] \end{bmatrix} \\ \boldsymbol{M}_2 = \begin{bmatrix} 0 & 0 & -q\dot{\theta}(M+m)^2 \\ 0 & 0 & p\dot{\theta}(M+m)^2 \\ 0 & 0 & 0 \end{bmatrix} \\ \boldsymbol{B}(\theta) = \begin{bmatrix} -(M+m)\sin\theta & (M+m)\cos\theta & -(M+m)\sin\theta & (M+m)\cos\theta \\ (M+m)\cos\theta & (M+m)\sin\theta & -(M+m)\cos\theta & (M+m)\sin\theta \\ \lambda_{31} & \lambda_{32} & \lambda_{33} & \lambda_{34} \end{bmatrix} \\ \lambda_{31} = -(M+m)p\sin\theta + (M+m)q\cos\theta + \lambda_1(I_0+mr_0^2) \\ \lambda_{32} = (M+m)p\cos\theta + (M+m)q\sin\theta - \lambda_2(I_0+mr_0^2) \\ \lambda_{33} = -(M+m)p\sin\theta - (M+m)q\cos\theta - \lambda_3(I_0+mr_0^2) \\ \lambda_{34} = (M+m)p\cos\theta + (M+m)q\sin\theta + \lambda_4(I_0+mr_0^2) \end{cases} \tag{3-65}$$

定理 3.4　对于重心定常偏移的 ODW 人机系统，令 $M+m=C$，C 是一个常数，则有 $\dot{\boldsymbol{M}}_1=\boldsymbol{M}_2+\boldsymbol{M}_2^{\mathrm{T}}$。

证明：由于 ODW 人机系统重心定常偏移，即偏移到一个固定点，因此 $\lambda_i(i=1,2,3,4)$ 是一个常量。当 $M+m=C$ 时，有

$$\dot{\boldsymbol{M}}_1=\begin{bmatrix} 0 & 0 & -q\dot{\theta}(M+m)^2 \\ 0 & 0 & p\dot{\theta}(M+m)^2 \\ -q\dot{\theta}(M+m)^2 & p\dot{\theta}(M+m)^2 & 0 \end{bmatrix} \tag{3-66}$$

根据式(3-66)，再结合 $\boldsymbol{M}_2$ 的表达式，便完成了定理 3.4 的证明，这样得到了人机系统重心定常偏移的特性，即 $\dot{\boldsymbol{M}}_1=\boldsymbol{M}_2+\boldsymbol{M}_2^{\mathrm{T}}$。

接下来，将利用重心偏移特性定理 3.4 设计跟踪控制器，使康复机器人可以帮助任意质量的康复者进行安全跟踪训练。

3.5.2　鲁棒安全控制器的设计及稳定性分析

为了利用冗余自由度实现康复机器人安全、可靠的跟踪控制，将故障执行器从系统(3-64)中分离，得到 ODW 人机系统模型如下：

$$\boldsymbol{M}_1\ddot{\boldsymbol{X}}+\boldsymbol{M}_2\dot{\boldsymbol{X}}=\boldsymbol{B}_0(\theta)\boldsymbol{F}_0+\Delta\boldsymbol{B}_0(\theta)\Delta F_0 \tag{3-67}$$

令 $\boldsymbol{B}_0(\theta)\boldsymbol{F}_0=\boldsymbol{u}(t)$，$\Delta\boldsymbol{B}_0(\theta)\Delta F_0=\boldsymbol{\omega}(t)$，则有

$$\boldsymbol{M}_1\ddot{\boldsymbol{X}}+\boldsymbol{M}_2\dot{\boldsymbol{X}}=\boldsymbol{u}(t)+\boldsymbol{\omega}(t) \tag{3-68}$$

其中，F_0 表示系统正常执行器的控制输入力，ΔF_0 表示执行器失效时的输入力，这里被视为外部有界干扰并满足

$$-\left|f_i\right|_{\max}\leqslant\Delta F_0(t)\leqslant\left|f_i\right|_{\max}\ (i=1,2,3,4) \tag{3-69}$$

设 $\boldsymbol{X}_{\mathrm{d}}$ 表示康复机器人的期望运动轨迹，$\boldsymbol{X}$ 表示实际运动轨迹，则跟踪误差为

$$\begin{cases}\boldsymbol{e}(t)=\boldsymbol{X}_{\mathrm{d}}-\boldsymbol{X}\\ \ddot{\boldsymbol{e}}(t)=\ddot{\boldsymbol{X}}_{\mathrm{d}}-\ddot{\boldsymbol{X}}\end{cases} \tag{3-70}$$

其中：

$$\boldsymbol{e}(t)=\begin{pmatrix}\boldsymbol{e}_1(t)\\ \boldsymbol{e}_2(t)\\ \boldsymbol{e}_3(t)\end{pmatrix}=\begin{pmatrix}x_{\mathrm{d}}-x\\ y_{\mathrm{d}}-y\\ \theta_{\mathrm{d}}-\theta\end{pmatrix},\boldsymbol{E}(t)=\dot{\boldsymbol{e}}(t) \tag{3-71}$$

由此可得跟踪误差状态方程为

$$M_1\ddot{e} + M_2\dot{e} = M_1\ddot{X}_{\rm d} + M_2\dot{X}_{\rm d} - u(t) - \omega(t) \tag{3-72}$$

本节的研究旨在为系统(3-72)设计一个鲁棒安全控制器，使得康复机器人在重心定常偏移和外部有界干扰$\Delta B_0(\theta)\Delta F_0$作用下，同时满足以下两个要求：

(1) 跟踪误差状态系统(3-72)渐近稳定；

(2) 给定$\gamma>0$，$\rho_1>0$和$\rho_2>0$，跟踪误差性能满足

$$\int_0^{\infty}\|\dot{e}(t)\|_2^2{\rm d}t \leqslant \rho_1 V(0) + \rho_2\int_0^{\infty}\|\omega(t)\|_2^2{\rm d}t \tag{3-73}$$

定义3.4 如果存在控制器$u(t)$，使得对于所有可允许的执行器发生故障时，跟踪误差状态系统(3-72)渐近稳定，且满足误差性能指标(3-73)，则称$u(t)$是保性能的鲁棒安全控制器。

接下来，利用常见的Lyapunov函数技术设计系统(3-72)的控制器，解决可允许的执行器故障安全控制问题。

定理3.5 考虑跟踪误差状态方程(3-72)，假设存在对称矩阵$P>0$，$Q>0$，常数$\gamma>0$，$\rho_1>0$和$\rho_2>0$，那么设计如下的控制输入力：

$$\begin{cases} u(t) = u_f + \dfrac{M_2 + M_2^{\rm T}}{2}\dot{e}(t) \\ u_f = M_1\ddot{X}_{\rm d} + M_2\dot{X}_{\rm d} - (M_2 - \dfrac{1}{2\gamma^2}I)\dot{e}(t) + Q\dot{e}(t) + Pe(t) \end{cases} \tag{3-74}$$

可使康复机器人执行器故障时实现鲁棒安全跟踪控制。而且，跟踪误差性能满足

$$\int_0^{\infty}\|\dot{e}(t)\|_2^2{\rm d}t \leqslant \rho_1 V(0) + \rho_2\int_0^{\infty}\|\omega(t)\|_2^2{\rm d}t \tag{3-75}$$

进一步，康复机器人的控制输入力表示如下：

$$F_0 = B_0^{-1}(\theta)[M_1\ddot{X}_{\rm d} + M_2\dot{X}_{\rm d} - (M_2 - \frac{1}{2\gamma^2}I)\dot{e}(t) + Q\dot{e}(t) + Pe(t) + \frac{M_2 + M_2^{\rm T}}{2}\dot{e}(t)] \tag{3-76}$$

证明： 由于M_1是正定对称矩阵，则可定义如下Lyapunov函数：

$$V(t) = \frac{1}{2}\dot{e}^{\rm T}(t)M_1\dot{e}(t) + \frac{1}{2}e^{\rm T}(t)Pe(t) \tag{3-77}$$

对 $V(t)$ 沿跟踪误差系统(3-72)求导，可得

$$\begin{aligned}\dot{V}(t) &= \dot{\boldsymbol{e}}^{\mathrm{T}}(t)\boldsymbol{M}_1\ddot{\boldsymbol{e}}(t) + \frac{1}{2}\dot{\boldsymbol{e}}^{\mathrm{T}}(t)\dot{\boldsymbol{M}}_1\dot{\boldsymbol{e}}(t) + \dot{\boldsymbol{e}}^{\mathrm{T}}(t)\boldsymbol{P}\boldsymbol{e}(t) \\ &= \dot{\boldsymbol{e}}^{\mathrm{T}}(t)[\boldsymbol{M}_1\ddot{\boldsymbol{X}}_{\mathrm{d}} + \boldsymbol{M}_2\dot{\boldsymbol{X}}_{\mathrm{d}} - \boldsymbol{M}_2\dot{\boldsymbol{e}}(t) - \boldsymbol{u}(t) - \boldsymbol{\omega}(t)] + \dot{\boldsymbol{e}}^{\mathrm{T}}(t)\boldsymbol{P}\boldsymbol{e}(t) + \frac{1}{2}\dot{\boldsymbol{e}}^{\mathrm{T}}(t)\dot{\boldsymbol{M}}_1\dot{\boldsymbol{e}}(t) \\ &= \dot{\boldsymbol{e}}^{\mathrm{T}}(t)[\boldsymbol{M}_1\ddot{\boldsymbol{X}}_{\mathrm{d}} + \boldsymbol{M}_2\dot{\boldsymbol{X}}_{\mathrm{d}} - \boldsymbol{M}_2\dot{\boldsymbol{e}}(t) - \boldsymbol{u}_f + \boldsymbol{P}\boldsymbol{e}(t)] - \dot{\boldsymbol{e}}^{\mathrm{T}}(t)\frac{\boldsymbol{M}_2 + \boldsymbol{M}_2^{\mathrm{T}}}{2}\dot{\boldsymbol{e}}(t) + \\ &\quad \frac{1}{2}\dot{\boldsymbol{e}}^{\mathrm{T}}(t)\dot{\boldsymbol{M}}_1\dot{\boldsymbol{e}}(t) - \dot{\boldsymbol{e}}^{\mathrm{T}}(t)\boldsymbol{\omega}(t) \\ &= \dot{\boldsymbol{e}}^{\mathrm{T}}(t)[\boldsymbol{M}_1\ddot{\boldsymbol{X}}_{\mathrm{d}} + \boldsymbol{M}_2\dot{\boldsymbol{X}}_{\mathrm{d}} - (\boldsymbol{M}_2 - \frac{1}{2\gamma^2}\boldsymbol{I})\dot{\boldsymbol{e}}(t) - \boldsymbol{u}_f + \boldsymbol{P}\boldsymbol{e}(t)] - \\ &\quad \frac{1}{2}[\frac{1}{\gamma}\dot{\boldsymbol{e}}(t) + \gamma\boldsymbol{\omega}(t)]^{\mathrm{T}}[\frac{1}{\gamma}\dot{\boldsymbol{e}}(t) + \gamma\boldsymbol{\omega}(t)] + \frac{1}{2}\gamma^2\boldsymbol{\omega}^{\mathrm{T}}(t)\boldsymbol{\omega}(t) \\ &\leqslant \dot{\boldsymbol{e}}^{\mathrm{T}}(t)[\boldsymbol{M}_1\ddot{\boldsymbol{X}}_{\mathrm{d}} + \boldsymbol{M}_2\dot{\boldsymbol{X}}_{\mathrm{d}} - (\boldsymbol{M}_2 - \frac{1}{2\gamma^2}\boldsymbol{I})\dot{\boldsymbol{e}}(t) - \boldsymbol{u}_f + \boldsymbol{P}\boldsymbol{e}(t)] + \frac{1}{2}\gamma^2\boldsymbol{\omega}^{\mathrm{T}}(t)\boldsymbol{\omega}(t)\end{aligned} \tag{3-78}$$

结合式(3-74)和定理 3.4 可得

$$\dot{V}(t) \leqslant -\dot{\boldsymbol{e}}^{\mathrm{T}}(t)\boldsymbol{Q}\dot{\boldsymbol{e}}(t) + \frac{1}{2}\gamma^2\boldsymbol{\omega}^{\mathrm{T}}(t)\boldsymbol{\omega}(t) \tag{3-79}$$

在式(3-79)中，当 $\boldsymbol{\omega}(t) = 0$ 时，有

$$\dot{V}(t) < 0 \tag{3-80}$$

因此，跟踪误差系统(3-72)是渐近稳定的。

接下来，当 $\boldsymbol{\omega}(t) \neq 0$ 时，将不等式(3-80)两边从 0 到∞积分，得到

$$\begin{aligned}\int_0^\infty \dot{V}(t)\mathrm{d}t &\leqslant \int_0^\infty -\dot{\boldsymbol{e}}^{\mathrm{T}}(t)\boldsymbol{Q}\dot{\boldsymbol{e}}(t)\mathrm{d}t + \frac{1}{2}\int_0^\infty \gamma^2\boldsymbol{\omega}^{\mathrm{T}}(t)\boldsymbol{\omega}(t)\mathrm{d}t \\ -V(0) &\leqslant -\int_0^\infty \dot{\boldsymbol{e}}^{\mathrm{T}}(t)\boldsymbol{Q}\dot{\boldsymbol{e}}(t)\mathrm{d}t + \frac{1}{2}\int_0^\infty \gamma^2\boldsymbol{\omega}^{\mathrm{T}}(t)\boldsymbol{\omega}(t)\mathrm{d}t \\ \int_0^\infty \dot{\boldsymbol{e}}^{\mathrm{T}}(t)\boldsymbol{Q}\dot{\boldsymbol{e}}(t)\mathrm{d}t &\leqslant V(0) + \frac{1}{2}\int_0^\infty \gamma^2\boldsymbol{\omega}^{\mathrm{T}}(t)\boldsymbol{\omega}(t)\mathrm{d}t \\ \int_0^\infty \lambda_{\min}(\boldsymbol{Q})\|\dot{\boldsymbol{e}}(t)\|_2^2\,\mathrm{d}t &\leqslant V(0) + \frac{1}{2}\gamma^2\int_0^\infty \boldsymbol{\omega}^{\mathrm{T}}(t)\boldsymbol{\omega}(t)\mathrm{d}t \\ \int_0^\infty \|\dot{\boldsymbol{e}}(t)\|_2^2\,\mathrm{d}t &\leqslant \frac{1}{\lambda_{\min}(\boldsymbol{Q})}V(0) + \frac{1}{2\lambda_{\min}(\boldsymbol{Q})}\gamma^2\int_0^\infty \boldsymbol{\omega}^{\mathrm{T}}(t)\boldsymbol{\omega}(t)\mathrm{d}t\end{aligned} \tag{3-81}$$

令 $\rho_1 = 1/\lambda_{\min}(\boldsymbol{Q})$，$\rho_2 = \gamma^2/2\lambda_{\min}(\boldsymbol{Q})$，则可得

$$\int_0^\infty \|\dot{\boldsymbol{e}}(t)\|_2^2\,\mathrm{d}t \leqslant \rho_1 V(0) + \rho_2\int_0^\infty \|\boldsymbol{\omega}(t)\|_2^2\,\mathrm{d}t \tag{3-82}$$

于是得到跟踪误差性能指标上界，即式(3-75)成立。这样利用控制输入力(3-74)，当一个执行器发生故障干扰 ODW 运动时，在鲁棒安全控制器作用下可实现跟踪误差系统的渐近稳定性，并且保证了速度误差的鲁棒性能指标上界。

3.5.3 仿真结果

为了验证提出的鲁棒安全跟踪控制算法的有效性，假设 ODW 跟踪直线运动路径，并且在运动过程中对于任何时间 t 只有一个执行器发生故障。不失一般性，考虑第四个执行器发生故障，此时跟踪误差状态系统(3-72)可以表示为

$$\boldsymbol{M}_1\ddot{\boldsymbol{e}} + \boldsymbol{M}_2\dot{\boldsymbol{e}} = \boldsymbol{M}_1\ddot{\boldsymbol{X}}_{\rm d} + \boldsymbol{M}_2\dot{\boldsymbol{X}}_{\rm d} - \boldsymbol{u}(t) - \boldsymbol{\omega}(t) \tag{3-83}$$

其中，$\boldsymbol{u}(t) = \boldsymbol{B}_0(\theta)\boldsymbol{F}_0$，$\boldsymbol{\omega}(t) = \Delta\boldsymbol{B}_0(\theta)\Delta F_0$，且

$$\begin{cases} \boldsymbol{B}_0(\theta) = \begin{bmatrix} -(M+m)\sin\theta & (M+m)\cos\theta & -(M+m)\sin\theta \\ (M+m)\cos\theta & (M+m)\sin\theta & -(M+m)\cos\theta \\ \lambda_{31} & \lambda_{32} & \lambda_{33} \end{bmatrix} \\ \Delta\boldsymbol{B}_0(\theta) = \begin{bmatrix} (M+m)\cos\theta \\ (M+m)\sin\theta \\ \lambda_{34} \end{bmatrix} \\ F_0 = \begin{bmatrix} f_1 \\ f_2 \\ f_3 \end{bmatrix} \\ \Delta F_0 = f_4 \end{cases} \tag{3-84}$$

在实际康复训练中，ODW 跟踪医生指定的运动轨迹由一系列直线组成。这里为了严格验证提出方法的有效性，假设跟踪的直线轨迹 $\boldsymbol{X}_{\rm d}$ 描述如下：

$$\begin{cases} x_{\rm d}(t) = 20(1-{\rm e}^{-0.1t}) \\ y_{\rm d}(t) = 20(1-{\rm e}^{-0.1t}) \\ \theta_{\rm d}(t) = \dfrac{\pi}{2} \end{cases} \tag{3-85}$$

仿真中，ODW 的物理参数为 $M = 58{\rm kg}$、$L = 0.4{\rm m}$、γ=0.1、$I_0 = 27.7{\rm kg\cdot m^2}$、康复者质量 $m = 60{\rm kg}$、重心定常偏移的偏心距 $r_0 = 0.1{\rm m}$、偏心角 $\beta = (\pi/4){\rm rad}$。

考虑第四个执行器发生卡死故障，当 $f_4 = 1{\rm N}$ 时，ODW 的外部有界干扰为 $\boldsymbol{\omega}(t) = \left[(M+m)\cos\theta \quad (M+m)\sin\theta \quad \lambda_{34}\right]^{\rm T}$，调节控制器参数矩阵 $\boldsymbol{P} = {\rm diag}\{1000,800,1000\}$、$\boldsymbol{Q} = {\rm diag}\{1800,1900,1800\}$，仿真结果如图 3.35～图 3.38 所示。

图 3.35～图 3.37 分别给出了 ODW 在 x 轴、y 轴和旋转角方向的轨迹跟踪曲线，由图可知误差状态系统(3-72)可以在有限的时间内实现渐近稳定。控制输入力曲线如图 3.38 所示，当第四个执行器出现卡死故障时，其他执行器的输入能量稳定。这样，3 个无故障的执行器可以维持由 4 个执行器驱动的 ODW 的正常跟踪运动，并且抑制了第四个执行器故障引起的外部有界干扰 $\boldsymbol{\omega}(t)$，因此提出的鲁棒安全控制方法保证了康复机器人在一个执行器故障时的连续、可靠运动。

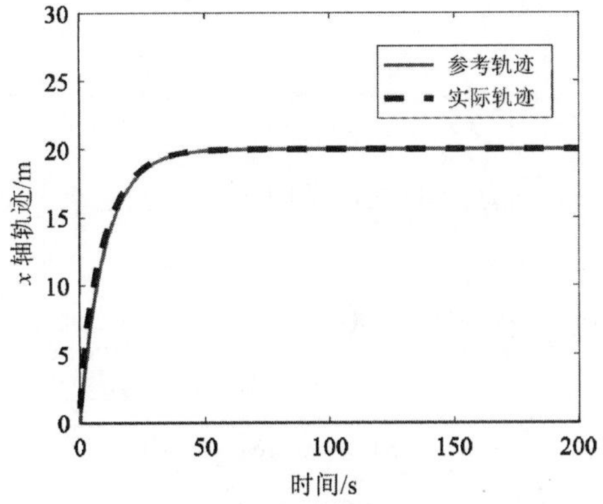

图 3.35　x 轴轨迹跟踪曲线

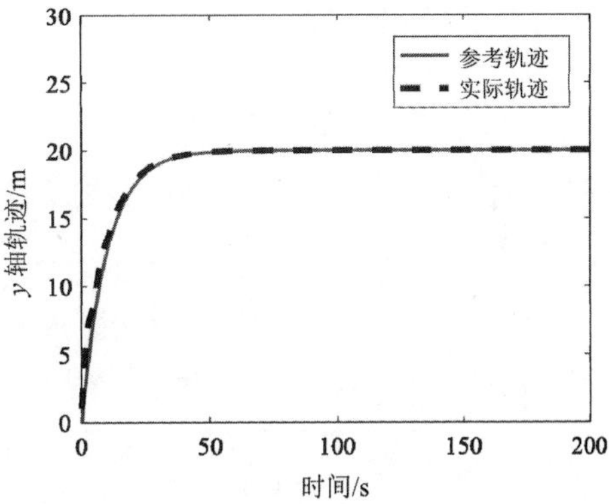

图 3.36　y 轴轨迹跟踪曲线

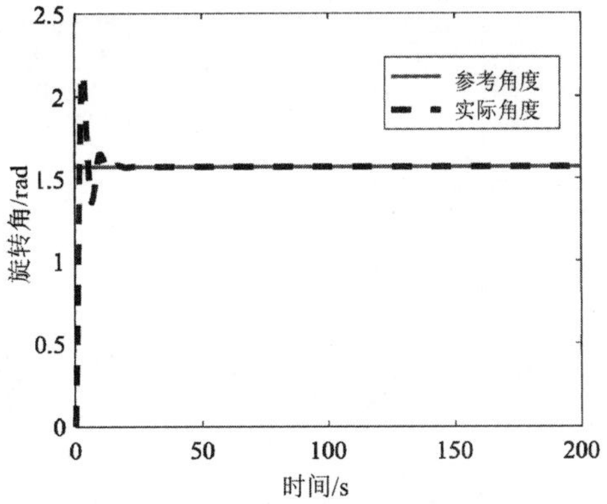

图 3.37　旋转角轨迹跟踪曲线

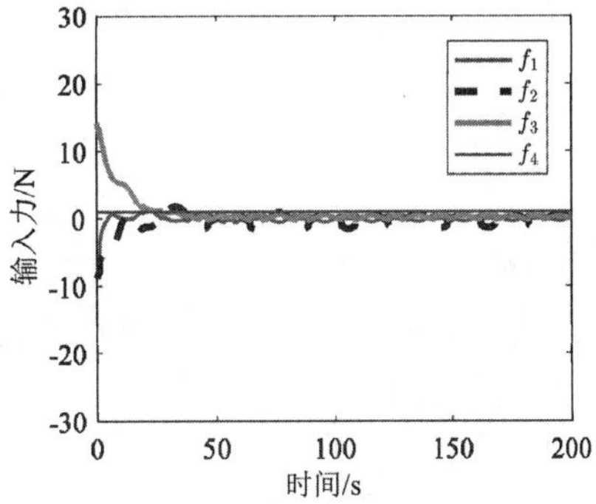

图 3.38　控制输入力曲线

为了验证安全控制方法处理执行器故障的有效性，使用 4 个功能正常的执行器设计控制器实现轨迹跟踪。由于所有执行器均正常，则不分离故障执行器，误差状态方程表示为

$$\boldsymbol{M}_1\ddot{\boldsymbol{e}} + \boldsymbol{M}_2\dot{\boldsymbol{e}} = \boldsymbol{M}_1\ddot{\boldsymbol{X}}_{\mathrm{d}} + \boldsymbol{M}_2\dot{\boldsymbol{X}}_{\mathrm{d}} - \boldsymbol{u}(t) \tag{3-86}$$

其中，$\boldsymbol{u}(t) = \boldsymbol{B}(\theta)\boldsymbol{F}$，同样利用 Lyapunov 函数$\boldsymbol{V}(t)$，控制输入力 $\boldsymbol{F}$ 设计如下：

$$\boldsymbol{F} = \hat{\boldsymbol{B}}(\theta)\left[\boldsymbol{M}_1\ddot{\boldsymbol{X}}_{\mathrm{d}} + \boldsymbol{M}_2\dot{\boldsymbol{X}}_{\mathrm{d}} - \boldsymbol{M}_2\dot{\boldsymbol{e}}(t) + \boldsymbol{Q}\dot{\boldsymbol{e}}(t) + \boldsymbol{P}\boldsymbol{e}(t) + \frac{\boldsymbol{M}_2 + \boldsymbol{M}_2^{\mathrm{T}}}{2}\dot{\boldsymbol{e}}(t)\right] \tag{3-87}$$

$$\hat{\boldsymbol{B}}(\theta) = \boldsymbol{B}^{\mathrm{T}}(\theta)[\boldsymbol{B}(\theta)\boldsymbol{B}^{\mathrm{T}}(\theta)]^{-1} \tag{3-88}$$

其中，$\hat{\boldsymbol{B}}(\theta)$ 是 $\boldsymbol{B}(\theta)$ 的伪逆矩阵。

利用各个执行器正常工作时的控制器(3-87)，在所有参数不变的情况下，康复机器人跟踪指定的训练轨迹 $\boldsymbol{X}_{\mathrm{d}}$，仿真结果如图 3.39～图 3.42 所示。

图 3.39～图 3.41 分别给出了 ODW 在 x 轴、y 轴和旋转角方向的轨迹跟踪曲线，可以看出 ODW 利用所有功能正常的执行器可实现轨迹跟踪，且误差系统渐近稳定。各执行器控制输入力曲线如图 3.42 所示，ODW 在各执行器驱动力下能帮助康复者进行步行训练。

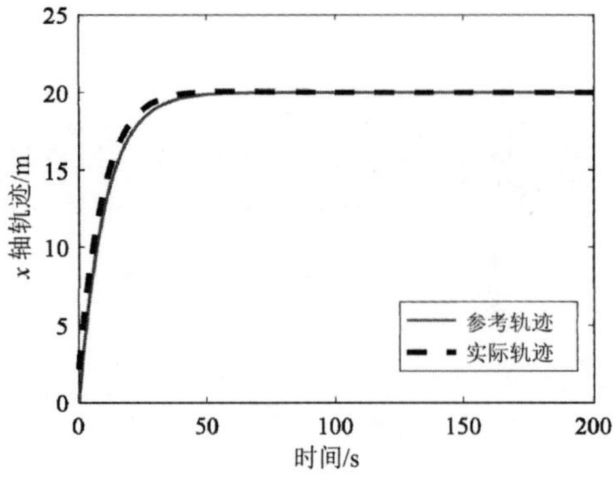

图 3.39 x 轴轨迹跟踪曲线

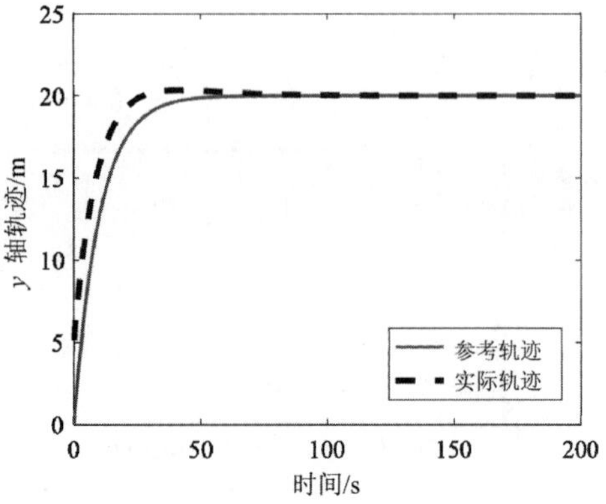

图 3.40 y 轴轨迹跟踪曲线

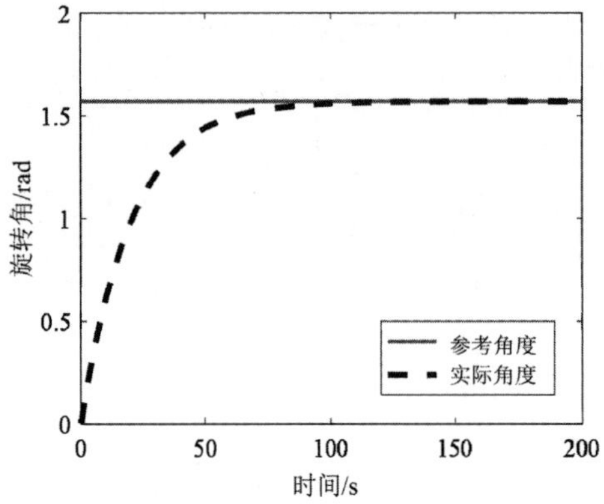

图 3.41 旋转角轨迹跟踪曲线

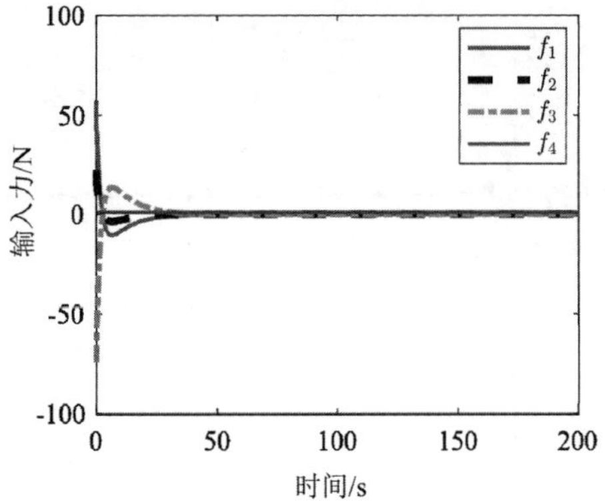

图 3.42 控制输入力曲线

当 ODW 正常跟踪运动时，突然执行器 f_4 发生卡死故障，康复机器人必须依靠其他 3 个功能正常的执行器维持运动，仿真结果如图 3.43～图 3.46 所示。

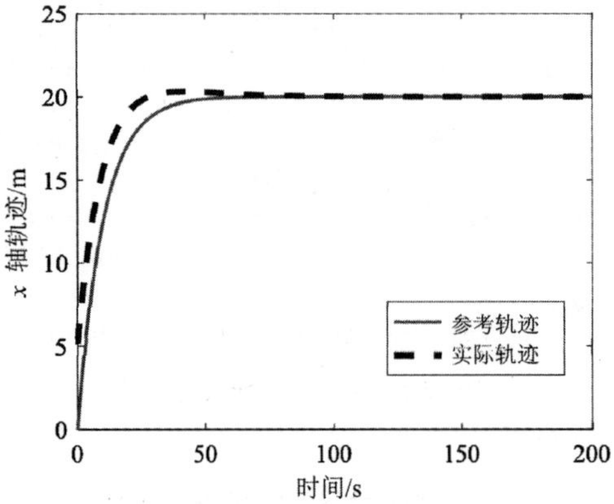

图 3.43 x 轴轨迹跟踪曲线

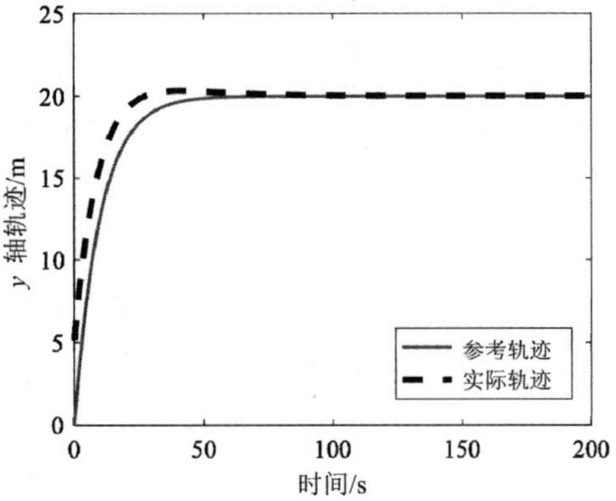

图 3.44 y 轴轨迹跟踪曲线

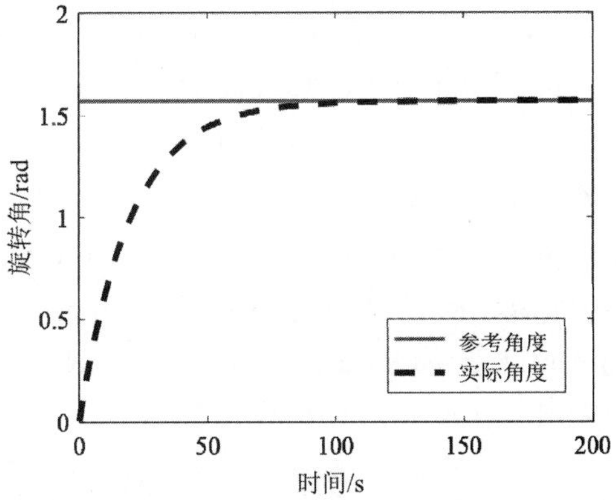

图 3.45　旋转角轨迹跟踪曲线

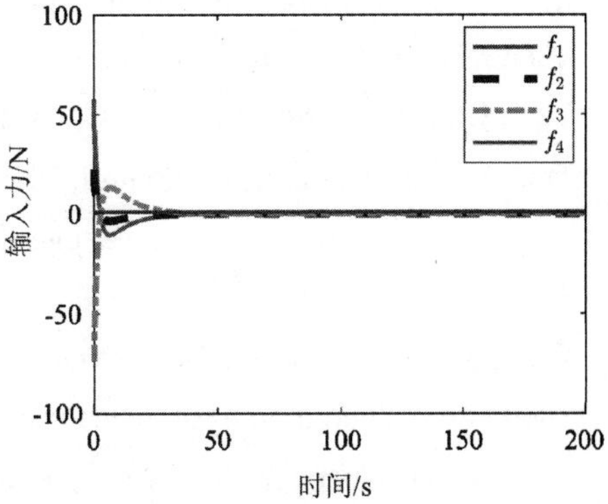

图 3.46　控制输入力曲线

图 3.43～图 3.45 分别给出了 ODW 在第四个执行器突然发生故障的情况下，x 轴、y 轴和旋转角方向的轨迹跟踪曲线，可以看出在初始运动约 70s 内，ODW 在各轴方向的运动都产生了较大的跟踪误差，康复机器人有碰撞墙壁和周围障碍物的危险，人机系统无法实现安全保障。控制输入力曲线如图 3.46 所示，ODW 不断调整控制力，从而实现跟踪运动。因此，当第四个执行器突发故障时，设计的控制器(3-87)无法在有限的时间内使 ODW 实现稳定，经过一段时间调整后，控制器可以抑制故障执行器对 ODW 运动的干扰。

3.6　本章小结

本章研究了康复机器人的一种安全控制机制，通过建立康复机器人的冗余输入模型描述执行器故障，提出了鲁棒非脆弱控制、自适应鲁棒控制、输入约束自适应鲁棒控制和独立于康复者质量的鲁棒安全控制，研究执行器故障对康复机器人跟踪性能的影响。通过抑制执行器故障以及对输入进行饱和约束，提高了康复机器人控制系统的安全性。通过仿真对比和分析，验证了所提出的控制方法保证人机系统安全的有效性和优越性。

参考文献

[1] Corradini M, Monteriu A, Orlando G. An Actuator Failure Tolerant Control Scheme for an Underwater Remotely Operated Vehicle [J]. IEEE Transactions on Control Systems Technology, 2011, 19(5): 1036-1046.

[2] Yoo S J. Actuator Fault Detection and Adaptive Accommodation Control of Flexible-joint Robots [J]. IET Control Theory and Applications, 2012, 6(10): 1497-1507.

[3] Ding Q H, Zhang X L, Zhao X G, et al. Incremental Learning and Fault-Tolerant Classifier for Myoelectric Pattern Recognition Against Multiple Bursting Interferences [J]. IEEE Transactions on Medical Robotics and Bionics, 2022, 4(3): 830-839.

[4] Kang Y, Li Z J, Dong Y F, et al. Markovian-based Fault-tolerant Control for Wheeled Mobile Manipulators [J]. IEEE Transactions on Control Systems Technology, 2012, 20(1): 266-276.
[5] Yang G H, Ye D. Reliable H_∞ Control of Linear Systems with Adaptive Mechanism [J]. IEEE Transactions on Automatic Control, 2010, 55(1): 242-247.
[6] Ye D, Yang G H. Reliable Guaranteed Cost Control for Linear State Delayed Systems with Adaptive Memory State Feedback Controllers [J]. Asian Journal of Control, 2008, 10(6): 678-686.
[7] Wang R, Zhao J. Reliable Guaranteed Cost Control for Uncertain Switched Nonlinear Systems [J]. International Journal of System Science, 2009, 40(3): 205-211.
[8] Yang G H, Zhang S Y, Lam J. Reliable Control Using Redundant Controllers [J]. IEEE Transactions on Automatic Control, 1998, 43(11): 1588-1593.
[9] Jin X Z, Yang G H, Ye D. Insensitive Reliable H_∞ Filtering Against Sensor Failures [J]. Information Sciences, 2013，224: 188-199.
[10] Duan Z S, Huang L, Yao Y. On the Effects of Redundant Control Input [J]. Automatica, 2012，48：2168-2174.
[11] Popescu N, Popescu D, Ivanescu M. A Spatial Weight Error Control for a Class of Hyper-redundant Robots [J]. IEEE Transactions on Robotics, 2013, 29(4): 1043-1049.
[12] Sun P, Wang S. Redundant Input Guaranteed Cost Non-fragile Tracking Control for Omnidirectional Rehabilitative Training Walker [J]. International Journal of Control, Automation and Systems, 2015, 13(2): 454-462.
[13] Sun P, Wang S, Karimi H R. Robust Redundant Input Reliable Tracking Control for Omnidirectional Rehabilitative Training Walker [J]. Mathematical Problems in Engineering, 2014, 2014: 1-10.
[14] Valenzuela M J, Santibanez V. Robust Saturated PI Joint Velocity Control for Robot Manipulators [J]. Asian Journal of Control, 2013, 15(1): 64-79.
[15] Valasek J, Akella M R, Siddarth A, et al. Adaptive Dynamic Inversion Control of Linear Plants with Control Position Constraints [J]. IEEE Transactions on Control Systems Technology, 2012, 20(4): 918-933.
[16] Sun P, Wang S. Redundant Input Safety Tracking Control for Omnidirectional Rehabilitative Training Walker with Control Constraints [J]. Asian Journal of Control, 2017, 19(1): 116-130.
[17] Sun P, Wang S. Guaranteed Cost Tracking Control for an Omnidirectional Rehabilitative Training Walker with Safety Velocity Performance [J]. ICIC Express, 2016, 10(5): 1165-1172.
[18] 孙平，赵明，宗良，等. 一种独立于康复者质量的轮式康复机器人的控制方法：201310596476.1 [P]. 2017-05-03.

第4章

康复机器人各轴运动速度直接约束的安全控制

机器人系统具有强耦合和高度非线性动力学特性，因其高性能控制系统的设计具有一定挑战性而吸引了大批研究者[1-4]。近年来，机器人跟踪问题采用自适应控制方法[5]、模糊控制方法[6]、容错控制方法[7]等取得了大量研究成果，但这些结果都没有考虑机器人运动速度约束问题。从实际应用角度来看，为了使人机协调运动，确保人-机器人物理交互的安全性至关重要。因此，要求康复机器人的跟踪运动速度不能超过安全速度。这里的安全速度是指康复训练机器人允许的最大运动速度。因此，为了保证训练者的安全，设计具有速度约束的康复机器人控制系统十分重要。

与以物为操作对象的工业机器人不同[8-11]，康复机器人必须保证训练者的安全性和舒适性。如果康复机器人速度过大，会使训练者与机器人运动不协调而发生危险。同时，如果速度变化率，即加速度超过一定范围，训练者会感觉不舒适。因此，现有工业机器人跟踪控制方法不能直接应用于康复机器人。

康复机器人在室内未知环境下工作，由于不同康复者质量变化、系统重心偏移等不确定因素使跟踪误差增大，康复机器人将以较大运动速度消除跟踪误差，加速度的迅速变化会使康复者感觉不舒适。因此，实际训练中需要抑制不确定性对康复步行机器人跟踪性能的影响，同时约束运动速度和加速度，确保使用者安全、舒适地训练。通过幅值受限函数约束系统运动状态，控制器设计复杂，难以实时跟踪运动轨迹[12-13]。利用受限的状态变量建立有界函数，通过Lyapunov 稳定理论求解控制器，由于反馈信息测量误差等原因，当系统实际状态超出约束范围时，控制器没有主动限制系统状态的性能[14-15]。利用冗余输入模型，从抑制执行器故障角度研究了康复机器人的安全跟踪控制，然而没有提及运动速度约束问题[16]。为了限制康复机器人运动速度提出了速度约束方法[17]，然而未能解决不同康复者质量变化、系统重心偏移、加速度约束等因素对康复者训练及跟踪性能的影响。

鉴于以上分析，本章将研究康复机器人各轴运动速度直接约束控制技术，使控制器直接具有约束人机系统运动速度的性能，并能同时处理不同康复者质量和系统重心偏移产生的不确定性，提高人机系统鲁棒性能，保证训练者以安全的速度，舒适地进行康复训练。

4.1 康复机器人各轴跟踪误差系统描述

在动力学模型(2-29)的基础上，令

$$\begin{aligned}\boldsymbol{x}_1(t)&=\boldsymbol{X}(t)\\ \boldsymbol{x}_2(t)&=\dot{\boldsymbol{X}}(t)\end{aligned} \tag{4-1}$$

则可以得到如下表达式：

$$\begin{cases}\dot{\boldsymbol{x}}_1(t)=\boldsymbol{x}_2(t)\\ \dot{\boldsymbol{x}}_2(t)=-[\boldsymbol{M}_0\boldsymbol{K}(\theta)]^{-1}[\boldsymbol{M}_0\dot{\boldsymbol{K}}(\theta,\dot{\theta})]\boldsymbol{x}_2(t)+\boldsymbol{U}(t)\end{cases} \tag{4-2}$$

其中，$\boldsymbol{U}(t)=[\boldsymbol{M}_0\boldsymbol{K}(\theta)]^{-1}\boldsymbol{B}(\theta)\boldsymbol{u}(t)$。

康复机器人实际运动轨迹为$\boldsymbol{X}(t)$，期望运动轨迹为$\boldsymbol{X}_{\mathrm{d}}(t)$，则轨迹跟踪误差$\boldsymbol{e}_1(t)$和速度跟踪误差$\boldsymbol{e}_2(t)$分别为

$$\boldsymbol{e}_1(t)=\boldsymbol{X}(t)-\boldsymbol{X}_{\mathrm{d}}(t) \tag{4-3}$$

$$\boldsymbol{e}_2(t)=\dot{\boldsymbol{X}}(t)-\dot{\boldsymbol{X}}_{\mathrm{d}}(t)=\boldsymbol{x}_2(t)-\dot{\boldsymbol{X}}_{\mathrm{d}}(t) \tag{4-4}$$

其中，$\boldsymbol{e}_1^{\mathrm{T}}(t)=\left[\boldsymbol{e}_{1x}^{\mathrm{T}}(t)\quad \boldsymbol{e}_{1y}^{\mathrm{T}}(t)\quad \boldsymbol{e}_{1\theta}^{\mathrm{T}}(t)\right]$表示 x 轴、y 轴和旋转角方向的轨迹跟踪误差；$\boldsymbol{e}_2^{\mathrm{T}}(t)=\left[\boldsymbol{e}_{2x}^{\mathrm{T}}(t)\quad \boldsymbol{e}_{2y}^{\mathrm{T}}(t)\quad \boldsymbol{e}_{2\theta}^{\mathrm{T}}(t)\right]$表示$x$轴、$y$轴和旋转角方向的速度跟踪误差。

对康复机器人系统(4-2)设计非线性控制器如下：

$$\boldsymbol{U}(t)=[\boldsymbol{M}_0\boldsymbol{K}(\theta)]^{-1}[\boldsymbol{M}_0\dot{\boldsymbol{K}}(\theta,\dot{\theta})]\boldsymbol{x}_2(t)+\ddot{\boldsymbol{X}}_{\mathrm{d}}(t)+\boldsymbol{u}_{\mathrm{c}}(t) \tag{4-5}$$

$$\boldsymbol{u}_{\mathrm{c}}(t)=\boldsymbol{K}_{\mathrm{d}}\boldsymbol{e}_2(t)+\boldsymbol{K}_{\mathrm{p}}\boldsymbol{e}_1(t) \tag{4-6}$$

其中，$\boldsymbol{K}_{\mathrm{d}}=\mathrm{diag}\left\{K_{\mathrm{d}x},K_{\mathrm{d}y},K_{\mathrm{d}\theta}\right\}$和$\boldsymbol{K}_{\mathrm{p}}=\mathrm{diag}\left\{K_{\mathrm{p}x},K_{\mathrm{p}y},K_{\mathrm{p}\theta}\right\}$表示控制器调节矩阵。

将控制器(4-5)和(4-6)代入系统(4-2)，并结合式(4-3)和式(4-4)，得到跟踪误差系统如下：

$$\begin{cases}\dot{\boldsymbol{e}}_1(t)=\boldsymbol{e}_2(t)\\ \dot{\boldsymbol{e}}_2(t)=\boldsymbol{K}_{\mathrm{d}}\boldsymbol{e}_2(t)+\boldsymbol{K}_{\mathrm{p}}\boldsymbol{e}_1(t)\end{cases} \tag{4-7}$$

进一步，根据式(4-7)得到x轴、y轴和旋转角方向的跟踪误差子系统为

$$\begin{cases}\dot{\boldsymbol{e}}_{1x}(t)=\boldsymbol{e}_{2x}(t)\\ \dot{\boldsymbol{e}}_{2x}(t)=\boldsymbol{K}_{\mathrm{d}x}\boldsymbol{e}_{2x}(t)+\boldsymbol{K}_{\mathrm{p}x}\boldsymbol{e}_{1x}(t)\end{cases} \tag{4-8}$$

$$\begin{cases}\dot{\boldsymbol{e}}_{1y}(t)=\boldsymbol{e}_{2y}(t)\\ \dot{\boldsymbol{e}}_{2y}(t)=\boldsymbol{K}_{\mathrm{d}y}\boldsymbol{e}_{2y}(t)+\boldsymbol{K}_{\mathrm{p}y}\boldsymbol{e}_{1y}(t)\end{cases} \tag{4-9}$$

$$\begin{cases}\dot{\boldsymbol{e}}_{1\theta}(t)=\boldsymbol{e}_{2\theta}(t)\\ \dot{\boldsymbol{e}}_{2\theta}(t)=\boldsymbol{K}_{\mathrm{d}\theta}\boldsymbol{e}_{2\theta}(t)+\boldsymbol{K}_{\mathrm{p}\theta}\boldsymbol{e}_{1\theta}(t)\end{cases} \tag{4-10}$$

定义 4.1[18]　对于系统(4-2)，$\boldsymbol{x}_2(t)$ 表示康复机器人实际运动速度，并且记 $\boldsymbol{x}_2^{\mathrm{T}}(t)=\left[x_2^x(t)\quad x_2^y(t)\quad x_2^\theta(t)\right]$ 和 $\left|\boldsymbol{x}_2^{\mathrm{T}}(t)\right|=\left[\left|x_2^x(t)\right|\quad\left|x_2^y(t)\right|\quad\left|x_2^\theta(t)\right|\right]$，其中 $x_2^x(t)$、$x_2^y(t)$ 分别表示 x 轴、y 轴方向的运动速度，$x_2^\theta(t)$ 表示旋转方向的角速度；$v_{\max}$ 表示康复机器人允许的最大运动速度，并且记 $\boldsymbol{v}_{\max}^{\mathrm{T}}=\left[v_{x\max}\quad v_{y\max}\quad v_{\theta\max}\right]$，其中 $v_{x\max}$、$v_{y\max}$ 分别表示 x 轴、y 轴方向的最大运动速度，$v_{\theta\max}$ 表示旋转方向的最大角速度。设计控制器 $\boldsymbol{u}(t)$，若可直接使各轴运动速度同时满足约束范围：

$$\left|x_2^x(t)\right|\leqslant v_{x\max},\quad \left|x_2^y(t)\right|\leqslant v_{y\max},\quad \left|x_2^\theta(t)\right|\leqslant v_{\theta\max} \tag{4-11}$$

则称控制器 $\boldsymbol{u}(t)$ 为速度直接约束安全控制器。

4.2　各轴速度直接约束安全控制

4.2.1　安全控制器的设计

下面将基于 Lyapunov 稳定理论研究康复机器人的各轴运动速度直接约束控制，并使各轴运动速度满足约束范围式(4-11)。

定理 4.1　考虑跟踪误差系统(4-7)，如果存在正定对称矩阵 $\boldsymbol{P}=\mathrm{diag}\{P_{11},P_{22},P_{33}\}$ 和 $\boldsymbol{Q}=\mathrm{diag}\{Q_{11},Q_{22},Q_{33}\}$，以及矩阵 $\boldsymbol{S}=\mathrm{diag}\{S_{11},S_{22},S_{33}\}$ 和 $\boldsymbol{R}=\mathrm{diag}\{R_{11},R_{22},R_{33}\}$，使下列 LMI 成立：

$$\begin{bmatrix} S_{11}+Q_{11} & R_{11} & 0 & 0 \\ P_{11} & 0 & 0 & 0 \\ 0 & 0 & 0 & 0 \\ 0 & 0 & v_{x\max} & 0 \end{bmatrix}\leqslant 0 \tag{4-12}$$

$$\begin{bmatrix} S_{22}+Q_{22} & R_{22} & 0 & 0 \\ P_{22} & 0 & 0 & 0 \\ 0 & 0 & 0 & 0 \\ 0 & 0 & v_{y\max} & 0 \end{bmatrix}\leqslant 0 \tag{4-13}$$

$$\begin{bmatrix} S_{33}+Q_{33} & R_{33} & 0 & 0 \\ P_{33} & 0 & 0 & 0 \\ 0 & 0 & 0 & 0 \\ 0 & 0 & v_{\theta\max} & 0 \end{bmatrix}\leqslant 0 \tag{4-14}$$

那么，控制器(4-5)和(4-6)使跟踪误差系统渐近稳定。

证明：定义 Lyapunov 函数如下：

$$V(t)=V_1(t)+V_2(t)+V_3(t)=\frac{1}{2}\boldsymbol{e}_1^{\mathrm{T}}(t)\boldsymbol{P}\boldsymbol{e}_1(t)+\frac{1}{2}\boldsymbol{e}_2^{\mathrm{T}}(t)\boldsymbol{Q}\boldsymbol{e}_2(t) \tag{4-15}$$

基于式(4-15)得到各轴误差系统的 Lyapunov 函数为

$$V_1(t)=\frac{1}{2}\boldsymbol{e}_{1x}^{\mathrm{T}}(t)P_{11}\boldsymbol{e}_{1x}(t)+\frac{1}{2}\boldsymbol{e}_{2x}^{\mathrm{T}}(t)Q_{11}\boldsymbol{e}_{2x}(t) \tag{4-16}$$

$$V_2(t)=\frac{1}{2}\boldsymbol{e}_{1y}^{\mathrm{T}}(t)P_{22}\boldsymbol{e}_{1y}(t)+\frac{1}{2}\boldsymbol{e}_{2y}^{\mathrm{T}}(t)Q_{22}\boldsymbol{e}_{2y}(t) \tag{4-17}$$

$$V_3(t)=\frac{1}{2}\boldsymbol{e}_{1\theta}^{\mathrm{T}}(t)P_{33}\boldsymbol{e}_{1\theta}(t)+\frac{1}{2}\boldsymbol{e}_{2\theta}^{\mathrm{T}}(t)Q_{33}\boldsymbol{e}_{2\theta}(t) \tag{4-18}$$

对 $V(t)$ 沿跟踪误差系统(4-7)求导，可得

$$\dot{V}(t)=\boldsymbol{e}_1^{\mathrm{T}}(t)\boldsymbol{P}\dot{\boldsymbol{e}}_1(t)+\boldsymbol{e}_2^{\mathrm{T}}\boldsymbol{Q}\dot{\boldsymbol{e}}_2(t) \tag{4-19}$$

利用 $\boldsymbol{x}^{\mathrm{T}}(t)=\begin{bmatrix}\boldsymbol{e}_{2x}^{\mathrm{T}}(t) & \boldsymbol{e}_{1x}^{\mathrm{T}}(t) & \left|\dot{x}_2^{x}(t)\right|^{\mathrm{T}} & 1\end{bmatrix}$ 左乘式(4-12)，同时 $\boldsymbol{x}(t)$ 右乘式(4-12)，可得

$$\boldsymbol{e}_{1x}^{\mathrm{T}}(t)P_{11}\boldsymbol{e}_{2x}(t)+\boldsymbol{e}_{2x}^{\mathrm{T}}(t)S_{11}\boldsymbol{e}_{2x}(t)+\boldsymbol{e}_{2x}^{\mathrm{T}}(t)R_{11}\boldsymbol{e}_{1x}(t)+v_{x\max}\left|\dot{x}_2^{x}(t)\right|+\boldsymbol{e}_{2x}^{\mathrm{T}}(t)Q_{11}\boldsymbol{e}_{2x}(t)\leqslant 0 \tag{4-20}$$

其中，$S_{11}=Q_{11}\boldsymbol{K}_{\mathrm{d}x}$ 和 $R_{11}=Q_{11}\boldsymbol{K}_{\mathrm{p}x}$。于是可以得到

$$\dot{V}_1(t)\leqslant -v_{x\max}\left|\dot{x}_2^{x}(t)\right|-\boldsymbol{e}_{2x}^{\mathrm{T}}(t)Q_{11}\boldsymbol{e}_{2x}(t) \tag{4-21}$$

同理，根据式(4-15)和式(4-16)，有

$$\dot{V}_2(t)\leqslant -v_{y\max}\left|\dot{x}_2^{y}(t)\right|-\boldsymbol{e}_{2x}^{\mathrm{T}}(t)Q_{22}\boldsymbol{e}_{2x}(t) \tag{4-22}$$

$$\dot{V}_3(t)\leqslant -v_{\theta\max}\left|\dot{x}_2^{\theta}(t)\right|-\boldsymbol{e}_{2x}^{\mathrm{T}}(t)Q_{33}\boldsymbol{e}_{2x}(t) \tag{4-23}$$

根据式(4-21)～式(4-23)可得

$$\boldsymbol{e}_1^{\mathrm{T}}(t)\boldsymbol{P}\boldsymbol{e}_2(t)+\boldsymbol{e}_2^{\mathrm{T}}(t)\boldsymbol{Q}\boldsymbol{K}_d\boldsymbol{e}_2(t)+\boldsymbol{e}_2^{\mathrm{T}}(t)\boldsymbol{Q}\boldsymbol{K}_p\boldsymbol{e}_1(t)\leqslant -\boldsymbol{v}_{\max}^{\mathrm{T}}\left|\dot{\boldsymbol{x}}_2(t)\right|-\boldsymbol{e}_2^{\mathrm{T}}(t)\boldsymbol{Q}\boldsymbol{e}_2(t) \tag{4-24}$$

进一步整理得到

$$\dot{V}(t)\leqslant -\boldsymbol{v}_{\max}^{\mathrm{T}}\left|\dot{\boldsymbol{x}}_2(t)\right|-\boldsymbol{e}_2^{\mathrm{T}}(t)\boldsymbol{Q}\boldsymbol{e}_2(t) \tag{4-25}$$

由式(4-25)可以看出 $\dot{V}(t)\leqslant 0$，并且当 $\dot{\boldsymbol{x}}_2(t)=0$ 和 $\boldsymbol{e}_2(t)=0$ 时，$\dot{\boldsymbol{V}}(t)=0$。因此，轨迹跟踪误差系统(4-7)渐近稳定。

定理 4.2 考虑渐近稳定的跟踪误差系统(4-7)，如果对称正定矩阵 $\boldsymbol{P}=\mathrm{diag}\{P_{11},P_{22},P_{33}\}$ 和 $\boldsymbol{Q}=\mathrm{diag}\{Q_{11},Q_{22},Q_{33}\}$ 使下面的 LMI 成立：

$$\begin{bmatrix} -\frac{1}{2}Q_{11} & 0 & 0 \\ 0 & -\frac{1}{2}P_{11} & 0 \\ 0 & 0 & V_1(0)+v_{x\max}\left|x_2^x(0)\right|-v_{x\max}^2 \end{bmatrix} \leqslant 0 \tag{4-26}$$

$$\begin{bmatrix} -\frac{1}{2}Q_{22} & 0 & 0 \\ 0 & -\frac{1}{2}P_{22} & 0 \\ 0 & 0 & V_2(0)+v_{y\max}\left|x_2^y(0)\right|-v_{y\max}^2 \end{bmatrix} \leqslant 0 \tag{4-27}$$

$$\begin{bmatrix} -\frac{1}{2}Q_{33} & 0 & 0 \\ 0 & -\frac{1}{2}P_{33} & 0 \\ 0 & 0 & V_3(0)+v_{\theta\max}\left|x_2^\theta(0)\right|-v_{\theta\max}^2 \end{bmatrix} \leqslant 0 \tag{4-28}$$

那么，式(4-5)和式(4-6)为运动速度直接约束安全控制器，并且控制器参数矩阵为

$$\boldsymbol{K}_{\mathrm{d}}=\boldsymbol{Q}^{-1}\boldsymbol{S}\text{，}\ \boldsymbol{K}_{\mathrm{p}}=\boldsymbol{Q}^{-1}\boldsymbol{R} \tag{4-29}$$

证明：根据式(4-21)，得到

$$\dot{V}_1(t)\leqslant -v_{x\max}\left|\dot{x}_2^x(t)\right| \tag{4-30}$$

从 0 到 t 同时积分式(4-30)的左右两侧，有

$$\int_0^t \dot{V}_1(t)\mathrm{d}t\leqslant \int_0^t\left[-v_{x\max}\left|\dot{x}_2^x(t)\right|\right]\mathrm{d}t \tag{4-31}$$

由此，可以得到

$$V_1(t)-V_1(0)\leqslant -v_{x\max}\left[\left|x_2^x(t)\right|-\left|x_2^x(0)\right|\right] \tag{4-32}$$

将式(4-32)写成如下形式：

$$v_{x\max}\left|x_2^x(t)\right|\leqslant V_1(0)+v_{x\max}\left|x_2^x(0)\right|-V_1(t) \tag{4-33}$$

利用 $\boldsymbol{y}^{\mathrm{T}}(t)=\left[\boldsymbol{e}_{2x}^{\mathrm{T}}(t)\ \ \boldsymbol{e}_{1x}^{\mathrm{T}}(t)\ \ 1\right]$ 左乘式(4-26)，同时 $\boldsymbol{y}(t)$ 右乘式(4-26)，可得

$$-\frac{1}{2}\boldsymbol{e}_{2x}^{\mathrm{T}}(t)Q_{11}\boldsymbol{e}_{2x}(t)-\frac{1}{2}\boldsymbol{e}_{1x}^{\mathrm{T}}(t)P_{11}\boldsymbol{e}_{1x}(t)+V_1(0)+v_{x\max}\left|x_2^x(0)\right|-v_{x\max}^2\leqslant 0 \tag{4-34}$$

根据式(4-16)和式(4-34)，得到

$$-V_1(t)+V_1(0)+v_{x\max}\left|x_2^x(0)\right|\leqslant v_{x\max}^2 \tag{4-35}$$

结合式(4-33)和式(4-35)，有

$$\left|x_2^x(t)\right|\leqslant v_{x\max} \tag{4-36}$$

同理，由式(4-27)和式(4-28)可得$\left|x_2^y(t)\right|\leqslant v_{y\max}$和$\left|x_2^\theta(t)\right|\leqslant v_{\theta\max}$成立。这样，根据定义 4.1 可知，$\boldsymbol{u}(t)$为运动速度直接约束安全控制器，并且$\boldsymbol{K}_\mathrm{d}=\boldsymbol{Q}^{-1}\boldsymbol{S}$和$\boldsymbol{K}_\mathrm{p}=\boldsymbol{Q}^{-1}\boldsymbol{R}$。

4.2.2 仿真分析

为了验证提出的各轴运动速度直接约束安全控制方法的有效性，康复机器人帮助训练者对医生指定的运动轨迹进行了跟踪，指定训练轨迹$\boldsymbol{X}_\mathrm{d}(t)$描述如下：

$$\begin{cases}x_\mathrm{d}(t)=5(1-\mathrm{e}^{-0.1t})\\ y_\mathrm{d}(t)=5(1-\mathrm{e}^{-0.1t})\\ \theta_\mathrm{d}(t)=\dfrac{\pi}{4}\end{cases}$$

仿真中，康复机器人物理参数为$M=58\mathrm{kg}$，$L=0.4\mathrm{m}$，$I_0=27.7\mathrm{kg\cdot m^2}$。训练者质量$m=60\mathrm{kg}$，重心偏移$r_0=0.1\mathrm{m}$，偏心角$\beta=(\pi/4)\mathrm{rad}$。假设康复机器人各轴允许的最大运动速度$\boldsymbol{v}_{\max}^\mathrm{T}=[0.25\mathrm{m/s}\ \ 0.25\mathrm{m/s}\ \ (\pi/6)\mathrm{rad/s}]$，初始运动速度$\boldsymbol{x}_2^\mathrm{T}(0)=[0\mathrm{m/s}\ \ 0\mathrm{m/s}\ \ 0\mathrm{rad/s}]$，初始位置$x(0)=1\mathrm{m}$，$y(0)=1\mathrm{m}$和$\theta(0)=0\mathrm{rad}$。通过求解式(4-12)和式(4-26)、式(4-13)和式(4-27)、式(4-14)和式(4-28)，仿真结果如图 4.1～图 4.6 所示。

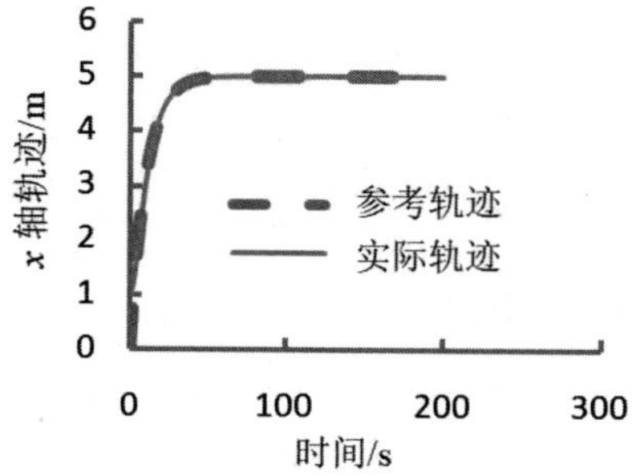

图 4.1　x 轴轨迹跟踪曲线

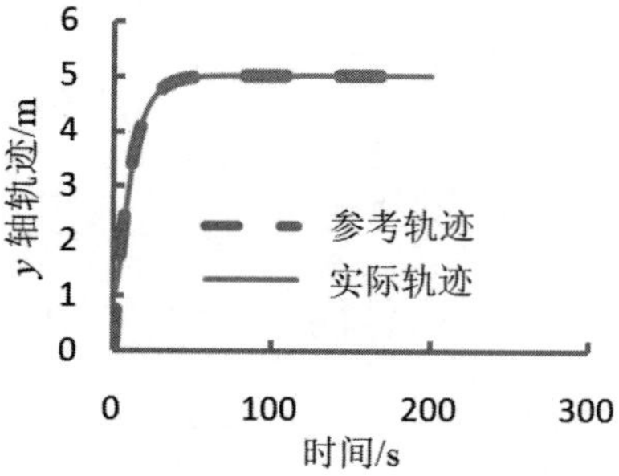

图 4.2　y 轴轨迹跟踪曲线

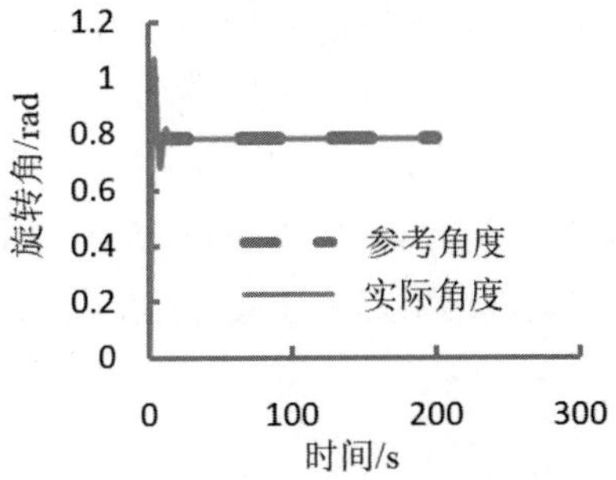

图 4.3　旋转角轨迹跟踪曲线

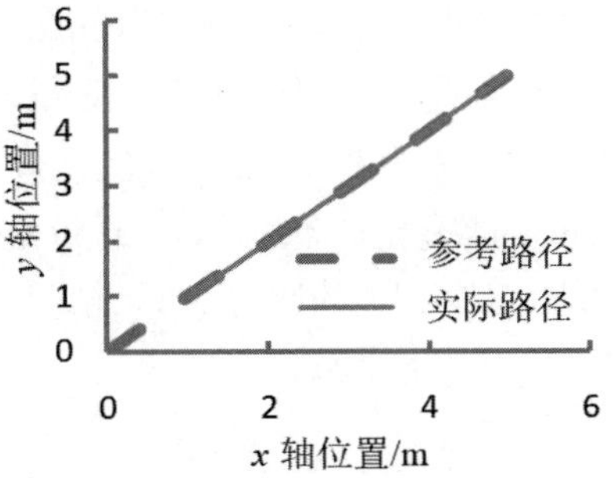

图 4.4　直线路径跟踪

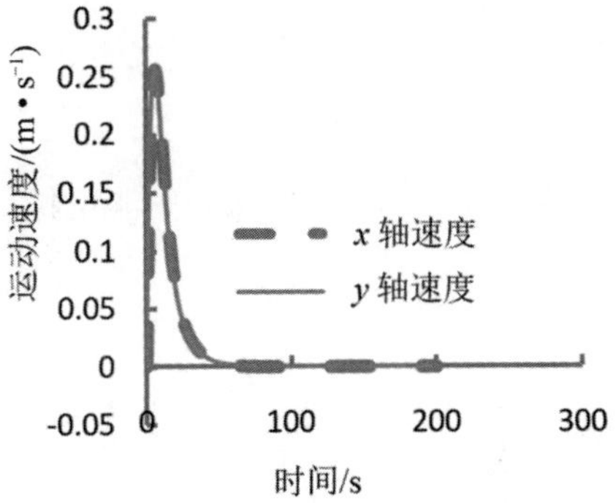

图 4.5　x 轴和 y 轴运动速度

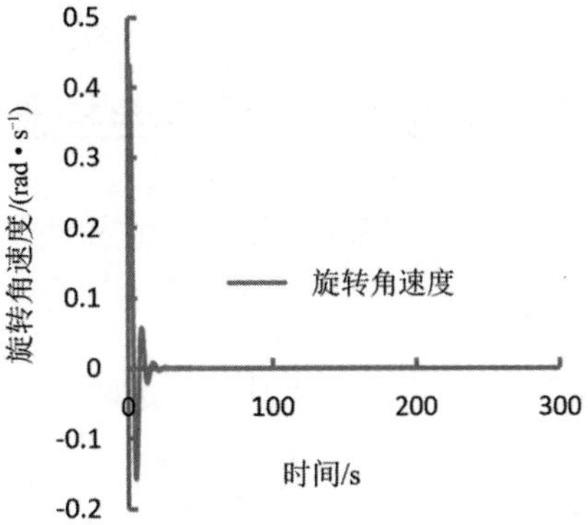

图 4.6　旋转角速度

图 4.1～图 4.4 分别给出了康复机器人在各轴的运动轨迹和运动路径，可以看出机器人实现了稳定的跟踪运动，跟踪误差系统达到渐近稳定。图 4.5 和图 4.6 分别给出了康复机器人在各轴方向运动速度变化曲线，可以看出均被约束在指定范围内，所设计的控制器可以直接实现运动速度限制，没有增加额外的技术手段，仅通过 Lyapunov 函数稳定性条件的设计，便可实现运动速度安全控制。

为了验证具有直接速度约束安全跟踪控制方法的有效性，与无速度约束的跟踪控制方法进行了仿真对比。利用控制器(4-5)(4-6)和 Lyapunov 函数(4-15)，通过跟踪性能反复调整控制器参数矩阵，得到 $\boldsymbol{K}_{\mathrm{p}}=\mathrm{diag}\{-20,-10,-10\}$ 和 $\boldsymbol{K}_{\mathrm{d}}=\mathrm{diag}\{-10,-2.5,-10\}$，将控制器应用于康复机器人系统，仿真结果如图 4.7 和图 4.8 所示。

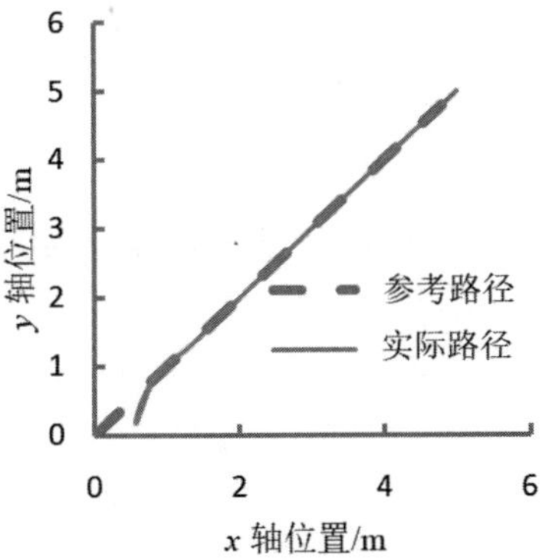

图 4.7　路径跟踪曲线

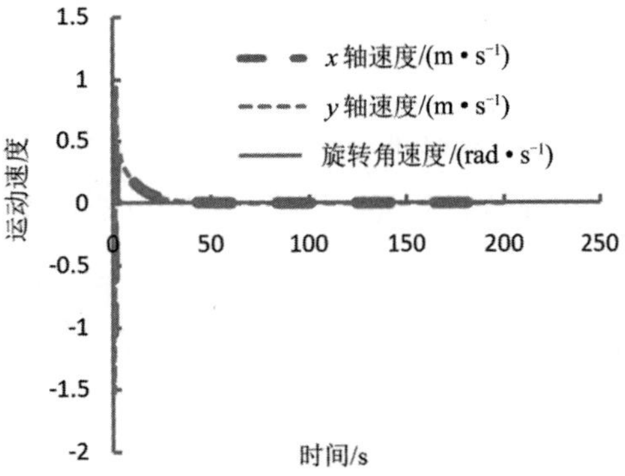

图 4.8　各轴运动速度

图 4.7 给出了康复机器人路径跟踪曲线，可以看出机器人可实现稳定的跟踪运动，说明通过反复调整参数矩阵可使跟踪误差系统渐近稳定。图 4.8 给出了康复机器人各轴方向的运动速度曲线，可以看出在初始的一段运动时间内各轴速度均超出指定的约束范围，说明仅通过 Lyapunov 函数稳定性条件可以实现机器人的路径跟踪，若没有对其进行如式(4-25)的设计，便无法成功约束机器人的运动速度。由此可知，提出的直接速度约束方法可保证人机系统在安全的速度下进行康复训练。

4.3 各轴速度直接约束保性能安全控制

4.3.1 非脆弱保性能安全控制器的设计

为了进一步提高控制系统的鲁棒性能，将控制器(4-5)中的 $\boldsymbol{u}_{\mathrm{C}}(t)$ 设计成如下的非脆弱形式：

$$\boldsymbol{u}_{\mathrm{C}}(t)=\boldsymbol{c}(t)+\Delta\boldsymbol{c}(t) \tag{4-37}$$

$\Delta\boldsymbol{c}(t)$ 表示控制器增益变化，满足如下条件：

$$\Delta\boldsymbol{c}(t)=\boldsymbol{E}\boldsymbol{H}(t)\boldsymbol{F} \tag{4-38}$$

并且 $\Delta\boldsymbol{c}(t)$ 、$\boldsymbol{E}$、 $\boldsymbol{H}(t)$ 和 $\boldsymbol{F}$ 具有如下形式：

$$\Delta\boldsymbol{c}(t)=\begin{bmatrix}\Delta\boldsymbol{c}_1(t) & \Delta\boldsymbol{c}_2(t) & \Delta\boldsymbol{c}_3(t)\end{bmatrix}^{\mathrm{T}}$$

$$\boldsymbol{E}=\mathrm{diag}\{\boldsymbol{E}_{11},\boldsymbol{E}_{22},\boldsymbol{E}_{33}\}$$

$$\boldsymbol{F}=\begin{bmatrix}\boldsymbol{F}_{11} & \boldsymbol{F}_{22} & \boldsymbol{F}_{33}\end{bmatrix}^{\mathrm{T}}$$

$$\boldsymbol{H}(t)=\mathrm{diag}\{\boldsymbol{H}_{11}(t),\boldsymbol{H}_{22}(t),\boldsymbol{H}_{33}(t)\}$$

其中，$\boldsymbol{H}_{ii}(t)(i=1,2,3)$ 满足

$$\boldsymbol{H}_{ii}^{\mathrm{T}}(t)\boldsymbol{H}_{ii}(t)\leqslant\boldsymbol{I} \tag{4-39}$$

设计 $\boldsymbol{c}(t)$ 如下：

$$\boldsymbol{c}(t)=\boldsymbol{K}_{\mathrm{d}}\boldsymbol{e}_2(t)+\boldsymbol{K}_{\mathrm{p}}\boldsymbol{e}_1(t) \tag{4-40}$$

其中，$\boldsymbol{K}_{\mathrm{d}}=\mathrm{diag}\{\boldsymbol{K}_{\mathrm{d}x},\boldsymbol{K}_{\mathrm{d}y},\boldsymbol{K}_{\mathrm{d}\theta}\}$ 和 $\boldsymbol{K}_{\mathrm{p}}=\mathrm{diag}\{\boldsymbol{K}_{\mathrm{p}x},\boldsymbol{K}_{\mathrm{p}y},\boldsymbol{K}_{\mathrm{p}\theta}\}$ 。

将控制器(4-5)(4-37)和(4-40)代入系统(4-2)，并结合式(4-3)和式(4-4)得到跟踪误差系统如下：

$$\begin{cases}\dot{\boldsymbol{e}}_1(t)=\boldsymbol{e}_2(t)\\ \dot{\boldsymbol{e}}_2(t)=\boldsymbol{K}_{\mathrm{d}}\boldsymbol{e}_2(t)+\boldsymbol{K}_{\mathrm{p}}\boldsymbol{e}_1(t)+\Delta\boldsymbol{c}(t)\end{cases} \tag{4-41}$$

进一步，根据式(4-41)得到 x 轴、y 轴和旋转角方向的跟踪误差子系统为

$$\begin{cases}\dot{\boldsymbol{e}}_{1x}(t)=\boldsymbol{e}_{2x}(t)\\ \dot{\boldsymbol{e}}_{2x}(t)=\boldsymbol{K}_{\mathrm{d}x}\boldsymbol{e}_{2x}(t)+\boldsymbol{K}_{\mathrm{p}x}\boldsymbol{e}_{1x}(t)+\Delta\boldsymbol{c}_1(t)\end{cases} \tag{4-42}$$

$$\begin{cases}\dot{\boldsymbol{e}}_{1y}(t)=\boldsymbol{e}_{2y}(t)\\ \dot{\boldsymbol{e}}_{2y}(t)=\boldsymbol{K}_{\mathrm{d}y}\boldsymbol{e}_{2y}(t)+\boldsymbol{K}_{\mathrm{p}y}\boldsymbol{e}_{1y}(t)+\Delta\boldsymbol{c}_2(t)\end{cases} \tag{4-43}$$

$$\begin{cases}\dot{\boldsymbol{e}}_{1\theta}(t)=\boldsymbol{e}_{2\theta}(t)\\ \dot{\boldsymbol{e}}_{2\theta}(t)=\boldsymbol{K}_{\mathrm{d}\theta}\boldsymbol{e}_{2\theta}(t)+\boldsymbol{K}_{\mathrm{p}\theta}\boldsymbol{e}_{1\theta}(t)+\Delta\boldsymbol{c}_3(t)\end{cases} \tag{4-44}$$

针对系统(4-41)设计保性能函数如下：

$$J=\int_0^{\infty}\left[\boldsymbol{e}_2^{\mathrm{T}}(t)\boldsymbol{Q}\boldsymbol{e}_2(t)\right]\mathrm{d}t \tag{4-45}$$

其中，$\boldsymbol{Q}>0$ 表示对称矩阵。

定义 4.2[19]　若控制器(4-5)(4-37)和(4-40)实现各轴运动速度约束(4-11)，并使跟踪误差系统(4-41)渐近稳定，且保性能函数值满足 $J\leqslant J^*$，其中标量 $J^*>0$，则称 $\boldsymbol{u}(t)$ 为速度直接约束保性能安全控制器。

定理 4.3　考虑跟踪误差系统(4-41)，给定正常数 $\varepsilon_i\,(i=1,2,3)$，如果存在正定对称矩阵 $\boldsymbol{P}=\mathrm{diag}\{\boldsymbol{P}_{11},\boldsymbol{P}_{22},\boldsymbol{P}_{33}\}$ 和 $\boldsymbol{Q}=\mathrm{diag}\{\boldsymbol{Q}_{11},\boldsymbol{Q}_{22},\boldsymbol{Q}_{33}\}$，矩阵 $\boldsymbol{S}=\mathrm{diag}\{\boldsymbol{S}_{11},\boldsymbol{S}_{22},\boldsymbol{S}_{33}\}$ 和 $\boldsymbol{R}=\mathrm{diag}\{\boldsymbol{R}_{11},\boldsymbol{R}_{22},\boldsymbol{R}_{33}\}$，使下面的 LMI 成立：

$$\begin{bmatrix}\boldsymbol{S}_{11}+\boldsymbol{Q}_{11} & \boldsymbol{Q}_{11}\boldsymbol{E}_{11} & R_{11} & 0 & 0 & 0\\ \boldsymbol{E}_{11}^{\mathrm{T}}\boldsymbol{Q}_{11}^{\mathrm{T}} & -\varepsilon_1^{-1}\boldsymbol{I} & 0 & 0 & 0 & 0\\ \boldsymbol{P}_{11} & 0 & 0 & 0 & 0 & 0\\ 0 & 0 & 0 & 0 & 0 & 0\\ 0 & 0 & 0 & v_{x\max} & 0 & \boldsymbol{F}_{11}^{\mathrm{T}}\\ 0 & 0 & 0 & 0 & \boldsymbol{F}_{11} & -\varepsilon_1\boldsymbol{I}\end{bmatrix}\leqslant 0 \tag{4-46}$$

$$\begin{bmatrix}\boldsymbol{S}_{22}+\boldsymbol{Q}_{22} & \boldsymbol{Q}_{22}\boldsymbol{E}_{22} & \boldsymbol{R}_{22} & 0 & 0 & 0\\ \boldsymbol{E}_{22}^{\mathrm{T}}\boldsymbol{Q}_{22}^{\mathrm{T}} & -\varepsilon_2^{-1}\boldsymbol{I} & 0 & 0 & 0 & 0\\ \boldsymbol{P}_{22} & 0 & 0 & 0 & 0 & 0\\ 0 & 0 & 0 & 0 & 0 & 0\\ 0 & 0 & 0 & v_{y\max} & 0 & \boldsymbol{F}_{22}^{\mathrm{T}}\\ 0 & 0 & 0 & 0 & \boldsymbol{F}_{22} & -\varepsilon_2\boldsymbol{I}\end{bmatrix}\leqslant 0 \tag{4-47}$$

$$\begin{bmatrix} \boldsymbol{S}_{33}+\boldsymbol{Q}_{33} & \boldsymbol{Q}_{33}\boldsymbol{E}_{33} & \boldsymbol{R}_{33} & 0 & 0 & 0 \\ \boldsymbol{E}_{33}^{\mathrm{T}}\boldsymbol{Q}_{33}^{\mathrm{T}} & -\varepsilon_3^{-1}I & 0 & 0 & 0 & 0 \\ \boldsymbol{P}_{33} & 0 & 0 & 0 & 0 & 0 \\ 0 & 0 & 0 & 0 & 0 & 0 \\ 0 & 0 & 0 & v_{\theta\max} & 0 & \boldsymbol{F}_{33}^{\mathrm{T}} \\ 0 & 0 & 0 & 0 & \boldsymbol{F}_{33} & -\varepsilon_3\boldsymbol{I} \end{bmatrix} \leqslant 0 \tag{4-48}$$

那么，控制器(4-5)(4-37)和(4-40)使跟踪误差系统(4-41)渐近稳定。

证明：定义 Lyapunov 函数为

$$V(t)=V_1(t)+V_2(t)+V_3(t)=\frac{1}{2}\boldsymbol{e}_1^{\mathrm{T}}(t)\boldsymbol{P}\boldsymbol{e}_1(t)+\frac{1}{2}\boldsymbol{e}_2^{\mathrm{T}}(t)\boldsymbol{Q}\boldsymbol{e}_2(t) \tag{4-49}$$

其中：

$$V_1(t)=\frac{1}{2}\boldsymbol{e}_{1x}^{\mathrm{T}}(t)\boldsymbol{P}_{11}\boldsymbol{e}_{1x}(t)+\frac{1}{2}\boldsymbol{e}_{2x}^{\mathrm{T}}(t)\boldsymbol{Q}_{11}\boldsymbol{e}_{2x}(t) \tag{4-50}$$

$$V_2(t)=\frac{1}{2}\boldsymbol{e}_{1y}^{\mathrm{T}}(t)\boldsymbol{P}_{22}\boldsymbol{e}_{1y}(t)+\frac{1}{2}\boldsymbol{e}_{2y}^{\mathrm{T}}(t)\boldsymbol{Q}_{22}\boldsymbol{e}_{2y}(t) \tag{4-51}$$

$$V_3(t)=\frac{1}{2}\boldsymbol{e}_{1\theta}^{\mathrm{T}}(t)\boldsymbol{P}_{33}\boldsymbol{e}_{1\theta}(t)+\frac{1}{2}\boldsymbol{e}_{2\theta}^{\mathrm{T}}(t)\boldsymbol{Q}_{33}\boldsymbol{e}_{2\theta}(t) \tag{4-52}$$

对 $V(t)$ 沿跟踪误差系统(4-41)求导，可得

$$\begin{aligned} \dot{V}(t) &= \dot{V}_1(t)+\dot{V}_2(t)+\dot{V}_3(t) \\ &= \boldsymbol{e}_1^{\mathrm{T}}(t)\boldsymbol{P}\dot{\boldsymbol{e}}_1(t)+\boldsymbol{e}_2^{\mathrm{T}}(t)\boldsymbol{Q}\dot{\boldsymbol{e}}_2(t) \\ &= \boldsymbol{e}_1^{\mathrm{T}}(t)\boldsymbol{P}\boldsymbol{e}_2(t)+\boldsymbol{e}_2^{\mathrm{T}}(t)\boldsymbol{Q}\boldsymbol{K}_{\mathrm{d}}\boldsymbol{e}_2(t)+\boldsymbol{e}_2^{\mathrm{T}}(t)\boldsymbol{Q}\boldsymbol{K}_{\mathrm{p}}\boldsymbol{e}_1(t)+\boldsymbol{e}_2^{\mathrm{T}}(t)\boldsymbol{Q}\boldsymbol{E}\boldsymbol{H}(t)\boldsymbol{F} \end{aligned} \tag{4-53}$$

利用式(4-53)可进一步得到

$$\begin{aligned} \dot{V}_1(t) = {} & \boldsymbol{e}_{1x}^{\mathrm{T}}(t)\boldsymbol{P}_{11}\boldsymbol{e}_{2x}(t)+\boldsymbol{e}_{2x}^{\mathrm{T}}(t)\boldsymbol{Q}_{11}\boldsymbol{K}_{\mathrm{d}x}\boldsymbol{e}_{2x}(t)+ \\ & \boldsymbol{e}_{2x}^{\mathrm{T}}(t)\boldsymbol{Q}_{11}\boldsymbol{K}_{\mathrm{p}x}\boldsymbol{e}_{1x}(t)+\boldsymbol{e}_{2x}^{\mathrm{T}}(t)\boldsymbol{Q}_{11}\boldsymbol{E}_{11}\boldsymbol{H}_{11}(t)\boldsymbol{F}_{11} \\ \leqslant {} & \boldsymbol{e}_{1x}^{\mathrm{T}}(t)\boldsymbol{P}_{11}\boldsymbol{e}_{2x}(t)+\boldsymbol{e}_{2x}^{\mathrm{T}}(t)\boldsymbol{Q}_{11}\boldsymbol{K}_{\mathrm{d}x}\boldsymbol{e}_{2x}(t)+ \\ & \boldsymbol{e}_{2x}^{\mathrm{T}}(t)\boldsymbol{Q}_{11}\boldsymbol{K}_{\mathrm{p}x}\boldsymbol{e}_{1x}(t)+\varepsilon_1\boldsymbol{e}_{2x}^{\mathrm{T}}(t)\boldsymbol{Q}_{11}\boldsymbol{E}_{11}\boldsymbol{E}_{11}^{\mathrm{T}}\boldsymbol{Q}_{11}^{\mathrm{T}}\boldsymbol{e}_{2x}(t)+\varepsilon_1^{-1}\boldsymbol{F}_{11}^{\mathrm{T}}\boldsymbol{F}_{11} \end{aligned} \tag{4-54}$$

$$\begin{aligned} \dot{V}_2(t) = {} & \boldsymbol{e}_{1y}^{\mathrm{T}}(t)\boldsymbol{P}_{22}\boldsymbol{e}_{2y}(t)+\boldsymbol{e}_{2y}^{\mathrm{T}}(t)\boldsymbol{Q}_{22}\boldsymbol{K}_{\mathrm{d}y}\boldsymbol{e}_{2y}(t)+ \\ & \boldsymbol{e}_{2y}^{\mathrm{T}}(t)\boldsymbol{Q}_{22}\boldsymbol{K}_{\mathrm{p}y}\boldsymbol{e}_{1y}(t)+\boldsymbol{e}_{2y}^{\mathrm{T}}(t)\boldsymbol{Q}_{22}\boldsymbol{E}_{22}\boldsymbol{H}_{22}(t)\boldsymbol{F}_{22} \\ \leqslant {} & \boldsymbol{e}_{1y}^{\mathrm{T}}(t)\boldsymbol{P}_{22}\boldsymbol{e}_{2y}(t)+\boldsymbol{e}_{2y}^{\mathrm{T}}(t)\boldsymbol{Q}_{22}\boldsymbol{K}_{\mathrm{d}y}\boldsymbol{e}_{2y}(t)+ \\ & \boldsymbol{e}_{2y}^{\mathrm{T}}(t)\boldsymbol{Q}_{22}\boldsymbol{K}_{\mathrm{p}y}\boldsymbol{e}_{1y}(t)+\varepsilon_2\boldsymbol{e}_{2y}^{\mathrm{T}}(t)\boldsymbol{Q}_{22}\boldsymbol{E}_{22}\boldsymbol{E}_{22}^{\mathrm{T}}\boldsymbol{Q}_{22}^{\mathrm{T}}\boldsymbol{e}_{2y}(t)+\varepsilon_2^{-1}\boldsymbol{F}_{22}^{\mathrm{T}}\boldsymbol{F}_{22} \end{aligned} \tag{4-55}$$

$$\begin{aligned}\dot{V}_3(t)&=\boldsymbol{e}_{1\theta}^{\mathrm{T}}(t)\boldsymbol{P}_{33}\boldsymbol{e}_{2\theta}(t)+\boldsymbol{e}_{2\theta}^{\mathrm{T}}(t)\boldsymbol{Q}_{33}\boldsymbol{K}_{\mathrm{d}\theta}\boldsymbol{e}_{2\theta}(t)+\\&\quad\boldsymbol{e}_{2\theta}^{\mathrm{T}}(t)\boldsymbol{Q}_{33}\boldsymbol{K}_{\mathrm{p}\theta}\boldsymbol{e}_{1\theta}(t)+\boldsymbol{e}_{2\theta}^{\mathrm{T}}(t)\boldsymbol{Q}_{33}\boldsymbol{E}_{33}\boldsymbol{H}_{33}(t)\boldsymbol{F}_{33}\\&\leqslant\boldsymbol{e}_{1\theta}^{\mathrm{T}}(t)\boldsymbol{P}_{33}\boldsymbol{e}_{2\theta}(t)+\boldsymbol{e}_{2\theta}^{\mathrm{T}}(t)\boldsymbol{Q}_{33}\boldsymbol{K}_{\mathrm{d}\theta}\boldsymbol{e}_{2\theta}(t)+\\&\quad\boldsymbol{e}_{2\theta}^{\mathrm{T}}(t)\boldsymbol{Q}_{33}\boldsymbol{K}_{\mathrm{p}\theta}\boldsymbol{e}_{1\theta}(t)+\varepsilon_3\boldsymbol{e}_{2\theta}^{\mathrm{T}}(t)\boldsymbol{Q}_{33}\boldsymbol{E}_{33}\boldsymbol{E}_{33}^{\mathrm{T}}\boldsymbol{Q}_{33}^{\mathrm{T}}\boldsymbol{e}_{2\theta}(t)+\varepsilon_3^{-1}\boldsymbol{F}_{33}^{\mathrm{T}}\boldsymbol{F}_{33}\end{aligned}\tag{4-56}$$

根据 Schur 引理，不等式(4-46)可以转化为如下表达式：

$$\begin{bmatrix}\boldsymbol{\Omega} & \boldsymbol{R}_{11} & 0 & 0\\ \boldsymbol{P}_{11} & 0 & 0 & 0\\ 0 & 0 & 0 & 0\\ 0 & 0 & v_{x\max} & \varepsilon_1^{-1}\boldsymbol{F}_{11}^{\mathrm{T}}\boldsymbol{F}_{11}\end{bmatrix}\leqslant 0\tag{4-57}$$

其中，$\boldsymbol{\Omega}=\boldsymbol{S}_{11}+\boldsymbol{Q}_{11}+\varepsilon_1\boldsymbol{Q}_{11}\boldsymbol{E}_{11}\boldsymbol{E}_{11}^{\mathrm{T}}\boldsymbol{Q}_{11}^{\mathrm{T}}$。

用 $\boldsymbol{x}^{\mathrm{T}}(t)$ 左乘式(4-57)，同时 $\boldsymbol{x}(t)$ 右乘式(4-57)，其中：

$$\boldsymbol{x}(t)=\begin{bmatrix}\boldsymbol{e}_{2x}(t) & \boldsymbol{e}_{1x}(t) & \left|\dot{x}_2^x(t)\right| & 1\end{bmatrix}^{\mathrm{T}}$$

则可以得到

$$\begin{aligned}&\boldsymbol{e}_{2x}^{\mathrm{T}}(t)\boldsymbol{S}_{11}\boldsymbol{e}_{2x}(t)+\boldsymbol{e}_{2x}^{\mathrm{T}}(t)\boldsymbol{Q}_{11}\boldsymbol{e}_{2x}(t)+\\&\varepsilon_1\boldsymbol{e}_{2x}^{\mathrm{T}}(t)\boldsymbol{Q}_{11}\boldsymbol{E}_{11}\boldsymbol{E}_{11}^{\mathrm{T}}\boldsymbol{Q}_{11}^{\mathrm{T}}\boldsymbol{e}_{2x}(t)+\boldsymbol{e}_{1x}^{\mathrm{T}}(t)\boldsymbol{P}_{11}\boldsymbol{e}_{2x}(t)+\\&\boldsymbol{e}_{2x}^{\mathrm{T}}(t)\boldsymbol{R}_{11}\boldsymbol{e}_{1x}(t)+v_{x\max}\left|\dot{x}_2^x(t)\right|+\varepsilon_1^{-1}\boldsymbol{F}_{11}^{\mathrm{T}}\boldsymbol{F}_{11}\leqslant 0\end{aligned}$$

整理上式，进一步可得

$$\begin{aligned}&\boldsymbol{e}_{1x}^{\mathrm{T}}(t)\boldsymbol{P}_{11}\boldsymbol{e}_{2x}(t)+\boldsymbol{e}_{2x}^{\mathrm{T}}(t)\boldsymbol{S}_{11}\boldsymbol{e}_{2x}(t)+\boldsymbol{e}_{2x}^{\mathrm{T}}(t)\boldsymbol{R}_{11}\boldsymbol{e}_{1x}(t)+\\&\varepsilon_1\boldsymbol{e}_{2x}^{\mathrm{T}}(t)\boldsymbol{Q}_{11}\boldsymbol{E}_{11}\boldsymbol{E}_{11}^{\mathrm{T}}\boldsymbol{Q}_{11}^{\mathrm{T}}\boldsymbol{e}_{2x}(t)+\varepsilon_1^{-1}\boldsymbol{F}_{11}^{\mathrm{T}}\boldsymbol{F}_{11}\\&\leqslant -v_{x\max}\left|\dot{x}_2^x(t)\right|-\boldsymbol{e}_{2x}^{\mathrm{T}}(t)\boldsymbol{Q}_{11}\boldsymbol{e}_{2x}(t)\end{aligned}\tag{4-58}$$

其中，$\boldsymbol{S}_{11}=\boldsymbol{Q}_{11}\boldsymbol{K}_{dx}$，$\boldsymbol{R}_{11}=\boldsymbol{Q}_{11}\boldsymbol{K}_{px}$。

再结合式(4-54)和式(4-58)，得到

$$\dot{V}_1(t)\leqslant -v_{x\max}\left|\dot{x}_2^x(t)\right|-\boldsymbol{e}_{2x}^{\mathrm{T}}(t)\boldsymbol{Q}_{11}\boldsymbol{e}_{2x}(t)\tag{4-59}$$

同理，根据式(4-47)和式(4-55)、式(4-48)和式(4-56)，可得

$$\dot{V}_2(t)\leqslant -v_{y\max}\left|\dot{x}_2^y(t)\right|-\boldsymbol{e}_{2x}^{\mathrm{T}}(t)\boldsymbol{Q}_{22}\boldsymbol{e}_{2x}(t)\tag{4-60}$$

$$\dot{V}_3(t)\leqslant -v_{\theta\max}\left|\dot{x}_2^\theta(t)\right|-\boldsymbol{e}_{2x}^{\mathrm{T}}(t)\boldsymbol{Q}_{33}\boldsymbol{e}_{2x}(t)\tag{4-61}$$

根据式(4-59)～式(4-61)，有

$$\dot{V}(t)\leqslant -\boldsymbol{v}_{\max}^{\mathrm{T}}\left|\dot{\boldsymbol{x}}_2(t)\right|-\boldsymbol{e}_2^{\mathrm{T}}(t)\boldsymbol{Q}\boldsymbol{e}_2(t)\tag{4-62}$$

这样由式(4-62)可知$\dot{V}(t)\leqslant 0$，并且当$\dot{\boldsymbol{x}}_2(t)=0$和$\boldsymbol{e}_2(t)=0$时，$\dot{V}(t)=0$，即

$$\begin{aligned}\boldsymbol{E}&=\{\dot{\boldsymbol{x}}_2(t),\boldsymbol{e}_2(t)\,|\,\dot{V}(t)=0\}\\&=\{\dot{\boldsymbol{x}}_2(t),\boldsymbol{e}_2(t)\,|\,\dot{\boldsymbol{x}}_2(t)=0,\boldsymbol{e}_2(t)=0\}\end{aligned}\tag{4-63}$$

因此，根据 LaSalle 原理，轨迹跟踪误差系统(4-41)渐近稳定。

定理 4.4 考虑渐近稳定的跟踪误差系统(4-41)，如果对称正定矩阵$\boldsymbol{P}=\mathrm{diag}\{\boldsymbol{P}_{11},\boldsymbol{P}_{22},\boldsymbol{P}_{33}\}$和$\boldsymbol{Q}=\mathrm{diag}\{\boldsymbol{Q}_{11},\boldsymbol{Q}_{22},\boldsymbol{Q}_{33}\}$使下面的 LMI 成立：

$$\begin{bmatrix}-\frac{1}{2}\boldsymbol{Q}_{11} & 0 & 0\\ 0 & -\frac{1}{2}\boldsymbol{P}_{11} & 0\\ 0 & 0 & V_1(0)+v_{x\max}\left|x_2^x(0)\right|-v_{x\max}^2\end{bmatrix}\leqslant 0\tag{4-64}$$

$$\begin{bmatrix}-\frac{1}{2}\boldsymbol{Q}_{22} & 0 & 0\\ 0 & -\frac{1}{2}\boldsymbol{P}_{22} & 0\\ 0 & 0 & V_2(0)+v_{y\max}\left|x_2^y(0)\right|-v_{y\max}^2\end{bmatrix}\leqslant 0\tag{4-65}$$

$$\begin{bmatrix}-\frac{1}{2}\boldsymbol{Q}_{33} & 0 & 0\\ 0 & -\frac{1}{2}\boldsymbol{P}_{33} & 0\\ 0 & 0 & V_3(0)+v_{\theta\max}\left|x_2^\theta(0)\right|-v_{\theta\max}^2\end{bmatrix}\leqslant 0\tag{4-66}$$

那么，控制器$\boldsymbol{u}(t)$可实现各轴运动速度约束(4-11)和保性能值满足$J\leqslant J^*$，且控制器参数矩阵$\boldsymbol{K}_\mathrm{d}=\boldsymbol{Q}^{-1}\boldsymbol{S}$和$\boldsymbol{K}_\mathrm{p}=\boldsymbol{Q}^{-1}\boldsymbol{R}$。其中：

$$V_1(0)=\frac{1}{2}\boldsymbol{e}_{1x}^\mathrm{T}(0)\boldsymbol{P}_{11}\boldsymbol{e}_{1x}(0)+\frac{1}{2}\boldsymbol{e}_{2x}^\mathrm{T}(0)\boldsymbol{Q}_{11}\boldsymbol{e}_{2x}(0)$$

$$V_2(0)=\frac{1}{2}\boldsymbol{e}_{1y}^\mathrm{T}(0)\boldsymbol{P}_{22}\boldsymbol{e}_{1y}(0)+\frac{1}{2}\boldsymbol{e}_{2y}^\mathrm{T}(0)\boldsymbol{Q}_{22}\boldsymbol{e}_{2y}(0)$$

$$V_3(0)=\frac{1}{2}\boldsymbol{e}_{1\theta}^\mathrm{T}(0)\boldsymbol{P}_{33}\boldsymbol{e}_{1\theta}(0)+\frac{1}{2}\boldsymbol{e}_{2\theta}^\mathrm{T}(0)\boldsymbol{Q}_{33}\boldsymbol{e}_{2\theta}(0)$$

$$J^*=V(t_0)+\boldsymbol{v}_{\max}^\mathrm{T}\left|\boldsymbol{x}_2(0)\right|$$

证明：根据式(4-62)，有

$$\dot{V}_1(t)\leqslant -v_{x\max}\left|\dot{x}_2^x(t)\right|\tag{4-67}$$

对不等式(4-67)两侧从 0 到 t 积分，得到

$$\int_0^t \dot{V}_1(t)\mathrm{d}t \leqslant \int_0^t \left[-v_{x\max}\left|\dot{x}_2^x(t)\right|\right]\mathrm{d}t \tag{4-68}$$

进一步，有

$$V_1(t)-V_1(0) \leqslant -v_{x\max}\left[\left|x_2^x(t)\right|-\left|x_2^x(0)\right|\right] \tag{4-69}$$

整理式(4-69)，得到

$$v_{x\max}\left|x_2^x(t)\right| \leqslant V_1(0)+v_{x\max}\left|x_2^x(0)\right|-V_1(t) \tag{4-70}$$

用 $\boldsymbol{y}^{\mathrm{T}}(t)$ 左乘式(4-64)，同时 $\boldsymbol{y}(t)$ 右乘式(4-64)，其中

$$\boldsymbol{y}(t)=\left[\boldsymbol{e}_{2x}(t)\ \ \boldsymbol{e}_{1x}(t)\ \ 1\right]^{\mathrm{T}}$$

可以推导得出

$$-\frac{1}{2}\boldsymbol{e}_{2x}^{\mathrm{T}}(t)\boldsymbol{Q}_{11}\boldsymbol{e}_{2x}(t)-\frac{1}{2}\boldsymbol{e}_{1x}^{\mathrm{T}}(t)\boldsymbol{P}_{11}\boldsymbol{e}_{1x}(t)+V_1(0)+v_{x\max}\left|x_2^x(0)\right|-v_{x\max}^2 \leqslant 0 \tag{4-71}$$

根据式(4-50)和式(4-71)，得到

$$-V_1(t)+V_1(0)+v_{x\max}\left|x_2^x(0)\right| \leqslant v_{x\max}^2 \tag{4-72}$$

结合式(4-70)和式(4-72)，得到

$$v_{x\max}\left|x_2^x(t)\right| \leqslant v_{x\max}^2 \tag{4-73}$$

因此可得

$$\left|x_2^x(t)\right| \leqslant v_{x\max}$$

同理，可以得到$\left|x_2^y(t)\right| \leqslant v_{y\max}$和$\left|x_2^\theta(t)\right| \leqslant v_{\theta\max}$，这样控制器直接实现了各轴速度约束条件式(4-11)。进一步，根据定理 4.3，得到$\boldsymbol{K}_{\mathrm{d}}=\boldsymbol{Q}^{-1}\boldsymbol{S}$和$\boldsymbol{K}_{\mathrm{p}}=\boldsymbol{Q}^{-1}\boldsymbol{R}$。

接下来，求解系统满足的保性能上界 J^*。

$$\begin{aligned}
J &= \int_0^\infty [\boldsymbol{e}_2^{\mathrm{T}}(t)\boldsymbol{Q}\boldsymbol{e}_2(t)]\mathrm{d}t \\
&= \int_0^\infty [\boldsymbol{e}_2^{\mathrm{T}}(t)\boldsymbol{Q}\boldsymbol{e}_2(t)+\dot{V}(t)-\dot{V}(t)]\mathrm{d}t \\
&\leqslant -\int_0^\infty \boldsymbol{v}_{\max}^{\mathrm{T}}\left|\dot{\boldsymbol{x}}_2(t)\right|\mathrm{d}t-\int_0^\infty \dot{V}(t)\mathrm{d}t \\
&\leqslant -\boldsymbol{v}_{\max}^{\mathrm{T}}\left[\left|\boldsymbol{x}_2(t)\right|-\left|\boldsymbol{x}_2(0)\right|\right]-\int_0^\infty \dot{V}(t)\mathrm{d}t \\
&\leqslant \boldsymbol{v}_{\max}^{\mathrm{T}}\left|\boldsymbol{x}_2(0)\right|-\sum_{k=0}^{\infty}\int_{t_k}^{t_{k+1}}\dot{V}(t_k)\mathrm{d}t \\
&= V(t_0)+\boldsymbol{v}_{\max}^{\mathrm{T}}\left|\boldsymbol{x}_2(0)\right|
\end{aligned}$$

于是，令 $J^* = V(t_0) + \boldsymbol{v}_{\max}^{\mathrm{T}} |x_2(0)|$，则可得 $J \leqslant J^*$，这样控制器 $\boldsymbol{u}(t)$ 既直接实现了各轴速度约束条件，也满足了保性能指标，$\boldsymbol{u}(t)$ 为速度直接约束保性能安全控制器。

4.3.2 仿真分析

为了验证提出的各轴运动速度直接约束非脆弱安全控制方法的有效性，康复机器人帮助训练者对医生指定的运动轨迹进行了跟踪。指定训练轨迹 $\boldsymbol{X}_{\mathrm{d}}(t)$ 描述如下：

$$\begin{cases} x_{\mathrm{d}}(t) = 2\cos^3(0.1t) \\ y_{\mathrm{d}}(t) = 2\sin^3(0.1t) \\ \theta_{\mathrm{d}}(t) = \dfrac{\pi}{4} \end{cases}$$

仿真中，最大运动速度 $\boldsymbol{v}_{\max}^{\mathrm{T}} = [0.25\mathrm{m/s} \quad 0.25\mathrm{m/s} \quad (\pi/6)\mathrm{rad/s}]$，初始运动速度 $\boldsymbol{x}_2^{\mathrm{T}}(0) = [0\mathrm{m/s} \quad 0\mathrm{m/s} \quad 0\mathrm{rad/s}]$，初始位置 $x(0) = 1.5\mathrm{m}, y(0) = 0.5\mathrm{m}, \theta(0) = 0\mathrm{rad}$。非脆弱增益变化 $\Delta\boldsymbol{c}(t)$ 分解形式为

$$\begin{cases} \boldsymbol{E} = \mathrm{diag}\{0.0001, 0.0001, 0.0001\} \\ \boldsymbol{F} = [1 \quad 1 \quad 1]^{\mathrm{T}} \\ \boldsymbol{H}(t) = \mathrm{diag}\{\sin 0.1t, \sin 0.1t, \sin 0.1t\} \end{cases}$$

通过求解不等式组(4-46)～式(4-48)和式(4-64)～式(4-66)，得到控制器参数矩阵如下：

$$\boldsymbol{P} = \begin{bmatrix} 6.6819 & 0 & 0 \\ 0 & 6.6819 & 0 \\ 0 & 0 & 1.8733 \end{bmatrix}, \quad \boldsymbol{Q} = \begin{bmatrix} 43.4635 & 0 & 0 \\ 0 & 43.4635 & 0 \\ 0 & 0 & 43.1375 \end{bmatrix}$$

$$\boldsymbol{R} = \begin{bmatrix} -6.6819 & 0 & 0 \\ 0 & -6.6819 & 0 \\ 0 & 0 & -1.8733 \end{bmatrix}, \quad \boldsymbol{S} = \begin{bmatrix} -65.1953 & 0 & 0 \\ 0 & -65.1953 & 0 \\ 0 & 0 & -64.7062 \end{bmatrix}$$

$$\boldsymbol{K}_{\mathrm{p}} = \begin{bmatrix} -0.1537 & 0 & 0 \\ 0 & -0.1537 & 0 \\ 0 & 0 & -0.0434 \end{bmatrix}, \quad \boldsymbol{K}_{\mathrm{d}} = \begin{bmatrix} -1.5000 & 0 & 0 \\ 0 & -1.5000 & 0 \\ 0 & 0 & -1.5000 \end{bmatrix}$$

仿真结果如图 4.9～图 4.14 所示。

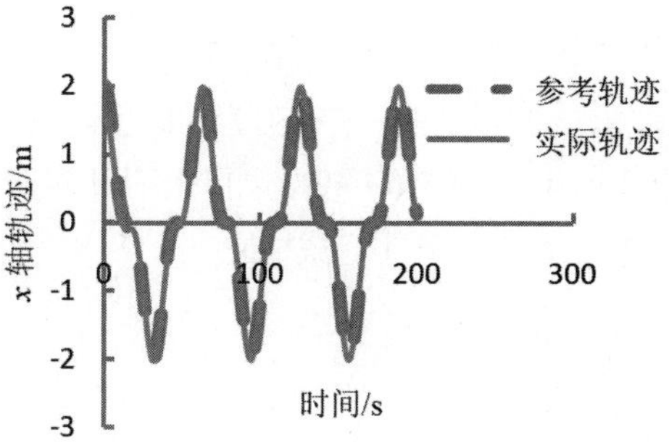

图 4.9　x 轴轨迹跟踪

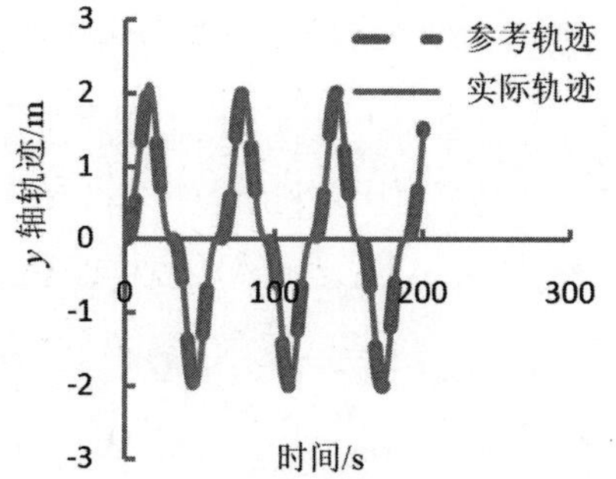

图 4.10　y 轴轨迹跟踪

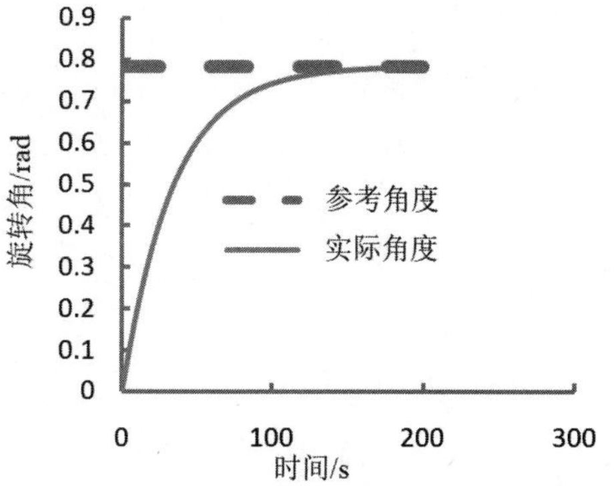

图 4.11　旋转角轨迹跟踪

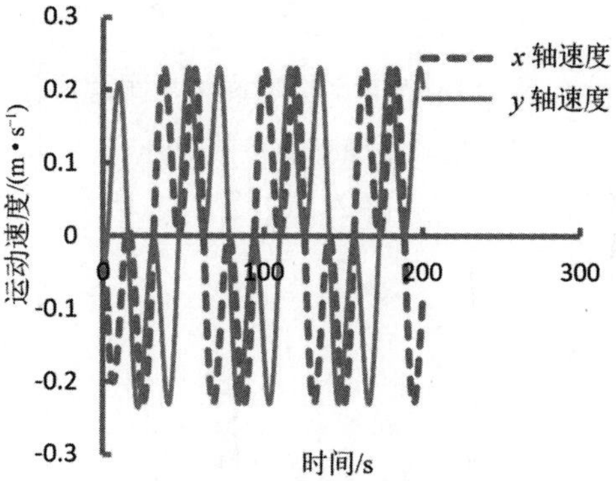

图 4.12　x 轴和 y 轴运动速度

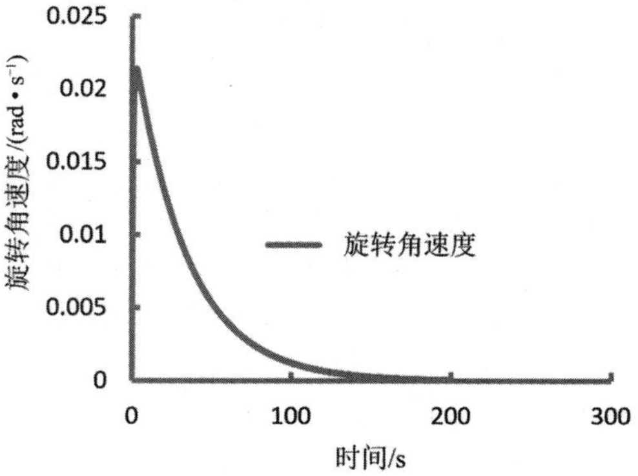

图 4.13　旋转角速度

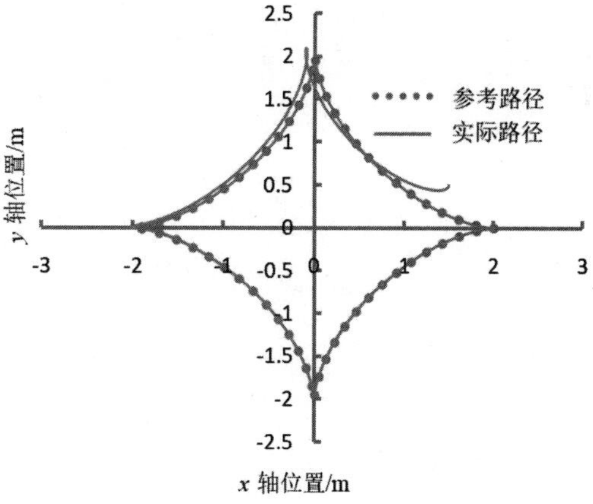

图 4.14　路径跟踪曲线

图 4.9～图 4.11 分别给出了康复机器人在各轴方向的运动轨迹跟踪曲线，可以看出机器人实现了稳定的跟踪运动，跟踪误差系统达到渐近稳定。图 4.12 和图 4.13 分别给出了康复机器人在各轴方向的运动速度变化曲线，可以看出控制器直接实现了运动速度约束，通过 Lyapunov 函数稳定性条件的设计，有效实现了运动速度安全控制。图 4.14 给出了康复机器人路径跟踪曲线，机器人在非脆弱控制器作用下以受约束的速度帮助康复者训练，保障了人机系统的安全性，

并且得到保性能上界为

$$J^* = V(t_0) + \boldsymbol{v}_{\max}^{\mathrm{T}} \left| x_2(0) \right| = 1.9267$$

为了验证具有直接速度约束非脆弱安全跟踪控制方法的有效性，与无速度约束的跟踪控制方法进行了仿真对比。利用控制器(4-5)(4-37)(4-40)和 Lyapunov 函数(4-49)，如果存在正定对称矩阵 $\boldsymbol{P} = \mathrm{diag}\{\boldsymbol{P}_{11}, \boldsymbol{P}_{22}, \boldsymbol{P}_{33}\}$ 和 $\boldsymbol{Q} = \mathrm{diag}\{\boldsymbol{Q}_{11}, \boldsymbol{Q}_{22}, \boldsymbol{Q}_{33}\}$，使下面的矩阵不等式成立：

$$\begin{bmatrix} \boldsymbol{QK}_{\mathrm{d}} & \boldsymbol{QE} & \boldsymbol{QK}_{\mathrm{p}} & 0 & 0 \\ \boldsymbol{E}^{\mathrm{T}}\boldsymbol{Q}^{\mathrm{T}} & -\varepsilon^{-1}\boldsymbol{I} & 0 & 0 & 0 \\ P & 0 & 0 & 0 & 0 \\ 0 & 0 & 0 & 0 & \boldsymbol{F}^{\mathrm{T}} \\ 0 & 0 & 0 & F & -\varepsilon\boldsymbol{I} \end{bmatrix} < 0 \tag{4-74}$$

那么，基于 Lyapunov 稳定理论，跟踪误差系统(4-41)可实现渐近稳定。

通过反复调整控制器参数矩阵 $\boldsymbol{K}_{\mathrm{P}} = \mathrm{diag}\{-151, -151, -150\}$ 和 $\boldsymbol{K}_{\mathrm{d}} = \mathrm{diag}\{-55, -55, -50\}$，并利用式(4-74)保证矩阵 $\boldsymbol{P}$ 和 $\boldsymbol{Q}$ 的存在性。将控制器应用于康复机器人系统，仿真结果如图 4.15～图 4.20 所示。

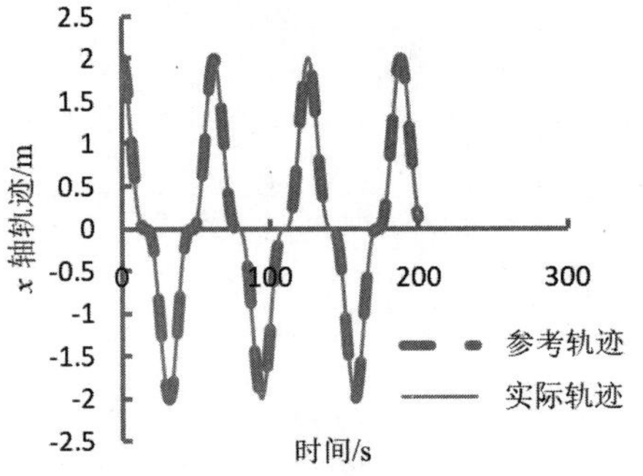

图 4.15　x 轴轨迹跟踪

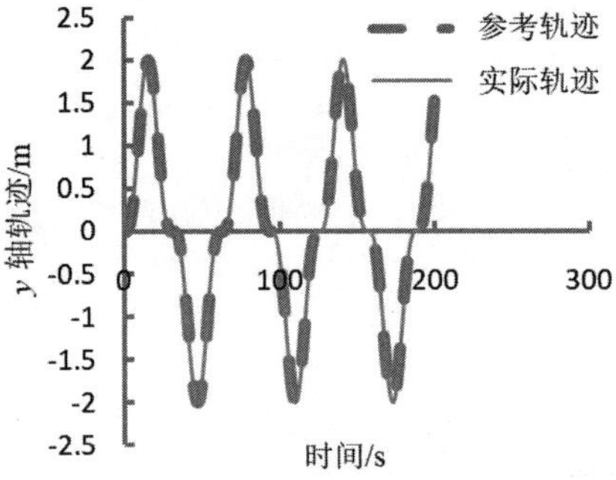

图 4.16　y 轴轨迹跟踪

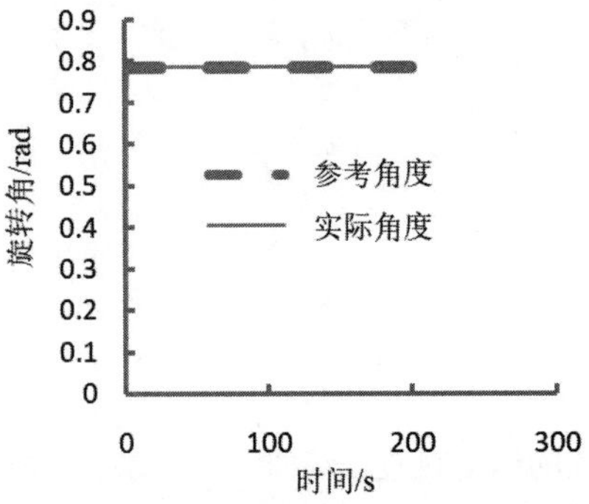

图 4.17　旋转角轨迹跟踪

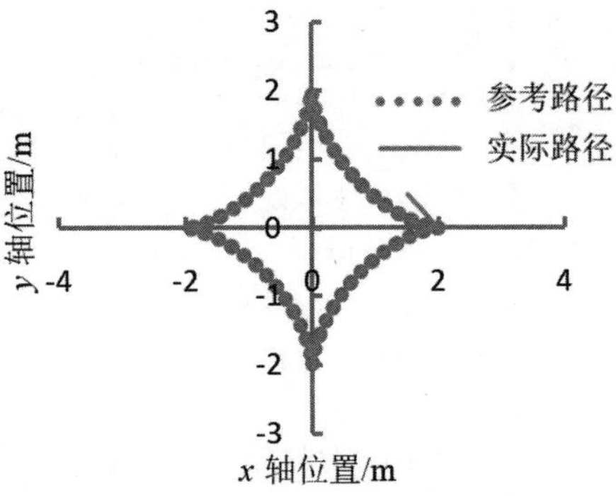

图 4.18　路径跟踪曲线

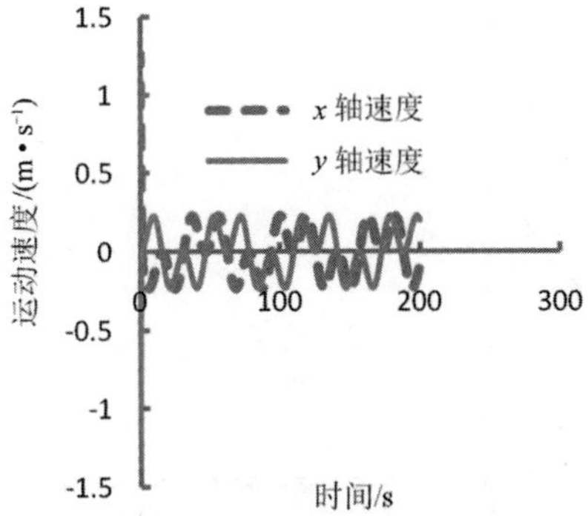

图 4.19　x 轴和 y 轴运动速度

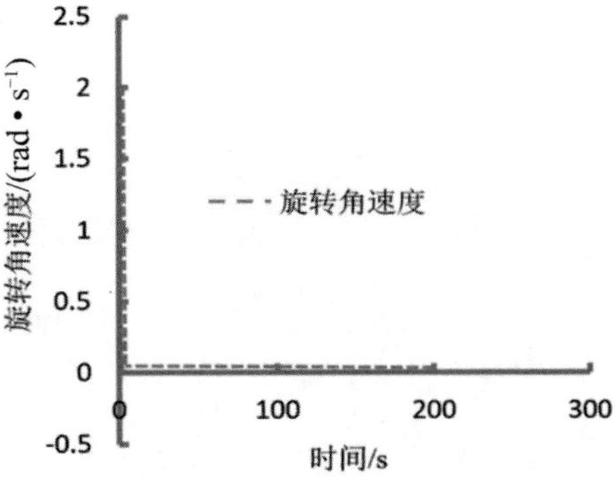

图 4.20　旋转角速度

图 4.15～图 4.18 分别给出了康复机器人在各轴方向的运动轨迹和路径跟踪曲线，可以看出机器人实现了稳定的跟踪运动，跟踪误差系统达到渐近稳定。图 4.19 和图 4.20 给出了康复机器人各轴方向的运动速度曲线，可以看出在初始的一段运动时间内各轴方向的速度远远超出指定的约束范围，说明通过 Lyapunov 函数稳定性条件仅可以实现机器人的路径跟踪，若没有对其进行如式(4-62)的设计，便无法成功约束机器人的运动速度，初始阶段过快的速度将导致人机运动不协调，威胁训练者的安全。由此可知，提出的直接速度约束方法可保证人机系统在安全速度下康复训练。

为了进一步验证非脆弱控制器处理速度约束的有效性，与不考虑增益变化的控制器进行了对比仿真。令 $E_{ii}=0$，$F_{ii}=0(i=1,2,3)$，求解不等式(4-46)和式(4-64)、式(4-47)和式(4-65)、式(4-48)和式(4-66)，得到控制器参数矩阵 $\boldsymbol{K}_{\mathrm{p}}=\mathrm{diag}\{-0.0032,-0.0032,-0.9282\}$，$\boldsymbol{K}_{\mathrm{d}}=\mathrm{diag}\{-1.5000,-1.5000,-1.5000\}$。仿真结果如图 4.21～图 4.26 所示。

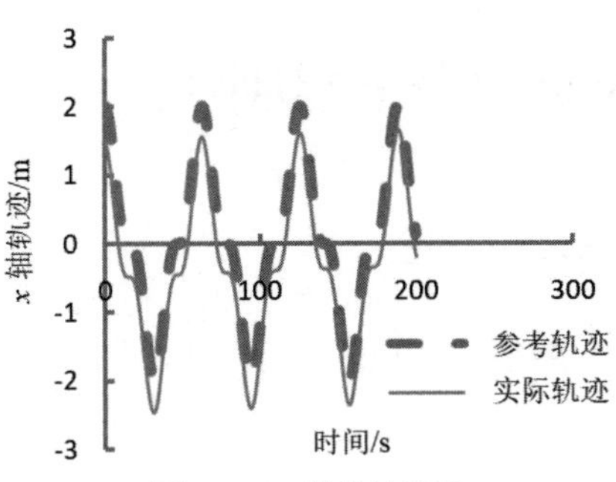

图 4.21　x 轴轨迹跟踪

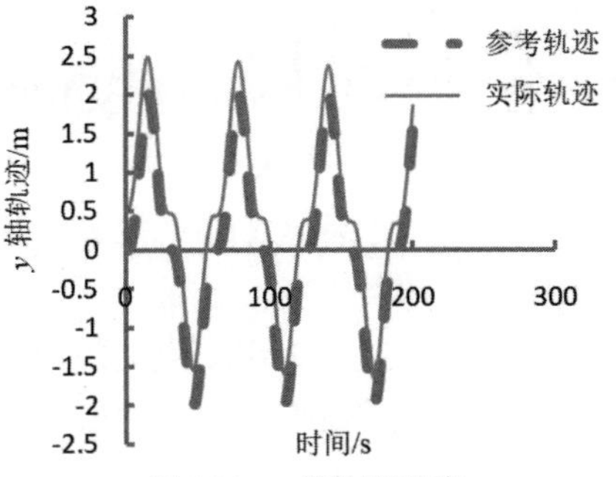

图 4.22　y 轴轨迹跟踪

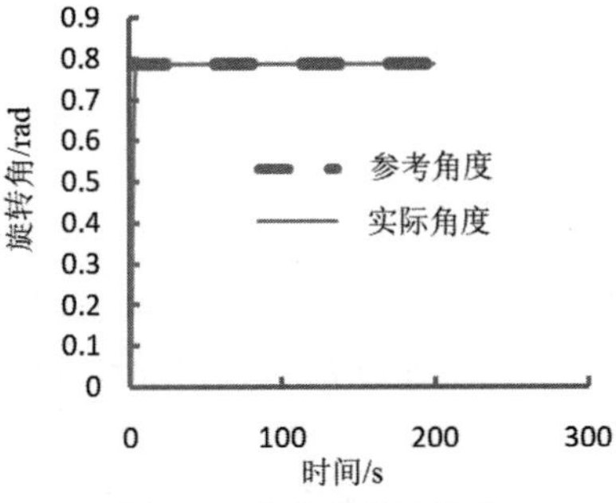

图 4.23　旋转角轨迹跟踪

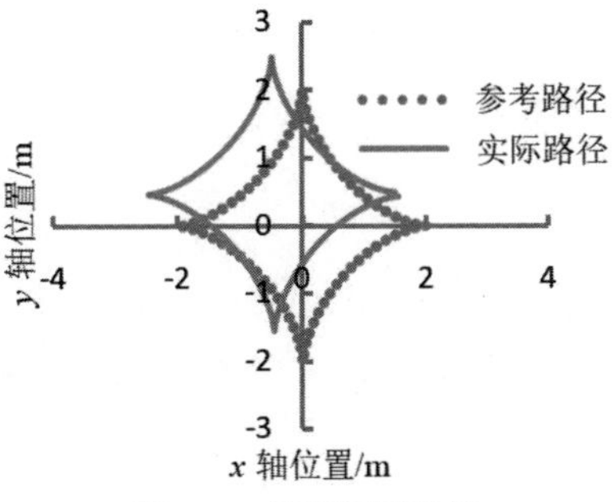

图 4.24　路径跟踪曲线

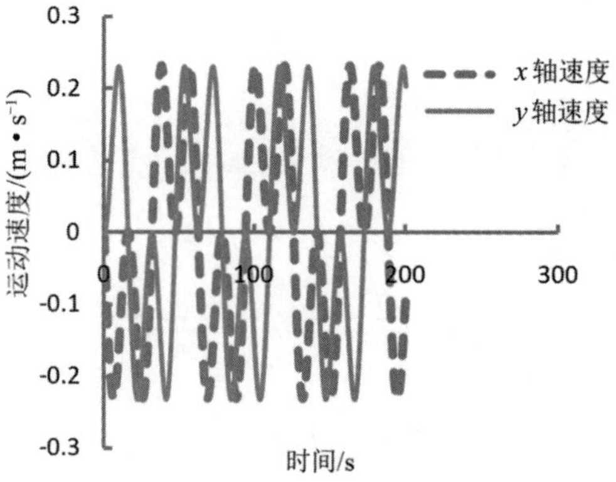

图 4.25　x 轴和 y 轴运动速度

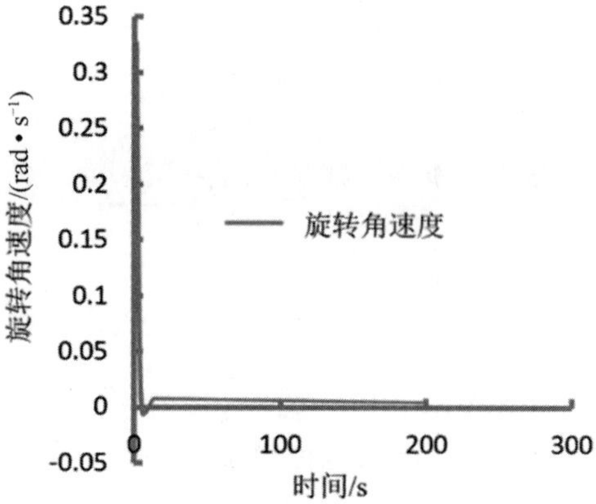

图 4.26　旋转角速度

图 4.21～图 4.24 分别给出了康复机器人在各轴的运动轨迹和路径跟踪曲线，可以看出机器人在 x 轴、y 轴方向上轨迹跟踪出现较大的误差，导致机器人运动远远偏离了指定路径，跟踪误差系统未能达到渐近稳定，机器人可能发生碰撞危险，结果表明非脆弱控制器的设计提高了系统的鲁棒性。图 4.25 和图 4.26 给出了康复机器人各轴方向运动速度曲线，可以看出各轴速度均在指定的约束范围内，说明控制器具有直接约束运动速度的性能，尽管轨迹跟踪偏差较大，但满足不等式组解的控制器依然可以限制机器人的运动速度。

文中提出了各轴方向运动速度直接约束非脆弱安全控制机制，非脆弱跟踪控制方案提高了系统的鲁棒性能，控制器可以直接约束机器人的运动速度，以确保患者通过康复训练恢复正常行走能力。

4.4　各轴速度与加速度同时直接约束的安全控制

4.4.1　康复机器人不确定各轴跟踪误差系统描述

在康复机器人动力学模型(2-29)的基础上，考虑系统中存在的不确定性，将系数矩阵 $\boldsymbol{M}_0\boldsymbol{K}(\theta)$ 分解为如下形式：

$$\boldsymbol{M}_0\boldsymbol{K}(\theta)=\boldsymbol{M}_1+\Delta\boldsymbol{M}_1(m,r_0,\theta) \tag{4-75}$$

其中，$\Delta\boldsymbol{M}_1(m,r_0,\theta)$ 表示系统模型的不确定项，矩阵 $\boldsymbol{M}_1$ 表达形式如下：

$$\boldsymbol{M}_1=\begin{bmatrix} M & 0 & 0 \\ 0 & M & 0 \\ 0 & 0 & I_0 \end{bmatrix} \tag{4-76}$$

由于系数矩阵 $\boldsymbol{M}_0\dot{\boldsymbol{K}}(\theta,\dot{\theta})$ 由重心偏移量 $\dot{\boldsymbol{p}}$ 和 $\dot{\boldsymbol{q}}$ 构成，同样将其视为系统模型的不确定项。

因为 $\operatorname{rank}[\boldsymbol{M}_0\boldsymbol{K}(\theta)]=3$ 是满秩的，所以 $\boldsymbol{M}_0\boldsymbol{K}(\theta)$ 是非奇异矩阵，于是模型(2-29)化为

$$\ddot{\boldsymbol{X}}(t)=-\left[\boldsymbol{M}_0\boldsymbol{K}(\theta)\right]^{-1}\boldsymbol{M}_0\dot{\boldsymbol{K}}(\theta,\dot{\theta})\dot{\boldsymbol{X}}(t)+\left[\boldsymbol{M}_0\boldsymbol{K}(\theta)\right]^{-1}\boldsymbol{B}(\theta)\boldsymbol{u}(t) \tag{4-77}$$

由模型(4-77)分离出系统不确定项，可得

$$\begin{aligned}\ddot{\boldsymbol{X}}(t)&=[(\boldsymbol{M}_0\boldsymbol{K}(\theta))^{-1}-\boldsymbol{M}_1^{-1}]\boldsymbol{B}(\theta)\boldsymbol{u}(t)+\boldsymbol{M}_1^{-1}\boldsymbol{B}(\theta)\boldsymbol{u}(t)+\boldsymbol{M}_0\dot{\boldsymbol{K}}(\theta,\dot{\theta})\dot{\boldsymbol{X}}(t)\\&=\boldsymbol{\Omega}(t)+\boldsymbol{M}_1^{-1}\boldsymbol{B}(\theta)\boldsymbol{u}(t)\end{aligned} \tag{4-78}$$

其中，系统全部不确定项 $\boldsymbol{\Omega}(t)$ 表示如下：

$$\boldsymbol{\Omega}(t)=[(\boldsymbol{M}_0\boldsymbol{K}(\theta))^{-1}-\boldsymbol{M}_1^{-1}]\boldsymbol{B}(\theta)\boldsymbol{u}(t)+\boldsymbol{M}_0\dot{\boldsymbol{K}}(\theta,\dot{\theta})\dot{\boldsymbol{X}}(t) \tag{4-79}$$

令

$$\begin{cases}\boldsymbol{x}_1(t)=\boldsymbol{X}(t)\\\boldsymbol{x}_2(t)=\dot{\boldsymbol{X}}(t)\end{cases} \tag{4-80}$$

于是式(4-78)化为如下表达形式：

$$\begin{cases}\dot{\boldsymbol{x}}_1(t)=\boldsymbol{x}_2(t)\\\dot{\boldsymbol{x}}_2(t)=\boldsymbol{\Omega}(t)+\boldsymbol{M}_1^{-1}\boldsymbol{B}(\theta)\boldsymbol{u}(t)\end{cases} \tag{4-81}$$

设 $\boldsymbol{X}(t)$ 表示 ODW 的实际运动轨迹，$\boldsymbol{X}_{\mathrm{d}}(t)$ 表示医生指定的训练轨迹，则定义轨迹跟踪误差：

$$\boldsymbol{e}_1(t)=\boldsymbol{X}(t)-\boldsymbol{X}_{\mathrm{d}}(t) \tag{4-82}$$

其中，$\boldsymbol{e}_1(t)=\left[e_{11}(t)\quad e_{12}(t)\quad e_{13}(t)\right]^{\mathrm{T}}$，分别表示 x 轴、y 轴和旋转角方向轨迹跟踪误差。

定义速度跟踪误差：

$$\boldsymbol{e}_2(t)=\dot{\boldsymbol{X}}(t)-\dot{\boldsymbol{X}}_{\mathrm{d}}(t)=\boldsymbol{x}_2(t)-\dot{\boldsymbol{X}}_{\mathrm{d}}(t) \tag{4-83}$$

其中，$\boldsymbol{e}_2(t)=\left[e_{21}(t)\quad e_{22}(t)\quad e_{23}(t)\right]^{\mathrm{T}}$ 分别表示 x 轴、y 轴和旋转角方向速度跟踪误差。

设计控制器如下：

$$\boldsymbol{u}(t)=\widehat{\boldsymbol{B}}(\theta)\boldsymbol{M}_1[\boldsymbol{v}_{\mathrm{d}}(t)+\boldsymbol{u}_{\mathrm{d}}(t)] \tag{4-84}$$

其中，$\widehat{\boldsymbol{B}}(\theta)=\boldsymbol{B}^{\mathrm{T}}(\theta)[\boldsymbol{B}(\theta)\boldsymbol{B}^{\mathrm{T}}(\theta)]^{-1}$ 表示 $\boldsymbol{B}(\theta)$ 的广义逆矩阵。$\boldsymbol{u}_{\mathrm{d}}(t)=\left[u_{\mathrm{d}1}(t)\quad u_{\mathrm{d}2}(t)\quad u_{\mathrm{d}3}(t)\right]^{\mathrm{T}}$ 表示 x 轴、y 轴和旋转角方向的部分控制输入力，目的是消除不确定项 $\boldsymbol{\Omega}(t)$ 对系统跟踪性能的影响。$\boldsymbol{v}_{\mathrm{d}}(t)=\left[v_{\mathrm{d}1}(t)\quad v_{\mathrm{d}2}(t)\quad v_{\mathrm{d}3}(t)\right]^{\mathrm{T}}$ 是作用于 x 轴、y 轴和旋转角方向的控制输入力，主要用于驱动 ODW 运动实现系统轨迹跟踪，且 $\boldsymbol{v}_{\mathrm{d}}(t)$ 设计如下：

$$\boldsymbol{v}_{\mathrm{d}}(t)=\ddot{\boldsymbol{X}}_{\mathrm{d}}(t)+\boldsymbol{K}_{\mathrm{p}}\boldsymbol{e}_1(t)+\boldsymbol{K}_{\mathrm{d}}\boldsymbol{e}_2(t) \tag{4-85}$$

其中，$\boldsymbol{K}_{\mathrm{d}}=\operatorname{diag}\{K_{\mathrm{d}1},K_{\mathrm{d}2},K_{\mathrm{d}3}\}$，$\boldsymbol{K}_{\mathrm{p}}=\operatorname{diag}\{K_{\mathrm{p}1},K_{\mathrm{p}2},K_{\mathrm{p}3}\}$ 为待设计的控制器参数矩阵。

将控制器(4-84)代入系统(4-81)得

$$\begin{cases}\dot{\boldsymbol{x}}_1(t)=\boldsymbol{x}_2(t)\\ \dot{\boldsymbol{x}}_2(t)=\boldsymbol{\Omega}(t)+\boldsymbol{u}_\text{d}(t)+\boldsymbol{v}_\text{d}(t)\end{cases} \tag{4-86}$$

由式(4-86)得

$$\boldsymbol{\Omega}(t)=\dot{\boldsymbol{x}}_2(t)-\boldsymbol{u}_\text{d}(t)-\boldsymbol{v}_\text{d}(t) \tag{4-87}$$

其中，$\boldsymbol{\Omega}(t)=\begin{bmatrix}\boldsymbol{\Omega}_1(t) & \boldsymbol{\Omega}_2(t) & \boldsymbol{\Omega}_3(t)\end{bmatrix}^\text{T}$ 分别表示系统在 x 轴、y 轴和旋转角方向的不确定项，记 $\ddot{\boldsymbol{X}}(t)=\begin{bmatrix}\ddot{X}_1(t) & \ddot{X}_2(t) & \ddot{X}_3(t)\end{bmatrix}^\text{T}$ 分别表示系统在 x 轴、y 轴和旋转角方向的运动加速度。设计一阶低通滤波器对系统不确定性进行估计，无须假设不确定性的具体表达形式，在一定程度上降低了处理不确定项的保守性，不确定项 $\boldsymbol{\Omega}_\sigma(t)$ 的估计形式表示如下：

$$\hat{\boldsymbol{\Omega}}_\sigma(t)=G_{f\sigma}(s)[\ddot{X}_\sigma(t)-u_{\text{d}\sigma}(t)-v_{\text{d}\sigma}(t)]\text{，}\quad \sigma=1,2,3 \tag{4-88}$$

其中，$\hat{\boldsymbol{\Omega}}_\sigma(t)$ 表示不确定项 $\boldsymbol{\Omega}_\sigma(t)$ 的估计，$G_{f\sigma}(s)$ 表示带有常数滤波时间 $\tau_{f\sigma}$ 的一阶低通滤波器，表达形式如下：

$$G_{f\sigma}(s)=\frac{1}{1+\tau_{f\sigma}s} \tag{4-89}$$

由于 $\boldsymbol{u}_\text{d}(t)$ 要消除不确定项 $\boldsymbol{\Omega}(t)$ 对系统跟踪性能的影响，设计 $\boldsymbol{u}_\text{d}(t)=-\hat{\boldsymbol{\Omega}}(t)$，于是有

$$u_{\text{d}\sigma}(t)=-G_{f\sigma}(s)[\ddot{X}_\sigma(t)-u_{\text{d}\sigma}(t)-v_{\text{d}\sigma}(t)] \tag{4-90}$$

从而解得 $u_{\text{d}\sigma}(t)$ 如下：

$$u_{\text{d}\sigma}(t)=-\frac{G_{f\sigma}(s)}{1-G_{f\sigma}(s)}[\ddot{X}_\sigma(t)-v_{\text{d}\sigma}(t)] \tag{4-91}$$

于是得到控制器 $\boldsymbol{u}_d(t)$ 时间域表达形式如下：

$$\boldsymbol{u}_\text{d}(t)=-\boldsymbol{\tau}_f^{-1}\dot{\boldsymbol{X}}(t)+\boldsymbol{\tau}_f^{-1}\int \boldsymbol{v}\text{d}(t)\text{d}t \tag{4-92}$$

其中，$\boldsymbol{\tau}_f=\text{diag}\{\tau_{f1},\tau_{f2},\tau_{f3}\}$。

进而得到控制器 $\boldsymbol{u}(t)$ 为

$$\boldsymbol{u}(t)=\hat{\boldsymbol{B}}(\theta)\boldsymbol{M}_1[\boldsymbol{v}_\text{d}(t)-\boldsymbol{\tau}_f^{-1}\dot{\boldsymbol{X}}(t)+\boldsymbol{\tau}_f^{-1}\int \boldsymbol{v}_\text{d}(t)\text{d}t] \tag{4-93}$$

定义不确定估计误差 $\tilde{\boldsymbol{\Omega}}(t)=\boldsymbol{\Omega}(t)-\hat{\boldsymbol{\Omega}}(t)$，接下来对估计误差系统的渐近稳定性进行分析，通过式(4-88)可知

$$\hat{\boldsymbol{\Omega}}_\sigma(t)=\boldsymbol{\Omega}_\sigma(t)G_{f\sigma}(s) \tag{4-94}$$

根据式(4-89)和式(4-93)推导得出

$$\dot{\tilde{\boldsymbol{\Omega}}}(t)=-\boldsymbol{\tau}_f^{-1}\tilde{\boldsymbol{\Omega}}(t)+\dot{\boldsymbol{\Omega}}(t) \tag{4-95}$$

由式(4-95)可知，对于有界$\left|\dot{\boldsymbol{\Omega}}(t)\right|$，通过有界输入和有界输出理论可以保证估计误差$\tilde{\boldsymbol{\Omega}}(t)$的稳定性。事实上，康复者在训练过程中，重心变化是非常缓慢的，ODW 是慢变非线性系统[20]，从而随时间趋向无穷，$\boldsymbol{\Omega}(t)$的变化率近似有$\dot{\boldsymbol{\Omega}}(t)=0$，因此估计误差系统(4-95)是近似渐近稳定的，于是近似有$\boldsymbol{\Omega}(t)=\hat{\boldsymbol{\Omega}}(t)$成立。

在$\boldsymbol{\Omega}(t)=\hat{\boldsymbol{\Omega}}(t)$及控制器(4-93)作用下，系统(4-86)化为如下表达形式：

$$\begin{cases}\dot{\boldsymbol{x}}_1(t)=\boldsymbol{x}_2(t)\\ \dot{\boldsymbol{x}}_2(t)=\boldsymbol{v}_{\mathrm{d}}(t)\end{cases} \tag{4-96}$$

于是可得跟踪误差系统：

$$\begin{cases}\dot{\boldsymbol{e}}_1(t)=\boldsymbol{e}_2(t)\\ \dot{\boldsymbol{e}}_2(t)=\boldsymbol{K}_{\mathrm{d}}\boldsymbol{e}_2(t)+\boldsymbol{K}_{\mathrm{p}}\boldsymbol{e}_1(t)\end{cases} \tag{4-97}$$

将式(4-97)分别化为x轴、y轴和旋转角方向跟踪误差子系统如下：

$$\begin{cases}\dot{\boldsymbol{e}}_{1i}(t)=\boldsymbol{e}_{2i}(t)\\ \dot{\boldsymbol{e}}_{2i}(t)=\boldsymbol{K}_{\mathrm{d}i}\boldsymbol{e}_{2i}(t)+\boldsymbol{K}_{\mathrm{p}i}\boldsymbol{e}_{1i}(t)\end{cases} \tag{4-98}$$

4.4.2　速度和加速度同时约束的控制器设计

针对康复机器人系统设计速度和加速度同时约束的控制器$\boldsymbol{u}(t)$，使跟踪误差系统(4-98)渐近稳定，且保证$\boldsymbol{x}_2(t)$为安全运动速度，即$\boldsymbol{x}_2(t)$满足性能$\left|\boldsymbol{x}_2^i(t)\right|\leqslant v_{i\max}(i=1,2,3)$，其中$\boldsymbol{x}_2^i(t)$表示$x$轴、$y$轴方向和旋转角方向的运动速度，$v_{i\max}$表示$x$轴、$y$轴方向和旋转角方向的最大运动速度；同时运动加速度满足$\left|\dot{\boldsymbol{x}}_2^i(t)\right|\leqslant a_i$，其中$\dot{\boldsymbol{x}}_2^i(t)$表示$x$轴、$y$轴方向和旋转角方向的运动加速度，$a_i>0$为指定的$x$轴、$y$轴方向和旋转角方向的加速度约束值。

定理 4.5　考虑不确定康复机器人系统(4-77)，设初始状态有界，指定的跟踪轨迹及一阶导数连续且有界，如果存在正定对称矩阵$\boldsymbol{P}=\mathrm{diag}\{\boldsymbol{P}_{11},\boldsymbol{P}_{22},\boldsymbol{P}_{33}\}$和$\boldsymbol{Q}=\mathrm{diag}\{\boldsymbol{Q}_{11},\boldsymbol{Q}_{22},\boldsymbol{Q}_{33}\}$，矩阵$\boldsymbol{S}=\mathrm{diag}\{\boldsymbol{S}_{11},\boldsymbol{S}_{22},\boldsymbol{S}_{33}\}$和$\boldsymbol{R}=\mathrm{diag}\{\boldsymbol{R}_{11},\boldsymbol{R}_{22},\boldsymbol{R}_{33}\}$，使下列线性矩阵不等式成立：

$$\begin{bmatrix}\boldsymbol{S}_{ii} & \boldsymbol{R}_{ii} & 0 & 0 & 0 & 0\\ \boldsymbol{P}_{ii} & 0 & 0 & 0 & 0 & 0\\ 0 & 0 & 0 & 0 & \dfrac{v_{i\max}}{2} & 0\\ 0 & 0 & 0 & 0 & 0 & \dfrac{a_i}{2}\\ 0 & 0 & \dfrac{v_{i\max}}{2} & 0 & 0 & 0\\ 0 & 0 & 0 & \dfrac{a_i}{2} & 0 & 0\end{bmatrix}\leqslant 0 \tag{4-99}$$

那么，在控制器(4-93)和(4-85)作用下，跟踪误差系统(4-98)渐近稳定。

证明：建立如下 Lyapunov 函数

$$V(t)=V_1(t)+V_2(t)+V_3(t)=\frac{1}{2}\boldsymbol{e}_1^{\mathrm{T}}(t)\boldsymbol{P}\boldsymbol{e}_1(t)+\frac{1}{2}\boldsymbol{e}_2^{\mathrm{T}}(t)\boldsymbol{Q}\boldsymbol{e}_2(t) \tag{4-100}$$

其中：

$$V_i(t)=\frac{1}{2}\boldsymbol{e}_{1i}^{\mathrm{T}}(t)\boldsymbol{P}_{ii}\boldsymbol{e}_{1i}(t)+\frac{1}{2}\boldsymbol{e}_{2i}^{\mathrm{T}}(t)\boldsymbol{Q}_{ii}\boldsymbol{e}_{2i}(t)\text{，}\quad i=1,2,3 \tag{4-101}$$

沿跟踪误差系统(4-97)，对式(4-100)求导，得

$$\begin{aligned}\dot V(t)&=\dot V_1(t)+\dot V_2(t)+\dot V_3(t)\\&=\boldsymbol{e}_1^{\mathrm{T}}(t)\boldsymbol{P}\dot{\boldsymbol{e}}_1(t)+\boldsymbol{e}_2^{\mathrm{T}}(t)\boldsymbol{Q}\dot{\boldsymbol{e}}_2(t)\\&=\boldsymbol{e}_1^{\mathrm{T}}(t)\boldsymbol{P}\boldsymbol{e}_2(t)+\boldsymbol{e}_2^{\mathrm{T}}(t)\boldsymbol{Q}\boldsymbol{K}_{\mathrm{d}}\boldsymbol{e}_2(t)+\boldsymbol{e}_2^{\mathrm{T}}(t)\boldsymbol{Q}\boldsymbol{K}_{\mathrm{p}}\boldsymbol{e}_1(t)\end{aligned} \tag{4-102}$$

对式(4-99)分别左乘 $\boldsymbol{x}^{\mathrm{T}}(t)$，右乘 $\boldsymbol{x}(t)$，其中

$$\boldsymbol{x}^{\mathrm{T}}(t)=\begin{bmatrix}\boldsymbol{e}_{2i}^{\mathrm{T}}(t) & \boldsymbol{e}_{1i}^{\mathrm{T}}(t) & \left|\dot{\boldsymbol{x}}_2^i(t)\right|^{\mathrm{T}} & \left|\ddot{\boldsymbol{x}}_2^i(t)\right|^{\mathrm{T}} & 1 & 1\end{bmatrix}$$

得

$$\begin{aligned}&\boldsymbol{e}_{1i}^{\mathrm{T}}(t)\boldsymbol{P}_{ii}\boldsymbol{e}_{2i}(t)+\boldsymbol{e}_{2i}^{\mathrm{T}}(t)\boldsymbol{S}_{ii}\boldsymbol{e}_{2i}(t)+\boldsymbol{e}_{2i}^{\mathrm{T}}(t)\boldsymbol{R}_{ii}\boldsymbol{e}_{1i}(t)+\\&\frac{v_{i\max}}{2}\left|\dot{\boldsymbol{x}}_2^i(t)\right|+\frac{v_{i\max}}{2}\left|\dot{\boldsymbol{x}}_2^i(t)\right|^{\mathrm{T}}+\frac{a_i}{2}\left|\ddot{\boldsymbol{x}}_2^i(t)\right|+\frac{a_i}{2}\left|\ddot{\boldsymbol{x}}_2^i(t)\right|^{\mathrm{T}}\leqslant 0\end{aligned} \tag{4-103}$$

其中，$\boldsymbol{S}_{ii}=\boldsymbol{Q}_{ii}\boldsymbol{K}_{\mathrm{d}i}$，$\boldsymbol{R}_{ii}=\boldsymbol{Q}_{ii}\boldsymbol{K}_{\mathrm{p}i}$，于是有

$$\dot V_i(t)\leqslant -v_{i\max}\left|\dot{\boldsymbol{x}}_2^x(t)\right|-a_i\left|\ddot{\boldsymbol{x}}_2^i(t)\right| \tag{4-104}$$

由式(4-104)、式(4-100)和式(4-101)，可得

$$\dot V(t)\leqslant -\boldsymbol{v}_{\max}^{\mathrm{T}}\left|\dot{\boldsymbol{x}}_2(t)\right|-\boldsymbol{a}^{\mathrm{T}}\left|\ddot{\boldsymbol{x}}_2(t)\right| \tag{4-105}$$

于是由式(4-105)可得跟踪误差系统(4-98)渐近稳定。

接下来分析系统运动速度 $\boldsymbol{x}_2(t)$ 和运动加速度 $\dot{\boldsymbol{x}}_2(t)$ 的约束性能。

定理 4.6 考虑不确定康复机器人系统(4-77)，当跟踪误差系统(4-98)渐近稳定，如果正定对称矩阵 $\boldsymbol{P}=\mathrm{diag}\{\boldsymbol{P}_{11},\boldsymbol{P}_{22},\boldsymbol{P}_{33}\}$，$\boldsymbol{Q}=\mathrm{diag}\{\boldsymbol{Q}_{11},\boldsymbol{Q}_{22},\boldsymbol{Q}_{33}\}$ 使下列线性矩阵不等式组成立：

$$\begin{bmatrix}-\frac{1}{2}\boldsymbol{Q}_{ii} & 0 & 0\\ 0 & -\frac{1}{2}\boldsymbol{P}_{ii} & 0\\ 0 & 0 & V_i(0)+v_{i\max}\left|\boldsymbol{x}_2^i(0)\right|-v_{i\max}^2\end{bmatrix}\leqslant 0 \tag{4-106}$$

$$\begin{bmatrix} -\frac{1}{2}\boldsymbol{Q}_{ii} & 0 & 0 \\ 0 & -\frac{1}{2}\boldsymbol{P}_{ii} & 0 \\ 0 & 0 & V_i(0)+a_i\left|\dot{\boldsymbol{x}}_2^i(0)\right|-a_i^2 \end{bmatrix} \leqslant 0 \tag{4-107}$$

那么，跟踪运动速度 $\boldsymbol{x}_2(t)$ 和加速度 $\dot{\boldsymbol{x}}_2(t)$ 同时满足约束性能：

$$\left|\boldsymbol{x}_2^i(t)\right| \leqslant v_{i\max}\text{，}\quad \left|\dot{\boldsymbol{x}}_2^i(t)\right| \leqslant a_i$$

其中：

$$V_i(0)=\frac{1}{2}\boldsymbol{e}_{1i}^{\mathrm{T}}(0)\boldsymbol{P}_{ii}\boldsymbol{e}_{1i}(0)+\frac{1}{2}\boldsymbol{e}_{2i}(0)\boldsymbol{Q}_{ii}\boldsymbol{e}_{2i}(0)$$

进一步，控制器(4-93)和式(4-85)的参数矩阵为 $\boldsymbol{K}_{\mathrm{d}}=\boldsymbol{Q}^{-1}\boldsymbol{S}$，$\boldsymbol{K}_{\mathrm{p}}=\boldsymbol{Q}^{-1}\boldsymbol{R}$。

证明：分析运动速度 $\boldsymbol{x}_2(t)$ 的约束性能，由式(4-104)得

$$\dot{V}_i(t) \leqslant -v_{i\max}\left|\dot{\boldsymbol{x}}_2^x(t)\right| \tag{4-108}$$

对式(4-108)两端从 0 到 t 积分，得

$$\int_0^t \dot{V}_i(t)\mathrm{d}t \leqslant \int_0^t \left(-v_{i\max}\left|\dot{\boldsymbol{x}}_2^i(t)\right|\right)\mathrm{d}t \tag{4-109}$$

进一步整理为

$$V_i(t)-V_i(0) \leqslant -v_{i\max}\left(\left|\boldsymbol{x}_2^i(t)\right|-\left|\boldsymbol{x}_2^i(0)\right|\right) \tag{4-110}$$

从而有

$$v_{i\max}\left|\boldsymbol{x}_2^i(t)\right| \leqslant V_i(0)+v_{i\max}\left|\boldsymbol{x}_2^i(0)\right|-V_i(t) \tag{4-111}$$

根据式(4-106)，对其分别左乘 $\boldsymbol{y}^{\mathrm{T}}(t)$，右乘 $\boldsymbol{y}(t)$，其中：

$$\boldsymbol{y}^{\mathrm{T}}(t)=\begin{bmatrix}\boldsymbol{e}_{2i}^{\mathrm{T}}(t) & \boldsymbol{e}_{1i}^{\mathrm{T}}(t) & 1\end{bmatrix}$$

得

$$-\frac{1}{2}\boldsymbol{e}_{2i}^{\mathrm{T}}(t)\boldsymbol{Q}_{ii}\boldsymbol{e}_{2i}(t)-\frac{1}{2}\boldsymbol{e}_{1i}^{\mathrm{T}}(t)\boldsymbol{P}_{ii}\boldsymbol{e}_{1i}(t)+V_i(0)+v_{i\max}\left|\boldsymbol{x}_2^i(0)\right|-v_{i\max}^2 \leqslant 0 \tag{4-112}$$

根据式(4-101)和式(4-112)，可得

$$-V_i(t)+V_i(0)+v_{i\max}\left|\boldsymbol{x}_2^i(0)\right| \leqslant v_{i\max}^2 \tag{4-113}$$

进一步，结合式(4-111)和式(4-113)，得到

$$v_{i\max}\left|\boldsymbol{x}_2^i(t)\right| \leqslant v_{i\max}^2 \tag{4-114}$$

于是有

$$\left|\boldsymbol{x}_2^i(t)\right| \leqslant v_{i\max} \tag{4-115}$$

接下来继续分析加速度 $\dot{\boldsymbol{x}}_2(t)$ 的约束性能，与式(4-108)～式(4-111)同理可得

$$a_i\left|\dot{\boldsymbol{x}}_2^i(t)\right| \leqslant V_i(0)+a_i\left|\dot{\boldsymbol{x}}_2^i(0)\right|-V_i(t) \tag{4-116}$$

根据式(4-107)，对其分别左乘 $\boldsymbol{y}^{\mathrm{T}}(t)$，右乘 $\boldsymbol{y}(t)$，可得

$$-\frac{1}{2}\boldsymbol{e}_{2i}^{\mathrm{T}}(t)\boldsymbol{Q}_{ii}\boldsymbol{e}_{2i}(t)-\frac{1}{2}\boldsymbol{e}_{1i}^{\mathrm{T}}(t)\boldsymbol{P}_{ii}\boldsymbol{e}_{1i}(t)+V_i(0)+a_i\left|\dot{\boldsymbol{x}}_2^i(0)\right|-a_i^2 \leqslant 0 \tag{4-117}$$

根据式(4-101)和式(4-117)，得

$$-V_i(t)+V_i(0)+a_i\left|\dot{\boldsymbol{x}}_2^i(0)\right| \leqslant a_i^2 \tag{4-118}$$

结合式(4-116)和式(4-118)，得

$$a_i\left|\dot{\boldsymbol{x}}_2^i(t)\right| \leqslant a_i^2 \tag{4-119}$$

于是有

$$\left|\dot{\boldsymbol{x}}_2^i(t)\right| \leqslant a_i \tag{4-120}$$

由定理 4.5 的证明过程可得 $\boldsymbol{S}_{ii}=\boldsymbol{Q}_{ii}\boldsymbol{K}_{\mathrm{d}i}$，$\boldsymbol{R}_{ii}=\boldsymbol{Q}_{ii}\boldsymbol{K}_{\mathrm{p}i}$，于是有 $\boldsymbol{K}_{\mathrm{d}}=\boldsymbol{Q}^{-1}\boldsymbol{S}$，$\boldsymbol{K}_{\mathrm{p}}=\boldsymbol{Q}^{-1}\boldsymbol{R}$。

由定理 4.5 和定理 4.6 看出，定理 4.5 通过利用 Lyapunov 稳定方法，证明了 ODW 跟踪误差系统的渐近稳定性。在此基础上，定理 4.6 得到了同时约束 ODW 运动速度和加速度的控制器。

4.4.3 仿真分析

为了验证提出的运动速度和加速度同时约束控制方法的有效性，康复机器人对指定的曲线训练轨迹进行了跟踪运动，轨迹方程描述如下：

$$\begin{cases} x_{\mathrm{d}}(t)=2\cos^3(0.1t) \\ y_{\mathrm{d}}(t)=2\sin^3(0.1t) \\ \theta_{\mathrm{d}}(t)=\dfrac{\pi}{4} \end{cases}$$

仿真研究中，ODW 物理参数及各变量取值如表 4.1 和表 4.2 所示。

表 4.1　ODW 参数值

参数	取值
ODW 质量/kg	$M = 58$
中心到各轮距离/m	$L = 0.4$
转动惯量/ $\mathrm{kg \cdot m^2}$	$I_0 = 27.7$
康复者质量/kg	$m = 60.0 + 10.0(1 - \sin t \cos t)$
偏心距/m	$r_0 = 0.1 + 0.04(1 - \sin t \cos t)$
偏心角/rad	$\beta = \pi/4$

表 4.2　变量取值

变量	取值		
	x 轴方向	y 轴方向	旋转角方向
初始速度	0m/s	0m/s	0rad/s
初始位置	1m	1m	0rad
最大速度	0.25m/s	0.25m/s	(π/6)rad/s
加速度约束	$0.15\mathrm{m/s^2}$	$0.15\mathrm{m/s^2}$	$0.2\mathrm{rad/s^2}$
滤波时间	0.1s	0.1s	0.5s

通过求解矩阵不等式组(4-99)(4-106)和(4-107)，可得控制器参数矩阵 $\boldsymbol{K}_{\mathrm{p}} = \mathrm{diag}\{-0.188, -0.188, -0.667\}$ 和 $\boldsymbol{K}_{\mathrm{d}} = \mathrm{diag}\{-0.5, -0.5, -0.5\}$，仿真结果如图 4.27 和图 4.28 所示。

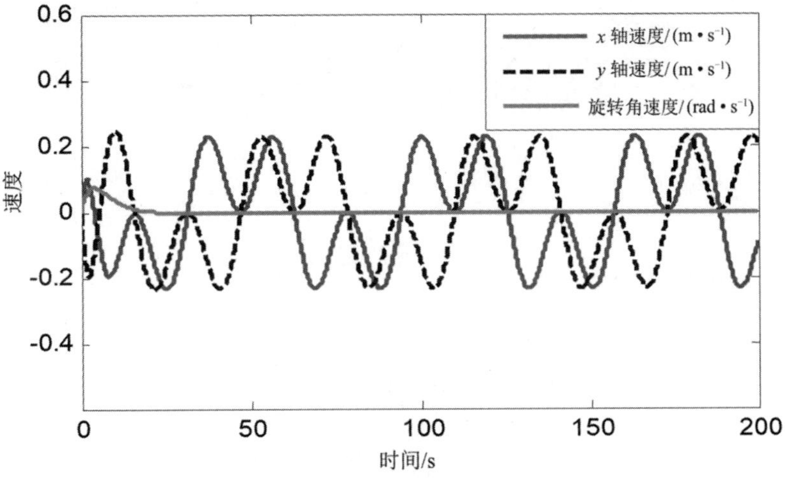

图 4.27　运动速度(一)

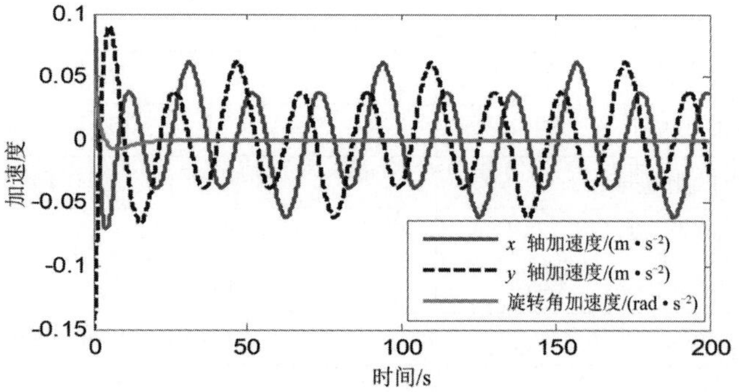

图 4.28 运动加速度(一)

ODW 在速度和加速度同时约束的控制器作用下能跟踪指定的运动路径，且能抑制康复者质量 m 和重心偏移 r_0 对跟踪性能的影响，所设计的滤波器可以估计系统的不确定性。实际运动速度如图 4.27 所示，系统在整个运动过程中的速度始终保持在安全范围内。实际运动加速度如图 4.28 所示，加速度被限制在指定范围内，增强了康复者训练的舒适性。

为了说明文中速度和加速度同时约束控制器设计方法的有效性和优越性，与 ODW 系统运动不受约束的控制器式(4-93)和式(4-85)进行对比。通过反复调整参数矩阵 $\boldsymbol{K}_\mathrm{p}=\mathrm{diag}\{-10,-10,-32\}$，$\boldsymbol{K}_\mathrm{d}=\mathrm{diag}\{-20,-20,-14\}$，滤波时间 $\boldsymbol{\tau}_f^\mathrm{T}=[60\mathrm{s} \quad 60\mathrm{s} \quad 60\mathrm{s}]$，得到仿真结果如图 4.29 和图 4.30 所示。

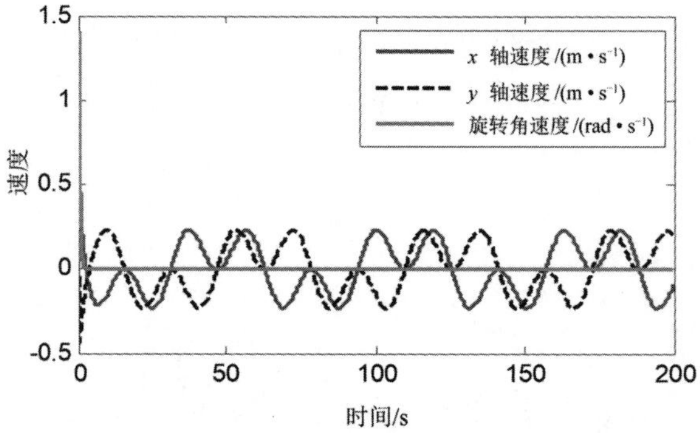

图 4.29 运动速度(二)

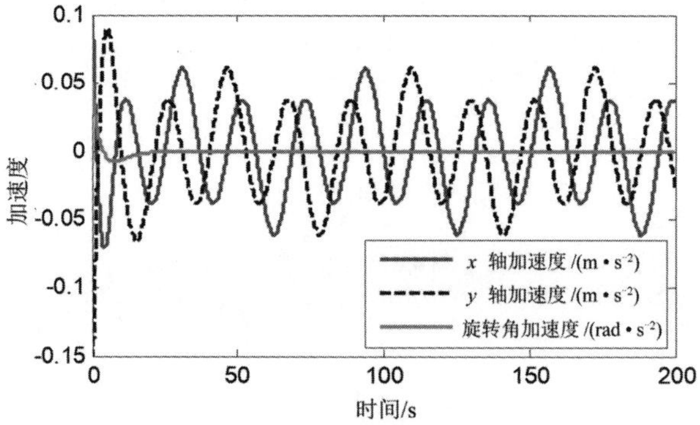

图 4.30 运动加速度(二)

由图 4.29 和图 4.30 可以看出，当控制器不具有限制 ODW 运动速度和加速度性能时，实际运动速度和加速度都超过了安全范围，这说明初始一段时间内，ODW 运动速度立刻发生突变去消除跟踪误差，这对于刚进入训练状态的康复者来讲是极其危险的。ODW 加速度在初始一段时间内远远大于其约束值，运动速度频繁快速变化，康复者不能舒适地进行训练。因此，文中提出的速度和加速度同时约束的控制方法，能保证康复者在安全的速度下舒适地进行训练。

4.5　本章小结

本章研究了康复机器人系统的各轴运动速度直接约束安全控制问题，提出了各轴速度直接约束控制方法、非脆弱保性能直接约束控制方法、速度和加速度同时直接约束控制方法。通过巧妙地设计 Lyapunov 稳定条件，使控制器能直接约束各轴方向的运动速度，并利用非脆弱控制技术和人机系统不确定性滤波估计方法提高了控制系统的鲁棒性能。仿真研究表明了文中提出的控制器设计方法的有效性和优越性，验证了所设计的控制器能保证康复者在安全的速度下舒适地进行康复训练，为人机系统获得安全的运动速度提供了一种新技术。

参考文献

[1] Kolhe J P, Shaheed M, Chandar T S, et al. Robust Control of Robot Manipulators Based on Uncertainty and Disturbance Estimation [J]. International Journal of Robust and Nonlinear Control, 2013, 23:104 -122.

[2] 田慧慧，苏玉鑫. 机器人系统终端滑模重复学习轨迹跟踪控制[J]. 控制与决策，2014，29(7): 1291-1296.

[3] 庞海龙，马宝离. 不确定轮式移动机器人的任意轨迹跟踪[J]. 控制理论与应用，2014，31(3): 285-292.

[4] Zavala R A, Aguinaga R E, Santibanez V. Global Trajectory Tracking Through Output Feedback for Robot Manipulators with Bounded Inputs [J]. Asian Journal of Control, 2011, 13(3): 430-438.

[5] Cui M Y, Wu Z J, Xie X J. Stochastic Modeling and Tracking Control for a Two-link Planar Rigid Robot Manipulator [J]. International Journal of Innovative Computing, Information and control, 2013, 9(4): 1769-1780.

[6] Astudillo L, Melin P, Castillo O. Chemical Optimization Paradigm Applied to a Fuzzy Tracking Controller for an Autonomous Mobile Robot [J]. International Journal of Innovative Computing, Information and control, 2013, 9(5): 2007-2018.

[7] Corradini M L, Monteriu A, Orlando G. An Actuator Failure Tolerant Control Scheme for an Underwater Remotely Operated Vehicle [J]. IEEE Transactions on Control Systems Technology, 2011, 19(5): 1036-1046.

[8] Valenzuela M L, Santibanez V. Robust Saturated PI Joint Velocity Control for Robot Manipulators [J]. Asian Journal of Control, 2013, 15(1): 64-79.

[9] Yang S X, Zhu A, Yuan G F, et al. A Bioinspired Neuodynamics-based Approach to Tracking Control of Mobile Robots [J]. IEEE Transactions on Industrial Electronics, 2012, 59(8): 3211-3220.

[10] Chwa D. Fuzzy Adaptive Tracking Control of Wheeled Mobile Robots with State-dependent Kinematic and Dynamic Disturbances [J]. IEEE Transactions on Fuzzy systems, 2012, 20(3): 587-593.

[11] 何玉东，王军政，汪首坤，等. 液压足式机器人单腿等效模型的柔顺性弹跳研究[J]. 北京理工大学学报，2016，36(8)：820-826.

[12] 周洪波，裴海龙，贺跃帮，等. 状态受限的小型无人直升机轨迹跟踪控制[J]. 控制理论与应用，2012，29(6)：778-784.

[13] Lu L, Yao B. A Performance Oriented Multi-loop Constrained Adaptive Robust Tracking Control of One-degree-of-freedom Mechanical Systems: Theory and Experiments [J]. Automatica, 2014, 50: 1143-1150.

[14] Niu B, Zhao J. Output Tracking Control for a Class of Switched Non-linear Systems with Partial State Constraints [J]. IET Control Theory and Applications, 2013, 7(4): 623-631.

[15] Han S I, Lee J M. Output-tracking-error-constrained Robust Positioning Control for a Nonsmooth Nonlinear Dynamic System [J]. IEEE Transactions on Industrial Electronics, 2014, 61(12): 6882-6991.

[16] Sun P, Wang S Y. Redundant Input Guaranteed Cost Switched Training Control for Omnidirectional Rehabilitative Training Walker [J]. International Journal of Innovative Computing, Information and Control, 2014, 10(3): 883-895.

[17] Sun P, Wang S Y. Redundant Input Safety Tracking Control for Omnidirectional Rehabilitative Training Walker with Control Constraints [J]. Asian Journal of Control, 2017, 19(1): 116-130.

[18] Sun P, Wang S Y. Self-safety Tracking Control for Redundant Actuator Omnidirectional Rehabilitative Training Walker [J]. ICIC Express Letters, 2015, 9(2): 357-363.

[19] Sun P, Wang S Y. Tracking Control for an Omnidirectional Rehabilitative Training Walker with Safety Velocity Performance [C]. Proceedings of the 2015 IEEE International Conference on Mechatronics and Automation, 2015: 1501-1506.

[20] Sun P, Wang S Y. Guaranteed Cost Non-fragile Tracking Control for Omnidirectional Rehabilitative Training Walker with Velocity Constraints [J]. International Journal of Control, Automation and System, 2016, 14(5): 1340-1351.

[21] 孙平. 不确定康复训练机器人速度与加速度同时约束的跟踪控制[J]. 北京理工大学学报，38(10)：1067-1072.

第5章

康复机器人具有安全速度性能的跟踪控制

第 4 章研究了康复机器人的运动速度直接约束控制方法，通过巧妙地设计系统的稳定性条件，使控制器具有直接约束人机系统运动速度的性能，虽然这种控制方法无须应用饱和函数法[1]、BLF 方法[2]等技术限制康复机器人的运动速度，但是却对跟踪误差系统的形式要求严格，否则便无法成功约束机器人的运动速度。对于实际应用中的康复机器人来讲，由于人机合作会产生多种不确定性，要得到理想的跟踪误差系统是困难的，因此继续探索具有安全速度性能的跟踪控制方法具有重要研究意义。

目前，针对康复机器人设计的控制器大多数都基于系统能产生足够大的速度去跟踪医生指定的训练轨迹[3]，如鲁棒控制[4-5]、自适应控制[6-7]、保性能控制[8]等，这些控制方法都没有对 ODW 的运动速度进行限制，而当 ODW 的运动速度受到限制时，必然会增大跟踪误差，上述控制方法因不能及时对轨迹跟踪和速度跟踪进行单独补偿而具有一定的局限性。康复机器人与其他机械系统[9-12]需要较大的跟踪速度去实现控制目标不同，它的主要应用对象是步行障碍患者，如果以较大速度跟踪指定轨迹，因患肢的稳定性差，导致患者跟不上机器人的运动速度，使患肢再次受到伤害。对康复者来讲，不限制康复步行训练机器人的运动速度，这是不安全的。从实际应用角度考虑，康复机器人的运动速度也是有限的，因此需要对其运动速度进行限制，而一旦速度受到约束，会使系统的跟踪性能遭到破坏，甚至使系统失去稳定性。如何设计安全速度性能控制器，使系统达到渐近稳定并保证跟踪运动的安全性能极为重要。

另外，康复训练是一个不断进行重复运动的过程，提高跟踪训练的精度也是不容忽视的问题。利用上一次训练产生的跟踪误差，作为下一次系统的输入，通过这样不断迭代学习可以消除系统跟踪误差，从而达到提高跟踪精度的目的。关于迭代学习控制已经取得了一些研究成果，如两步迭代学习控制方法，补偿了模型和机器人对象失配问题[13]；将迭代学习控制应用于工业机器人，实现了路径跟踪[14]；基于迭代学习控制的鲁棒分布式算法，解决了差分驱动移动机器人的编队问题[15]。然而，上述研究都没有考虑学习具有信息遗忘的本质特点，随迭代学习次数的不断增加，遗忘的信息也不断增加，进而导致系统的控制精度逐渐降低。如果不解决信息遗忘且只有部分记忆的迭代学习控制问题，将无法从根本上提高系统的跟踪性能。同时，由于每一次学习都需要修正机器人的运动轨迹和速度，具有严格的跟踪性能要求[16-18]，导致学习控制算法本身比较复杂，所以常规约束系统状态的饱和函数法[19]、BLF 方法[20]，使迭代学习过程难以满足系统的稳定性要求。

鉴于上述分析，本章提出了具有补偿误差的 Backstepping 控制方法和自适应迭代学习控制方法，通过幅值受限函数和模型预测技术，解决了康复机器人具有安全速度性能的跟踪控制问题，为获得人机系统安全速度控制提供了一种技术方案。

5.1 康复机器人安全速度性能补偿跟踪控制

5.1.1 安全速度性能的描述

针对康复机器人动力学模型(2-29)，令 $\boldsymbol{x}_1=\boldsymbol{X},\boldsymbol{x}_2=\dot{\boldsymbol{X}}$，则系统化为如下表达形式：

$$\begin{cases}\dot{\boldsymbol{x}}_1=\boldsymbol{x}_2\\ \dot{\boldsymbol{x}}_2=-(\boldsymbol{M}_0\boldsymbol{K})^{-1}(\boldsymbol{M}_0\dot{\boldsymbol{K}})x_2+(\boldsymbol{M}_0\boldsymbol{K})^{-1}\boldsymbol{B}(\theta)\boldsymbol{u}(t)\end{cases} \tag{5-1}$$

为保证康复者在安全速度下进行步行训练，设速度幅值受限函数为 $S_R(x)$，其定义如下

$$S_R(x)=\begin{cases}M, & x\geqslant M\\ x, & |x|<M\\ -M, & x\leqslant -M\end{cases} \tag{5-2}$$

定义 5.1[21] 对于康复步行训练机器人系统(5-1)，实际运动速度为 v，系统允许的最大运动速度为 $v_{\max}$，当机器人跟踪医生指定的训练轨迹时，总有 $|v|\leqslant v_{\max}$ 成立，称 v 是安全运动速度。

定义 5.2[21] 对于康复步行训练机器人系统(5-1)，在安全运动速度下，设计控制器 $\boldsymbol{u}(t)$，使人机系统达到渐近稳定并实现跟踪控制目标，称 $\boldsymbol{u}(t)$ 是具有安全速度性能的跟踪控制器。

5.1.2 Backstepping 安全速度性能补偿控制器的设计

针对康复机器人系统(5-1)，设计安全速度性能控制器 $\boldsymbol{u}(t)$，在 ODW 不超过系统允许最大运动速度的前提下，使系统达到渐近稳定并实现轨迹跟踪。设 $\boldsymbol{X}_\mathrm{d}$ 表示医生指定的训练轨迹，$\boldsymbol{X}$ 表示 ODW 实际的运动轨迹，补偿控制器的设计分为如下两步。

步骤 1：定义轨迹跟踪误差

$$\boldsymbol{e}_1=\boldsymbol{X}-\boldsymbol{X}_\mathrm{d} \tag{5-3}$$

对式(5-3)求导，得

$$\dot{\boldsymbol{e}}_1=\dot{\boldsymbol{X}}-\dot{\boldsymbol{X}}_\mathrm{d}=\boldsymbol{x}_2-\dot{\boldsymbol{X}}_\mathrm{d} \tag{5-4}$$

对式(5-4)设计如下虚拟速度控制信号：

$$\boldsymbol{x}_2=-\boldsymbol{K}_1\boldsymbol{e}_1+\dot{\boldsymbol{X}}_\mathrm{d}-\varsigma_2 \tag{5-5}$$

将式(5-5)中的 ODW 实际运动速度 $\boldsymbol{x}_2$ 通过幅值函数 $S_R(x)$ 进行限制，得到限幅速度信号 $\boldsymbol{x}_2^0$。

定义轨迹跟踪补偿误差项如下：

$$\boldsymbol{\xi}_1 = \boldsymbol{e}_1 - \boldsymbol{\varsigma}_1 \tag{5-6}$$

其中，$\boldsymbol{\varsigma}_1$ 满足如下方程：

$$\dot{\boldsymbol{\varsigma}}_1 = -\boldsymbol{K}_1\boldsymbol{\varsigma}_1 + (\dot{\boldsymbol{X}}_\mathrm{d} - \boldsymbol{x}_2^0) \tag{5-7}$$

式(5-5)和式(5-7)中，$\boldsymbol{K}_1$ 为正定对角矩阵，$\boldsymbol{\varsigma}_1(0) = 0$。

步骤 2： 定义速度跟踪误差

$$\boldsymbol{e}_2 = \boldsymbol{x}_2^0 - \dot{\boldsymbol{X}}_\mathrm{d} = \boldsymbol{x}_2^0 - \boldsymbol{x}_2 - \boldsymbol{K}_1\boldsymbol{e}_1 - \boldsymbol{\varsigma}_2 \tag{5-8}$$

对式(5-8)求导，得

$$\dot{\boldsymbol{e}}_2 = \dot{\boldsymbol{x}}_2^0 - \dot{\boldsymbol{x}}_2 - \boldsymbol{K}_1\dot{\boldsymbol{e}}_1 - \dot{\boldsymbol{\varsigma}}_2 = \dot{\boldsymbol{x}}_2^0 + (\boldsymbol{M}_0\boldsymbol{K})^{-1}(\boldsymbol{M}_0\dot{\boldsymbol{K}})\boldsymbol{x}_2 + \boldsymbol{U}(t) - \boldsymbol{K}_1\dot{\boldsymbol{e}}_1 - \dot{\boldsymbol{\varsigma}}_2 \tag{5-9}$$

其中：

$$\boldsymbol{U}(t) = -(\boldsymbol{M}_0\boldsymbol{K})^{-1}\boldsymbol{B}(\theta)\boldsymbol{u}(t) \tag{5-10}$$

对式(5-9)设计如下控制输入信号：

$$\begin{aligned}\boldsymbol{U}(t) &= -(\boldsymbol{M}_0\boldsymbol{K})^{-1}(\boldsymbol{M}_0\dot{\boldsymbol{K}})\boldsymbol{x}_2 + \boldsymbol{K}_1\dot{\boldsymbol{e}}_1 + \dot{\boldsymbol{\varsigma}}_2 - \dot{\boldsymbol{x}}_2^0 - \boldsymbol{K}_2\boldsymbol{e}_2 - \boldsymbol{\xi}_1 \\ &= -(\boldsymbol{M}_0\boldsymbol{K})^{-1}(\boldsymbol{M}_0\dot{\boldsymbol{K}})(\boldsymbol{x}_2^0 - \boldsymbol{e}_2 - \boldsymbol{K}_1\boldsymbol{e}_1 - \boldsymbol{\varsigma}_2) + \boldsymbol{K}_1\dot{\boldsymbol{e}}_1 + \dot{\boldsymbol{\varsigma}}_2 - \dot{\boldsymbol{x}}_2^0 - \boldsymbol{K}_2\boldsymbol{e}_2 - \boldsymbol{\xi}_1 \\ &= -(\boldsymbol{M}_0\boldsymbol{K})^{-1}(\boldsymbol{M}_0\dot{\boldsymbol{K}})\boldsymbol{x}_2^0 - \dot{\boldsymbol{x}}_2^0 + [(\boldsymbol{M}_0\boldsymbol{K})^{-1}(\boldsymbol{M}_0\dot{\boldsymbol{K}}) - \boldsymbol{K}_2]\boldsymbol{e}_2 + \\ &\quad (\boldsymbol{M}_0\boldsymbol{K})^{-1}(\boldsymbol{M}_0\dot{\boldsymbol{K}})\boldsymbol{K}_1\boldsymbol{e}_1 + \boldsymbol{K}_1\dot{\boldsymbol{e}}_1 + (\boldsymbol{M}_0\boldsymbol{K})^{-1}(\boldsymbol{M}_0\dot{\boldsymbol{K}})\boldsymbol{\varsigma}_2 + \dot{\boldsymbol{\varsigma}}_2 - \boldsymbol{\xi}_1\end{aligned} \tag{5-11}$$

定义速度受限补偿误差项如下：

$$\boldsymbol{\xi}_2 = \boldsymbol{e}_2 - \boldsymbol{\varsigma}_2 \tag{5-12}$$

式(5-12)中，$\boldsymbol{\varsigma}_2$ 满足如下方程：

$$\dot{\boldsymbol{\varsigma}}_2 = -\boldsymbol{K}_2\boldsymbol{\varsigma}_2 \tag{5-13}$$

其中，$\boldsymbol{K}_2$ 为正定对角矩阵，$\boldsymbol{\varsigma}_2(0) = 0$。

将式(5-12)和式(5-13)代入控制器 $\boldsymbol{U}(t)$，得到具有轨迹补偿误差项 $\boldsymbol{\xi}_1$ 和速度补偿误差项 $\boldsymbol{\xi}_2$ 的控制器如下：

$$\begin{aligned}\boldsymbol{U}(t) &= -(\boldsymbol{M}_0\boldsymbol{K})^{-1}(\boldsymbol{M}_0\dot{\boldsymbol{K}})\boldsymbol{x}_2^0 - \dot{\boldsymbol{x}}_2^0 + 2[(\boldsymbol{M}_0\boldsymbol{K})^{-1}(\boldsymbol{M}_0\dot{\boldsymbol{K}}) - \boldsymbol{K}_2]\boldsymbol{e}_2 + \\ &\quad (\boldsymbol{M}_0\boldsymbol{K})^{-1}(\boldsymbol{M}_0\dot{\boldsymbol{K}})\boldsymbol{K}_1\boldsymbol{e}_1 + \boldsymbol{K}_1\dot{\boldsymbol{e}}_1 - [(\boldsymbol{M}_0\boldsymbol{K})^{-1}(\boldsymbol{M}_0\dot{\boldsymbol{K}}) - \boldsymbol{K}_2]\boldsymbol{\xi}_2 - \boldsymbol{\xi}_1\end{aligned} \tag{5-14}$$

式(5-14)中含有 $\dot{\boldsymbol{e}}_1$ 的表达形式，由式(5-4)可知，$\dot{\boldsymbol{e}}_1$ 中有速度项 $\boldsymbol{x}_2$ 的信息，因此需要继续用限幅后的速度 $\boldsymbol{x}_2^0$ 进行设计，根据式(5-4)得到

$$\dot{\boldsymbol{e}}_1 = \boldsymbol{x}_2 - \dot{\boldsymbol{X}}_\mathrm{d} = -\boldsymbol{K}_1\boldsymbol{e}_1 - \boldsymbol{\varsigma}_2 = -\boldsymbol{K}_1\boldsymbol{e}_1 - (\boldsymbol{e}_2 - \boldsymbol{\xi}_2) \tag{5-15}$$

将式(5-15)代入式(5-14)，得

$$\begin{aligned}\boldsymbol{U}(t)=&-(\boldsymbol{M}_0\boldsymbol{K})^{-1}(\boldsymbol{M}_0\dot{\boldsymbol{K}})\boldsymbol{x}_2^0-\dot{\boldsymbol{x}}_2^0+[2(\boldsymbol{M}_0\boldsymbol{K})^{-1}(\boldsymbol{M}_0\dot{\boldsymbol{K}})-2\boldsymbol{K}_2-\boldsymbol{K}_1]\boldsymbol{e}_2+\\&[(\boldsymbol{M}_0\boldsymbol{K})^{-1}(\boldsymbol{M}_0\dot{\boldsymbol{K}})\boldsymbol{K}_1-\boldsymbol{K}_1^2]\boldsymbol{e}_1-[(\boldsymbol{M}_0\boldsymbol{K})^{-1}(\boldsymbol{M}_0\dot{\boldsymbol{K}})-\boldsymbol{K}_1-\boldsymbol{K}_2]\boldsymbol{\xi}_2-\boldsymbol{\xi}_1\end{aligned}\tag{5-16}$$

进一步，通过式(5-16)和式(5-10)得到如下含有补偿项$\boldsymbol{\xi}_1$、$\boldsymbol{\xi}_2$的安全速度性能控制器：

$$\begin{aligned}\boldsymbol{u}(t)=\widehat{\boldsymbol{B}}(\theta)[&(\boldsymbol{M}_0\dot{\boldsymbol{K}})\boldsymbol{x}_2^0+(\boldsymbol{M}_0\boldsymbol{K})\dot{\boldsymbol{x}}_2^0+(2(\boldsymbol{M}_0\boldsymbol{K})\boldsymbol{K}_2+(\boldsymbol{M}_0\boldsymbol{K})\boldsymbol{K}_1-2(\boldsymbol{M}_0\dot{\boldsymbol{K}})\boldsymbol{K}_1)\boldsymbol{e}_2+\\&((\boldsymbol{M}_0\boldsymbol{K})\boldsymbol{K}_1^2-(\boldsymbol{M}_0\dot{\boldsymbol{K}})\boldsymbol{K}_1)\boldsymbol{e}_1+((\boldsymbol{M}_0\dot{\boldsymbol{K}})-(\boldsymbol{M}_0\boldsymbol{K})\boldsymbol{K}_1-(\boldsymbol{M}_0\boldsymbol{K})\boldsymbol{K}_2)\boldsymbol{\xi}_2-(\boldsymbol{M}_0\boldsymbol{K})\boldsymbol{\xi}_1]\end{aligned}\tag{5-17}$$

其中，$\widehat{\boldsymbol{B}}(\theta)=\boldsymbol{B}^{\mathrm{T}}(\theta)[\boldsymbol{B}(\theta)\boldsymbol{B}^{\mathrm{T}}(\theta)]^{-1}$为$\boldsymbol{B}(\theta)$的伪逆矩阵。

5.1.3 稳定性分析

定理 5.1 考虑由式(5-1)描述的康复机器人系统，设系统初始状态有界，指定的跟踪轨迹及一阶导数连续且有界，那么在式(5-17)所示的安全速度性能控制器作用下，补偿误差系统式(5-6)和式(5-12)渐近稳定；进一步，轨迹跟踪误差$\boldsymbol{e}_1$和速度跟踪误差$\boldsymbol{e}_2$渐近稳定。

证明： 首先，对式(5-3)和式(5-8)求导，并根据式(5-5)和式(5-1)得

$$\dot{\boldsymbol{e}}_1=\dot{\boldsymbol{X}}-\dot{\boldsymbol{X}}_{\mathrm{d}}=\boldsymbol{x}_2-\dot{\boldsymbol{X}}_{\mathrm{d}}=-\boldsymbol{K}_1\boldsymbol{e}_1-\boldsymbol{\varsigma}_2\tag{5-18}$$

$$\dot{\boldsymbol{e}}_2=\dot{\boldsymbol{x}}_2^0-\ddot{\boldsymbol{X}}_{\mathrm{d}}=\dot{\boldsymbol{x}}_2^0-(\dot{\boldsymbol{x}}_2+\boldsymbol{K}_1\dot{\boldsymbol{e}}_1+\dot{\boldsymbol{\varsigma}}_2)=-\boldsymbol{K}_2\boldsymbol{e}_2-\boldsymbol{\xi}_1\tag{5-19}$$

其次，对轨迹补偿误差项式(5-6)求导，并根据式(5-18)和式(5-7)得

$$\begin{aligned}\dot{\boldsymbol{\xi}}_1&=\dot{\boldsymbol{e}}_1-\dot{\boldsymbol{\varsigma}}_1\\&=-\boldsymbol{K}_1\boldsymbol{e}_1-\boldsymbol{\varsigma}_2-\dot{\boldsymbol{\varsigma}}_1\\&=-\boldsymbol{K}_1(\boldsymbol{\xi}_1+\boldsymbol{\varsigma}_1)-\boldsymbol{\varsigma}_2-\dot{\boldsymbol{\varsigma}}_1\\&=-\boldsymbol{K}_1\boldsymbol{\xi}_1+\boldsymbol{e}_2-\boldsymbol{\varsigma}_2\\&=-\boldsymbol{K}_1\boldsymbol{\xi}_1+\boldsymbol{\xi}_2\end{aligned}\tag{5-20}$$

对速度补偿误差项(5-8)求导，并根据式(5-19)和式(5-13)，得

$$\begin{aligned}\dot{\boldsymbol{\xi}}_2&=\dot{\boldsymbol{e}}_2-\dot{\boldsymbol{\varsigma}}_2\\&=-\boldsymbol{K}_2\boldsymbol{e}_2-\boldsymbol{\xi}_1-\dot{\boldsymbol{\varsigma}}_2\\&=-\boldsymbol{K}_2\boldsymbol{\xi}_2-\boldsymbol{K}_2\boldsymbol{\varsigma}_2-\boldsymbol{\xi}_1-\dot{\boldsymbol{\varsigma}}_2\\&=-\boldsymbol{K}_2\boldsymbol{\xi}_2-\boldsymbol{\xi}_1\end{aligned}\tag{5-21}$$

最后，根据补偿误差项建立 Lyapunov 函数如下：

$$\boldsymbol{V}=\frac{1}{2}\boldsymbol{\xi}_1^2+\frac{1}{2}\boldsymbol{\xi}_2^2\tag{5-22}$$

对式(5-22)沿式(5-20)和式(5-21)求导，得

$$\begin{aligned}\dot{V} &= \xi_1\dot{\xi}_1 + \xi_2\dot{\xi}_2 \\ &= \xi_1(-\boldsymbol{K}_1\xi_1 + \xi_2) + \xi_2(-\boldsymbol{K}_2\xi_2 - \xi_1) \\ &= -\boldsymbol{K}_1\xi_1^2 - \boldsymbol{K}_2\xi_2^2 \leqslant 0\end{aligned} \tag{5-23}$$

事实上，$\dot{V}=0$ 意味着 $\boldsymbol{\xi}_1=0$ 且 $\boldsymbol{\xi}_2=0$，即

$$\boldsymbol{\Theta} = \{\xi_1,\xi_2 \,|\, \dot{V}=0\} = \{\xi_1,\xi_2 \,|\, \xi_1=0,\xi_2=0\}$$

根据 LaSalle 不变性原理，$\boldsymbol{\Theta}$ 中仅有零解。因此，补偿误差系统式(5-6)和式(5-12)渐近稳定。

进一步，由式(5-13)可知，当 $t\to\infty$，有 $\varsigma_2\to 0$，又知 $\boldsymbol{\xi}_2\to 0$，从而根据式(5-12)可知 $\boldsymbol{e}_2\to 0$。再由式(5-7)可知，当 $t\to\infty$，有 $\varsigma_1\to 0$，进而根据式(5-6)可知 $\boldsymbol{e}_1\to 0$，于是可知轨迹跟踪误差 $\boldsymbol{e}_1$ 和速度跟踪误差 $\boldsymbol{e}_2$ 渐近稳定。

这样通过幅值受限函数 $S_R(x)$ 约束了机器人的运动速度，获得了机器人运动的安全速度，并且康复机器人在此速度下实现了安全的轨迹跟踪控制。

5.1.4　仿真结果

为了验证文中提出的安全速度性能补偿控制器设计方法的有效性，对康复机器人跟踪医生指定的直线训练轨迹进行了仿真验证，直线轨迹方程描述如下：

$$\begin{cases} x_{\mathrm{d}}(t) = 10\times(1-\mathrm{e}^{-0.5t}) \\ y_{\mathrm{d}}(t) = -10\times(1-\mathrm{e}^{-0.5t}) \\ \theta_{\mathrm{d}}(t) = \dfrac{\pi}{4} \end{cases}$$

仿真研究中，ODW 的物理参数为 $M=58\,\mathrm{kg}$、$m=60\,\mathrm{kg}$、$L=0.4\,\mathrm{m}$、$I_0=27.7\,\mathrm{kg\cdot m^2}$、$r_0=0.1\,\mathrm{m}$、$\beta=(\pi/4)\mathrm{rad}$。ODW 进行步行训练的最大运动速度 $v_{\max}=0.25\mathrm{m/s}$，这样在实际康复训练过程中，当 ODW 沿坐标轴方向运动，将得到 ODW 的最大运动速度 $v_{\max}$ 在 x 轴、y 轴方向受限范围分别为 $-0.25\mathrm{m/s}\leqslant xv\leqslant 0.25\mathrm{m/s}$，$-0.25\mathrm{m/s}\leqslant yv\leqslant 0.25\mathrm{m/s}$。文中将在 ODW 运动速度 xv、yv 约束的范围内，实现训练轨迹跟踪。因医生指定的跟踪角度 $\theta_{\mathrm{d}}(t)$ 较小，康复者依靠前臂扶板支撑身体，ODW 运动时的旋转角速度对康复者来讲是安全的，因此针对这一训练轨迹，不对旋转角速度进行限制。设初始位置 $x_{\mathrm{c}}(0)=0\mathrm{m}$，$y_{\mathrm{c}}(0)=0\,\mathrm{m}$，$\theta_{\mathrm{c}}(0)=0.75\mathrm{rad}$，控制器参数矩阵为 $\boldsymbol{K}_1=\mathrm{diag}\{0.18,\ 0.19,\ 1.8\}$，$\boldsymbol{K}_2=\mathrm{diag}\{1.0,\ 0.8,\ 10\}$，仿真结果如图 5.1～图 5.6 所示。

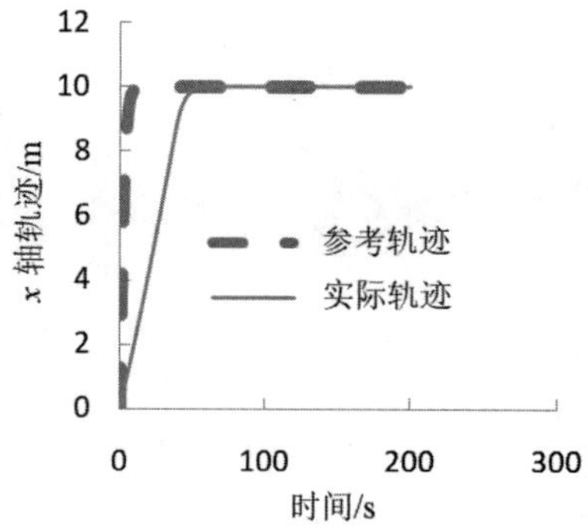

图 5.1 x 轴轨迹跟踪

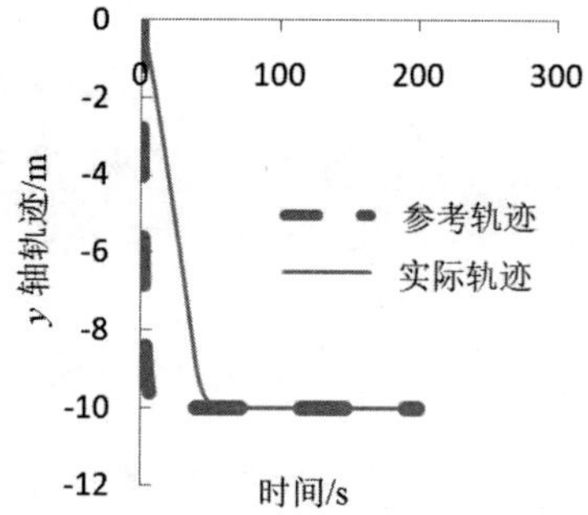

图 5.2 y 轴轨迹跟踪

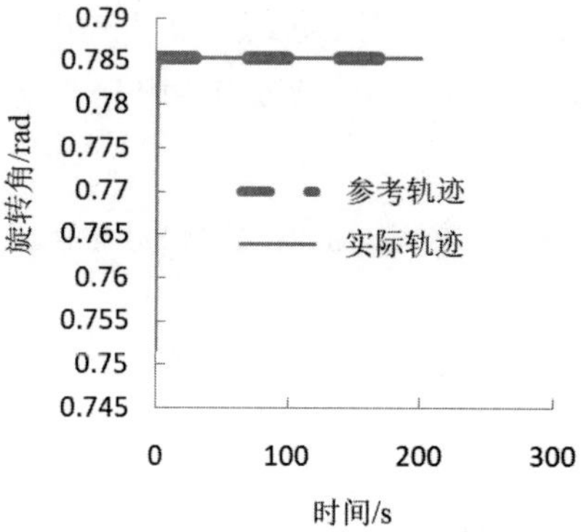

图 5.3 旋转角轨迹跟踪

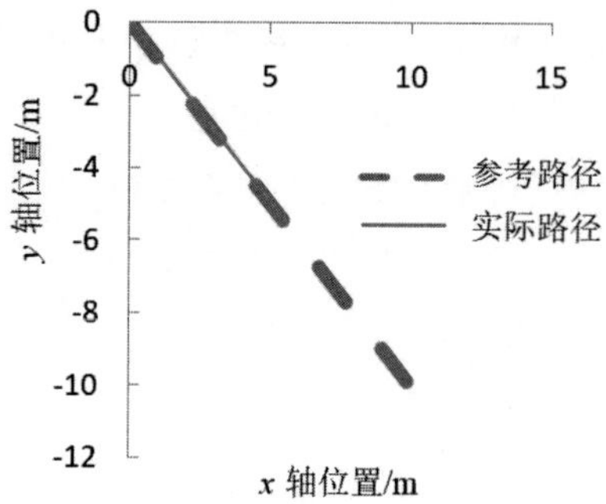

图 5.4 25 秒内直线路径跟踪

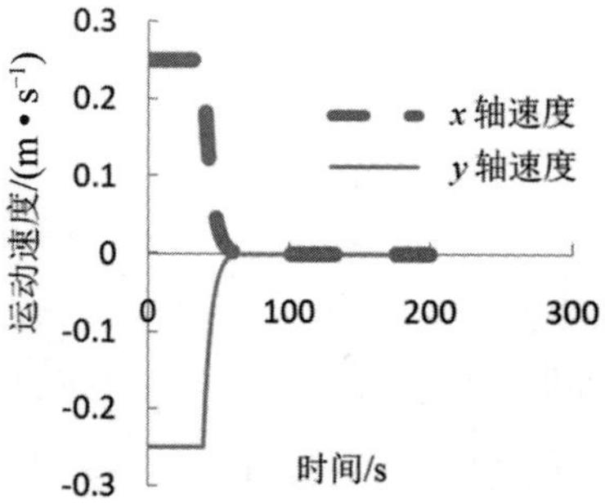

图 5.5 x 轴和 y 轴安全运动速度

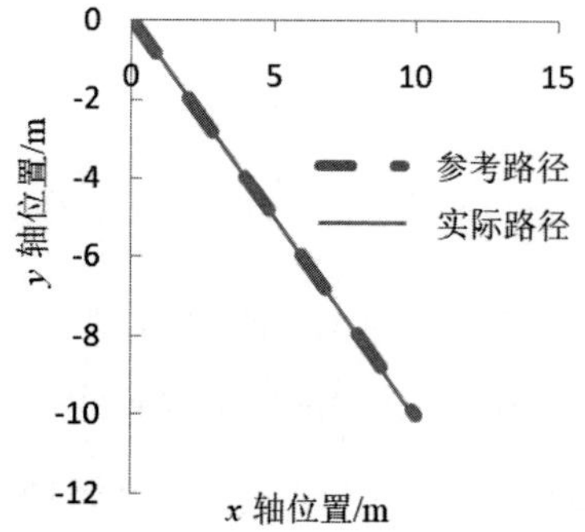

图 5.6 直线路径跟踪

由图 5.1～图 5.3 可知，ODW 能快速跟踪旋转角方向轨迹，而在初始约 25s 内，x 轴、y 轴运动方向产生较大的轨迹跟踪误差，使 ODW 不能跟踪训练路径，如图 5.4 所示。ODW 运动速度安全受限的情况下，如图 5.5 所示，轨迹跟踪和速度跟踪得到实时补偿后，跟踪误差逐渐减小，系统达到渐近稳定，实现了对指定训练路径的跟踪，如图 5.6 所示。

为了进行对比分析，如果不为康复机器人系统设计安全速度性能控制器，可以直接利用 Backstepping 方法，因为速度不受限制，无须对跟踪误差进行补偿，控制器的设计过程如下。

对式(5-4)设计虚拟速度控制信号：

$$\boldsymbol{x}_2 = -\boldsymbol{K}_1\boldsymbol{e}_1 + \dot{\boldsymbol{X}}_{\mathrm{d}} \tag{5-24}$$

定义速度跟踪误差：

$$\boldsymbol{e}_2 = \boldsymbol{x}_2 - \dot{\boldsymbol{X}}_{\mathrm{d}} \tag{5-25}$$

对式(5-25)求导，并将式(5-1)代入，得

$$\begin{aligned}\dot{\boldsymbol{e}}_2 &= \dot{\boldsymbol{x}}_2 - \ddot{\boldsymbol{X}}_{\mathrm{d}} \\ &= -(\boldsymbol{M}_0\boldsymbol{K})^{-1}(\boldsymbol{M}_0\dot{\boldsymbol{K}})x_2 + \boldsymbol{U}(t) - \ddot{\boldsymbol{X}}_{\mathrm{d}} \\ &= -(\boldsymbol{M}_0\boldsymbol{K})^{-1}(\boldsymbol{M}_0\dot{\boldsymbol{K}})(-\boldsymbol{K}_1\boldsymbol{e}_1 + \dot{\boldsymbol{X}}_{\mathrm{d}}) + \boldsymbol{U}(t) - \ddot{\boldsymbol{X}}_{\mathrm{d}}\end{aligned} \tag{5-26}$$

于是，控制器的表达形式如下：

$$\boldsymbol{u}(t) = \widehat{\boldsymbol{B}}(\theta)[(\boldsymbol{M}_0\boldsymbol{K})\ddot{\boldsymbol{X}}_{\mathrm{d}} + (\boldsymbol{M}_0\dot{\boldsymbol{K}})\dot{\boldsymbol{X}}_{\mathrm{d}} - (\boldsymbol{M}_0\dot{\boldsymbol{K}})\boldsymbol{K}_1\boldsymbol{e}_1 - (\boldsymbol{M}_0\boldsymbol{K})\boldsymbol{K}_2\boldsymbol{e}_2] \tag{5-27}$$

初始条件设为 $x_{\mathrm{c}}(0) = 0\mathrm{m}$，$y_{\mathrm{c}}(0) = 0\mathrm{m}$，$\theta_{\mathrm{c}}(0) = (\pi/4)\mathrm{rad}$，控制器参数矩阵 $\boldsymbol{K}_1 = \mathrm{diag}\{80, 90, 80\}$，$\boldsymbol{K}_2 = \mathrm{diag}\{100, 80, 90\}$，仿真结果如图 5.7～图 5.12 所示。

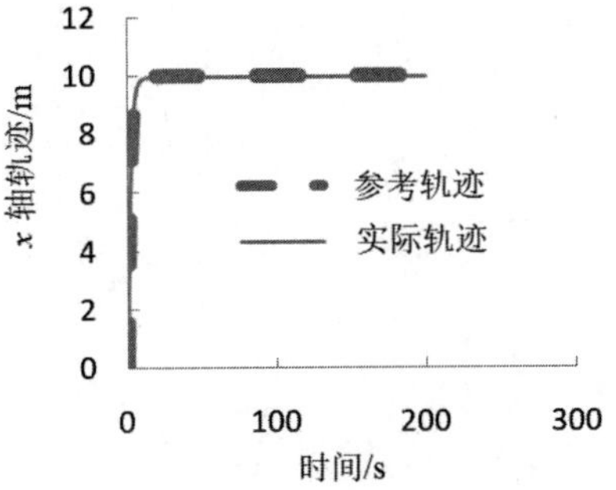

图 5.7　x 轴轨迹跟踪

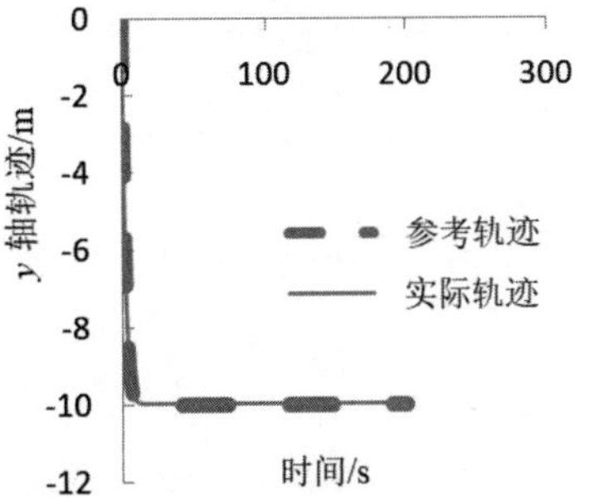

图 5.8　y 轴轨迹跟踪

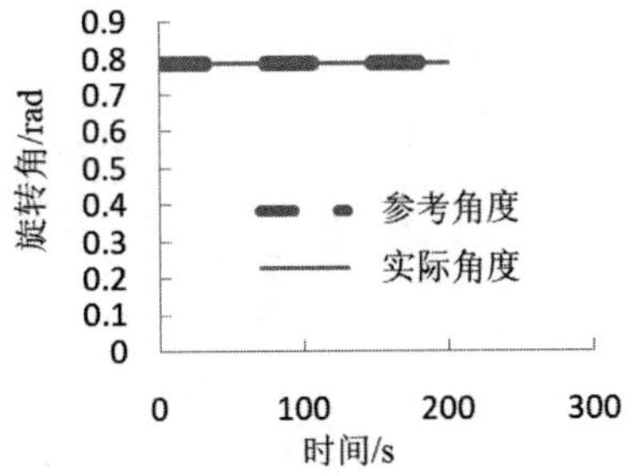

图 5.9　旋转角轨迹跟踪

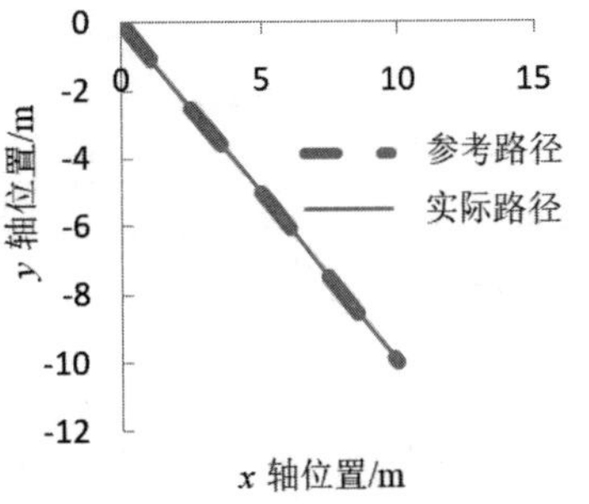

图 5.10　直线路径跟踪

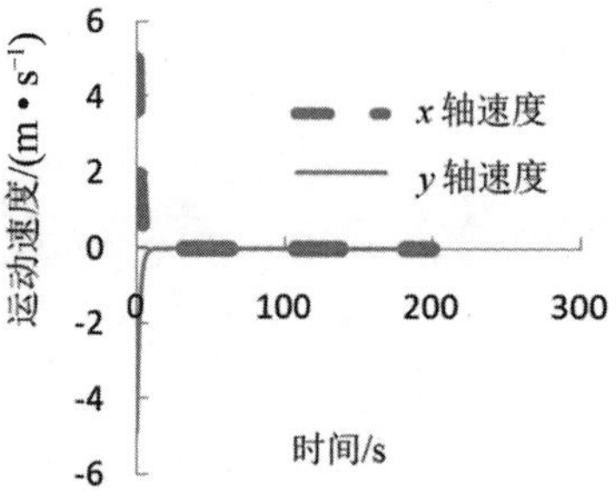

图 5.11　x 轴和 y 轴运动速度

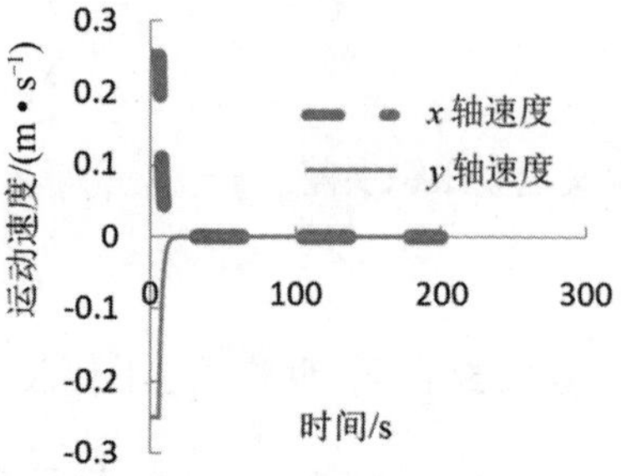

图 5.12　x 轴和 y 轴安全运动速度

由图 5.7～图 5.10 可以看出，ODW 能够完全跟踪医生指定的训练轨迹，因没有限制运动速度，系统能快速达到渐近稳定。但是图 5.11 表明，在初始约 15s 的时间内，ODW 在 x 轴、y 轴方向运动速度均超过 0.25m/s，并且最大速度已经达到了 5m/s，是最大安全速度的 20 倍，然后逐渐降到 0.25m/s 并趋于稳定，这个运动速度对康复者来讲是极其危险的。因此，为了保证康复者的安全训练，必须限制 ODW 的运动速度。

进一步，为了说明文中控制器设计方法的有效性，对控制器式(5-27)进行速度限制，仿真结果如图 5.13～图 5.16 所示。

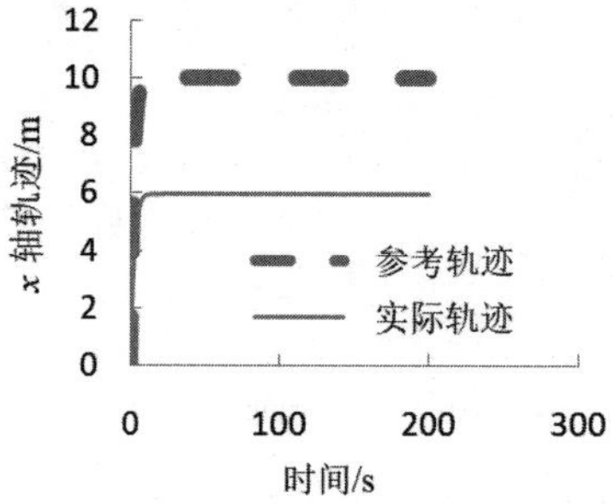

图 5.13　x 轴轨迹跟踪

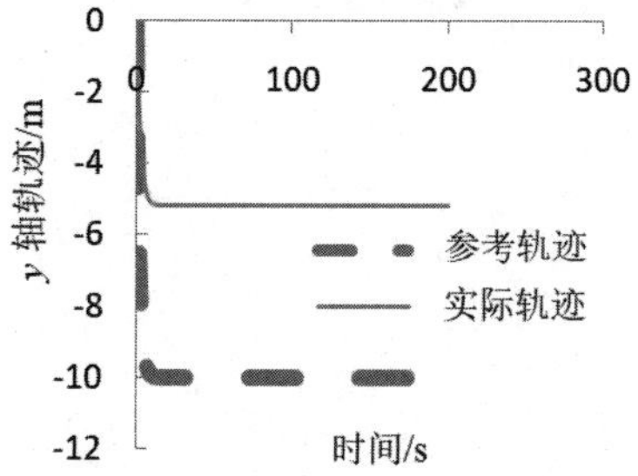

图 5.14　y 轴轨迹跟踪

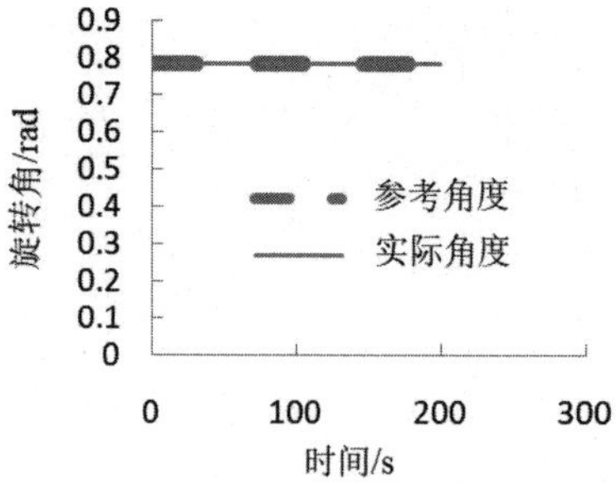

图 5.15　旋转角轨迹跟踪

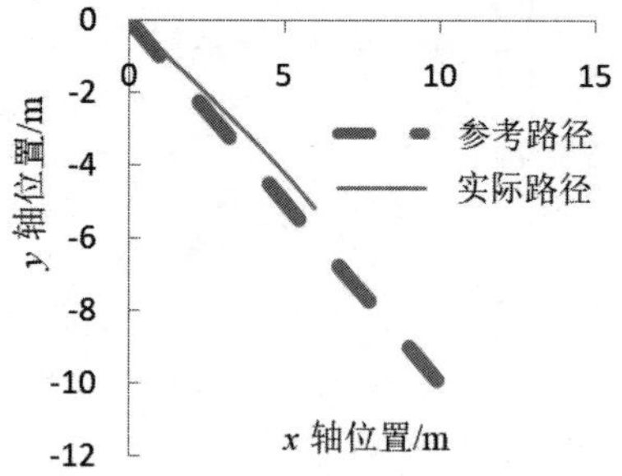

图 5.16　直线路径跟踪

当 ODW 运动时，突然将其跟踪速度限制在安全速度的范围内，如图 5.12 所示，导致 x 轴、y 轴方向产生较大的轨迹跟踪误差，并且这个跟踪误差一直未能消除，如图 5.13 和图 5.14 所示。因没有限制 ODW 的运动角速度，旋转角跟踪未受到影响，如图 5.15 所示。图 5.16 表明 ODW

不仅偏离直线路径，而且不能实现跟踪训练，因此常规的 Backstepping 控制方法，一旦速度受到约束，将不能实现控制目标，通过增加补偿项，可以弥补常规 Backstepping 控制方法的不足，进而得到安全速度性能控制器。

由定义 5.1 和定义 5.2 可知，本节提出的基于 Backstepping 补偿方法的安全速度性能控制器，能使系统达到渐近稳定并实现轨迹跟踪。对于医生指定的跟踪轨迹，其一阶导数代表了跟踪速度，考虑到康复者在实际锻炼中能承受的行走速度，往往使跟踪轨迹一阶导数的最值不超过 x 轴、y 轴方向的运动速度范围，如果应用安全速度性能控制器，不仅可以方便地设计康复者的训练轨迹，而且能够保证康复者在安全速度下进行更多轨迹的康复训练。

5.2　康复机器人安全速度性能迭代学习控制

5.2.1　人机不确定康复机器人系统描述

针对康复机器人动力学模型(2-29)，当 ODW 学习训练到第 i 次时，系统模型写成如下形式：

$$\boldsymbol{M}_1\ddot{\boldsymbol{X}}_i(t)+\boldsymbol{M}_2\dot{\boldsymbol{X}}_i(t)=\boldsymbol{B}(\theta)\boldsymbol{u}_i(t) \tag{5-28}$$

其中：

$$\boldsymbol{M}_1=\begin{bmatrix} M+m & 0 & p(M+m) \\ 0 & M+m & q(M+m) \\ 0 & 0 & I_0+mr_0^2 \end{bmatrix},\quad \boldsymbol{M}_2=\begin{bmatrix} 0 & 0 & \dot{p}(M+m) \\ 0 & 0 & \dot{q}(M+m) \\ 0 & 0 & 0 \end{bmatrix}$$

$i\in \boldsymbol{Z}^+$ 表示学习次数，$t\in[0,T]$ 表示学习时间。根据系统模型(5-28)，分离系数矩阵 $\boldsymbol{M}_1$ 中受训练者影响的物理量，记 $\boldsymbol{M}_1=\boldsymbol{M}_3+\boldsymbol{M}_4$，且

$$\boldsymbol{M}_3=\begin{bmatrix} M & 0 & 0 \\ 0 & M & 0 \\ 0 & 0 & I_0 \end{bmatrix},\quad \boldsymbol{M}_4=\begin{bmatrix} m & 0 & p(M+m) \\ 0 & m & q(M+m) \\ 0 & 0 & mr_0^2 \end{bmatrix}$$

则系统模型转化为如下形式：

$$\boldsymbol{M}_3\ddot{\boldsymbol{X}}_i(t)=\boldsymbol{B}(\theta)\boldsymbol{u}_i(t)+\boldsymbol{\varphi}(t) \tag{5-29}$$

其中，$\boldsymbol{\varphi}(t)=-\boldsymbol{M}_4\ddot{\boldsymbol{X}}_i(t)-\boldsymbol{M}_2\dot{\boldsymbol{X}}_i(t)$ 表示人机系统不确定性，由物理含义可得 $\boldsymbol{\varphi}(t)$ 未知且有界。

5.2.2　安全速度模型预测方法

基于康复机器人的运动学模型(2-3)，可得

$$V(t)=\boldsymbol{K}_{\mathrm{G}}(t)\dot{\boldsymbol{X}}(t) \tag{5-30}$$

根据模型(5-30)，可得

$$\dot{\boldsymbol{X}}(t)=\boldsymbol{K}_{\mathrm{W}}^{-1}(t)\boldsymbol{V}(t) \tag{5-31}$$

其中，$\boldsymbol{K}_{\mathrm{W}}^{-1}(t)=[\boldsymbol{K}_{\mathrm{G}}^{\mathrm{T}}(t)\cdot\boldsymbol{K}_{\mathrm{G}}(t)]^{-1}\cdot\boldsymbol{K}_{\mathrm{G}}^{\mathrm{T}}(t)$ 表示 $\boldsymbol{K}_{\mathrm{G}}(t)$ 的伪逆矩阵。令 $\boldsymbol{X}(t)=[x(t)\quad y(t)\quad \theta(t)]^{\mathrm{T}}$ 表示系统状态变量，$\boldsymbol{V}(t)=[v_1(t)\quad v_2(t)\quad v_3(t)\quad v_4(t)]^{\mathrm{T}}$ 表示系统速度输入，$\boldsymbol{Y}(t)=\dot{\boldsymbol{X}}(t)$ 表示系统输出，采用前馈差分方法离散化模型(5-31)，并将速度输入写成增量形式，可得 ODW 预测模型如下：

$$\begin{cases}\boldsymbol{X}(k+1)=\boldsymbol{X}(k)+\boldsymbol{BV}(k)\\ \boldsymbol{V}(k)=\boldsymbol{V}(k-1)+\Delta\boldsymbol{V}(k)\\ \boldsymbol{Y}(k)=\dot{\boldsymbol{X}}(k)=\boldsymbol{BV}(k)\end{cases} \tag{5-32}$$

其中，$\boldsymbol{V}(k-1)$ 表示系统前一时刻速度输入，$\Delta\boldsymbol{V}(k)=[\Delta v_1(k)\quad \Delta v_2(k)\quad \Delta v_3(k)\quad \Delta v_4(k)]^{\mathrm{T}}$ 表示当前时刻速度增量，$\boldsymbol{B}=T\boldsymbol{K}_{\mathrm{W}}^{-1}(t)$ 为输入矩阵，T 为采样周期。

设 N 为预测时域，N_{C} 为控制时域。为了约束 ODW 在 x 轴、y 轴和旋转角三个方向的运动速度，建立预测时域内运动速度 $\bar{\dot{\boldsymbol{X}}}$ 以及各个轮子速度输入 $\bar{\boldsymbol{V}}$ 的约束条件如下：

$$\begin{cases}\bar{\dot{\boldsymbol{X}}}_{\min}\leqslant\bar{\dot{\boldsymbol{X}}}\leqslant\bar{\dot{\boldsymbol{X}}}_{\max}\\ \bar{\boldsymbol{V}}_{\min}\leqslant\bar{\boldsymbol{V}}\leqslant\bar{\boldsymbol{V}}_{\max}\end{cases} \tag{5-33}$$

其中，$\bar{\boldsymbol{V}}=[\boldsymbol{V}^{\mathrm{T}}(k|k)\ \boldsymbol{V}^{\mathrm{T}}(k+1|k)\ \cdots\ \boldsymbol{V}^{\mathrm{T}}(k+N_{\mathrm{C}}-1|k)]^{\mathrm{T}}$ 表示控制时域内 k 时刻到 $k+N_{\mathrm{C}}-1$ 时刻的速度输入；$\bar{\dot{\boldsymbol{X}}}=[\dot{\boldsymbol{X}}^{\mathrm{T}}(k|k)\ \ \dot{\boldsymbol{X}}^{\mathrm{T}}(k+1|k)\ \cdots\ \dot{\boldsymbol{X}}^{\mathrm{T}}(k+N-1|k)]^{\mathrm{T}}$ 表示预测时域内 k 时刻到 $k+N-1$ 时刻的运动速度；$\bar{\boldsymbol{V}}_{\max}$ 和 $\bar{\boldsymbol{V}}_{\min}$ 分别表示控制时域内系统输入的最大值和最小值，且 $\bar{\boldsymbol{V}}_{\max}=-\bar{\boldsymbol{V}}_{\min}$；$\bar{\dot{\boldsymbol{X}}}_{\max}$ 和 $\bar{\dot{\boldsymbol{X}}}_{\min}$ 分别表示预测时域内 ODW 运动速度的最大值和最小值，且 $\bar{\dot{\boldsymbol{X}}}_{\max}=-\bar{\dot{\boldsymbol{X}}}_{\min}$。

由模型(5-32)可得预测时域内 ODW 运动速度如下：

$$\bar{\dot{\boldsymbol{X}}}=\boldsymbol{\Gamma V}(k-1)+\boldsymbol{\Theta}\Delta\bar{\boldsymbol{V}} \tag{5-34}$$

其中，$\Delta\bar{\boldsymbol{V}}=[\Delta\boldsymbol{V}^{\mathrm{T}}(k|k)\ \Delta\boldsymbol{V}^{\mathrm{T}}(k+1|k)\cdots\Delta\boldsymbol{V}^{\mathrm{T}}(k+N_{\mathrm{C}}-1|k)]^{\mathrm{T}}$ 表示控制时域内 ODW 系统输入增量，且 $\boldsymbol{\Gamma}=\boldsymbol{F}_{\mathrm{q}}\boldsymbol{Z}_0$，$\boldsymbol{\Theta}=\boldsymbol{F}_{\mathrm{q}}\boldsymbol{Z}_1$。

$$\boldsymbol{Z}_0=\begin{bmatrix}I_4\\ I_4\\ \vdots\\ I_4\end{bmatrix}_N,\quad \boldsymbol{Z}_1=\begin{bmatrix}I_4 & 0 & \cdots & 0\\ I_4 & I_4 & \cdots & 0\\ \vdots & \vdots & & \vdots\\ I_4 & I_4 & \cdots & I_4\end{bmatrix}_N,\quad \boldsymbol{F}_{\mathrm{q}}=\begin{bmatrix}\boldsymbol{F}(k) & 0 & \cdots & 0\\ 0 & \boldsymbol{F}(k+1) & \cdots & 0\\ \vdots & \vdots & & \vdots\\ 0 & 0 & \cdots & \boldsymbol{F}(k+N-1)\end{bmatrix}$$

$\boldsymbol{F}(k+\varepsilon),\varepsilon=0,1,\cdots,N-1$ 表示预测时域内 k 时刻到 $k+N-1$ 时刻系统对应的输入系数矩阵，$\boldsymbol{I}_4$ 表示 4×4 的单位矩阵。将式(5-34)代入式(5-33)可得增量 $\Delta\bar{\boldsymbol{V}}$ 的约束条件如下：

$$\begin{cases}\boldsymbol{d}_{1\min}\leqslant\boldsymbol{\Theta}\Delta\bar{\boldsymbol{V}}\leqslant\boldsymbol{d}_{1\max}\\ \boldsymbol{d}_{2\min}\leqslant\boldsymbol{Z}_1\Delta\bar{\boldsymbol{V}}\leqslant\boldsymbol{d}_{2\max}\end{cases} \tag{5-35}$$

其中：

$$\boldsymbol{d}_{1\min} = \bar{\dot{\boldsymbol{X}}}_{\min} - \boldsymbol{\Gamma V}(k-1)$$

$$\boldsymbol{d}_{1\max} = \bar{\dot{\boldsymbol{X}}}_{\max} - \boldsymbol{\Gamma V}(k-1)$$

$$\boldsymbol{d}_{2\min} = \bar{\boldsymbol{V}}_{\min} - \boldsymbol{Z}_0\boldsymbol{V}(k-1)$$

$$\boldsymbol{d}_{2\max} = \bar{\boldsymbol{V}}_{\max} - \boldsymbol{Z}_0\boldsymbol{V}(k-1)$$

进一步，式(5-35)可以转化为如下形式：

$$\boldsymbol{\Theta}_0 \Delta\bar{\boldsymbol{V}} \leqslant \boldsymbol{d} \tag{5-36}$$

其中，$\boldsymbol{\Theta}_0 = [-\boldsymbol{\Theta}^{\mathrm{T}}\ \boldsymbol{\Theta}^{\mathrm{T}}\ -\boldsymbol{Z}_1^{\mathrm{T}}\ \boldsymbol{Z}_1^{\mathrm{T}}]^{\mathrm{T}}$，$\boldsymbol{d} = [-\boldsymbol{d}_{1\min}^{\mathrm{T}}\ \boldsymbol{d}_{1\max}^{\mathrm{T}}\ -\boldsymbol{d}_{2\min}^{\mathrm{T}}\ \boldsymbol{d}_{2\max}^{\mathrm{T}}]^{\mathrm{T}}$。

为了使预测时域内速度跟踪误差和控制时域内速度输入增量最小，建立目标性能函数如下：

$$J = \min[(\bar{\dot{\boldsymbol{X}}} - \bar{\dot{\boldsymbol{X}}}_{\mathrm{d}})^{\mathrm{T}} \boldsymbol{\varXi} (\bar{\dot{\boldsymbol{X}}} - \bar{\dot{\boldsymbol{X}}}_{\mathrm{d}}) + \Delta\bar{\boldsymbol{V}}^{\mathrm{T}} \boldsymbol{H} \Delta\bar{\boldsymbol{V}}] \tag{5-37}$$

其中，$\bar{\dot{\boldsymbol{X}}}_{\mathrm{d}} = [\dot{\boldsymbol{X}}_{\mathrm{d}}^{\mathrm{T}}(k|k)\ \dot{\boldsymbol{X}}_{\mathrm{d}}^{\mathrm{T}}(k+1|k) \cdots \dot{\boldsymbol{X}}_{\mathrm{d}}^{\mathrm{T}}(k+N-1|k)]^{\mathrm{T}}$ 表示预测时域内 ODW 系统指定的运动速度，$\boldsymbol{\varXi}$ 和 $\boldsymbol{H}$ 分别表示适当维数的正定对称矩阵。将式(5-34)代入式(5-37)，目标函数转化为如下形式：

$$J = \min\left(\frac{1}{2}\Delta\bar{\boldsymbol{V}}^{\mathrm{T}} \boldsymbol{Q} \Delta\bar{\boldsymbol{V}} + \boldsymbol{n}^{\mathrm{T}} \Delta\bar{\boldsymbol{V}}\right) \tag{5-38}$$

其中，$\boldsymbol{Q} = 2(\boldsymbol{\Theta}^{\mathrm{T}} \boldsymbol{\varXi} \boldsymbol{\Theta} + \boldsymbol{H})$，$\boldsymbol{n} = 2\boldsymbol{\Theta}^{\mathrm{T}} \boldsymbol{\varXi} [\boldsymbol{\Gamma V}(k-1) - \bar{\dot{\boldsymbol{X}}}_{\mathrm{d}}]$。结合式(5-36)和式(5-38)得到运动速度约束优化问题如下：

$$\begin{cases} J = \min\left(\dfrac{1}{2}\Delta\bar{\boldsymbol{V}}^{\mathrm{T}} \boldsymbol{Q} \Delta\bar{\boldsymbol{V}} + \boldsymbol{n}^{\mathrm{T}} \Delta\bar{\boldsymbol{V}}\right) \\ \boldsymbol{\Theta}_0 \Delta\bar{\boldsymbol{V}} \leqslant \boldsymbol{d} \end{cases} \tag{5-39}$$

进一步，对式(5-39)通过求解二次规划问题，可得速度增量 $\Delta\bar{\boldsymbol{V}}(k)$，再利用预测模型计算 $\boldsymbol{V}(k)$，得到每个轮子输入受限的运动速度，并将其应用于运动学模型(5-31)，进而获得 ODW 在 x 轴、 y 轴和旋转角方向的实际安全运动速度 $\boldsymbol{V}(t)$。

5.2.3　安全速度性能自适应迭代学习控制器的设计

令 $\boldsymbol{x}_{1,i}(t) = \boldsymbol{X}_i(t)$，$\boldsymbol{x}_{2,i}(t) = \dot{\boldsymbol{X}}_i(t)$，模型(5-29)化为如下形式：

$$\begin{cases} \dot{\boldsymbol{x}}_{1,i}(t) = \boldsymbol{x}_{2,i}(t) \\ \dot{\boldsymbol{x}}_{2,i}(t) = \boldsymbol{M}_3^{-1}\boldsymbol{B}(\theta)\boldsymbol{u}_i(t) - \boldsymbol{\varphi}_{\mathrm{d}}(t) \end{cases} \tag{5-40}$$

其中，$\boldsymbol{\varphi}_{\mathrm{d}}(t) = \boldsymbol{M}_3^{-1}\boldsymbol{\varphi}(t)$。

令 $\boldsymbol{X}_{\mathrm{d}}(t)$ 表示医生指定的运动轨迹，$\boldsymbol{x}_{1,i}(t)$ 表示 ODW 第 i 次学习的实际运动轨迹，$\boldsymbol{V}(t)$ 表示 5.2.2 节中的安全运动速度。令 $\boldsymbol{e}_{1,i}(t) = \boldsymbol{x}_{1,i}(t) - \boldsymbol{X}_{\mathrm{d}}(t)$ 表示轨迹跟踪误差，$\boldsymbol{e}_{2,i}(t) = \boldsymbol{V}(t) - \dot{\boldsymbol{X}}_{\mathrm{d}}(t)$ 表

示速度跟踪误差，则可得跟踪误差系统如下：

$$\begin{cases}\dot{\boldsymbol{e}}_{1,i}(t)=\boldsymbol{e}_{2,i}(t)\\ \dot{\boldsymbol{e}}_{2,i}(t)=\boldsymbol{M}_3^{-1}\boldsymbol{B}(\theta)\boldsymbol{u}_i(t)-\boldsymbol{\varphi}_{\mathrm{d}}(t)-\ddot{\boldsymbol{X}}_{\mathrm{d}}(t)\end{cases} \tag{5-41}$$

第 i 次迭代学习控制器设计如下：

$$\begin{aligned}\boldsymbol{u}_i(t)=\widehat{\boldsymbol{B}}(\theta)\boldsymbol{M}_3(&-c\boldsymbol{e}_{1,i}(t)-\varepsilon\boldsymbol{e}_{2,i}(t)-\\&\hat{\boldsymbol{\varphi}}_{\mathrm{d},i}(t)+\ddot{\boldsymbol{X}}_{\mathrm{d}}(t)-\lambda\widehat{\boldsymbol{e}}_{2,i}^{\mathrm{T}}(t))\end{aligned} \tag{5-42}$$

并且为了抑制不同训练者产生的人机不确定性，设计迭代学习自适应律如下：

$$\hat{\boldsymbol{\varphi}}_{\mathrm{d},i}(t)=\alpha\hat{\boldsymbol{\varphi}}_{\mathrm{d},i-1}(t)+\gamma\boldsymbol{e}_{2,i}(t) \tag{5-43}$$

其中，$0<\alpha<1$ 表示部分记忆信息因子，$\gamma>0$ 表示学习增益，$\widehat{\boldsymbol{B}}(\theta)=\boldsymbol{B}^{\mathrm{T}}(\theta)[\boldsymbol{B}(\theta)\boldsymbol{B}^{\mathrm{T}}(\theta)]^{-1}$ 表示 $\boldsymbol{B}(\theta)$ 的广义逆矩阵，$\widehat{\boldsymbol{e}}_{2,i}^{\mathrm{T}}(t)=\boldsymbol{e}_{2,i}(t)[\boldsymbol{e}_{2,i}^{\mathrm{T}}(t)\boldsymbol{e}_{2,i}(t)]^{-1}$ 表示 $\boldsymbol{e}_{2,i}(t)$ 的广义逆矩阵，$\hat{\boldsymbol{\varphi}}_{\mathrm{d},i}(t)$ 表示人机不确定性 $\boldsymbol{\varphi}_{\mathrm{d}}(t)$ 在第 i 次学习时的估计值，估计误差 $\tilde{\boldsymbol{\varphi}}_{\mathrm{d},i}(t)=\boldsymbol{\varphi}_{\mathrm{d}}(t)-\hat{\boldsymbol{\varphi}}_{\mathrm{d},i}(t)$，且 $\hat{\boldsymbol{\varphi}}_{\mathrm{d},-1}(t)=[0\ \ 0\ \ 0]^{\mathrm{T}}$。

5.2.4 稳定性分析

定理 5.2 针对人机不确定性 ODW 跟踪误差系统(5-41)，设计具有部分记忆信息的自适应迭代学习限速控制器(5-42)和(5-43)，随迭代学习次数 i 不断增加，跟踪误差系统渐近稳定，即 $\lim\limits_{i\to\infty}\boldsymbol{e}_{1,i}(t)=\lim\limits_{i\to\infty}\boldsymbol{e}_{2,i}(t)=0$。

证明：设计 Lyapunov 函数

$$\boldsymbol{V}_i(t)=\frac{1}{2}\boldsymbol{e}_{1,i}^{\mathrm{T}}(t)\boldsymbol{e}_{1,i}(t)+\frac{1}{2}\boldsymbol{e}_{2,i}^{\mathrm{T}}(t)\boldsymbol{e}_{2,i}(t) \tag{5-44}$$

沿跟踪误差系统(5-41)对式(5-44)求导，可得

$$\begin{aligned}\dot{\boldsymbol{V}}_i(t)&=\boldsymbol{e}_{1,i}^{\mathrm{T}}(t)\boldsymbol{e}_{2,i}(t)+\boldsymbol{e}_{2,i}^{\mathrm{T}}(t)\dot{\boldsymbol{e}}_{2,i}(t)\\&=\boldsymbol{e}_{1,i}^{\mathrm{T}}(t)\boldsymbol{e}_{2,i}(t)-\boldsymbol{e}_{2,i}^{\mathrm{T}}(t)(\boldsymbol{M}_3^{-1}\boldsymbol{B}(\theta)\boldsymbol{u}_i(t)-\boldsymbol{\varphi}_{\mathrm{d}}(t)-\ddot{\boldsymbol{X}}_{\mathrm{d}}(t))\\&\leqslant-\beta\boldsymbol{e}_{2,i}^{\mathrm{T}}(t)\boldsymbol{e}_{2,i}(t)-\boldsymbol{e}_{2,i}^{\mathrm{T}}(t)\tilde{\boldsymbol{\varphi}}_{\mathrm{d},i}(t)-\lambda\end{aligned} \tag{5-45}$$

选取 $\lambda\geqslant\dfrac{1}{2\gamma}[(1-\alpha)\boldsymbol{\varphi}_{\mathrm{d}}^2(t)-(\alpha-\alpha^2)\hat{\boldsymbol{\varphi}}_{\mathrm{d},i-1}^2(t)]$，并定义 $\boldsymbol{L}_i(t)$ 函数如下：

$$\boldsymbol{L}_i(t)=\boldsymbol{V}_i(t)+\frac{1}{2\gamma}\int_0^t\tilde{\boldsymbol{\varphi}}_{\mathrm{d},i}^2(\tau)\mathrm{d}\tau \tag{5-46}$$

其中：

$$\begin{aligned}\boldsymbol{V}_i(t)&=\boldsymbol{V}_i(0)+\int_0^t\dot{\boldsymbol{V}}_i(\tau)\mathrm{d}\tau\\&\leqslant\boldsymbol{V}_i(0)+\int_0^t-\beta\boldsymbol{e}_{2,i}^{\mathrm{T}}(\tau)\boldsymbol{e}_{2,i}(\tau)-\boldsymbol{e}_{2,i}^{\mathrm{T}}(\tau)\tilde{\boldsymbol{\varphi}}_{\mathrm{d},i}(\tau)-\lambda\mathrm{d}\tau\end{aligned} \tag{5-47}$$

令

$$
\begin{aligned}
\Delta \boldsymbol{L}_i(t) &= \boldsymbol{L}_i(t) - \alpha \boldsymbol{L}_{i-1}(t) \\
&= \boldsymbol{V}_i(t) - \alpha \boldsymbol{V}_{i-1}(t) + \frac{1}{2\gamma}\int_0^t \tilde{\boldsymbol{\varphi}}_{\mathrm{d},i}^2(\tau) - \alpha \tilde{\boldsymbol{\varphi}}_{\mathrm{d},i-1}^2(\tau)\mathrm{d}\tau \\
&\leqslant -\alpha \boldsymbol{V}_{i-1}(t) + \boldsymbol{V}_i(0) + \int_0^t -\varepsilon \boldsymbol{e}_{2,i}{}^{\mathrm{T}}(\tau)\boldsymbol{e}_{2,i}(\tau) - \\
&\quad \boldsymbol{e}_{2,i}{}^{\mathrm{T}}(\tau)\tilde{\boldsymbol{\varphi}}_{\mathrm{d},i}(\tau) - \lambda \mathrm{d}\tau + \frac{1}{2\gamma}\int_0^t \tilde{\boldsymbol{\varphi}}_{\mathrm{d},i}^2(\tau) - \alpha \tilde{\boldsymbol{\varphi}}_{\mathrm{d},i-1}^2(\tau)\mathrm{d}\tau
\end{aligned} \tag{5-48}
$$

其中：

$$
\begin{aligned}
\tilde{\boldsymbol{\varphi}}_{\mathrm{d},i}^2(t) - \alpha \tilde{\boldsymbol{\varphi}}_{\mathrm{d},i-1}^2(t) &= [\boldsymbol{\varphi}_{\mathrm{d}}(t) - \hat{\boldsymbol{\varphi}}_{\mathrm{d},i}(t)]^2 - \alpha[\boldsymbol{\varphi}_{\mathrm{d}}(t) - \hat{\boldsymbol{\varphi}}_{\mathrm{d},i-1}(t)]^2 \\
&= -[\hat{\boldsymbol{\varphi}}_{\mathrm{d},i}(t) - \alpha \hat{\boldsymbol{\varphi}}_{\mathrm{d},i-1}(t)]^2 - 2\tilde{\boldsymbol{\varphi}}_{\mathrm{d},i}^{\mathrm{T}}[\hat{\boldsymbol{\varphi}}_{\mathrm{d},i}(t) - \alpha \hat{\boldsymbol{\varphi}}_{\mathrm{d},i-1}(t)] + \\
&\quad (1-\alpha)\boldsymbol{\varphi}_{\mathrm{d}}^2 - (\alpha - \alpha^2)\hat{\boldsymbol{\varphi}}_{\mathrm{d},i-1}^2(t)
\end{aligned} \tag{5-49}
$$

令 $\boldsymbol{V}_i(0) = 0$ ，由此可得

$$
\Delta \boldsymbol{L}_i(t) \leqslant -\alpha \boldsymbol{V}_{i-1}(t) - \varepsilon \int_0^t \boldsymbol{e}_{2,i}^{\mathrm{T}}(\tau)\boldsymbol{e}_{2,i}(\tau)\mathrm{d}\tau < 0 \tag{5-50}
$$

由于 $0 < \alpha < 1$ ，根据式(5-50)可知 $\boldsymbol{L}_i(t)$ 为递减函数。

接下来，当 $i = 0$ 时，对式(5-46)求导，可得

$$
\dot{\boldsymbol{L}}_0(t) = \boldsymbol{e}_{1,0}^{\mathrm{T}}(t)\boldsymbol{e}_{2,0}(t) + \boldsymbol{e}_{2,0}^{\mathrm{T}}(t)\dot{\boldsymbol{e}}_{2,0}(t) + \frac{1}{2\gamma}\tilde{\boldsymbol{\varphi}}_{\mathrm{d},0}^2(t) \tag{5-51}
$$

其中：

$$
\begin{aligned}
& \boldsymbol{e}_{1,0}^{\mathrm{T}}(t)\boldsymbol{e}_{2,0}(t) + \boldsymbol{e}_{2,0}^{\mathrm{T}}(t)\dot{\boldsymbol{e}}_{2,0}(t) \\
& \leqslant -\beta \boldsymbol{e}_{2,0}^{\mathrm{T}}(t)\boldsymbol{e}_{2,0}(t) + \boldsymbol{e}_{2,0}^{\mathrm{T}}(t)\tilde{\boldsymbol{\varphi}}_{\mathrm{d},0}(t) \\
& \leqslant -\beta \boldsymbol{e}_{2,0}^{\mathrm{T}}(t)\boldsymbol{e}_{2,0}(t) + \boldsymbol{e}_{2,0}^{\mathrm{T}}(t)[\boldsymbol{\varphi}_{\mathrm{d}}(t) - \hat{\boldsymbol{\varphi}}_{\mathrm{d},0}(t)]
\end{aligned} \tag{5-52}
$$

$$
\begin{aligned}
\frac{1}{2\gamma}\tilde{\boldsymbol{\varphi}}_{\mathrm{d},0}^2(t) &= \frac{1}{2\gamma}[\boldsymbol{\varphi}_{\mathrm{d}}(t) - \hat{\boldsymbol{\varphi}}_{\mathrm{d},0}(t)]^2 \\
&= \frac{1}{2\gamma}[\boldsymbol{\varphi}_{\mathrm{d}}(t) - \varepsilon \boldsymbol{e}_{2,0}(t)]^2 \\
&= \frac{1}{2\gamma}\boldsymbol{\varphi}_{\mathrm{d}}^2(t) - \boldsymbol{\varphi}_{\mathrm{d}}(t)\boldsymbol{e}_{2,0}(t) + \frac{\gamma}{2}\boldsymbol{e}_{2,0}^2(t)
\end{aligned} \tag{5-53}
$$

将式(5-52)和式(5-53)代入式(5-51)，可得

$$
\begin{aligned}
\dot{\boldsymbol{L}}_0(t) &\leqslant \frac{1}{2\gamma}\boldsymbol{\varphi}_{\mathrm{d}}^2(t) - (\varepsilon + \frac{\gamma}{2})\boldsymbol{e}_{2,0}^{\mathrm{T}}(t)\boldsymbol{e}_{2,0}(t) \\
&\leqslant \frac{1}{2\gamma}\boldsymbol{\varphi}_{\mathrm{d}}^2(t)
\end{aligned} \tag{5-54}
$$

由于 $\boldsymbol{L}_0(t)$ 可导且导数小于有界值，所以 $\boldsymbol{L}_0(t)$ 在 $t \in [0, T]$ 连续且有界，从而可知 $\boldsymbol{L}_i(t)$ 有界。

进一步，由式(5-48)可得

$$\boldsymbol{L}_i(t)=\alpha^i\boldsymbol{L}_0(t)+\sum_{j=1}^{i}\alpha^{i-j}\Delta\boldsymbol{L}_j(t) \tag{5-55}$$

根据式(5-50)可知

$$\boldsymbol{L}_i(t)\leqslant\alpha^i\boldsymbol{L}_0(t)-\alpha\sum_{j=1}^{i}\alpha^{i-j}\boldsymbol{V}_j(t) \tag{5-56}$$

从而可以得到

$$\sum_{j=1}^{i}\alpha^{i-j}\boldsymbol{V}_{j-1}(t)\leqslant\alpha^{i-1}\boldsymbol{L}_0(t)-\frac{1}{\alpha}\boldsymbol{L}_i(t)\leqslant\boldsymbol{L}_0(t) \tag{5-57}$$

根据式(5-57)，由级数收敛的必要条件可得

$$\lim_{i\to\infty}\boldsymbol{e}_{1,i}(t)=\lim_{i\to\infty}\boldsymbol{e}_{2,i}(t)=0$$

由此可知，随学习次数不断增加，具有部分记忆信息的自适应迭代学习限速控制器可使跟踪误差系统渐近稳定。康复机器人控制系统结构图如图 5.17 所示。

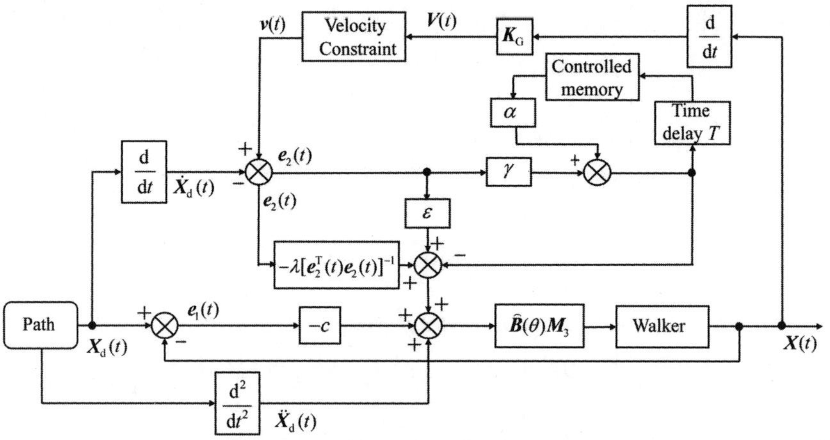

图 5.17 康复机器人控制系统结构图

5.2.5 仿真分析

为了验证文中提出控制方法的有效性，对医生指定的如下曲线训练轨迹 $\boldsymbol{X}_\mathrm{d}(t)$ 进行了跟踪。

$$\begin{cases}x_\mathrm{d}(t)=2\cos^3(0.1t)\\ y_\mathrm{d}(t)=2\sin^3(0.1t)\\ \theta_\mathrm{d}(t)=\dfrac{\pi}{4}\end{cases}$$

仿真研究中，质量 $M=58\,\mathrm{kg}$， $m=60[1+\mathrm{rand}()]\,\mathrm{kg}$，$L=0.4\,\mathrm{m}$，$I_0=27.7\,\mathrm{kg\cdot m^2}$，$r_0=0.4\,\mathrm{m}$，$\beta=\pi/4$。初始值 $\boldsymbol{X}(0)=[2\ \ 0\ \ \pi/4]^\mathrm{T}$，$\boldsymbol{V}(0)=[0\ \ 0\ \ 0\ \ 0]^\mathrm{T}$，设学习次数 $i=20$，控制器

参数及安全速度约束范围分别如表 5.1 和表 5.2 所示。

表 5.1　控制器参数

参数	α	c	ε	λ	γ	$\boldsymbol{\Xi}$	$\boldsymbol{H}$
值	0.5	25	23	21	16	diag{98,96,98}	diag{1,12,2}

表 5.2　安全速度约束值

参数	$\lvert v_x(t)\rvert/(\mathrm{m\cdot s^{-1}})$	$\lvert v_y(t)\rvert/(\mathrm{m\cdot s^{-1}})$	$\lvert v_\theta(t)\rvert/(\mathrm{rad\cdot s^{-1}})$
值	0.25	0.25	0.25

仿真结果如图 5.18～图 5.25 所示。

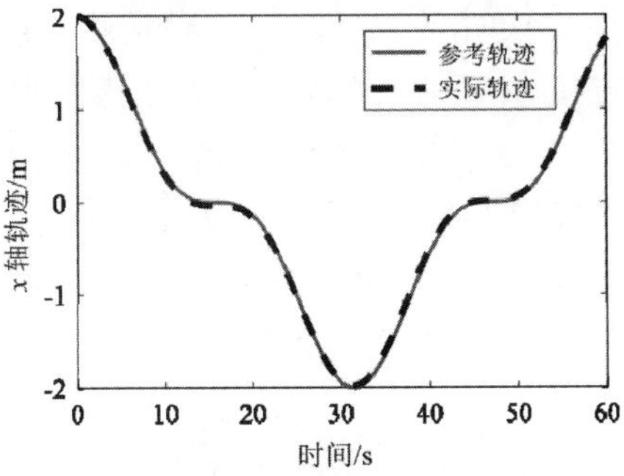

图 5.18　x 轴轨迹跟踪

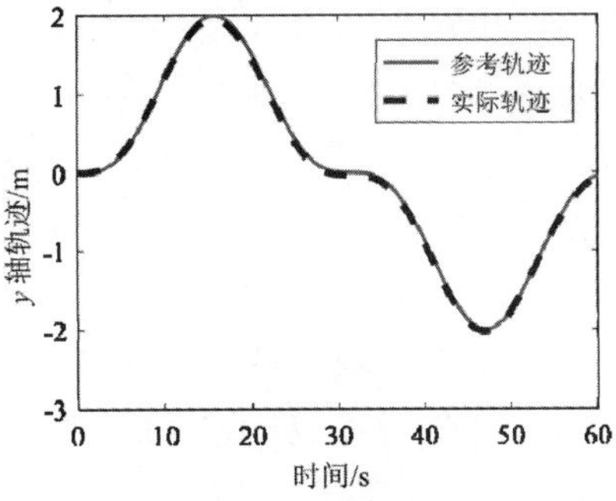

图 5.19　y 轴轨迹跟踪

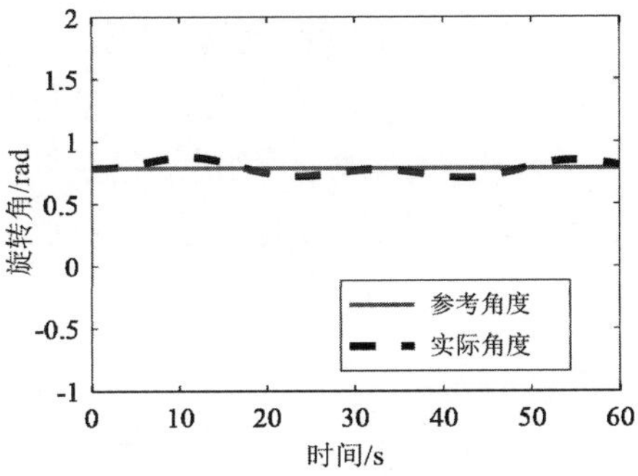

图 5.20　旋转角轨迹跟踪

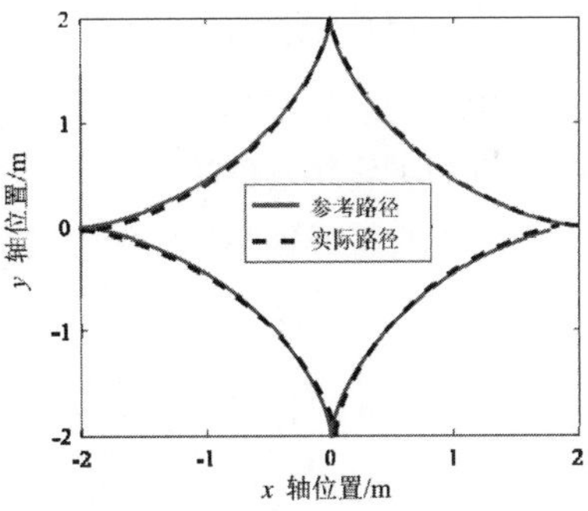

图 5.21　路径跟踪

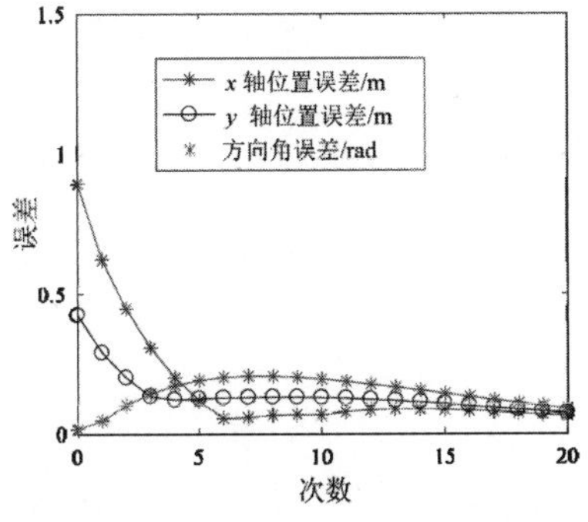

图 5.22　学习 20 次的轨迹跟踪误差

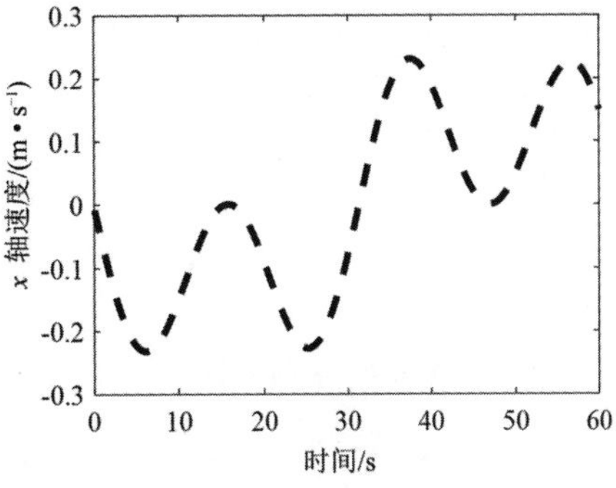

图 5.23　x 轴运动速度

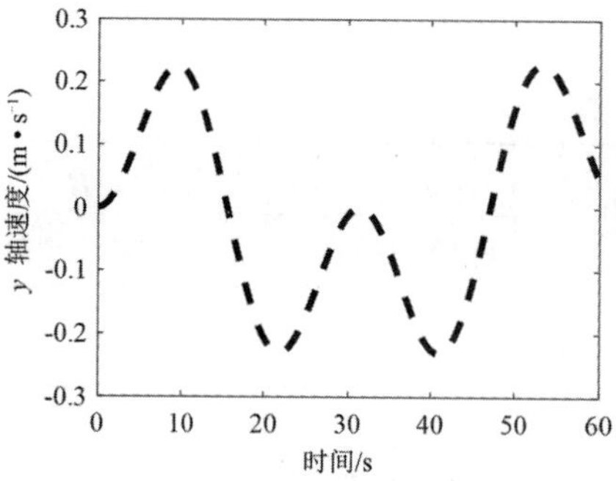

图 5.24　y 轴运动速度

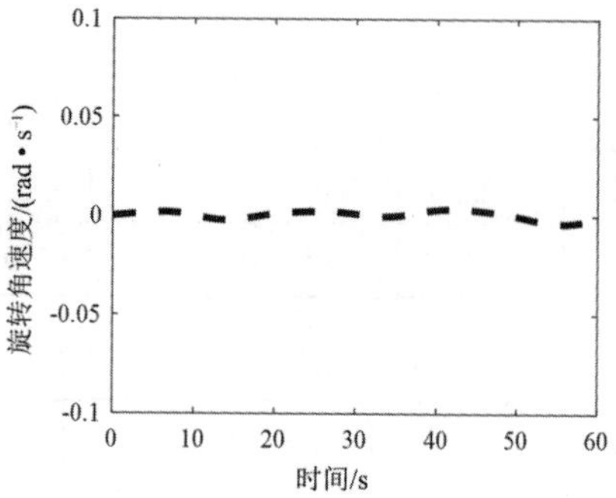

图 5.25　旋转角速度

图 5.18～图 5.20 分别给出了 ODW 迭代学习时 x 轴、y 轴和旋转角方向的轨迹跟踪曲线，路径跟踪曲线如图 5.21 所示。由图可知，旋转角方向初始一段时间的轨迹跟踪有些误差，由 $\varphi(t)$ 的表达形式可知，主要原因是人机不确定性对旋转角方向的运动状态影响较大。随着不断学习对跟踪误差的修正，使误差逐渐减小，最后人机系统实现了稳定的轨迹跟踪，具有部分记忆信息的控制器在自适应律作用下，抑制了人机不确定性对跟踪性能的影响，并且随着迭代学习次数的增加，轨迹误差逐渐趋于零(见图 5.22)，误差系统实现了渐近稳定，提高了人机系统跟踪精度。图 5.23～图 5.25 分别给出 ODW 迭代学习时 x 轴、y 轴和旋转角方向的运动速度曲线。可以看出，ODW 各轴运动速度均被限制在安全速度范围内。因此，安全速度性能迭代学习控制器可以有效避免康复机器人速度发生突变，保障了人机系统合作运动时速度的安全性。

为了验证具有部分记忆信息的自适应迭代学习限速控制方法的有效性，与一种自适应迭代学习控制方法[22]进行了仿真对比，该控制方法用于解决具有双关节自由度 q_1 和 q_2 的刚性机械臂轨迹跟踪问题，而忽略了机械臂重复学习时只能记忆上次学习的部分信息，以及所搬运货物不确定的质量对机械臂跟踪性能的影响。重要的是，没有考虑机械臂运动速度约束，严重影响了工作环境的安全性，导致实际应用中具有局限性。将迭代学习控制器[22]变为只记忆上一次学习的部分信息，并把货物质量变为随机变量，机械臂跟踪轨迹与文中的曲线轨迹相同，仿真结果如图 5.26～图 5.30 所示。

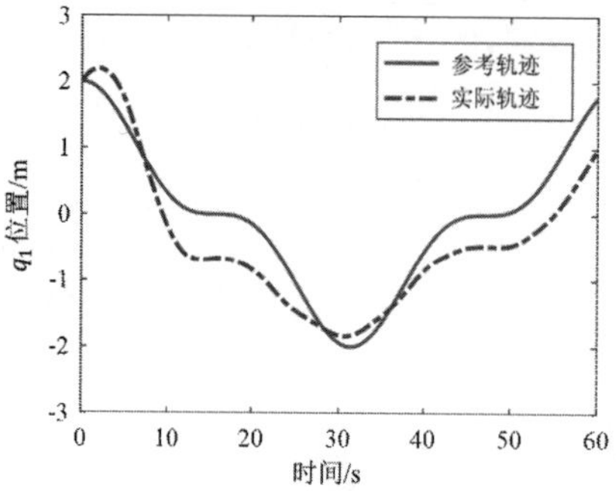

图 5.26　q_1 轨迹跟踪

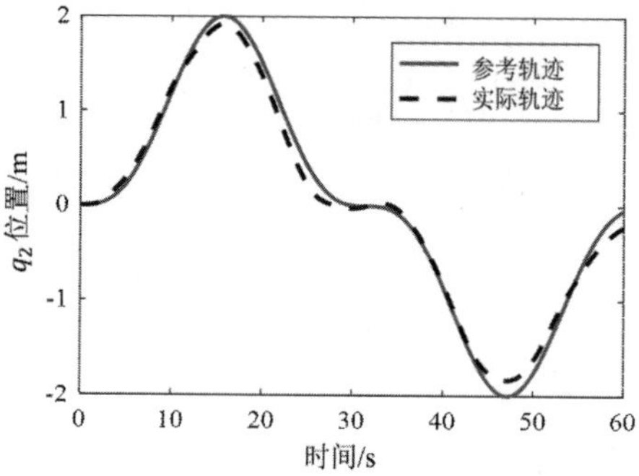

图 5.27　q_2 轨迹跟踪

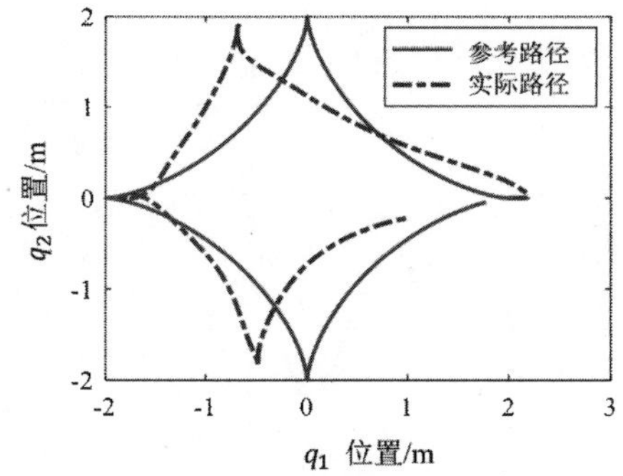

图 5.28　路径跟踪

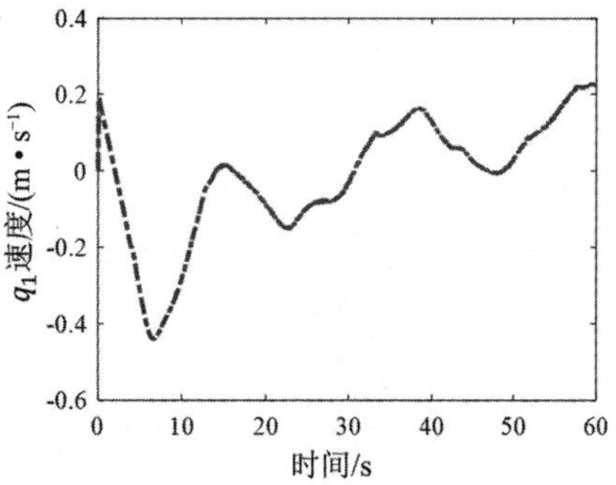

图 5.29　q_1 运动的角速度曲线

图 5.26～图 5.28 分别给出了关节 q_1 和 q_2 的角位移跟踪曲线和路径跟踪曲线。由图可知，关节 q_1 和 q_2 没有实现指定的角位移跟踪，同时机械臂产生了较大的路径跟踪误差，说明迭代学习控制器[22]，在货物质量随机变化以及只记忆部分信息的情况下，系统无法实现稳定跟踪。图 5.29 和图 5.30 分别给出了关节 q_1 和 q_2 运动的角速度曲线，由于控制器没有考虑安全运动速度问题[22]，导致速度在短时间内变化较大，影响了工作环境的安全性。

为了进一步说明文中提出方法的优越性，与仅考虑了重心随机变化的情况[23]，而忽略了人机系统的不确定性及速度约束对 ODW 跟踪性能影响的控制方法进行仿真对比。将文中的人机不确定性作用于重心随机变化的人机系统[23]，并应用其控制器跟踪曲边菱形路径，仿真结果如图 5.31～图 5.37 所示。

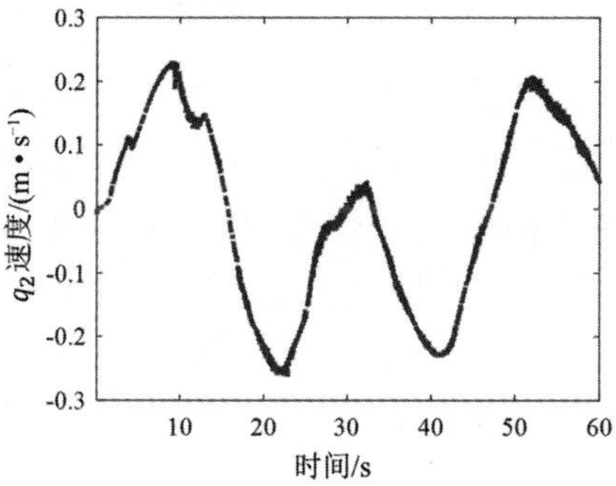

图 5.30　q_2 运动的角速度曲线

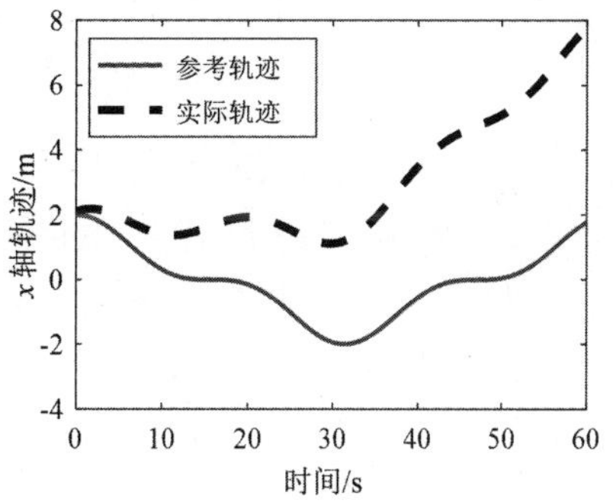

图 5.31　x 轴轨迹跟踪

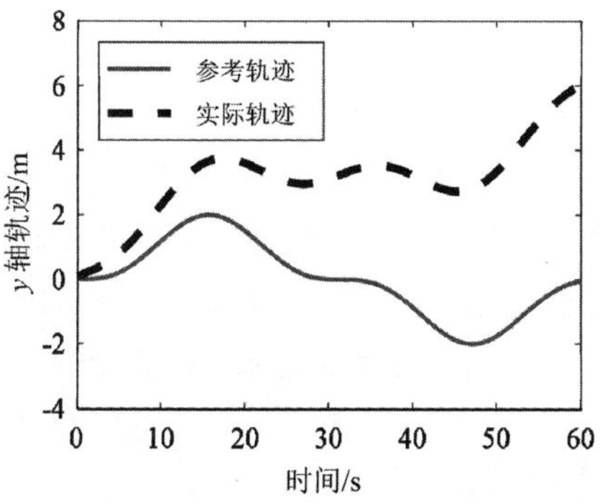

图 5.32　y 轴轨迹跟踪

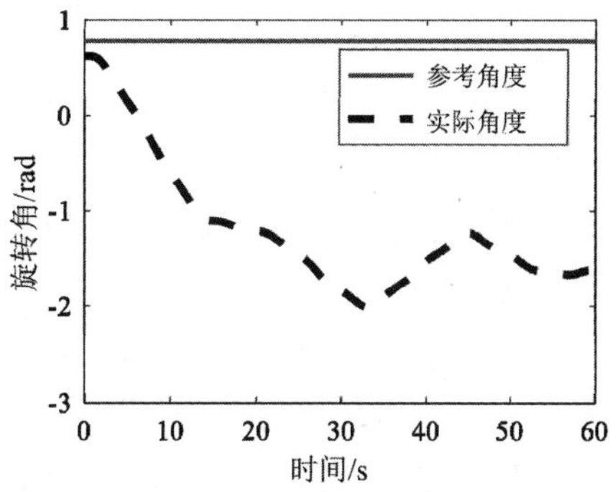

图 5.33　旋转角轨迹跟踪

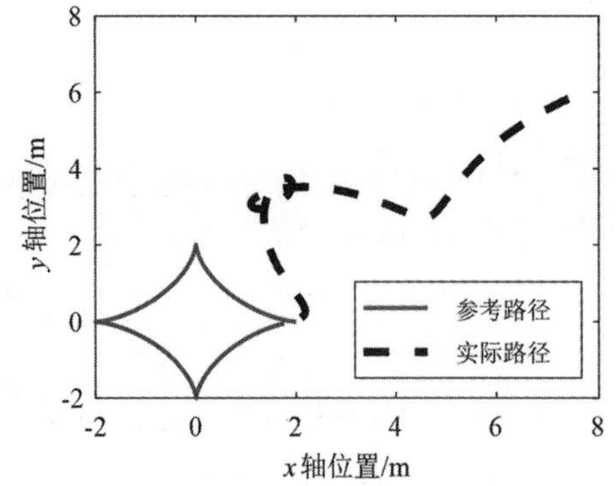

图 5.34 路径跟踪

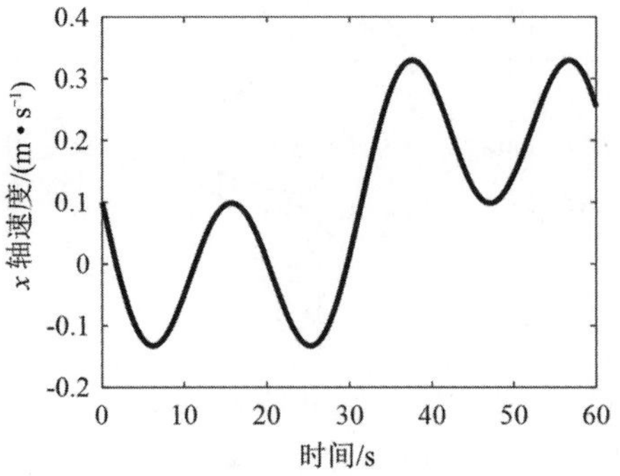

图 5.35 x 轴运动速度

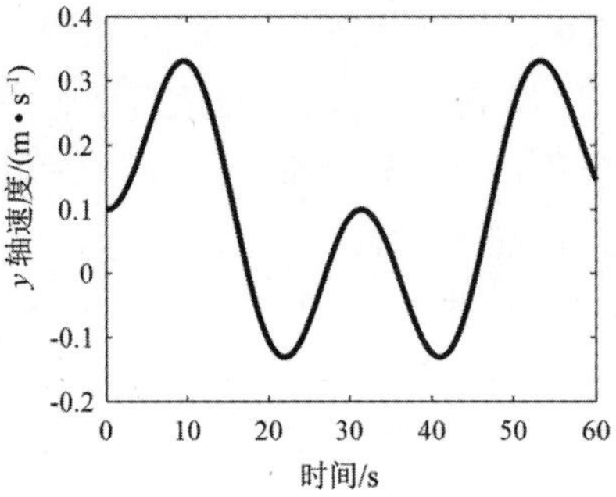

图 5.36 y 轴运动速度

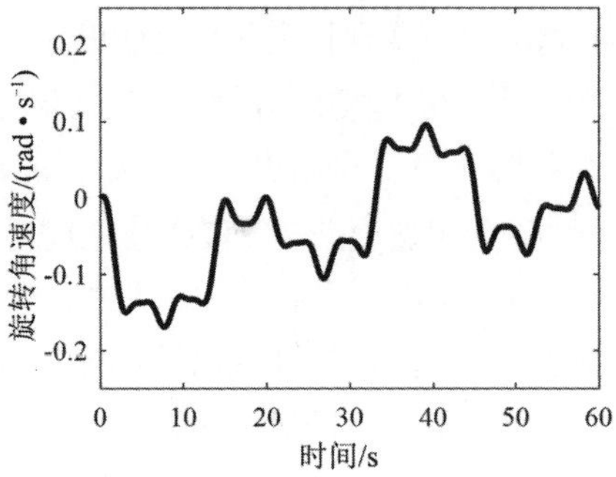

图 5.37 旋转角速度

图 5.31～图 5.34 分别给出了 ODW 在 x 轴、y 轴和旋转角方向的轨迹跟踪曲线和路径跟踪曲线。从图中可以看出，ODW 无法实现稳定的跟踪训练，过大的路径跟踪误差会使 ODW 发生碰撞危险，说明仅考虑重心随机变化的控制方法[23]无法抑制人机不确定对跟踪性能的影响。图 5.35～图 5.37 分别给出了 ODW 在 x 轴、y 轴和旋转角方向的运动速度曲线。可以看出，ODW 运动速度没有被限制在指定的安全范围内，过大的速度会导致人机运动不协调而威胁训练者的安全。由此可知，解决人机不确定性及速度约束对提高系统跟踪精度和安全性具有重要作用。

5.3 本章小结

本章研究了康复机器人具有安全速度性能的跟踪控制问题，通过幅值受限函数和模型预测方法对 ODW 的运动速度进行了限制，进而获得机器人运动的安全速度。针对人机系统受限的运动速度分别提出了 Backstepping 补偿控制方法和自适应迭代学习控制方法，给出了限制系统速度的补偿方法和处理人机不确定性的自适应方法，进而获得康复机器人的安全速度性能跟踪策略；基于 Lyapunov 稳定性理论和 LaSalle 不变性原理，验证了跟踪误差系统的稳定性，仿真研究表明了文中所提出的安全速度性能控制器设计方法的有效性和优越性，所设计的控制器能保证康复者在安全的速度下进行康复训练，丰富了康复机器人的安全速度控制技术。

参考文献

[1] Sun P, Wang S Y. Redundant Input Safety Tracking Control for Omnidirectional Rehabilitative Training Walker with Control Constraints [J]. Asian Journal of Control, 2017, 19(1): 116-130.

[2] 孙平，王鑫瑶，王殿辉，等. 基于 SCN 步行力估计的康复机器人各轴速度直接约束控制：202011363054.6 [P]. 2020-11-27.

[3] Seo K, Lee J. The Development of Two Mobile Gait Rehabilitation Systems [J]. IEEE Transactions on Neural Systems and Rehabilitation Engineering, 2009, 17(2): 156-166.

[4] Sun P, Wang S Y, Karimi H R. Robust Redundant Input Reliable Tracking Control for Omnidirectional Rehabilitative Training Walker [J]. Mathematical Problems in Engineering, 2014, 2014: 1-10.

[5] 杨俊友，白殿春，王硕玉，等. 全方向轮式下肢康复训练机器人轨迹跟踪控制 [J]. 机器人，2011，33(3)：314-318.

[6] Tan R P, Wang S Y, Jiang Y L. Adaptive Control Method for Path-tracking Control of an Omnidirectional Walker Compensating for Center-of-gravity Shifts and Load Changes [J]. International Journal of Innovative Computing, Information and Control, 2011, 7(7): 4423-4434.

[7] Tan R P, Wang S Y, Jiang Y L, et al. Nonlinear Adaptive Controller for Omnidirectional Walker: Dynamic Model Improvement and Experiment [J]. ICIC Express Letters, 2012, 6(3): 611-615.

[8] Sun P, Wang S Y. Redundant Input Guaranteed Cost Switched Training Control for Omnidirectional Rehabilitative Training Walker [J]. International Journal of Innovative Computing [J], Information and Control, 2014, 10(3): 883-895.

[9] Valenzuela M L, Santibanez V. Robust Saturated PI Joint Velocity Control for Robot Manipulators [J]. Asian Journal of Control, 2013, 15(1): 64-79.

[10] Yang S X, Zhu A, Yuan G F, et al. A Bioinspired Neuodynamics-based Approach to Tracking Control of Mobile Robots [J]. IEEE Transactions on Industrial Electronics, 2012, 59(8): 3211-3220.

[11] Chwa D. Fuzzy Adaptive Tracking Control of Wheeled Mobile Robots with State-dependent Kinematic and Dynamic Disturbances [J]. IEEE Transactions on Fuzzy systems, 2012, 20(3): 587-593.

[12] Kolhe J P, Shaheed M, Chandar T S, et al. Robust Control of Robot Manipulators Based on Uncertainty and Disturbance Estimation [J]. International Journal of Robust and Nonlinear Control, 2013, 23: 104-122.

[13] Steinhauser A, Swevers J. An Efficient Iterative Learning Approach to Time-optimal Path Tracking for Industrial Robots [J]. IEEE Transactions on Industrial Informatics, 2018, 14(11):5200-5207.

[14] Zhao Y M, Lin Y, Xi F, et al. Calibration-based Iterative Learning Control for Path Tracking of Industrial Robots [J]. IEEE Transactions on Industrial Electronics, 2015, 62(5):2921-2929.

[15] Sun S, Endo T, Matsuno F. Iterative Learning Control Based Robust Distributed Algorithm for Non-holonomic Mobile Robots Formation [J]. IEEE Access, 2018, 6: 61904-61917.

[16] Li F, Huang D Q, Chu B, et al. Robust Iterative Learning Control for Systems with Norm-bounded Uncertainties [J]. International Journal of Robust and Nonlinear Control, 2016, 26(4): 697-718.

[17] Xu J X, Jin X, Huang D Q. Composite Energy Function-based Iterative Learning Control for Systems with Nonparametric Uncertainties [J]. International Journal of Adaptive Control and Signal Processing, 2014, 28(1): 1-13.

[18] Chi R H, Hou Z S, Xu J X. Adaptive ILC for a Class of Discrete-time Systems with Iteration-varying Trajectory and Random Initial Condition [J]. Automatica, 2008, 44(8): 2207-2213.

[19] Lu L, Yao B. A Performance Oriented Multi-loop Constrained Adaptive Robust Tracking Control of One-degree-of-freedom Mechanical Systems: Theory and Experiments [J]. Automatica, 2014, 50(4): 1143-1150.

[20] Sun W, Su S F, Xia J, et al. Adaptive Fuzzy Tracking Control of Flexible-joint Robots with Full-state Constraints [J]. IEEE Transactions on Systems, Man, and Cybernetics: Systems, 2018, 49(11): 2201-2209.

[21] 孙平. 速度受限的全方向康复步行训练机器人的 Backstepping 补偿跟踪控制[J]. 信息与控制，2015，44(3)：309-315.

[22] Tayebi A. Adaptive Iterative Learning Control for Robot Manipulators [J]. Automatica, 2004, 40(7):1195-1203.

[23] Chang H B, Sun P, Wang S Y. Output Tracking Control for an Omnidirectional Rehabilitative Training Walker with Incomplete Measurements and Random Parameters [J]. International Journal of Systems Science, 2017, 48(12): 2509-2521.

第6章

康复机器人轨迹跟踪误差约束的安全控制

随着高龄人口增多，步行障碍者也越来越多，仅依靠治疗师无法解决步行障碍者的康复问题[1]，因此下肢康复机器人得到了极大发展，如步态训练机器人[2]、下肢外骨骼机器人[3-4]、全方向步行训练机器人[5]等。这些康复机器人，无论是采用踏板运动方式训练还是采用行走运动方式训练，都需要跟踪预先指定的训练轨迹，因此康复机器人跟踪控制得到了学者们的广泛关注，并取得了一些研究成果。例如，通过阻抗控制改变人机交互作用力，实现步态运动轨迹的调整[6,7]；通过神经网络控制解决系统不确定因素对跟踪性能的影响[8-9]；考虑不同训练者的体重变化及重心偏移，采用鲁棒控制方法提高系统的跟踪精度[10-11]；模糊滑模控制方法处理非线性对系统跟踪精度的影响[12]、学习控制[13]、惯性补偿控制[14]、切换控制及自适应控制[15-16]等。然而上述成果都没有实现 x 轴、y 轴和旋转角三个运动方向轨迹跟踪的最优性能[17-19]。如果轨迹跟踪误差过大，机器人可能发生碰撞危险，威胁训练者的安全。因此，研究使各轴轨迹跟踪性能最优且约束轨迹跟踪误差的安全预测控制方法，对提高轨迹跟踪精度并保障训练者的安全具有重要意义。

同时，关于康复机器人跟踪控制的研究成果中，大多以实现机器人渐近跟踪训练轨迹为目的，忽视了机器人暂态跟踪性能。由于康复机器人在室内环境下工作，较大的暂态跟踪误差可能导致机器人碰撞周围的人或物体，给训练者带来危险。特别是当康复机器人从任意位置出发，初始跟踪误差较大时，机器人需要较长时间进行暂态性能调整。由于非线性系统对初始条件的敏感性，给提高系统暂态跟踪性能带来了困难。将初始条件限定在某个范围内，研究了提高系统跟踪性能的问题[20-21]；进一步，基于冗余输入模型，研究了保性能跟踪控制问题[22-23]。然而这些都忽略了康复机器人辅助训练者步行运动过程中，可以从任意初始位置开始运动的实际情况。因此，保证在任意初始位置下，康复机器人实际运动轨迹能被约束在指定范围内，并获得康复机器人的安全运动轨迹，对提高人机系统的安全性至关重要。

鉴于上述分析，本章提出了最优轨迹跟踪误差安全预测控制和安全运动轨迹跟踪控制，分别实现了各轴轨迹跟踪误差最优性能和任意初始条件下的安全运动轨迹控制，解决了康复机器人轨迹跟踪误差约束的安全控制问题，为获得人机系统安全运动轨迹提供了控制技术。

6.1 最优轨迹跟踪误差安全预测控制

6.1.1 康复机器人预测模型的描述

针对康复机器人动力学模型(2-29)，根据其机构设计的冗余性，令输入力 $f_2 = f_4$，则系统转化为如下表达形式：

$$\boldsymbol{M}_0\boldsymbol{K}(\theta)\ddot{\boldsymbol{X}}(t)+\boldsymbol{M}_0\dot{\boldsymbol{K}}(\theta,\dot{\theta})\dot{\boldsymbol{X}}(t)=\overline{\boldsymbol{B}}(\theta)\overline{\boldsymbol{u}}(t) \tag{6-1}$$

其中：

$$\overline{\boldsymbol{B}}(\theta)=\begin{bmatrix}-\sin\theta_1 & \sin\theta_2-\sin\theta_4 & \sin\theta_3\\ \cos\theta_1 & -\cos\theta_2+\cos\theta_4 & \cos\theta_3\\ \lambda_1 & -\lambda_2+\lambda_4 & -\lambda_3\end{bmatrix},\quad \overline{\boldsymbol{u}}(t)=\begin{bmatrix}f_1\\ f_2\\ f_3\end{bmatrix}$$

设计非线性反馈预测控制器：

$$\overline{\boldsymbol{u}}(t)=\overline{\boldsymbol{B}}^{-1}(\theta)[\boldsymbol{M}_0\boldsymbol{K}(\theta)]\{[\boldsymbol{M}_0\boldsymbol{K}(\theta)]^{-1}\boldsymbol{M}_0\dot{\boldsymbol{K}}(\theta,\dot{\theta})\dot{\boldsymbol{x}}(t)+\boldsymbol{v}(t)\} \tag{6-2}$$

其中，$\boldsymbol{v}(t)$ 表示待设计的控制变量。

令实际运动轨迹 $\boldsymbol{X}(t)=\boldsymbol{x}_1(t)$，实际运动速度 $\dot{\boldsymbol{X}}(t)=\boldsymbol{x}_2(t)$，于是系统(6-2)转化为如下形式的动力学模型：

$$\begin{cases}\dot{\boldsymbol{x}}_1(t)=\boldsymbol{x}_2(t)\\ \dot{\boldsymbol{x}}_2(t)=\boldsymbol{v}(t)\end{cases} \tag{6-3}$$

其中，$\boldsymbol{x}_1(t)=\begin{bmatrix}\boldsymbol{x}_{11}(t) & \boldsymbol{x}_{12}(t) & \boldsymbol{x}_{13}(t)\end{bmatrix}^{\mathrm{T}}$ 分别表示 x 轴、y 轴和旋转角三个方向的实际运动轨迹，$\boldsymbol{x}_2(t)=\begin{bmatrix}\boldsymbol{x}_{21}(t) & \boldsymbol{x}_{22}(t) & \boldsymbol{x}_{23}(t)\end{bmatrix}^{\mathrm{T}}$ 分别表示 x 轴、y 轴和旋转角三个方向的实际运动速度，$\boldsymbol{v}(t)=\begin{bmatrix}\boldsymbol{v}_1(t) & \boldsymbol{v}_2(t) & \boldsymbol{v}_3(t)\end{bmatrix}^{\mathrm{T}}$ 分别表示 x 轴、y 轴和旋转角三个方向待设计的控制输入变量。

根据式(6-3)可得康复机器人各轴子系统模型：

$$\begin{cases}\dot{\boldsymbol{x}}_{1i}(t)=\boldsymbol{x}_{2i}(t)\\ \dot{\boldsymbol{x}}_{2i}(t)=\boldsymbol{v}_i(t)\end{cases}\quad i=1,2,3 \tag{6-4}$$

设 T 为采样周期，$\boldsymbol{x}_i(k)=\begin{bmatrix}\boldsymbol{x}_{1i}(k) & \boldsymbol{x}_{2i}(k)\end{bmatrix}^{\mathrm{T}}$ 表示子系统在 k 时刻的状态变量，$\boldsymbol{y}_i(k)=\boldsymbol{x}_{1i}(k)$ 表示子系统在 k 时刻的输出变量，$\boldsymbol{v}_i(k-1)$ 表示子系统在 $k-1$ 时刻的控制变量，$\Delta\boldsymbol{v}_i(k)$ 表示子系统在 k 时刻的控制增量。于是依据泰勒展开方法，由式(6-4)可得各轴子系统离散化预测模型如下：

$$\begin{cases}\boldsymbol{x}_i(k+1)=\boldsymbol{A}\boldsymbol{x}_i(k)+\boldsymbol{B}\boldsymbol{v}_i(k)\\ \boldsymbol{y}_i(k)=\boldsymbol{x}_{1i}(k)=\boldsymbol{C}\boldsymbol{x}_i(k)\\ \boldsymbol{v}_i(k)=\boldsymbol{v}_i(k-1)+\Delta\boldsymbol{v}_i(k)\end{cases} \tag{6-5}$$

其中：

$$A=\begin{bmatrix}1 & T\\0 & 1\end{bmatrix},\quad B=\begin{bmatrix}0\\T\end{bmatrix},\quad C=\begin{bmatrix}1 & 0\end{bmatrix}$$

根据式(6-5)可得如下具有控制增量形式的运动轨迹预测模型：

$$\boldsymbol{x}_{1i}=\boldsymbol{F}_1\boldsymbol{x}_i(k)+\boldsymbol{\Phi}_1\boldsymbol{v}_i(k-1)+\boldsymbol{G}_1\Delta\boldsymbol{V}_i \tag{6-6}$$

其中，N 为预测时域，N_{C} 为控制时域，并且

$$\boldsymbol{x}_{1i}=\begin{bmatrix}\boldsymbol{x}_{1i}(k+1/k)\\\boldsymbol{x}_{1i}(k+2/k)\\\vdots\\\boldsymbol{x}_{1i}(k+N/k)\end{bmatrix},\quad \Delta\boldsymbol{V}_i=\begin{bmatrix}\Delta\boldsymbol{v}_i(k/k)\\\Delta\boldsymbol{v}_i(k+1/k)\\\vdots\\\Delta\boldsymbol{v}_i(k+N_{\mathrm{C}}-1/k)\end{bmatrix},\quad \boldsymbol{F}_1=\begin{bmatrix}\boldsymbol{CA}\\\boldsymbol{CA}^2\\\vdots\\\boldsymbol{CA}^N\end{bmatrix}$$

$$\boldsymbol{\Phi}_1=\begin{bmatrix}\boldsymbol{CB}\\\boldsymbol{CAB}+\boldsymbol{CB}\\\vdots\\\sum_{i=0}^{N-1}\boldsymbol{CA}^i\boldsymbol{B}\end{bmatrix},\quad \boldsymbol{G}_1=\begin{bmatrix}\boldsymbol{CB} & \cdots & \cdots & 0\\\boldsymbol{CAB}+\boldsymbol{CB} & \boldsymbol{CB} & \cdots & 0\\\vdots & \vdots & & \vdots\\\sum_{i=0}^{N_{\mathrm{C}}-1}\boldsymbol{CA}^i\boldsymbol{B} & \sum_{i=0}^{N_{\mathrm{C}}-2}\boldsymbol{CA}^i\boldsymbol{B} & \cdots & \boldsymbol{CB}\\\sum_{i=0}^{N_{\mathrm{C}}}\boldsymbol{CA}^i\boldsymbol{B} & \sum_{i=0}^{N_{\mathrm{C}}-1}\boldsymbol{CA}^i\boldsymbol{B} & \cdots & \boldsymbol{CAB}+\boldsymbol{CB}\\\vdots & \vdots & & \vdots\\\sum_{i=0}^{N-1}\boldsymbol{CA}^i\boldsymbol{B} & \sum_{i=0}^{N-2}\boldsymbol{CA}^i\boldsymbol{B} & \cdots & \sum_{i=0}^{N-N_{\mathrm{C}}}\boldsymbol{CA}^i\boldsymbol{B}\end{bmatrix}$$

同理，根据式(6-5)可得如下具有控制增量形式的运动速度预测模型：

$$\boldsymbol{x}_{2i}=\boldsymbol{F}_2\boldsymbol{x}_i(k)+\boldsymbol{\Phi}_2\boldsymbol{v}_i(k-1)+\boldsymbol{G}_2\Delta\boldsymbol{V}_i \tag{6-7}$$

其中：

$$\boldsymbol{x}_{2i}=\begin{bmatrix}\boldsymbol{x}_{2i}(k+1/k)\\\boldsymbol{x}_{2i}(k+2/k)\\\vdots\\\boldsymbol{x}_{2i}(k+N/k)\end{bmatrix},\quad \boldsymbol{F}_2=\begin{bmatrix}\boldsymbol{C}_1\boldsymbol{A}\\\boldsymbol{C}_1\boldsymbol{A}^2\\\vdots\\\boldsymbol{C}_1\boldsymbol{A}^N\end{bmatrix},\quad \boldsymbol{C}_1=\begin{bmatrix}0 & 1\end{bmatrix}$$

$$\boldsymbol{\Phi}_2=\begin{bmatrix}\boldsymbol{C}_1\boldsymbol{B}\\\boldsymbol{C}_1\boldsymbol{AB}+\boldsymbol{C}_1\boldsymbol{B}\\\vdots\\\sum_{i=0}^{N-1}\boldsymbol{C}_1\boldsymbol{A}^i\boldsymbol{B}\end{bmatrix},\quad \boldsymbol{G}_2=\begin{bmatrix}\boldsymbol{C}_1\boldsymbol{B} & \cdots & \cdots & 0\\\boldsymbol{C}_1\boldsymbol{AB}+\boldsymbol{C}_1\boldsymbol{B} & \boldsymbol{C}_1\boldsymbol{B} & \cdots & 0\\\vdots & \vdots & & \vdots\\\sum_{i=0}^{N_{\mathrm{C}}-1}\boldsymbol{C}_1\boldsymbol{A}^i\boldsymbol{B} & \sum_{i=0}^{N_{\mathrm{C}}-2}\boldsymbol{C}_1\boldsymbol{A}^i\boldsymbol{B} & \cdots & \boldsymbol{C}_1\boldsymbol{B}\\\sum_{i=0}^{N_{\mathrm{C}}}\boldsymbol{C}_1\boldsymbol{A}^i\boldsymbol{B} & \sum_{i=0}^{N_{\mathrm{C}}-1}\boldsymbol{C}_1\boldsymbol{A}^i\boldsymbol{B} & \cdots & \boldsymbol{C}_1\boldsymbol{AB}+\boldsymbol{C}_1\boldsymbol{B}\\\vdots & \vdots & & \vdots\\\sum_{i=0}^{N-1}\boldsymbol{C}_1\boldsymbol{A}^i\boldsymbol{B} & \sum_{i=0}^{N-2}\boldsymbol{C}_1\boldsymbol{A}^i\boldsymbol{B} & \cdots & \sum_{i=0}^{N-N_{\mathrm{C}}}\boldsymbol{C}_1\boldsymbol{A}^i\boldsymbol{B}\end{bmatrix}$$

$\boldsymbol{x}_{1i}(k+j/k), j=1,2,\cdots,N$，表示各轴子系统在 k 时刻对 $k+j$ 时刻运动轨迹的预测；$\boldsymbol{x}_{2i}(k+j/k), j=1,2,\cdots,N$，表示各轴子系统在 k 时刻对 $k+j$ 时刻运动速度的预测；$\Delta\boldsymbol{v}_i(k+j/k), j=0,1,\cdots,N_{\mathrm{C}}-1$，表示各轴子系统在 k 时刻对 $k+j$ 时刻控制增量的预测。

6.1.2 安全预测控制

以各轴轨迹跟踪误差为变量，建立目标优化性能函数 J_i 如下：

$$J_i=\min(\boldsymbol{x}_{1i}-\boldsymbol{X}_{\mathrm{d}i})^{\mathrm{T}}(\boldsymbol{x}_{1i}-\boldsymbol{X}_{\mathrm{d}i}) \tag{6-8}$$

其中，$\boldsymbol{X}_{\mathrm{d}}=\begin{bmatrix}\boldsymbol{X}_{\mathrm{d1}} & \boldsymbol{X}_{\mathrm{d2}} & \boldsymbol{X}_{\mathrm{d3}}\end{bmatrix}^{\mathrm{T}}$ 表示医生指定的康复训练轨迹，$\boldsymbol{X}_{\mathrm{d}i}$ 分别表示 x 轴、y 轴和旋转角方向指定的运动轨迹。$\boldsymbol{e}_1(t)=\boldsymbol{X}(t)-\boldsymbol{X}_{\mathrm{d}}=\boldsymbol{x}_1(t)-\boldsymbol{X}_{\mathrm{d}}$ 表示轨迹跟踪误差，$\boldsymbol{x}_{1i}(t)-\boldsymbol{X}_{\mathrm{d}i}$ 分别表示 x 轴、y 轴和旋转角方向的轨迹跟踪误差；$\boldsymbol{e}_2(t)=\dot{\boldsymbol{X}}(t)-\dot{\boldsymbol{X}}_{\mathrm{d}}=\boldsymbol{x}_2(t)-\dot{\boldsymbol{X}}_{\mathrm{d}}$ 表示速度跟踪误差，$\boldsymbol{x}_{2i}(t)-\dot{\boldsymbol{X}}_{\mathrm{d}i}$ 分别表示 x 轴、y 轴和旋转角方向的速度跟踪误差。于是构建各轴轨迹跟踪误差、速度跟踪误差和控制增量的约束条件如下：

$$\begin{cases}\Delta\boldsymbol{V}_{i\min}\leqslant\Delta\boldsymbol{V}_i\leqslant\Delta\boldsymbol{V}_{i\max}\\ \boldsymbol{e}_{1\min}^{i}\leqslant\boldsymbol{x}_{1i}-\boldsymbol{X}_{\mathrm{d}i}\leqslant\boldsymbol{e}_{1\max}^{i}\\ \boldsymbol{e}_{2\min}^{i}\leqslant\boldsymbol{x}_{2i}-\dot{\boldsymbol{X}}_{\mathrm{d}i}\leqslant\boldsymbol{e}_{2\max}^{i}\end{cases} \tag{6-9}$$

其中，$\boldsymbol{e}_{1\max}^{i}$ 表示系统从 $k+1$ 时刻到 $k+N$ 时刻在各轴方向指定的轨迹跟踪误差的上限，且 $\boldsymbol{e}_{1\min}^{i}=-\boldsymbol{e}_{1\max}^{i}$；$\boldsymbol{e}_{2\max}^{i}$ 表示系统从 $k+1$ 时刻到 $k+N$ 时刻在各轴方向指定的速度跟踪误差的上限，且 $\boldsymbol{e}_{2\min}^{i}=-\boldsymbol{e}_{2\max}^{i}$；$\Delta\boldsymbol{V}_{i\max}$ 表示控制增量的上限，且 $\Delta\boldsymbol{V}_{i\min}=-\Delta\boldsymbol{V}_{i\max}$。

将式(6-6)代入式(6-8)，并结合式(6-9)，得到含有控制增量的目标优化函数如下：

$$J_i=\min\left\{\Delta\boldsymbol{V}_i^{\mathrm{T}}\boldsymbol{G}_1^{\mathrm{T}}\boldsymbol{G}_1\Delta\boldsymbol{V}_i+\left[2\boldsymbol{G}_1^{\mathrm{T}}\left(\boldsymbol{F}_1\boldsymbol{x}_i(k)+\boldsymbol{\Phi}_1\boldsymbol{v}_i(k-1)-\boldsymbol{X}_{\mathrm{d}i}\right)\right]^{\mathrm{T}}\Delta\boldsymbol{V}_i\right\} \tag{6-10}$$

令 $\boldsymbol{H}=2\boldsymbol{G}_1^{\mathrm{T}}\boldsymbol{G}_1$，$\boldsymbol{c}_i=2\boldsymbol{G}_1^{\mathrm{T}}\left(\boldsymbol{F}_1\boldsymbol{x}_i(k)+\boldsymbol{\Phi}_1\boldsymbol{v}_i(k-1)-\boldsymbol{X}_{\mathrm{d}i}\right)$，式(6-10)化简为如下形式：

$$J_i=\min\left(\frac{1}{2}\Delta\boldsymbol{V}_i^{\mathrm{T}}\boldsymbol{H}\Delta\boldsymbol{V}_i+\boldsymbol{c}_i^{\mathrm{T}}\Delta\boldsymbol{V}_i\right) \tag{6-11}$$

将式(6-6)和式(6-7)代入式(6-9)，可得具有控制增量形式的约束条件如下：

$$\begin{cases}\Delta\boldsymbol{V}_{i\min}\leqslant\Delta\boldsymbol{V}_i\leqslant\Delta\boldsymbol{V}_{i\max}\\ \boldsymbol{b}_{1\min}^{i}\leqslant\boldsymbol{G}_1\Delta\boldsymbol{V}_i\leqslant\boldsymbol{b}_{1\max}^{i}\\ \boldsymbol{b}_{2\min}^{i}\leqslant\boldsymbol{G}_2\Delta\boldsymbol{V}_i\leqslant\boldsymbol{b}_{2\max}^{i}\end{cases} \tag{6-12}$$

式(6-12)进一步化简为

$$\boldsymbol{G}\Delta\boldsymbol{V}_i\leqslant\boldsymbol{b}_i \tag{6-13}$$

其中：

$$\begin{cases} \boldsymbol{b}_{1\min}^{i} = \boldsymbol{e}_{1\min}^{i} + \boldsymbol{X}_{\mathrm{d}i} - \boldsymbol{F}_1\boldsymbol{x}_i(k) - \boldsymbol{\Phi}_1\boldsymbol{v}_i(k-1) \\ \boldsymbol{b}_{1\max}^{i} = \boldsymbol{e}_{1\max}^{i} + \boldsymbol{X}_{\mathrm{d}i} - \boldsymbol{F}_1\boldsymbol{x}_i(k) - \boldsymbol{\Phi}_1\boldsymbol{v}_i(k-1) \\ \boldsymbol{b}_{2\min}^{i} = \boldsymbol{e}_{2\min}^{i} + \dot{\boldsymbol{X}}_{\mathrm{d}i} - \boldsymbol{F}_2\boldsymbol{x}_i(k) - \boldsymbol{\Phi}_2\boldsymbol{v}_i(k-1) \\ \boldsymbol{b}_{2\max}^{i} = \boldsymbol{e}_{2\max}^{i} + \dot{\boldsymbol{X}}_{\mathrm{d}i} - \boldsymbol{F}_2\boldsymbol{x}_i(k) - \boldsymbol{\Phi}_2\boldsymbol{v}_i(k-1) \end{cases}, \quad \boldsymbol{G} = \begin{bmatrix} \boldsymbol{I}_{N_{\mathrm{C}}} \\ -\boldsymbol{I}_{N_{\mathrm{C}}} \\ \boldsymbol{G}_1 \\ -\boldsymbol{G}_1 \\ \boldsymbol{G}_2 \\ -\boldsymbol{G}_2 \end{bmatrix}, \quad \boldsymbol{b}_i = \begin{bmatrix} \Delta\boldsymbol{V}_{i\max} \\ -\Delta\boldsymbol{V}_{i\min} \\ \boldsymbol{b}_{1\max}^{i} \\ -\boldsymbol{b}_{1\min}^{i} \\ \boldsymbol{b}_{2\max}^{i} \\ -\boldsymbol{b}_{2\min}^{i} \end{bmatrix}$$

由式(6-10)和式(6-12)可得具有控制增量形式的二次规划问题如下：

$$\begin{gathered} J_i = \min\left(\frac{1}{2}\Delta\boldsymbol{V}_i^{\mathrm{T}}\boldsymbol{H}\Delta\boldsymbol{V}_i + \boldsymbol{c}_i^{\mathrm{T}}\Delta\boldsymbol{V}_i\right) \\ \text{s.t.}\ \ \boldsymbol{G}\Delta\boldsymbol{V}_i \leqslant \boldsymbol{b}_i \end{gathered} \tag{6-14}$$

通过求解具有控制增量形式的二次规划问题式(6-14)，可得最优轨迹跟踪误差的安全预测控制，并将轨迹跟踪误差约束在指定范围内，保障康复者的安全训练。安全预测控制的具体优化求解步骤如下。

步骤 1：$k=0$ 时刻，对 $\boldsymbol{x}_i(k)$ 和 $\boldsymbol{v}_i(k-1)$ 赋初值。

步骤 2：k 时刻，由式(6-6)和式(6-7)计算 k 时刻之后 N 个时刻的康复机器人的运动轨迹 $\boldsymbol{x}_{1i}$ 和运动速度 $\boldsymbol{x}_{2i}$，并计算 $\boldsymbol{G}$ 和 $\boldsymbol{b}_i$。

步骤 3：求解二次规划问题式(6-14)，使各轴轨迹跟踪误差最小，并将轨迹跟踪误差和速度跟踪误差同时约束在指定范围内，得到各轴子系统的最优控制序列 $\Delta\boldsymbol{V}_i$，根据控制时域确定子系统的控制增量 $\Delta\boldsymbol{v}_i(k)$，并依据式(6-5)计算各子系统控制量 $\boldsymbol{v}_i(k)$，进而得到控制变量 $\boldsymbol{v}(k)$。

步骤 4：$k+1$ 时刻，根据 $\boldsymbol{v}(k)$ 计算模型(6-5)的预测轨迹和预测速度，同时将 $\boldsymbol{v}(k)$ 代入控制器 $\bar{\boldsymbol{u}}(t)$，进而获得康复机器人的实际运动轨迹和运动速度，并计算预测误差。

步骤 5：根据步骤 4 中得到的预测误差，反馈校正各个子系统的预测轨迹和速度，使预测轨迹和速度的校正输出与康复机器人的实际输出相同；更新 $\boldsymbol{x}_i(k)$ 和 $\boldsymbol{v}_i(k-1)$ 的值，返回步骤 2。

于是，通过对上述二次规划问题的优化求解，将轨迹跟踪误差约束在指定范围内并达到最优性能，同时获得了安全预测控制 $\bar{\boldsymbol{u}}(t)$，利用轨迹跟踪误差便可得到康复机器人的安全运动轨迹。

6.2　康复机器人安全运动轨迹跟踪控制

6.2.1　安全运动轨迹的描述

针对康复机器人动力学模型(2-29)，由于 $\boldsymbol{M}_0\boldsymbol{K}(\theta)$ 可逆，于是系统转化为如下表达形式：

$$\ddot{\boldsymbol{X}}(t) = -[\boldsymbol{M}_0\boldsymbol{K}(\theta)]^{-1}[\boldsymbol{M}_0\dot{\boldsymbol{K}}(\theta,\dot{\theta})]\dot{\boldsymbol{X}}(t) + \boldsymbol{U}(t) \tag{6-15}$$

其中：

$$\boldsymbol{U}(t)=[\boldsymbol{M}_0\boldsymbol{K}(\theta)]^{-1}\boldsymbol{B}(\theta)\boldsymbol{u}(t)$$

设 $\boldsymbol{X}(t)$ 表示 ODW 的实际运动轨迹，$\boldsymbol{X}_{\mathrm{d}}(t)$ 表示医生指定的训练轨迹，为保证 ODW 无论从何初始位置出发，均能实现其运动轨迹在指定范围内，根据 $\boldsymbol{X}_{\mathrm{d}}(t)$ 设计辅助跟踪轨迹 $\boldsymbol{X}_{\mathrm{d}}^{*}(t)$ 如下：

$$\boldsymbol{X}_{\mathrm{d}}^{*}(t)=\boldsymbol{X}_{\mathrm{d}}(t)+\boldsymbol{E}(v_{\max},t)[\boldsymbol{X}(0)-\boldsymbol{X}_{\mathrm{d}}(0)] \tag{6-16}$$

其中：

$$\boldsymbol{E}(v_{\max},t)=\mathrm{diag}\{\mathrm{e}^{-v_{x\max}t},\mathrm{e}^{-v_{y\max}t},\mathrm{e}^{-v_{\theta\max}t}\} \tag{6-17}$$

因此得到辅助轨迹 $\boldsymbol{X}_{\mathrm{d}}^{*}(t)$：

$$\boldsymbol{X}_{\mathrm{d}}^{*}(t)=\begin{pmatrix}\boldsymbol{x}_{\mathrm{d}}^{*}(t)\\ \boldsymbol{y}_{\mathrm{d}}^{*}(t)\\ \boldsymbol{\theta}_{d}^{*}(t)\end{pmatrix}=\begin{pmatrix}\boldsymbol{x}_{\mathrm{d}}(t)+\mathrm{e}^{-v_{\max}t}[\boldsymbol{x}(0)-\boldsymbol{x}_{\mathrm{d}}(0)]\\ \boldsymbol{y}_{\mathrm{d}}(t)+\mathrm{e}^{-v_{y\max}t}[\boldsymbol{y}(0)-\boldsymbol{y}_{\mathrm{d}}(0)]\\ \boldsymbol{\theta}_{\mathrm{d}}(t)+\mathrm{e}^{-v_{\theta\max}t}[\boldsymbol{\theta}(0)-\boldsymbol{\theta}_{\mathrm{d}}(0)]\end{pmatrix} \tag{6-18}$$

这里提出利用 $\boldsymbol{E}(v_{\max},t)=\mathrm{diag}\{\mathrm{e}^{-v_{x\max}t},\mathrm{e}^{-v_{y\max}t},\mathrm{e}^{-v_{\theta\max}t}\}$ 设计辅助运动轨迹 $\boldsymbol{X}_{\mathrm{d}}^{*}(t)$ 的思想，主要目的是保证 $\boldsymbol{X}_{\mathrm{d}}^{*}(t)$ 迅速收敛于指定轨迹 $\boldsymbol{X}_{\mathrm{d}}(t)$，并且由式(6-18)可以看出初始位置始终有 $\boldsymbol{x}_{\mathrm{d}}^{*}(t)=\boldsymbol{x}(0)$、$\boldsymbol{y}_{\mathrm{d}}^{*}(t)=\boldsymbol{y}(0)$ 和 $\boldsymbol{\theta}_{\mathrm{d}}^{*}(t)=\boldsymbol{\theta}(0)$ 成立，这样可以避免初始轨迹误差过大不满足约束条件的问题。因此，康复机器人运动时先跟踪辅助轨迹，随着机器人的不断运动，辅助轨迹将和实际轨迹重合，这样不仅可以消除过大的初始位置误差对跟踪性能的影响，而且可以获得康复机器人安全的运动轨迹。

令 $v_{x\max}$、$v_{y\max}$、$v_{\theta\max}$ 分别表示 ODW 辅助患者运动过程中，医生依据患者步行能力确定的 x 轴、y 轴方向的最大运动速度和最大旋转角速度。为保证训练者的安全，医生指定的训练轨迹 $\boldsymbol{X}_{\mathrm{d}}(t)$ 满足当 ODW 实际跟踪 $\boldsymbol{X}_{\mathrm{d}}^{*}(t)$ 运动时，康复机器人在 x 轴、y 轴和旋转角方向的期望运动速度 $\dot{\boldsymbol{x}}_{\mathrm{d}}^{*}(t)$、$\dot{\boldsymbol{y}}_{\mathrm{d}}^{*}(t)$ 和 $\dot{\boldsymbol{\theta}}_{\mathrm{d}}^{*}(t)$ 满足：

$$\left|\dot{\boldsymbol{x}}_{\mathrm{d}}^{*}(t)\right|\leqslant v_{x\max} \tag{6-19}$$

$$\left|\dot{\boldsymbol{y}}_{\mathrm{d}}^{*}(t)\right|\leqslant v_{y\max} \tag{6-20}$$

$$\left|\dot{\boldsymbol{\theta}}_{\mathrm{d}}^{*}(t)\right|\leqslant v_{\theta\max} \tag{6-21}$$

定义辅助运动轨迹跟踪误差和速度跟踪误差如下：

$$\boldsymbol{e}_1(t)=\boldsymbol{e}(t)=\boldsymbol{X}(t)-\boldsymbol{X}_{\mathrm{d}}^{*}(t) \tag{6-22}$$

$$\boldsymbol{e}_2(t)=\dot{\boldsymbol{e}}(t)=\dot{\boldsymbol{X}}(t)-\dot{\boldsymbol{X}}_{\mathrm{d}}^{*}(t) \tag{6-23}$$

其中，$\boldsymbol{e}_1(t)=\left[\boldsymbol{e}_{1x}(t)\quad \boldsymbol{e}_{1y}(t)\quad \boldsymbol{e}_{1\theta}(t)\right]^{\mathrm{T}}$ 分别表示 x 轴、y 轴和旋转角方向轨迹跟踪误差；$\boldsymbol{e}_2(t)=\left[\boldsymbol{e}_{2x}(t)\quad \boldsymbol{e}_{2y}(t)\quad \boldsymbol{e}_{2\theta}(t)\right]^{\mathrm{T}}$ 分别表示 x 轴、y 轴和旋转角方向速度跟踪误差。

设计控制器如下：

$$\boldsymbol{U}(t)=[\boldsymbol{M}_0\boldsymbol{K}(\theta)]^{-1}[\boldsymbol{M}_0\dot{\boldsymbol{K}}(\theta,\dot{\theta})]\dot{\boldsymbol{X}}(t)+\ddot{\boldsymbol{X}}_{\mathrm{d}}^{*}(t)+\boldsymbol{u}_{\mathrm{c}}(t) \tag{6-24}$$

且

$$\boldsymbol{u}_{\mathrm{c}}(t)=\boldsymbol{K}_{\mathrm{d}}\boldsymbol{e}_2(t)+\boldsymbol{K}_{\mathrm{p}}\boldsymbol{e}_1(t) \tag{6-25}$$

其中，$\boldsymbol{K}_{\mathrm{d}}=\mathrm{diag}\{\boldsymbol{K}_{\mathrm{d}x},\boldsymbol{K}_{\mathrm{d}y},\boldsymbol{K}_{\mathrm{d}\theta}\}$，$\boldsymbol{K}_{\mathrm{p}}=\mathrm{diag}\left\{\boldsymbol{K}_{\mathrm{p}x},\boldsymbol{K}_{\mathrm{p}y},\boldsymbol{K}_{\mathrm{p}\theta}\right\}$。

将式(6-24)代入式(6-15)，得

$$\ddot{e}(t)=\boldsymbol{u}_{\mathrm{c}}(t) \tag{6-26}$$

于是，系统式(6-26)转化为如下表达形式：

$$\begin{cases}\dot{\boldsymbol{e}}_1(t)=\boldsymbol{e}_2(t)\\ \dot{\boldsymbol{e}}_2(t)=\boldsymbol{K}_{\mathrm{d}}\boldsymbol{e}_2(t)+\boldsymbol{K}_{\mathrm{p}}\boldsymbol{e}_1(t)\end{cases} \tag{6-27}$$

进一步将式(6-27)转化为 x 轴、y 轴和旋转角方向跟踪误差子系统如下：

$$\begin{cases}\dot{\boldsymbol{e}}_{1x}(t)=\boldsymbol{e}_{2x}(t)\\ \dot{\boldsymbol{e}}_{2x}(t)=\boldsymbol{K}_{\mathrm{d}x}\boldsymbol{e}_{2x}(t)+\boldsymbol{K}_{\mathrm{p}x}\boldsymbol{e}_{1x}(t)\end{cases} \tag{6-28}$$

$$\begin{cases}\dot{\boldsymbol{e}}_{1y}(t)=\boldsymbol{e}_{2y}(t)\\ \dot{\boldsymbol{e}}_{2y}(t)=\boldsymbol{K}_{\mathrm{d}y}\boldsymbol{e}_{2y}(t)+\boldsymbol{K}_{\mathrm{p}y}\boldsymbol{e}_{1y}(t)\end{cases} \tag{6-29}$$

$$\begin{cases}\dot{\boldsymbol{e}}_{1\theta}(t)=\boldsymbol{e}_{2\theta}(t)\\ \dot{\boldsymbol{e}}_{2\theta}(t)=\boldsymbol{K}_{\mathrm{d}\theta}\boldsymbol{e}_{2\theta}(t)+\boldsymbol{K}_{\mathrm{p}\theta}\boldsymbol{e}_{1\theta}(t)\end{cases} \tag{6-30}$$

定义 6.1　对于康复机器人系统(6-15)，设实际运动轨迹 $\boldsymbol{X}(t)=\left[\boldsymbol{x}(t)\quad \boldsymbol{y}(t)\quad \boldsymbol{\theta}(t)\right]^{\mathrm{T}}$，当机器人从任意初始位置开始运动时，总有

$$\left|\boldsymbol{x}(t)-\boldsymbol{x}_{\mathrm{d}}(t)\right|\leqslant\varepsilon_1+\mathrm{e}^{-\nu_{x\max}t}\left|\boldsymbol{x}(0)-\boldsymbol{x}_{\mathrm{d}}(0)\right| \tag{6-31}$$

$$\left|\boldsymbol{y}(t)-\boldsymbol{y}_{\mathrm{d}}(t)\right|\leqslant\varepsilon_2+\mathrm{e}^{-\nu_{y\max}t}\left|\boldsymbol{y}(0)-\boldsymbol{y}_{\mathrm{d}}(0)\right| \tag{6-32}$$

$$\left|\boldsymbol{\theta}(t)-\boldsymbol{\theta}_{\mathrm{d}}(t)\right|\leqslant\varepsilon_3+\mathrm{e}^{-\nu_{\theta\max}t}\left|\boldsymbol{\theta}(0)-\boldsymbol{\theta}_{\mathrm{d}}(0)\right| \tag{6-33}$$

成立，其中 $\varepsilon_i\,(i=1,2,3)$ 为任意小正数，称 $\boldsymbol{X}(t)$ 是系统的安全运动轨迹。

定义 6.2　对于康复机器人系统(6-15)，在控制器 $\boldsymbol{u}(t)$ 作用下，使跟踪误差系统(6-27)达到渐近稳定，并确保人机系统运动轨迹安全，称 $\boldsymbol{u}(t)$ 为实现安全运动轨迹的跟踪控制器。

由定义 6.1 可以看出，任意初始位置的康复机器人在暂态运动阶段跟踪辅助轨迹 $\boldsymbol{X}_{\mathrm{d}}^{*}(t)$，在稳态运动阶段跟踪指定轨迹 $\boldsymbol{X}_{\mathrm{d}}(t)$，由辅助轨迹的设计式(6-18)可知 $\boldsymbol{X}_{\mathrm{d}}^{*}(t)$ 和 $\boldsymbol{X}_{\mathrm{d}}(t)$ 会逐渐重合，由定义 6.1 可得暂态运动阶段跟踪误差满足

$$\left|\boldsymbol{e}_{1x}(t)\right|\leqslant\varepsilon_1 \tag{6-34}$$

$$\left|e_{1y}(t)\right| \leqslant \varepsilon_2 \tag{6-35}$$

$$\left|e_{1\theta}(t)\right| \leqslant \varepsilon_3 \tag{6-36}$$

由式(6-34)～式(6-36)可知，康复机器人在整个运动过程中的轨迹跟踪误差满足式(6-31)～式(6-33)，其实际运动轨迹 $\boldsymbol{X}(t)$ 是安全的。

6.2.2 跟踪误差约束的安全运动轨迹控制

定理 6.1 考虑由式(6-15)描述的康复机器人系统，设系统初始状态有界，指定的跟踪轨迹 $\boldsymbol{X}_{\mathrm{d}}(t)$、辅助跟踪轨迹 $\boldsymbol{X}_{\mathrm{d}}^{*}(t)$ 及其一阶导数连续且有界，如果存在正定对称矩阵 $\boldsymbol{P}=\operatorname{diag}\{\boldsymbol{P}_{11},\boldsymbol{P}_{22},\boldsymbol{P}_{33}\}$ 和 $\boldsymbol{Q}=\operatorname{diag}\{\boldsymbol{Q}_{11},\boldsymbol{Q}_{22},\boldsymbol{Q}_{33}\}$，矩阵 $\boldsymbol{S}=\operatorname{diag}\{\boldsymbol{S}_{11},\boldsymbol{S}_{22},\boldsymbol{S}_{33}\}$ 和 $\boldsymbol{R}=\operatorname{diag}\{\boldsymbol{R}_{11},\boldsymbol{R}_{22},\boldsymbol{R}_{33}\}$，使下列条件成立：

$$\begin{bmatrix} \boldsymbol{S}_{11} & \boldsymbol{R}_{11} & 0 & 0 \\ \boldsymbol{P}_{11} & 0 & 0 & 0 \\ 0 & 0 & 0 & 0 \\ 0 & 0 & \varepsilon_1 & 0 \end{bmatrix} \leqslant 0 \tag{6-37}$$

$$\begin{bmatrix} \boldsymbol{S}_{22} & \boldsymbol{R}_{22} & 0 & 0 \\ \boldsymbol{P}_{22} & 0 & 0 & 0 \\ 0 & 0 & 0 & 0 \\ 0 & 0 & \varepsilon_2 & 0 \end{bmatrix} \leqslant 0 \tag{6-38}$$

$$\begin{bmatrix} \boldsymbol{S}_{33} & \boldsymbol{R}_{33} & 0 & 0 \\ \boldsymbol{P}_{33} & 0 & 0 & 0 \\ 0 & 0 & 0 & 0 \\ 0 & 0 & \varepsilon_3 & 0 \end{bmatrix} \leqslant 0 \tag{6-39}$$

那么，在控制器

$$\boldsymbol{u}(t)=\widehat{\boldsymbol{B}}(\theta)[(\boldsymbol{M}_0\dot{\boldsymbol{K}}(\theta,\dot{\theta}))\boldsymbol{x}_2(t)+(\boldsymbol{M}_0\boldsymbol{K}(\theta))\ddot{\boldsymbol{X}}_{\mathrm{d}}^{*}(t)+(\boldsymbol{M}_0\boldsymbol{K}(\theta))\boldsymbol{K}_{\mathrm{d}}\boldsymbol{e}_2(t)+(\boldsymbol{M}_0\boldsymbol{K}(\theta))\boldsymbol{K}_{\mathrm{p}}\boldsymbol{e}_1(t)] \tag{6-40}$$

作用下，跟踪误差系统式(6-27)渐近稳定。其中，$\widehat{\boldsymbol{B}}(\theta)=\boldsymbol{B}^{\mathrm{T}}(\theta)(\boldsymbol{B}(\theta)\boldsymbol{B}^{\mathrm{T}}(\theta))^{-1}$ 表示 $\boldsymbol{B}(\theta)$ 的伪逆矩阵。

证明： 建立如下 Lyapunov 函数

$$\begin{aligned} \boldsymbol{V}(t) &= \boldsymbol{V}_1(t)+\boldsymbol{V}_2(t)+\boldsymbol{V}_3(t) \\ &= \frac{1}{2}\boldsymbol{e}_1^{\mathrm{T}}(t)\boldsymbol{P}\boldsymbol{e}_1(t)+\frac{1}{2}\boldsymbol{e}_2^{\mathrm{T}}(t)\boldsymbol{Q}\boldsymbol{e}_2(t) \end{aligned} \tag{6-41}$$

其中：

$$V_1(t)=\frac{1}{2}e_{1x}^{\mathrm{T}}(t)P_{11}e_{1x}(t)+\frac{1}{2}e_{2x}^{\mathrm{T}}(t)Q_{11}e_{2x}(t) \tag{6-42}$$

$$V_2(t)=\frac{1}{2}e_{1y}^{\mathrm{T}}(t)P_{22}e_{1y}(t)+\frac{1}{2}e_{2y}^{\mathrm{T}}(t)Q_{22}e_{2y}(t) \tag{6-43}$$

$$V_3(t)=\frac{1}{2}e_{1\theta}^{\mathrm{T}}(t)P_{33}e_{1\theta}(t)+\frac{1}{2}e_{2\theta}^{\mathrm{T}}(t)Q_{33}e_{2\theta}(t) \tag{6-44}$$

沿跟踪误差系统式(6-27)对式(6-41)求导，得

$$\begin{aligned}\dot{V}(t)&=\dot{V}_1(t)+\dot{V}_2(t)+\dot{V}_3(t)\\&=e_1^{\mathrm{T}}(t)P\dot{e}_1(t)+e_2^{\mathrm{T}}(t)Q\dot{e}_2(t)\\&=e_1^{\mathrm{T}}(t)Pe_2(t)+e_2^{\mathrm{T}}(t)QK_{\mathrm{d}}e_2(t)+e_2^{\mathrm{T}}(t)QK_{\mathrm{p}}e_1(t)\end{aligned} \tag{6-45}$$

根据式(6-37)，对其左乘 $x^{\mathrm{T}}(t)$，右乘 $x(t)$，其中

$$x^{\mathrm{T}}(t)=\begin{bmatrix}e_{2x}^{\mathrm{T}}(t) & e_{1x}^{\mathrm{T}}(t) & \left|e_{2x}^{\mathrm{T}}(t)\right| & 1\end{bmatrix}$$

得

$$e_{1x}^{\mathrm{T}}(t)P_{11}e_{2x}(t)+e_{2x}^{\mathrm{T}}(t)S_{11}e_{2x}(t)+e_{2x}^{\mathrm{T}}(t)R_{11}e_{1x}(t)+\varepsilon_1\left|e_{2x}(t)\right|\leqslant 0 \tag{6-46}$$

其中，$S_{11}=Q_{11}K_{\mathrm{dx}}$，$R_{11}=Q_{11}K_{\mathrm{px}}$。于是有

$$\dot{V}_1(t)\leqslant-\varepsilon_1\left|e_{2x}(t)\right| \tag{6-47}$$

根据式(6-38)和式(6-39)，同理可得

$$\dot{V}_2(t)\leqslant-\varepsilon_2\left|e_{2y}(t)\right| \tag{6-48}$$

$$\dot{V}_3(t)\leqslant-\varepsilon_3\left|e_{2\theta}(t)\right| \tag{6-49}$$

由式(6-47)～式(6-49)可得到

$$e_1^{\mathrm{T}}(t)Pe_2(t)+e_2^{\mathrm{T}}(t)QK_{\mathrm{d}}e_2(t)+e_2^{\mathrm{T}}(t)QK_{\mathrm{p}}e_1(t)\leqslant-\varepsilon_1\left|e_{2x}(t)\right|-\varepsilon_2\left|e_{2y}(t)\right|-\varepsilon_3\left|e_{2\theta}(t)\right| \tag{6-50}$$

即

$$\dot{V}(t)\leqslant-\varepsilon_1\left|e_{2x}(t)\right|-\varepsilon_2\left|e_{2y}(t)\right|-\varepsilon_3\left|e_{2\theta}(t)\right| \tag{6-51}$$

事实上，$\dot{V}(t)=0$ 意味着 $e_2(t)=0$，即

$$\Lambda=\{e_2(t)\big|\dot{V}(t)=0\}=\{e_2(t)\big|e_2(t)=0\}$$

根据 LaSalle 不变性原理，Λ 中仅有零解，因此跟踪误差系统式(6-27)渐近稳定。

当跟踪误差系统式(6-27)渐近稳定，由 Lyapunov 函数式(6-41)可得

$$\lim_{t\to\infty}\boldsymbol{e}_1(t)=\lim_{t\to\infty}[\boldsymbol{X}(t)-\boldsymbol{X}_{\mathrm{d}}^*(t)]=0$$

进一步，有

$$\begin{aligned}\lim_{t\to\infty}[\boldsymbol{X}(t)-\boldsymbol{X}_{\mathrm{d}}^*(t)]&=\lim_{t\to\infty}[\boldsymbol{X}(t)-\boldsymbol{X}_{\mathrm{d}}(t)-\boldsymbol{E}(v_{\max},t)(\boldsymbol{X}(0)-\boldsymbol{X}_{\mathrm{d}}(0))]\\&=\lim_{t\to\infty}[\boldsymbol{X}(t)-\boldsymbol{X}_{\mathrm{d}}(t)]=0\end{aligned}$$

因此可得 ODW 在控制器 $\boldsymbol{u}(t)$ 作用下能同时跟踪辅助轨迹 $\boldsymbol{X}_{\mathrm{d}}^*(t)$ 和指定轨迹 $\boldsymbol{X}_{\mathrm{d}}(t)$。

文中将常规 Lyapunov 函数导数小于零的渐近稳定条件进行了更加严格的约束，如式(6-47)～式(6-49)，证明了各跟踪误差子系统的渐近稳定性，并为定理 6.2 推导 ODW 安全运动轨迹奠定了基础。接下来，分析 ODW 系统跟踪辅助运动轨迹 $\boldsymbol{X}_{\mathrm{d}}^*(t)$ 和指定运动轨迹 $\boldsymbol{X}_{\mathrm{d}}(t)$ 的跟踪误差范围，进而获得机器人的安全运动轨迹。

定理 6.2 考虑由式(6-15)描述的康复机器人系统，当跟踪误差系统式(6-27)渐近稳定，如果正定对称矩阵 $\boldsymbol{P}=\mathrm{diag}\{\boldsymbol{P}_{11},\boldsymbol{P}_{22},\boldsymbol{P}_{33}\}$ 和 $\boldsymbol{Q}=\mathrm{diag}\{\boldsymbol{Q}_{11},\boldsymbol{Q}_{22},\boldsymbol{Q}_{33}\}$ 使下列条件成立：

$$\begin{bmatrix}-\dfrac{1}{2}\boldsymbol{Q}_{11} & 0 & 0\\ 0 & -\dfrac{1}{2}\boldsymbol{P}_{11} & 0\\ 0 & 0 & V_1(0)-\varepsilon_1^2\end{bmatrix}\leqslant 0 \tag{6-52}$$

$$\begin{bmatrix}-\dfrac{1}{2}\boldsymbol{Q}_{22} & 0 & 0\\ 0 & -\dfrac{1}{2}\boldsymbol{P}_{22} & 0\\ 0 & 0 & V_2(0)-\varepsilon_2^2\end{bmatrix}\leqslant 0 \tag{6-53}$$

$$\begin{bmatrix}-\dfrac{1}{2}\boldsymbol{Q}_{33} & 0 & 0\\ 0 & -\dfrac{1}{2}\boldsymbol{P}_{33} & 0\\ 0 & 0 & V_3(0)-\varepsilon_3^2\end{bmatrix}\leqslant 0 \tag{6-54}$$

那么，在控制器式(6-40)作用下，ODW 与辅助轨迹 $\boldsymbol{X}_{\mathrm{d}}^*(t)$ 跟踪误差满足式(6-34)～式(6-36)。进一步，ODW 与指定轨迹 $\boldsymbol{X}_{\mathrm{d}}(t)$ 跟踪误差满足式(6-31)～式(6-33)。同时，式(6-40)中的控制器参数矩阵为 $\boldsymbol{K}_{\mathrm{d}}=\boldsymbol{Q}^{-1}\boldsymbol{S}$ 和 $\boldsymbol{K}_{\mathrm{p}}=\boldsymbol{Q}^{-1}\boldsymbol{R}$。

证明： 由定理 6.1 的证明可知，对式(6-47)两端从 0 到 t 积分，得

$$\int_0^t\dot{V}_1(t)\mathrm{d}t\leqslant\int_0^t(-\varepsilon_1|\boldsymbol{e}_{2x}(t)|)\mathrm{d}t \tag{6-55}$$

进一步整理得

$$V_1(t)-V_1(0)\leqslant -\varepsilon_1(|\boldsymbol{e}_{1x}(t)|-|\boldsymbol{e}_{1x}(0)|) \tag{6-56}$$

于是有

$$\varepsilon_1|\boldsymbol{e}_{1x}(t)|\leqslant -V_1(t)+V_1(0)+\varepsilon_1|\boldsymbol{e}_{1x}(0)| \tag{6-57}$$

由辅助轨迹式(6-16)可知 $\boldsymbol{X}_{\mathrm{d}}^*(0)=\boldsymbol{X}(0)$，得

$$\boldsymbol{e}_{1x}(0)=0,\boldsymbol{e}_{1y}(0)=0,\boldsymbol{e}_{1\theta}(0)=0$$

根据式(6-52)，对其左乘 $\boldsymbol{y}^{\mathrm{T}}(t)$，右乘 $\boldsymbol{y}(t)$，其中 $\boldsymbol{y}^{\mathrm{T}}(t)=\begin{bmatrix}\boldsymbol{e}_{2x}^{\mathrm{T}}(t) & \boldsymbol{e}_{1x}^{\mathrm{T}}(t) & 1\end{bmatrix}$，得

$$-\frac{1}{2}\boldsymbol{e}_{2x}^{\mathrm{T}}(t)\boldsymbol{Q}_{11}\boldsymbol{e}_{2x}(t)-\frac{1}{2}\boldsymbol{e}_{1x}^{\mathrm{T}}(t)\boldsymbol{P}_{11}\boldsymbol{e}_{1x}(t)+V_1(0)-\varepsilon_1^2\leqslant 0 \tag{6-58}$$

根据式(6-42)和式(6-58)，可得

$$-V_1(t)+V_1(0)\leqslant \varepsilon_1^2 \tag{6-59}$$

通过式(6-57)和式(6-59)，可得

$$\varepsilon_1|\boldsymbol{e}_{1x}(t)|\leqslant \varepsilon_1^2 \tag{6-60}$$

于是有

$$|\boldsymbol{e}_{1x}(t)|\leqslant \varepsilon_1$$

同理，根据式(6-53)和式(6-54)，可得

$$|\boldsymbol{e}_{1y}(t)|\leqslant \varepsilon_2$$

$$|\boldsymbol{e}_{1\theta}(t)|\leqslant \varepsilon_3$$

进一步

$$|\boldsymbol{e}_{1x}(t)|=|\boldsymbol{x}(t)-\boldsymbol{x}_{\mathrm{d}}^*(t)|=\left|\boldsymbol{x}(t)-\boldsymbol{x}_{\mathrm{d}}(t)-\mathrm{e}^{-|\alpha_1(t)|t}[\boldsymbol{x}(0)-\boldsymbol{x}_{\mathrm{d}}(0)]\right|\leqslant \varepsilon_1 \tag{6-61}$$

由式(6-61)可得

$$|\boldsymbol{x}(t)-\boldsymbol{x}_{\mathrm{d}}(t)|\leqslant \varepsilon_1+\mathrm{e}^{-v_{x\max}t}|\boldsymbol{x}(0)-\boldsymbol{x}_{\mathrm{d}}(0)| \tag{6-62}$$

同理，可得

$$|\boldsymbol{y}(t)-\boldsymbol{y}_{\mathrm{d}}(t)|\leqslant \varepsilon_2+\mathrm{e}^{-v_{y\max}t}|\boldsymbol{y}(0)-\boldsymbol{y}_{\mathrm{d}}(0)| \tag{6-63}$$

$$|\boldsymbol{\theta}(t)-\boldsymbol{\theta}_{\mathrm{d}}(t)|\leqslant \varepsilon_3+\mathrm{e}^{-v_{\theta\max}t}|\boldsymbol{\theta}(0)-\boldsymbol{\theta}_{\mathrm{d}}(0)| \tag{6-64}$$

由式(6-62)～式(6-64)可知，当 $t\to\infty$，随着跟踪运动不断进行，ODW 跟踪辅助轨迹 $\boldsymbol{X}_{\mathrm{d}}^*(t)$ 和指定轨迹 $\boldsymbol{X}_{\mathrm{d}}(t)$ 会产生相同的误差范围。

由定理 6.1 的证明过程可得

$$\boldsymbol{S}_{11}=\boldsymbol{Q}_{11}\boldsymbol{K}_{\mathrm{d}x}\text{，}\quad \boldsymbol{R}_{11}=\boldsymbol{Q}_{11}\boldsymbol{K}_{\mathrm{p}x}$$

同理，可得

$$\boldsymbol{S}_{22}=\boldsymbol{Q}_{22}\boldsymbol{K}_{\mathrm{d}y}\text{，}\quad \boldsymbol{R}_{22}=\boldsymbol{Q}_{22}\boldsymbol{K}_{\mathrm{p}y}$$

$$\boldsymbol{S}_{33}=\boldsymbol{Q}_{33}\boldsymbol{K}_{\mathrm{d}\theta}\text{，}\quad \boldsymbol{R}_{33}=\boldsymbol{Q}_{33}\boldsymbol{K}_{\mathrm{p}\theta}$$

于是，得到控制器参数矩阵：

$$\boldsymbol{K}_{\mathrm{d}}=\boldsymbol{Q}^{-1}\boldsymbol{S}\text{，}\quad \boldsymbol{K}_{\mathrm{p}}=\boldsymbol{Q}^{-1}\boldsymbol{R}$$

由定理 6.2 的证明可知，式(6-62)～式(6-64)成立，由定义 6.1 和定义 6.2 可知，康复机器人的运动轨迹 $\boldsymbol{X}(t)$ 是安全的，且 $\boldsymbol{u}(t)$ 为安全运动轨迹跟踪控制器。

6.2.3 仿真分析

为了验证文中提出的安全运动轨迹控制器设计方法的有效性，基于 ODW 动力学模型(6-15)，对医生指定的直线训练轨迹和曲边菱形轨迹进行了跟踪。仿真研究中，ODW 的物理参数为 $M=58\mathrm{kg}$，$m=60\mathrm{kg}$，$L=0.4\mathrm{m}$，$I_0=27.7\mathrm{kg}\cdot\mathrm{m}^2$，$r_0=0.1\mathrm{m}$，$\beta=(\pi/4)\mathrm{rad}$。初始条件为 $x(0)=1\mathrm{m}$，$y(0)=1\mathrm{m}$，$\theta(0)=0\mathrm{rad}$。设 ODW 允许的最大运动速度 $\boldsymbol{v}_{\max}=[0.25\quad 0.25\quad \pi/6]^{\mathrm{T}}$，轨迹跟踪误差 $\varepsilon_1=0.2\mathrm{m}$，$\varepsilon_2=0.3\mathrm{m}$，$\varepsilon_3=0.3\mathrm{rad}$。求解式(6-37)～式(6-39)和式(6-52)～式(6-54)，可得

$$\boldsymbol{P}=\begin{bmatrix}0.7042 & 0 & 0\\ 0 & 0.7042 & 0\\ 0 & 0 & 0.9396\end{bmatrix},\quad \boldsymbol{Q}=\begin{bmatrix}0.6114 & 0 & 0\\ 0 & 0.6114 & 0\\ 0 & 0 & 0.7892\end{bmatrix}$$

$$\boldsymbol{R}=\begin{bmatrix}-0.7042 & 0 & 0\\ 0 & -0.7042 & 0\\ 0 & 0 & -0.9396\end{bmatrix},\quad \boldsymbol{S}=\begin{bmatrix}-0.3521 & 0 & 0\\ 0 & -0.3521 & 0\\ 0 & 0 & -0.4698\end{bmatrix}$$

于是可得控制器参数矩阵：

$$\boldsymbol{K}_{\mathrm{p}}=\begin{bmatrix}-1.1518 & 0 & 0\\ 0 & -1.1518 & 0\\ 0 & 0 & -1.1906\end{bmatrix},\quad \boldsymbol{K}_{\mathrm{d}}=\begin{bmatrix}-0.5759 & 0 & 0\\ 0 & -0.5759 & 0\\ 0 & 0 & -0.5953\end{bmatrix}$$

(1) 康复机器人跟踪直线轨迹 $\boldsymbol{X}_{\mathrm{d}}(t)$ 描述如下：

$$\begin{cases}x_{\mathrm{d}}(t)=2\times(1-\mathrm{e}^{-0.1t})\\ y_{\mathrm{d}}(t)=2\times(1-\mathrm{e}^{-0.1t})\\ \theta_{\mathrm{d}}(t)=\dfrac{\pi}{4}\end{cases}$$

根据直线轨迹设计辅助跟踪轨迹 $\boldsymbol{X}_{\mathrm{d}}^{*}(t)$ 如下：

$$\boldsymbol{X}_{\mathrm{d}}^{*}(t)=\begin{pmatrix}\boldsymbol{x}_{\mathrm{d}}^{*}(t)\\ \boldsymbol{y}_{\mathrm{d}}^{*}(t)\\ \boldsymbol{\theta}_{\mathrm{d}}^{*}(t)\end{pmatrix}=\begin{pmatrix}\boldsymbol{x}_{\mathrm{d}}(t)+\mathrm{e}^{-0.25t}[\boldsymbol{x}(0)-\boldsymbol{x}_{\mathrm{d}}(0)]\\ \boldsymbol{y}_{\mathrm{d}}(t)+\mathrm{e}^{-0.25t}[\boldsymbol{y}(0)-\boldsymbol{y}_{\mathrm{d}}(0)]\\ \boldsymbol{\theta}_{\mathrm{d}}(t)+\mathrm{e}^{-\frac{\pi}{6}t}[\boldsymbol{\theta}(0)-\boldsymbol{\theta}_{\mathrm{d}}(0)]\end{pmatrix}$$

仿真结果如图 6.1～图 6.8 所示。

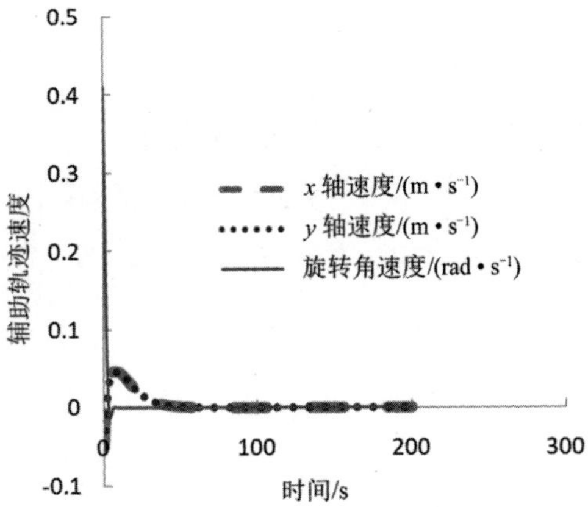

图 6.1　ODW 的实际运动速度

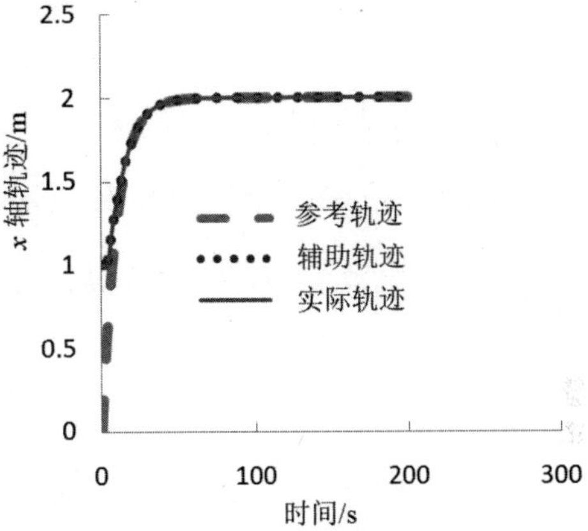

图 6.2　x 轴轨迹跟踪

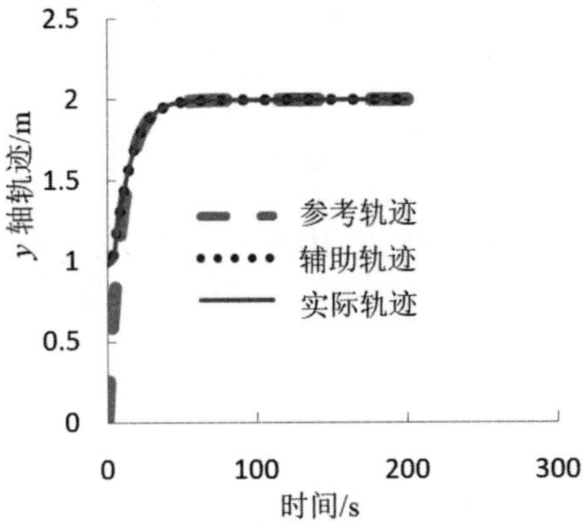

图 6.3　y 轴轨迹跟踪

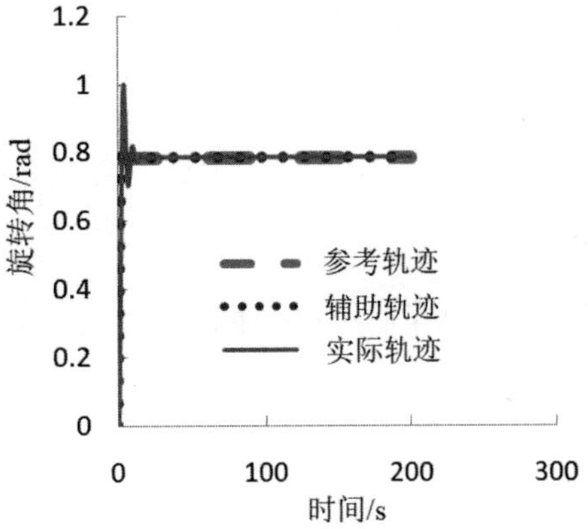

图 6.4　旋转角轨迹跟踪

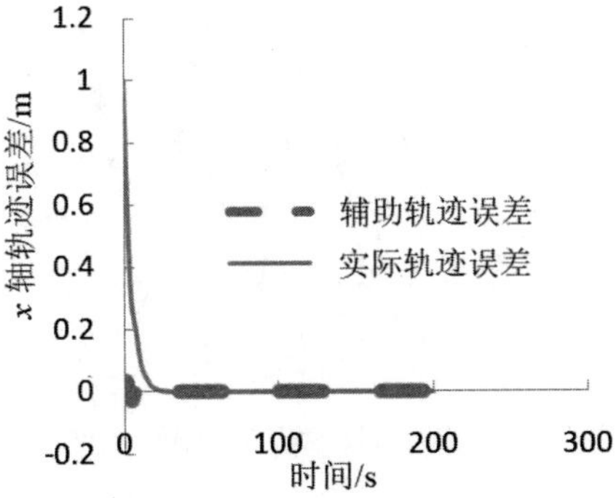

图 6.5　x 轴轨迹跟踪误差

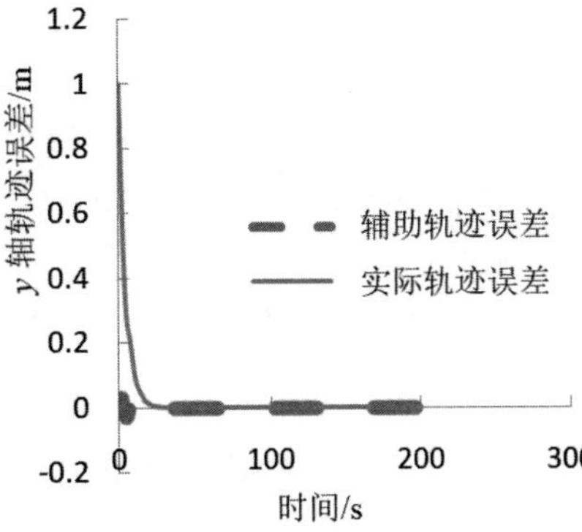

图 6.6　y 轴轨迹跟踪误差

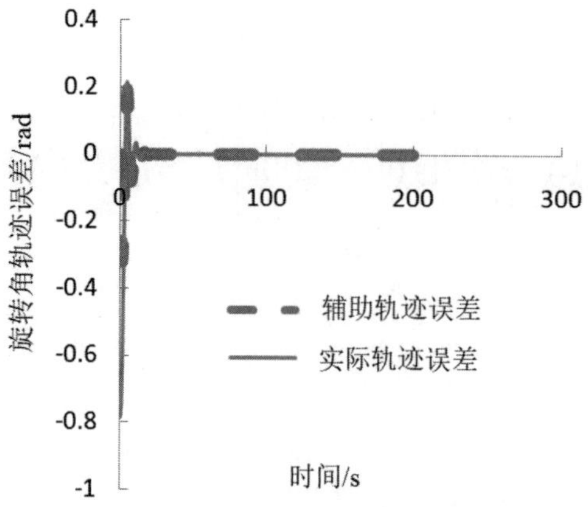

图 6.7 旋转角轨迹跟踪误差

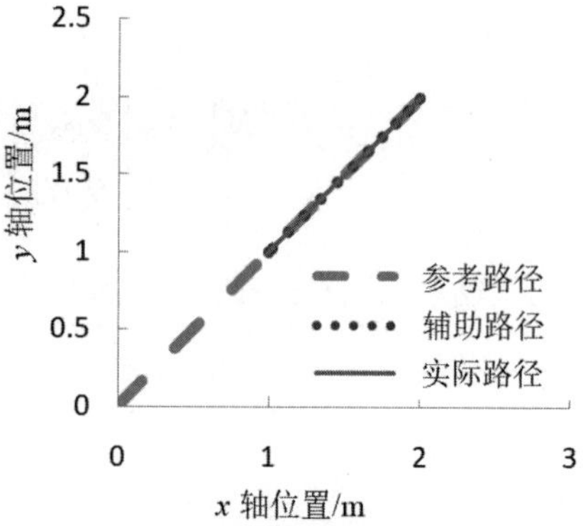

图 6.8 直线路径跟踪

(2) 康复机器人跟踪曲边菱形轨迹 $\boldsymbol{X}_{\mathrm{d}}(t)$ 描述如下：

$$\begin{cases} x_{\mathrm{d}}(t)=0.6\times\cos^{3}(0.1t) \\ y_{\mathrm{d}}(t)=0.6\times\sin^{3}(0.1t) \\ \theta_{\mathrm{d}}(t)=\dfrac{\pi}{4} \end{cases}$$

根据曲边菱形轨迹设计辅助跟踪轨迹 $\boldsymbol{X}_{\mathrm{d}}^{*}(t)$ 如下：

$$\boldsymbol{X}_{\mathrm{d}}^{*}(t)=\begin{pmatrix} \boldsymbol{x}_{\mathrm{d}}^{*}(t) \\ \boldsymbol{y}_{\mathrm{d}}^{*}(t) \\ \boldsymbol{\theta}_{\mathrm{d}}^{*}(t) \end{pmatrix}=\begin{pmatrix} \boldsymbol{x}_{\mathrm{d}}(t)+\mathrm{e}^{-0.25t}[\boldsymbol{x}(0)-\boldsymbol{x}_{\mathrm{d}}(0)] \\ \boldsymbol{y}_{\mathrm{d}}(t)+\mathrm{e}^{-0.25t}[\boldsymbol{y}(0)-\boldsymbol{y}_{\mathrm{d}}(0)] \\ \boldsymbol{\theta}_{\mathrm{d}}(t)+\mathrm{e}^{-\frac{\pi}{6}t}[\boldsymbol{\theta}(0)-\boldsymbol{\theta}_{\mathrm{d}}(0)] \end{pmatrix}$$

仿真结果如图 6.9～图 6.16 所示。

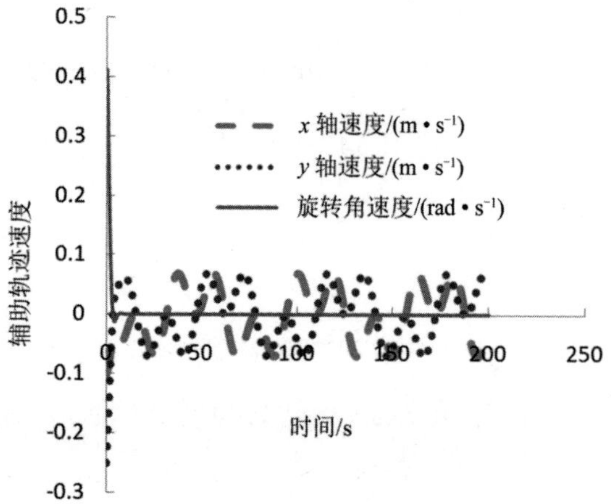

图 6.9 实际运动速度

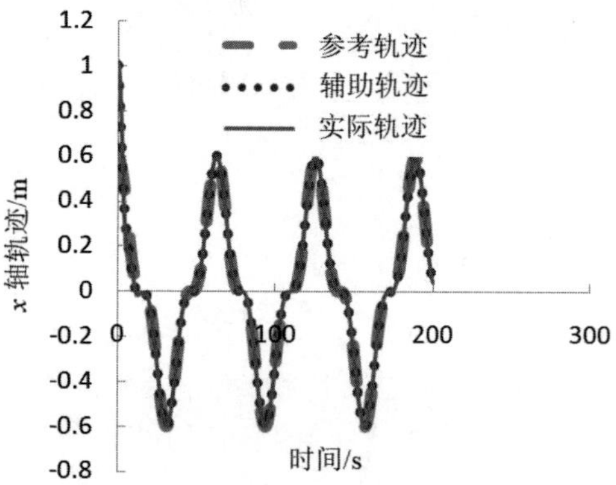

图 6.10 x 轴轨迹跟踪

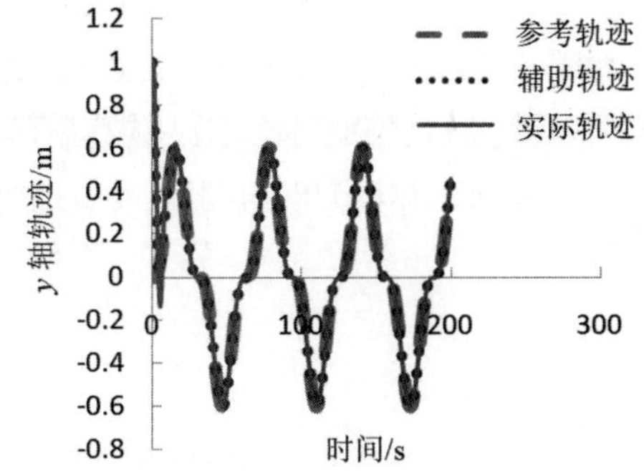

图 6.11　y 轴轨迹跟踪

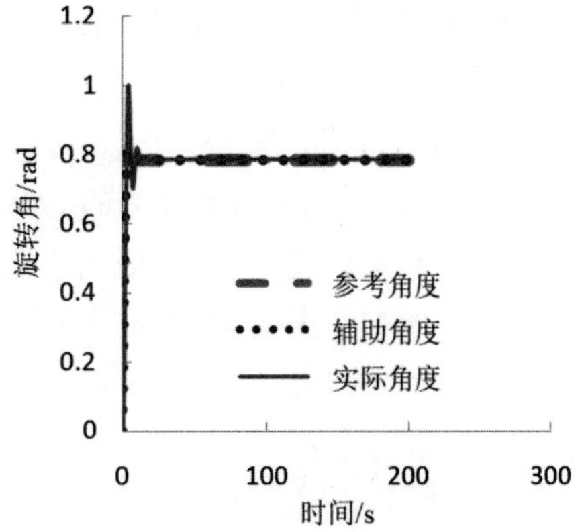

图 6.12　旋转角轨迹跟踪

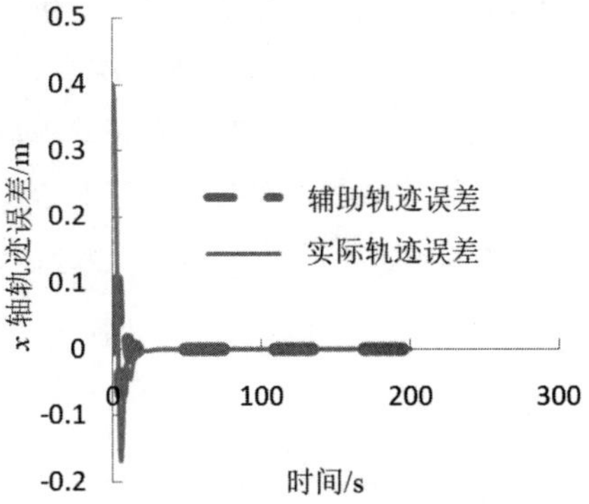

图 6.13　x 轴轨迹跟踪误差

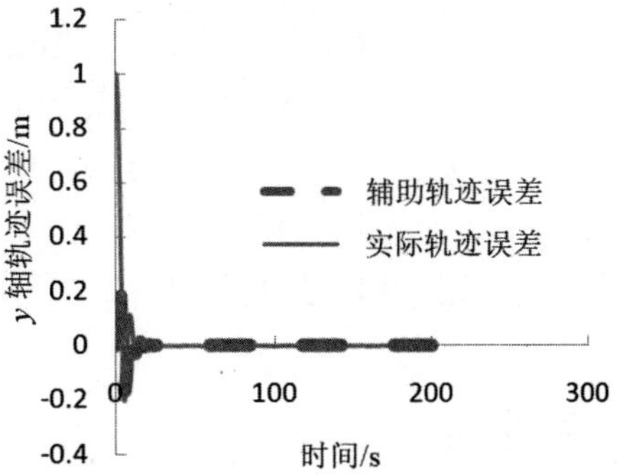

图 6.14　y 轴轨迹跟踪误差

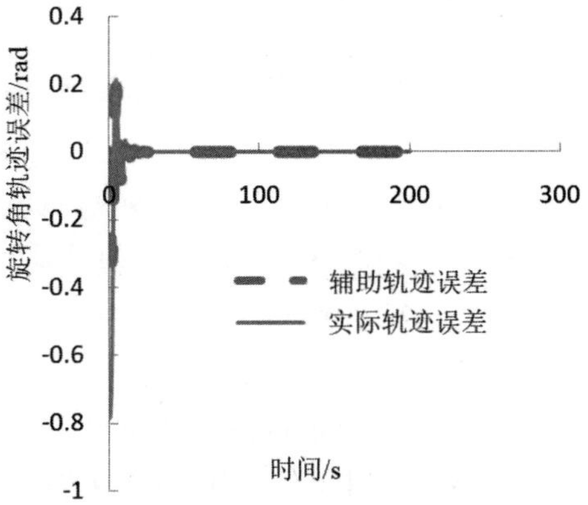

图 6.15　旋转角轨迹跟踪误差

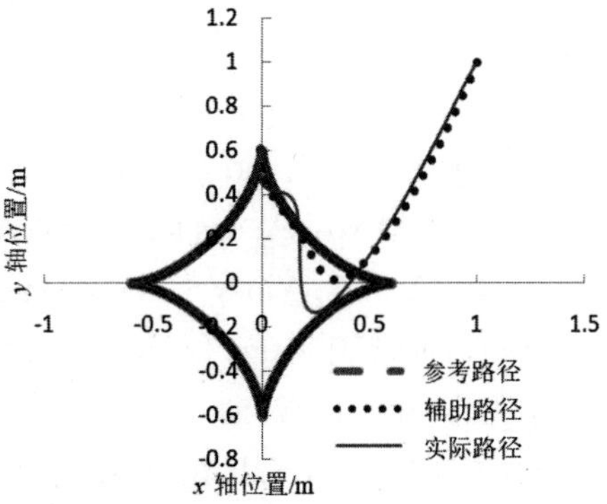

图 6.16　曲边菱形路径跟踪

由图 6.1 和图 6.9 可以看出，根据医生指定的训练轨迹 $\boldsymbol{X}_{\mathrm{d}}(t)$，设计的辅助轨迹 $\boldsymbol{X}_{\mathrm{d}}^{*}(t)$ 满足式(6-19)～式(6-21)，能够保证 ODW 在安全速度下跟踪 $\boldsymbol{X}_{\mathrm{d}}(t)$ 和 $\boldsymbol{X}_{\mathrm{d}}^{*}(t)$。$x$ 轴、y 轴和旋转角方向的轨迹跟踪分别如图 6.2～图 6.4 和图 6.10～图 6.12 所示，ODW 实际运动轨迹先跟踪辅助轨迹 $\boldsymbol{X}_{\mathrm{d}}^{*}(t)$，经过一段时间后，ODW 同时跟踪辅助轨迹 $\boldsymbol{X}_{\mathrm{d}}^{*}(t)$ 和指定轨迹 $\boldsymbol{X}_{\mathrm{d}}(t)$，并且与辅助轨迹跟踪误差和指定轨迹跟踪误差均满足式(6-31)～式(6-33)和式(6-34)～式(6-36)的约束范围，如

图 6.5～图 6.7 和图 6.13～图 6.15 所示，暂态阶段跟踪辅助轨迹 $\boldsymbol{X}_{\mathrm{d}}^{*}(t)$ 提高了系统的跟踪性能，并能将跟踪误差限制在指定范围内，避免由过大的跟踪误差而导致的碰撞危险。对直线路径和曲边菱形路径的跟踪如图 6.8 和图 6.16 所示，ODW 跟踪辅助路径，消除了初始误差，避免暂态阶段较大跟踪误差给训练者带来的危险，进入稳态后，所设计的辅助路径与医生指定的训练路径相重合，运动轨迹安全控制器 $\boldsymbol{u}(t)$ 能保证 ODW 无论从何初始位置出发，其运动轨迹均在安全区域内，提高了人机系统的安全性能。

6.3 本章小结

本章研究了康复机器人轨迹跟踪误差约束安全控制问题，分别提出了最优轨迹跟踪误差安全预测控制和跟踪误差约束安全运动轨迹控制，通过建立轨迹跟踪误差性能指标函数和各轴轨迹跟踪误差、速度跟踪误差、控制增量的约束条件，并求解具有控制增量形式的二次规划问题，获得了轨迹跟踪误差约束的安全预测控制；同时，通过定义安全运动轨迹并建立任意初始位置的辅助运动轨迹，构建 Lyapunov 渐近稳定条件，得到了具有轨迹跟踪误差约束的控制器参数矩阵求解方法，仿真研究表明了可将 ODW 实际运动轨迹限制在指定范围内，得到了人机系统的安全运动轨迹，保障了康复者步行训练的安全性。

参考文献

[1] 胡进，侯增广，陈翼雄，等. 下肢康复机器人及其交互控制方法[J]. 自动化学报，2014，40(11)：2377-2390.

[2] Guo S, Ji J C, Ma G W, et al. Lower Limb Rehabilitation Robot for Gait Training [J]. Journal of Mechanics in Medicine and Biology, 2014, 14(6): 1-9.

[3] San-Merodio D, Cestari M, Arevalo J C, et al. Generation and Control of Adaptive Gaits in Lower Limb Exoskeletons for Motion Assistance [J]. Advanced Robotics, 2014, 28(5): 329-338.

[4] Zhao G, Yu H Y, Yin Y H. Developing a Mobile Lower Limb Robotic Exoskeletons for Gait Rehabilitation [J]. Journal of Medical Devices, 2014, 8(12): 1-6.

[5] Jiang Y L, Wang S Y, Ishida K, et al. Directional Control of an Omnidirectional Walking Support Walker: Adaptation to Individual Differences with Fuzzy Learning [J]. Advanced Robotics, 2014, 28(7): 479-485.

[6] Qin T, Zhang L X. Coordinated Control Strategy for Robotic-assisted Gait Training with Partial Body Weight Support [J]. Journal of Central South University of Technology, 2015, 22: 2954-2962.

[7] 文忠，钱晋武，沈林勇，等. 基于阻抗控制的步行康复训练机器人的轨迹自适应[J]. 机器人，2011，33(1)：142-149.

[8] He W, Ge S S, Li Y N, et al. Neural Network Control of a Rehabilitation Robot by State and Output Feedback [J]. Journal of Intelligent and Robotic Systems, 2015, 80: 15-31.
[9] Chen B S, Wu C C, Chen Y W. Human Walking Gait with 11-DOF Humanoid Robot Through Robot Neural Fuzzy Networks Tracking Control [J]. International Journal of Fuzzy System, 2013, 15(1): 22-35.
[10] 张立勋，伊蕾，白大鹏. 六连杆助行康复机器人鲁棒控制[J]. 机器人，2011，33(5)：585-591.
[11] 杨俊友，白殿春，王硕玉，等. 全方向轮式下肢康复训练机器人轨迹跟踪控制[J]. 机器人，2011，33(3)：314-318.
[12] Liu Q, Liu D, Meng W, et al. Fuzzy Sliding Mode Control of a Multi-DOF Robot in Rehabilitation Environment [J]. International Journal of Humanoid Robotics, 2014, 11(1): 1-29.
[13] Lu R Q, Li Z J, Su C Y, et al. Development and Learning Control of a Human Limb with a Rehabilitation Exoskeleton [J]. IEEE Transactions on Industrial Electronics, 2014, 61(7): 3776-3785.
[14] Aguirre-Ollinger G, Edward Colgate J, Peshkin M A, et al. Design of an Active One-degree-of-freedom Lower-limb Exoskeleton with Inertia Compensation [J]. The International Journal of Robotics Research, 2011, 30(4): 486-499.
[15] Oh S, Baek E, Song S K, et al. A Generalized Control Framework of Assistive Controllers and Its Application to Lower Limb Exoskeletons [J]. Robotics and Autonomous Systems, 2015, 73: 68-77.
[16] Zhang J F, Dong Y M, Yang C J, et al. 5-link Model Based Gait Trajectory Adaption Control Strategies of the Gait Rehabilitation Exoskeleton for Post-stroke Patients [J]. Mechatronics, 2010, 20: 368-376.
[17] 孙平，周小舟，薛伟霖，等. 不确定康复步行训练机器人的精确轨迹跟踪最优控制：201510075932.7 [P]. 2017-07-14.
[18] 孙平，孙桐，李树江，等. 康复步行训练机器人的轨迹跟踪误差约束安全控制：201610239765.X [P]. 2018-11-13.
[19] 孙平，张帅，孙桐，等. 冗余康复步行训练机器人各轴跟踪误差最优预测控制方法：201710753885.6 [P]. 2020-10-02.
[20] Wei G L, Wang Z D, Shen B. Error-constrained Finite-horizon Tracking Control with Incomplete Measurements and Bounded Noises [J]. International Journal of Robust and Nonlinear Control, 2012, 22: 223-238.
[21] Yucelen T, De La Torre G, Johnson E N. Improving Transient Performance of Adaptive Control Architectures Using Frequency-limited System Error Dynamics [J]. International Journal of Control, 2014, 87(11): 2383-2397.

[22] Sun P, Wang S Y. Redundant Input Guaranteed Cost Switched Training Control for Omnidirectional Rehabilitative Training Walker [J]. International Journal of Innovative Computing, Information and Control, 2014, 10(3): 883-895.

[23] Sun P, Wang S Y. Redundant Input Guaranteed Cost Non-fragile Tracking Control for Omnidirectional Rehabilitative Training Walker [J]. International Journal of Control, Automation and Systems, 2015, 13(2): 454-462.

第7章

康复机器人轨迹和速度同时跟踪的安全控制

康复机器人通常需要跟踪医生指定的运动轨迹，帮助患者完成康复训练[1-4]。近年来，研究者们提出了多种跟踪控制方法，如解决重心偏移和负载变化的自适应控制[5]，执行器故障时的冗余安全控制[6]，提高轨迹跟踪精度的模糊滑模控制[7]，等等。上述控制方法均以实现机器人轨迹跟踪或速度跟踪为目的，无法实现轨迹和速度同时跟踪，且没有考虑机器人的运动轨迹和速度约束。

与工业机器人不同，康复机器人直接与患者接触，运动位置和速度对保证患者的安全具有重要意义。如果速度状态超过患者承受能力，因与机器人运动不协调而导致患者再次受伤；如果位置状态超出空间环境限制，机器人则可能碰撞周围的人或物体。由此可见，不约束运动位置和速度对患者来讲是极其不安全的。事实上，由于机械系统的状态受到限制，会导致系统性能的下降[8-9]。例如，约束运动位置，则难以实现速度跟踪；约束运动速度，则不能保证实时跟踪运动位置。利用饱和函数[10]约束康复机器人的运动速度，控制器通过增加补偿使机器人实现轨迹跟踪，不仅控制器设计复杂，而且不能同时约束机器人的运动位置。通过直接构造康复机器人系统的渐近稳定约束条件，限制了机器人的运动速度[11]，但无法进一步实现运动位置约束。通过建立有界 Lyapunov 函数限制了系统的状态[12-13]，然而，结构复杂的控制器仅能处理单一状态变量约束。

另外，康复机器人帮助患者训练时，可以从任意初始位置开始运动，初始条件将直接影响康复机器人对医生指定训练轨迹的跟踪精度。研究者从提高暂态跟踪性能[14]和零跟踪误差[15]的角度，提出了人机系统性能的控制方法，并采用凸优化方法研究了误差受限跟踪控制问题[16]。然而，上述方法均假设初始跟踪误差满足约束范围，无法解决初始误差超过约束范围的状态受限问题。因此，解决康复机器人任意位置出发的轨迹和速度同时跟踪安全问题极为重要。

近年来，模型预测控制(MPC)在处理系统约束问题的过程中得到了广泛应用[17-18]，为了得到最优控制序列，MPC 通常需要建立性能指标函数并进行在线优化求解[19]。由于其在处理系统状态约束方面的优势，该方法在移动机器人等领域得到了广泛的应用[20]。为了同时约束康复机器人系统的运动位置和速度，需要建立 6 个约束条件，如何求解满足这些约束条件的预测控制器有一定难度。同时，由于计算舍入误差和程序执行误差等不确定因素，控制器一般都无法精确实现控制[21]，抑制这些来自控制通道的不确定性，对提高系统性能极为重要[22]。因此，MPC

控制器应设计成对不确定误差不敏感，具有提供可调冗余性或非脆弱性，以实现控制系统的鲁棒性能要求。同时，利用非线性输入输出线性化方法建立康复机器人的解耦模型，再设计非线性控制器实现运动轨迹和速度同时跟踪，也是保障人机系统安全运动的重要方法[23-24]。

鉴于以上分析，本章分别提出了康复机器人的预测控制、非脆弱预测控制和解耦安全控制方法，通过同时约束 ODW 的运动轨迹误差和运动速度误差，以及建立 ODW 的解耦模型并分别设计速度和轨迹控制器，为同时实现康复机器人的安全轨迹跟踪和安全速度跟踪提供了一种解决方案。

7.1 康复机器人的安全预测控制

7.1.1 康复机器人的预测模型

令 $\boldsymbol{x}_1(t)=\boldsymbol{X}(t)$，$\boldsymbol{x}_2(t)=\dot{\boldsymbol{X}}(t)$，将动力学模型(2-29)转化为如下表达形式：

$$\begin{cases}\dot{\boldsymbol{x}}_1(t)=\boldsymbol{x}_2(t)\\ \dot{\boldsymbol{x}}_2(t)=-\boldsymbol{M}_1^{-1}\boldsymbol{M}_2\boldsymbol{x}_2(t)+\boldsymbol{M}_1^{-1}\boldsymbol{B}(\theta)\boldsymbol{u}(t)\end{cases} \tag{7-1}$$

令 $\boldsymbol{x}(t)=[\boldsymbol{X}(t)\quad \dot{\boldsymbol{X}}(t)]^{\mathrm{T}}$ 表示系统状态，$\boldsymbol{y}(t)=\boldsymbol{X}(t)$ 表示系统输出，在平衡点处将模型(7-1)线性化，建立状态空间模型如下：

$$\begin{cases}\dot{\boldsymbol{x}}(t)=\boldsymbol{A}_o\boldsymbol{x}(t)+\boldsymbol{B}_o\boldsymbol{u}(t)\\ \boldsymbol{y}(t)=\boldsymbol{X}(t)=\boldsymbol{C}\boldsymbol{x}(t)\end{cases} \tag{7-2}$$

其中：

$$\boldsymbol{A}_o=\left[\begin{array}{c:ccc}\boldsymbol{O}_{3\times3} & & \boldsymbol{I}_3 & \\ \hdashline & 0 & 0 & -\frac{1}{2}(\lambda_1-\lambda_3)\\ \boldsymbol{O}_{3\times3} & 0 & 0 & -\frac{1}{2}(\lambda_2-\lambda_4)\\ & 0 & 0 & 0\end{array}\right],\quad \boldsymbol{C}=[\boldsymbol{I}_3 \;\vdots\; \boldsymbol{O}_{3\times3}],$$

$$\boldsymbol{B}_o=\left[\begin{array}{c:ccc}\boldsymbol{O}_{4\times3} & -\frac{\lambda_1(\lambda_2-\lambda_4)}{2(I+mr_0^2)} & \frac{1}{M+m}+\frac{\lambda_1(\lambda_1-\lambda_3)}{2(I+mr_0^2)} & \frac{\lambda_1}{(I+mr_0^2)}\\ & \frac{1}{M+m}+\frac{\lambda_2(\lambda_2-\lambda_4)}{2(I+mr_0^2)} & -\frac{\lambda_2(\lambda_1-\lambda_3)}{2(I+mr_0^2)} & \frac{-\lambda_2}{(I+mr_0^2)}\\ & \frac{\lambda_3(\lambda_2-\lambda_4)}{2(I+mr_0^2)} & \frac{1}{M+m}-\frac{\lambda_3(\lambda_1-\lambda_3)}{2(I+mr_0^2)} & \frac{-\lambda_3}{(I+mr_0^2)}\\ & \frac{1}{M+m}-\frac{\lambda_4(\lambda_2-\lambda_4)}{2(I+mr_0^2)} & \frac{\lambda_4(\lambda_1-\lambda_3)}{2(I+mr_0^2)} & \frac{\lambda_4}{(I+mr_0^2)}\end{array}\right]^{\mathrm{T}}$$

接下来，将模型(7-2)离散化，得到

$$\begin{cases} \boldsymbol{x}(k+1)=(\boldsymbol{I}+\boldsymbol{A}_{\mathrm{o}}T)\boldsymbol{x}(k)+T\boldsymbol{B}_{\mathrm{o}}\boldsymbol{u}(k) \\ \boldsymbol{y}(k)=\boldsymbol{X}(k)=\boldsymbol{C}\boldsymbol{x}(k) \end{cases} \tag{7-3}$$

其中，T 为采样周期，$\boldsymbol{I}$ 为适当维数的单位矩阵。

进一步，将式(7-3)转化为增量控制形式的预测模型：

$$\begin{cases} \boldsymbol{x}(k+1)=\boldsymbol{A}\boldsymbol{x}(k)+\boldsymbol{B}\boldsymbol{u}(k) \\ \boldsymbol{y}(k)=\boldsymbol{X}(k)=\boldsymbol{C}\boldsymbol{x}(k) \\ \boldsymbol{u}(k)=\boldsymbol{u}(k-1)+\Delta\boldsymbol{u}(k) \\ \boldsymbol{x}(0)=\boldsymbol{x}_0, k=0,\cdots,N-1 \end{cases} \tag{7-4}$$

其中，$\boldsymbol{A}=\boldsymbol{I}+\boldsymbol{A}_{\mathrm{o}}T$，$\boldsymbol{B}=\boldsymbol{B}_{\mathrm{o}}T$，$\boldsymbol{u}(k-1)$ 为系统前一时刻的控制量，$\Delta\boldsymbol{u}(k)$ 为当前时刻控制增量，$\boldsymbol{x}_0$ 为系统初始状态。

7.1.2 任意初始位置安全预测控制器的设计

在实际工作过程中，ODW 可以从任意位置出发跟踪医生指定的训练轨迹，这样往往导致初始轨迹跟踪误差超出指定范围。为了解决初始跟踪误差不满足约束条件的问题，文中提出了设计辅助运动轨迹的解决方案，具体步骤如下。

步骤 1：根据 ODW 的初始运动位置 $\boldsymbol{X}_0(0)$，选择满足误差约束条件的点作为辅助运动轨迹的起点。

步骤 2：将医生指定训练轨迹的起点作为辅助运动轨迹的终点，使辅助运动轨迹连接医生指定的训练轨迹。

步骤 3：在 $[0\ \ t]$ 时间范围内，在辅助轨迹起点 $\boldsymbol{X}_{\mathrm{d}}(0)$ 和终点 $\boldsymbol{X}_{\mathrm{d}}(t)$ 之间，均匀选取与医生指定轨迹在误差约束范围内的点进行数据拟合，可得辅助运动轨迹。

设 $\boldsymbol{X}_{\mathrm{p}}$ 表示 ODW 的预测运动轨迹，$\boldsymbol{X}_{\mathrm{d}}$ 表示医生指定的训练轨迹，$\boldsymbol{e}=\boldsymbol{X}_{\mathrm{p}}-\boldsymbol{X}_{\mathrm{d}}$ 表示轨迹跟踪误差，$\dot{\boldsymbol{e}}=\dot{\boldsymbol{X}}_{\mathrm{p}}-\dot{\boldsymbol{X}}_{\mathrm{d}}$ 表示速度跟踪误差。同时，考虑控制时域 N_{C} 内增量 $\Delta\boldsymbol{U}$ 的约束，具体如下：

$$\begin{cases} \Delta\boldsymbol{U}_{\min} \leqslant \Delta\boldsymbol{U} \leqslant \Delta\boldsymbol{U}_{\max} \\ \boldsymbol{e}_{p\min} \leqslant \boldsymbol{X}_{\mathrm{p}}-\boldsymbol{X}_{\mathrm{d}} \leqslant \boldsymbol{e}_{p\max} \\ \boldsymbol{e}_{v\min} \leqslant \dot{\boldsymbol{X}}_{\mathrm{p}}-\dot{\boldsymbol{X}}_{\mathrm{d}} \leqslant \boldsymbol{e}_{v\max} \end{cases} \tag{7-5}$$

由预测模型(7-4)可得系统运动轨迹如下：

$$\boldsymbol{X}_{\mathrm{p}}=\boldsymbol{F}_1\boldsymbol{x}(k)+\boldsymbol{\Phi}_1\boldsymbol{u}(k-1)+\boldsymbol{G}_1\Delta\boldsymbol{U} \tag{7-6}$$

其中：

$$\boldsymbol{F}_1=\begin{bmatrix}\boldsymbol{CA}\\\boldsymbol{CA}^2\\\vdots\\\boldsymbol{CA}^N\end{bmatrix},\quad \boldsymbol{\Phi}_1=\begin{bmatrix}\boldsymbol{CB}\\\boldsymbol{CAB}+\boldsymbol{CB}\\\vdots\\\sum_{i=0}^{N-1}\boldsymbol{CA}^i\boldsymbol{B}\end{bmatrix}$$

$$\boldsymbol{G}_1=\begin{bmatrix}\boldsymbol{CB} & \cdots & \cdots & \cdots & 0\\ \boldsymbol{CAB}+\boldsymbol{CB} & \boldsymbol{CB} & \cdots & \cdots & 0\\ \boldsymbol{CA}^2\boldsymbol{B}+\boldsymbol{CAB}+\boldsymbol{CB} & \boldsymbol{CAB}+\boldsymbol{CB} & \boldsymbol{CB} & \cdots & 0\\ \vdots & \vdots & \vdots & & \vdots\\ \sum_{i=0}^{N_C-1}\boldsymbol{CA}^i\boldsymbol{B} & \sum_{i=0}^{N_C-2}\boldsymbol{CA}^i\boldsymbol{B} & \sum_{i=0}^{N_C-3}\boldsymbol{CA}^i\boldsymbol{B} & \cdots & \boldsymbol{CB}\\ \sum_{i=0}^{N_C}\boldsymbol{CA}^i\boldsymbol{B} & \sum_{i=0}^{N_C-1}\boldsymbol{CA}^i\boldsymbol{B} & \sum_{i=0}^{N_C-2}\boldsymbol{CA}^i\boldsymbol{B} & \cdots & \boldsymbol{CAB}+\boldsymbol{CB}\\ \vdots & \vdots & \vdots & & \vdots\\ \sum_{i=0}^{N-1}\boldsymbol{CA}^i\boldsymbol{B} & \sum_{i=0}^{N-2}\boldsymbol{CA}^i\boldsymbol{B} & \sum_{i=0}^{N-3}\boldsymbol{CA}^i\boldsymbol{B} & \cdots & \sum_{i=0}^{N-N_C}\boldsymbol{CA}^i\boldsymbol{B}\end{bmatrix}$$

同样，可得系统运动速度如下：

$$\dot{\boldsymbol{X}}_{\mathrm{p}}=\boldsymbol{F}_2\boldsymbol{x}(k)+\boldsymbol{\Phi}_2\boldsymbol{u}(k-1)+\boldsymbol{G}_2\Delta\boldsymbol{U} \tag{7-7}$$

其中，N 为预测时域，N_{C} 为控制时域。

$$\boldsymbol{F}_2=\begin{bmatrix}\boldsymbol{C}_1\boldsymbol{A}\\\boldsymbol{C}_1\boldsymbol{A}^2\\\vdots\\\boldsymbol{C}_1\boldsymbol{A}^N\end{bmatrix},\quad \boldsymbol{\Phi}_2=\begin{bmatrix}\boldsymbol{C}_1\boldsymbol{B}\\\boldsymbol{C}_1\boldsymbol{AB}+\boldsymbol{C}_1\boldsymbol{B}\\\vdots\\\sum_{i=0}^{N-1}\boldsymbol{C}_1\boldsymbol{A}^i\boldsymbol{B}\end{bmatrix},\quad \boldsymbol{C}_1=[\boldsymbol{O}_{3\times3}\ \vdots\ \boldsymbol{I}_3]$$

$$\boldsymbol{G}_2=\begin{bmatrix}\boldsymbol{C}_1\boldsymbol{B} & \cdots & \cdots & \cdots & 0\\ \boldsymbol{C}_1\boldsymbol{AB}+\boldsymbol{C}_1\boldsymbol{B} & \boldsymbol{C}_1\boldsymbol{B} & \cdots & \cdots & 0\\ \boldsymbol{C}_1\boldsymbol{A}^2\boldsymbol{B}+\boldsymbol{C}_1\boldsymbol{AB}+\boldsymbol{C}_1\boldsymbol{B} & \boldsymbol{C}_1\boldsymbol{AB}+\boldsymbol{C}_1\boldsymbol{B} & \boldsymbol{C}_1\boldsymbol{B} & \cdots & 0\\ \vdots & \vdots & \vdots & \ddots & \vdots\\ \sum_{i=0}^{N_C-1}\boldsymbol{C}_1\boldsymbol{A}^i\boldsymbol{B} & \sum_{i=0}^{N_C-2}\boldsymbol{C}_1\boldsymbol{A}^i\boldsymbol{B} & \sum_{i=0}^{N_C-3}\boldsymbol{C}_1\boldsymbol{A}^i\boldsymbol{B} & \cdots & \boldsymbol{C}_1\boldsymbol{B}\\ \sum_{i=0}^{N_C}\boldsymbol{C}_1\boldsymbol{A}^i\boldsymbol{B} & \sum_{i=0}^{N_C-1}\boldsymbol{C}_1\boldsymbol{A}^i\boldsymbol{B} & \sum_{i=0}^{N_C-2}\boldsymbol{C}_1\boldsymbol{A}^i\boldsymbol{B} & \cdots & \boldsymbol{C}_1\boldsymbol{AB}+\boldsymbol{C}_1\boldsymbol{B}\\ \vdots & \vdots & \vdots & \cdots & \vdots\\ \sum_{i=0}^{N-1}\boldsymbol{C}_1\boldsymbol{A}^i\boldsymbol{B} & \sum_{i=0}^{N-2}\boldsymbol{C}_1\boldsymbol{A}^i\boldsymbol{B} & \sum_{i=0}^{N-3}\boldsymbol{C}_1\boldsymbol{A}^i\boldsymbol{B} & \cdots & \sum_{i=0}^{N-N_C}\boldsymbol{C}_1\boldsymbol{A}^i\boldsymbol{B}\end{bmatrix}$$

将式(7-6)、式(7-7)代入式(7-5)，可得关于控制增量$\Delta\boldsymbol{U}$的约束条件如下：

$$\begin{cases}\Delta\boldsymbol{U}_{\min} \leqslant \Delta\boldsymbol{U} \leqslant \Delta\boldsymbol{U}_{\max} \\ \boldsymbol{b}_{p\min} \leqslant \boldsymbol{G}_1\Delta\boldsymbol{U} \leqslant \boldsymbol{b}_{p\max} \\ \boldsymbol{b}_{v\min} \leqslant \boldsymbol{G}_2\Delta\boldsymbol{U} \leqslant \boldsymbol{b}_{v\max}\end{cases} \tag{7-8}$$

即

$$G\Delta U \leqslant b \tag{7-9}$$

其中：

$$\boldsymbol{G} = [\boldsymbol{I}_{4N_\text{C}} \ \ -\boldsymbol{I}_{4N_\text{C}} \ \ \boldsymbol{G}_1 \ \ -\boldsymbol{G}_1 \ \ \boldsymbol{G}_2 \ \ -\boldsymbol{G}_2]^\text{T}\text{，}$$

$$\boldsymbol{b} = [\Delta\boldsymbol{U}_{\max} \ \ -\Delta\boldsymbol{U}_{\min} \ \ \boldsymbol{b}_{p\max} \ \ -\boldsymbol{b}_{p\min} \ \ \boldsymbol{b}_{v\max} \ \ -\boldsymbol{b}_{v\min}]^\text{T}\text{。}$$

建立性能优化函数如式(7-10)所示，优化目标是使 ODW 在预测时域内轨迹跟踪误差最小。

$$J = \min(\boldsymbol{X}_\text{p} - \boldsymbol{X}_\text{d})^\text{T}\boldsymbol{Q}(\boldsymbol{X}_\text{p} - \boldsymbol{X}_\text{d}) \tag{7-10}$$

其中，$\boldsymbol{Q} = \text{diag}\{q_1, q_2, \cdots, q_N\}$为正定矩阵。

将式(7-6)代入式(7-10)，可得

$$\begin{cases}\min\left(\dfrac{1}{2}\Delta\boldsymbol{U}^\text{T}\boldsymbol{H}\Delta\boldsymbol{U} + \boldsymbol{c}^\text{T}\Delta\boldsymbol{U}\right) \\ \boldsymbol{G}\Delta\boldsymbol{U} \leqslant \boldsymbol{b}\end{cases} \tag{7-11}$$

其中，$\boldsymbol{c} = 2\boldsymbol{G}_1^\text{T}\boldsymbol{Q}\left(\boldsymbol{F}_1\boldsymbol{x}(k) + \boldsymbol{\Phi}_1\boldsymbol{u}(k-1) - \boldsymbol{X}_\text{d}\right)$，$\boldsymbol{H} = 2\boldsymbol{G}_1^\text{T}\boldsymbol{Q}\boldsymbol{G}_1$。这样优化问题式(7-10)和式(7-9)转化为二次规划问题式(7-11)。

为了得到满足性能优化函数式(7-10)的安全预测控制器，求解和反馈校正的流程如图 7.1 所示。

具体优化求解过程如下。

步骤 1：$k = 0$时刻，初始化$\boldsymbol{x}_0$和$\boldsymbol{u}(k-1)$。计算初始位置误差$\boldsymbol{e}_\text{p}(0)$，当$\boldsymbol{e}_\text{p}(0)$误差不满足约束范围时，构造辅助运动轨迹。计算$k$时刻之后$N$个时刻 ODW 的运动轨迹$\boldsymbol{X}_\text{p}$和运动速度$\dot{\boldsymbol{X}}_\text{p}$，计算$\boldsymbol{G}$和$\boldsymbol{b}$。

步骤 2：k时刻，求解二次规划问题式(7-11)，得到最优控制序列$\Delta\boldsymbol{U}$，根据控制时域确定增量$\Delta\boldsymbol{u}(k)$，利用模型(7-4)计算控制量$\boldsymbol{u}(k)$，并计算$k+1$时刻系统的预测位置和速度。

步骤 3：$k+1$时刻，由模型(7-1)计算 ODW 的实际运动位置和速度，并与步骤 2 中所得的系统预测位置和速度比较，计算预测跟踪误差。

步骤 4：根据$k+1$时刻的预测位置和速度及步骤 3 中的预测跟踪误差，校正 ODW 的位置和速度，并更新$\boldsymbol{x}_0$和$\boldsymbol{u}(k-1)$的值，如果达到训练时间，则停止运动；否则重新计算$\boldsymbol{X}_\text{p}$、$\dot{\boldsymbol{X}}_\text{p}$、$\boldsymbol{G}$和$\boldsymbol{b}$，再返回步骤 2。

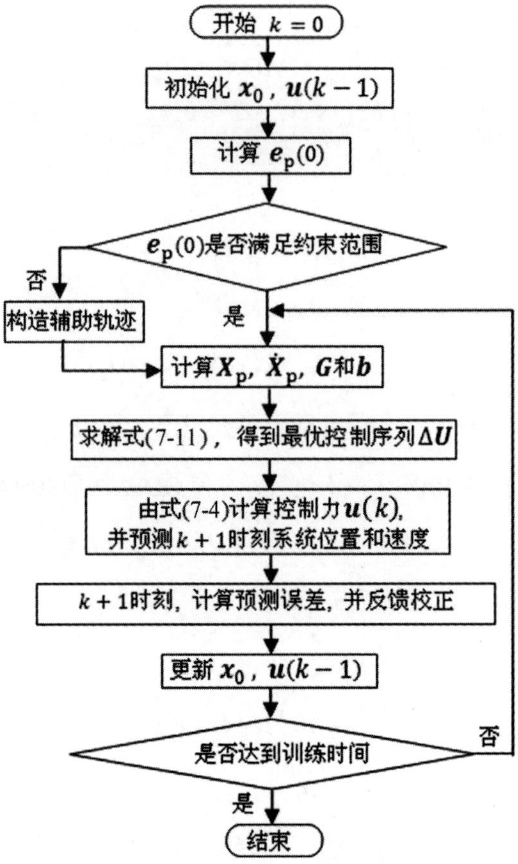

图 7.1　安全预测控制器的求解和反馈校正流程

7.1.3　仿真分析

1. 安全预测控制算法仿真

为了验证文中提出安全预测控制方法同时约束位置和速度跟踪误差的有效性，对医生指定的直线训练轨迹 $\boldsymbol{X}_{\mathrm{d}}$ 进行了跟踪，方程描述如下：

$$\begin{cases} x_{\mathrm{d}}(t)=10\times(1-\mathrm{e}^{-0.5t}) \\ y_{\mathrm{d}}(t)=10\times(1-\mathrm{e}^{-0.5t}) \\ \theta_{\mathrm{d}}(t)=\pi/4 \end{cases}$$

仿真研究中，ODW 的物理参数为$M=58\mathrm{kg}$，$m=60\mathrm{kg}$，$L=0.4\mathrm{m}$，$I_0=27.7\mathrm{kg}\cdot\mathrm{m}^2$，$r_0=0.16\mathrm{m}$，$\beta=(\pi/4)\mathrm{rad}$。初始时刻位置和速度为 $\boldsymbol{x}_0=[0\quad 0\quad \pi/5\quad 5.14\quad 4.88\quad 0]^{\mathrm{T}}$，$\boldsymbol{u}(-1)=[0\quad 0\quad 0\quad 0]^{\mathrm{T}}$，$\boldsymbol{q}_i=\mathrm{diag}\{1.8,1.8,1\}$，设位置跟踪误差安全约束上限为 $\boldsymbol{e}_{p\max}(k)=[0.2\quad 0.2\quad 0.25]^{\mathrm{T}}$，下限为$\boldsymbol{e}_{p\min}(k)=-\boldsymbol{e}_{p\max}(k)$；速度跟踪误差安全约束上限为 $\boldsymbol{e}_{v\max}(k)=[0.25\quad 0.25\quad 0.2]^{\mathrm{T}}$，下限为$\boldsymbol{e}_{v\min}(k)=-\boldsymbol{e}_{v\max}(k)$。取预测时域$N=5$，控制时域

$N_C = 1$，仿真结果如图 7.2～图 7.7 所示。

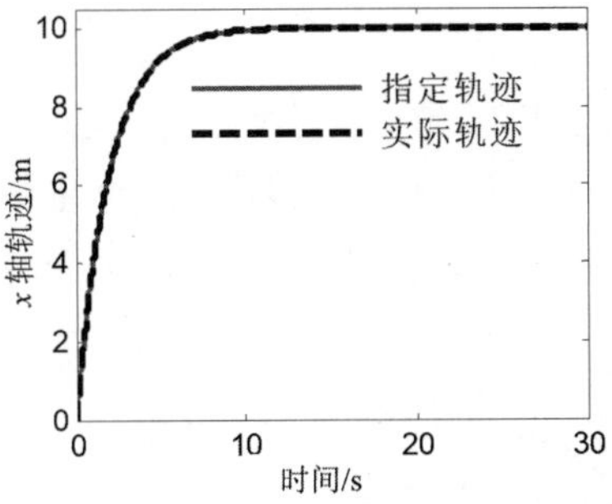

图 7.2　x 轴轨迹跟踪

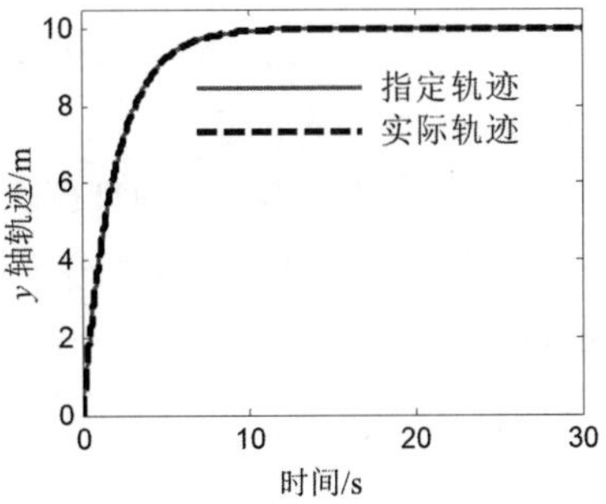

图 7.3　y 轴轨迹跟踪

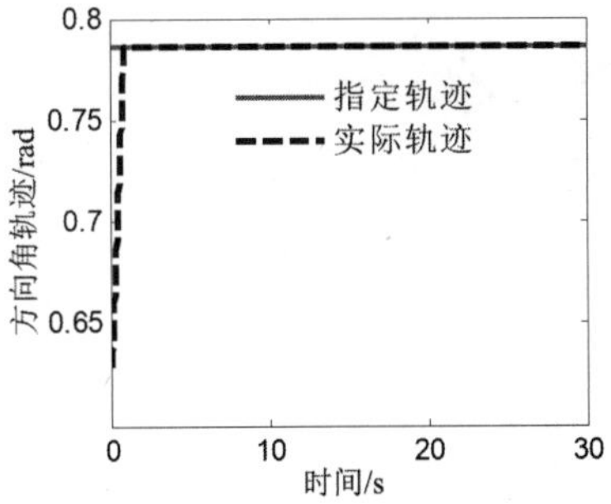

图 7.4　方向角轨迹跟踪

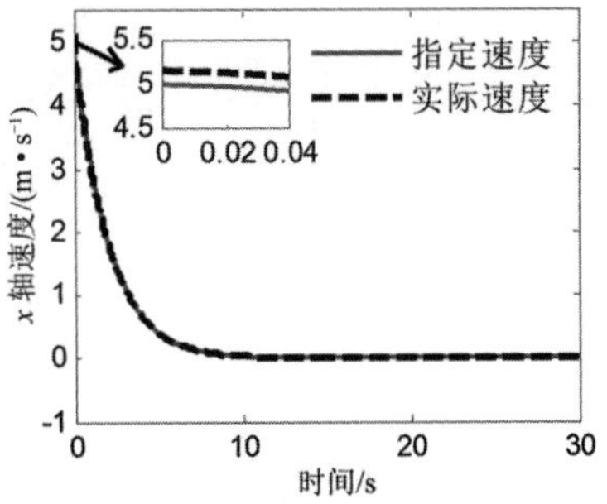

图 7.5　x 轴速度跟踪

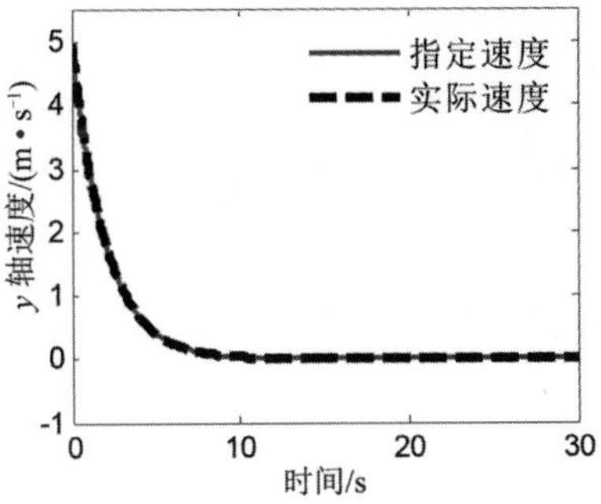

图 7.6　y 轴速度跟踪

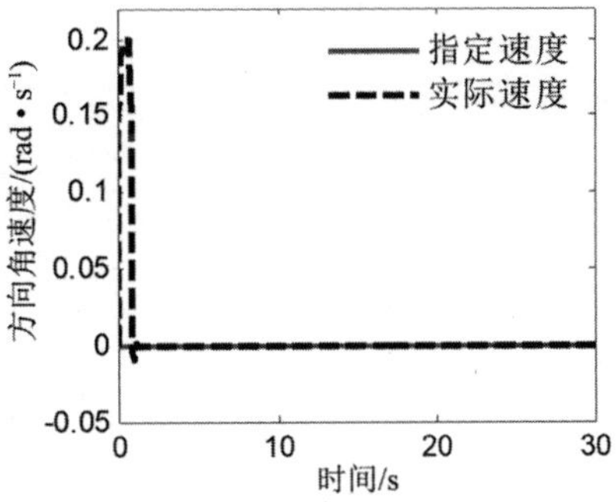

图 7.7　方向角速度跟踪

由图 7.2～图 7.4 可知，ODW 能稳定跟踪 x 轴、y 轴和旋转角方向轨迹，并将轨迹跟踪误差约束在指定范围内，在 ODW 准确跟踪医生指定训练轨迹的前提下，将避免因发生碰撞而影响康复者的安全问题。图 7.5～图 7.7 表明，ODW 实现轨迹跟踪的同时，也实现了 x 轴、y 轴和旋转角方向的速度跟踪，且跟踪误差满足指定的约束范围，避免 ODW 速度发生突变，使康复者和 ODW 运动不协调。在安全预测控制作用下，ODW 同时实现了轨迹跟踪和速度跟踪，可安全地帮助康复者进行步行训练。

2. 算法对比仿真

1) 初始位置误差 $\boldsymbol{e}_{\mathrm{p}}(0)$ 满足约束范围

为了验证本文算法同时安全约束位置跟踪误差和速度跟踪误差的有效性，当 ODW 初始位置跟踪误差满足约束范围，与模型预测跟踪控制方法[25]进行仿真对比。跟踪误差约束条件与上节中的仿真相同，应用本文提出的安全预测控制方法跟踪双纽线运动轨迹，仿真结果如图 7.8～图 7.10 所示。

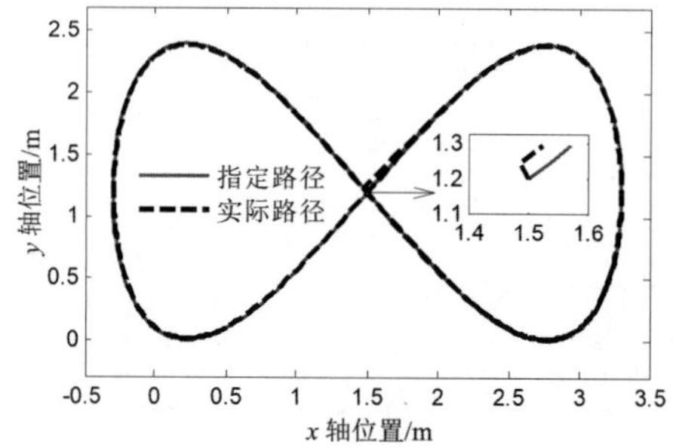

图 7.8　双纽线路径跟踪

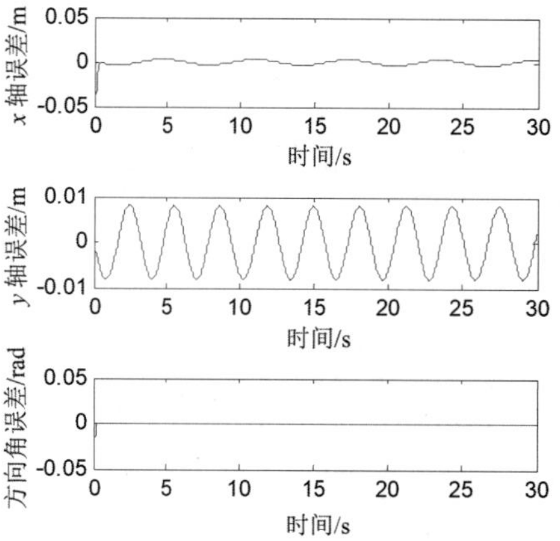

图 7.9　轨迹跟踪误差

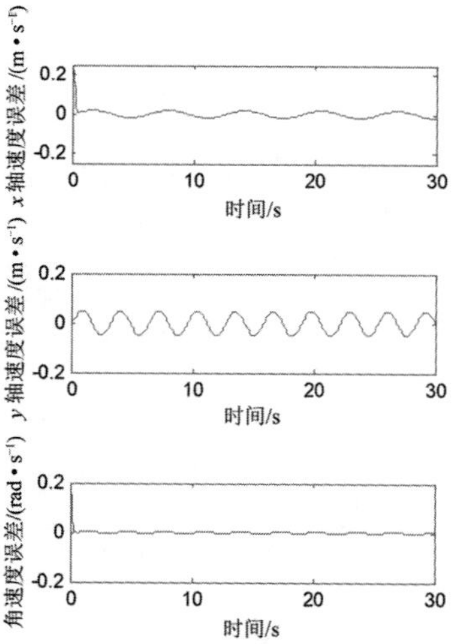

图 7.10　速度跟踪误差

由图 7.8 可知，ODW 在安全预测控制器作用下，快速实现了双纽线路径跟踪，在整个运动时间内，轨迹跟踪误差和速度跟踪误差同时限制在指定范围内，如图 7.9 和图 7.10 所示，因此本文提出的控制方法保证了 ODW 位置状态和速度状态的安全性。

对于具有速度约束的轨迹跟踪预测控制方法[25]，由于没有考虑位置跟踪误差约束，初始的一段时间内，轨迹跟踪误差过大，ODW 在暂态运动阶段有碰撞周围障碍物的危险。经过约 36s 后，x 轴、y 轴稳态误差为-1～2cm，旋转角跟踪误差为 0～0.3rad[25]，其旋转角稳态误差超过了本文限定的 0.2rad/s 范围；尽管预测控制考虑了速度约束[25]，但初始的一段时间速度跟踪误差超过本文 0.25m/s 的限定范围[25]。因此，文中提出的同时安全约束 ODW 位置跟踪误差和速度跟踪误差的控制方法提高了系统的安全性。

2) 初始位置误差 $\boldsymbol{e}_{\mathrm{p}}(0)$ 不满足约束范围

当 ODW 初始位置跟踪误差不满足约束范围，与速度约束保性能控制方法[26]进行仿真对比。取 7.1.3 节仿真中轨迹误差约束条件及速度跟踪误差约束条件[26]，当不构造辅助运动轨迹时，仿真结果如图 7.11 所示。

由图 7.11 可以看出，由于初始位置误差不满足约束范围，导致初始的一段路径跟踪误差过大，ODW 可能碰撞周围的物体。因此，为了保证训练过程中跟踪误差满足限定的范围，需要构造一段辅助运动轨迹，同时考虑 ODW 要尽快达到医生指定的训练轨迹，选择辅助轨迹运动时间为 1 秒，以 ODW 的初始位置为起点，每隔 0.1 秒取 1 个数据值，在 1 秒处取医生指定轨迹的起点作为终点，将这些点进行数据拟合，得到辅助运动轨迹如下：

$$\begin{cases} x_{\mathrm{d}}(t) = -0.6476t^4 + 2.238t^3 - 2.799t^2 + 1.684t + 1.5 \\ y_{\mathrm{d}}(t) = 869.3\mathrm{e}^{-(\frac{t+2.355}{0.8621})^2} \\ \theta_{\mathrm{d}}(t) = \dfrac{\pi}{20} \end{cases}$$

应用 7.1 节提出的安全预测控制方法，仿真结果如图 7.12～图 7.15 所示。

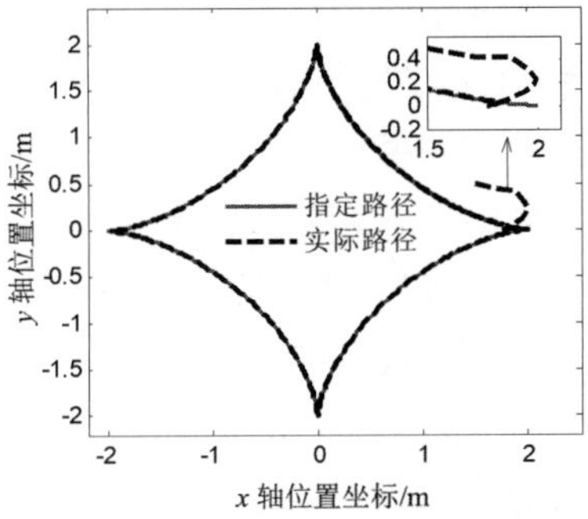

图 7.11　曲边菱形路径跟踪(无辅助路径)

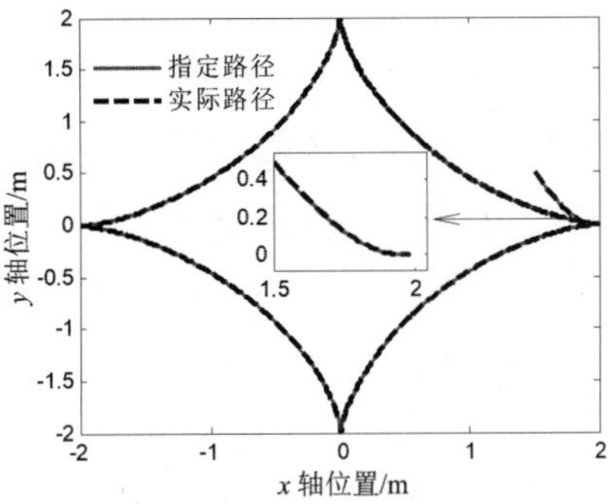

图 7.12　曲边菱形路径跟踪(有辅助路径)

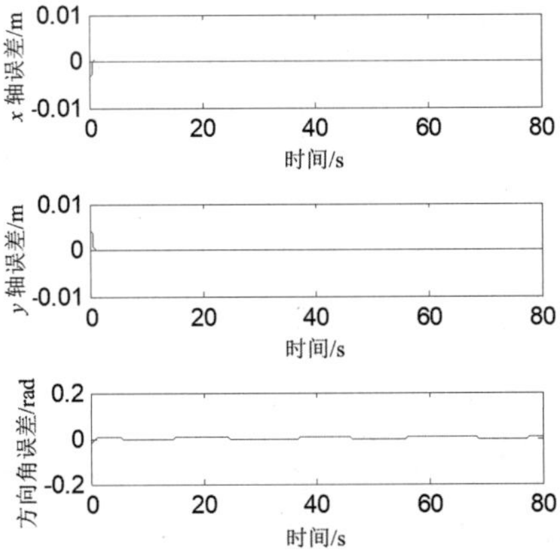

图 7.13　轨迹跟踪误差(7.1 节提出的算法)

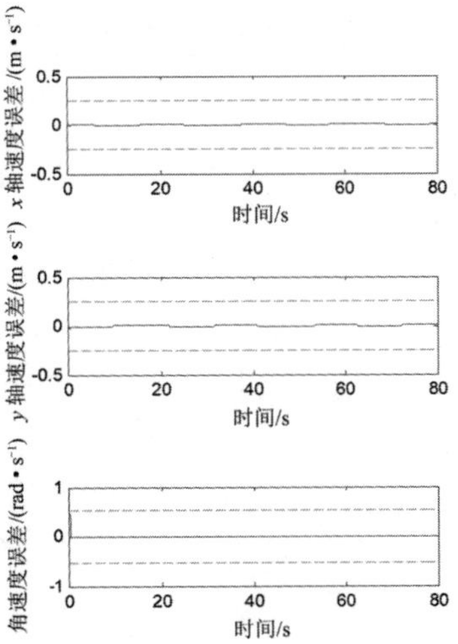

图 7.14　速度跟踪误差(7.1 节提出的算法)

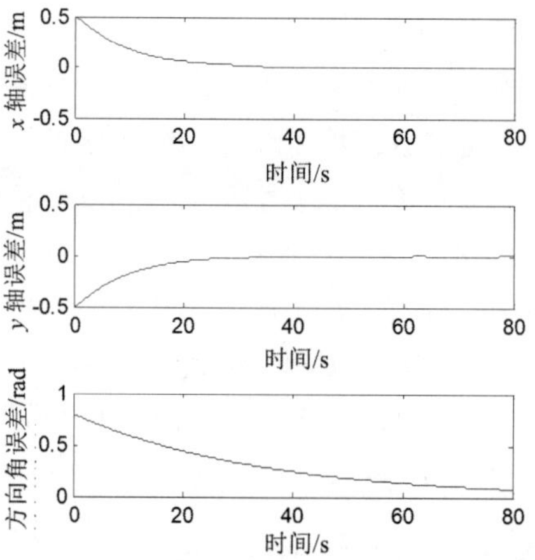

图 7.15 轨迹跟踪误差(文献[26]中提出的算法)

由图 7.12 可知，应用本文算法，ODW 先跟踪一段辅助运动路径，然后快速跟踪指定的曲边菱形路径。与图 7.11 相比，ODW 避免了初始位置导致的一段路径误差，从而使 x 轴、y 轴和旋转角方向轨迹跟踪误差满足约束条件，如图 7.13 所示。同时，速度跟踪误差也在限定的范围内，如图 7.14 所示。

采用速度约束保性能控制方法[26]，x 轴、y 轴和旋转角方向轨迹跟踪误差曲线如图 7.15 所示，由于该算法仅能约束 ODW 的运动速度，而无法同时约束运动位置，使 x 轴、y 轴轨迹跟踪误差约 10 秒后达到约束范围，旋转角轨迹跟踪误差约 40 秒后达到约束范围。因此，本文提出的算法有效保证了 ODW 从任意位置出发，都能同时实现轨迹和速度跟踪，且将跟踪误差限制在指定范围内，保证了 ODW 系统位置状态和速度状态的安全性。

7.2 康复机器人非脆弱安全预测控制

7.2.1 非脆弱安全预测控制器的设计

令 $\boldsymbol{x}_1(t)=\boldsymbol{X}(t)$， $\boldsymbol{x}_2(t)=\dot{\boldsymbol{X}}(t)$，将动力学模型(2-29)转化为如下表达形式:

$$\begin{cases}\dot{\boldsymbol{x}}_1(t)=\boldsymbol{x}_2(t)\\ \dot{\boldsymbol{x}}_2(t)=[\boldsymbol{M}_0\boldsymbol{K}(\theta)]^{-1}[-\boldsymbol{M}_0\dot{\boldsymbol{K}}(\theta,\dot{\theta})\boldsymbol{x}_2(t)+\boldsymbol{B}(\theta)\boldsymbol{u}(t)]\end{cases} \tag{7-12}$$

设康复机器人实际运动轨迹为 $\boldsymbol{X}(t)$，期望运动轨迹为 $\boldsymbol{X}_\mathrm{d}(t)$，则轨迹跟踪误差 $\boldsymbol{e}_1(t)$ 和速度跟踪误差 $\boldsymbol{e}_2(t)$ 为

$$\boldsymbol{e}_1(t)=\boldsymbol{X}(t)-\boldsymbol{X}_\mathrm{d}(t) \tag{7-13}$$

$$\boldsymbol{e}_2(t)=\dot{\boldsymbol{X}}(t)-\dot{\boldsymbol{X}}_\mathrm{d}(t)=\boldsymbol{x}_2(t)-\dot{\boldsymbol{X}}_\mathrm{d}(t) \tag{7-14}$$

其中，$\boldsymbol{e}_1(t)=[\boldsymbol{e}_{11}(t)\quad \boldsymbol{e}_{12}(t)\quad \boldsymbol{e}_{13}(t)]^{\mathrm{T}}$ 分别表示 x 轴、y 轴和旋转角方向的轨迹跟踪误差，$\boldsymbol{e}_2(t)=[\boldsymbol{e}_{21}(t)\quad \boldsymbol{e}_{22}(t)\quad \boldsymbol{e}_{23}(t)]^{\mathrm{T}}$ 分别表示 x 轴、y 轴和旋转角方向的速度跟踪误差。对于康复机器人系统(7-12)，可用非线性模型预测控制方法设计一个具有加性增益变化的非脆弱控制器 $\boldsymbol{u}(t)$ 如下：

$$\boldsymbol{u}(t)=\boldsymbol{u}_{\mathrm{c}}(t)+\boldsymbol{\delta}(t) \tag{7-15}$$

其中，$\boldsymbol{u}_{\mathrm{c}}(t)=[u_1\quad u_2\quad u_3\quad u_4]^{\mathrm{T}}$ 表示待设计的模型预测控制器，$\boldsymbol{\delta}(t)=[\delta_1(t)\ \ \delta_2(t)\ \ \delta_3(t)\ \ \delta_4(t)]^{\mathrm{T}}$ 表示控制器 $\boldsymbol{u}(t)$ 的不确定变化量，且 $|\boldsymbol{\delta}(t)|\leqslant d$，$d$ 是给定常数。

本节研究的目的是设计考虑位置和速度跟踪误差同时约束的非脆弱控制器 $\boldsymbol{u}(t)$，使下面的两个要求同时成立。

(1) 轨迹跟踪误差 $\boldsymbol{e}_1(t)$ 和速度跟踪误差 $\boldsymbol{e}_2(t)$ 指数稳定。

(2) 各轴轨迹跟踪误差 $\boldsymbol{e}_{1\sigma}(t)$ 和速度跟踪误差 $\boldsymbol{e}_{2\sigma}(t)$ ($\sigma=1,2,3$)满足安全约束范围如下：

$$|\boldsymbol{e}_{1\sigma}(t)|\leqslant \boldsymbol{e}_{1\sigma\max}\,,\quad |\boldsymbol{e}_{2\sigma}(t)|\leqslant \boldsymbol{e}_{2\sigma\max} \tag{7-16}$$

其中，$\boldsymbol{e}_{1\sigma\max}$ 和 $\boldsymbol{e}_{2\sigma\max}$ 分别为轨迹和速度允许的最大跟踪误差。

令 $\boldsymbol{q}(t)=\left[\boldsymbol{X}^{\mathrm{T}}(t)\quad \dot{\boldsymbol{X}}^{\mathrm{T}}(t)\right]^{\mathrm{T}}$，并且输出 $\boldsymbol{Y}(t)=\boldsymbol{q}(t)$，利用非线性前馈差分法和零阶保持法离散化模型(7-12)，并将 $\boldsymbol{u}_{\mathrm{c}}(t)$ 写成增量形式，得到预测模型如下：

$$\begin{cases}\boldsymbol{q}(k+1)=\boldsymbol{A}(k)\boldsymbol{q}(k)+\boldsymbol{B}(k)\boldsymbol{u}_{\mathrm{c}}(k)+\boldsymbol{B}(k)\boldsymbol{\delta}(k)\\ \boldsymbol{Y}(k)=\boldsymbol{C}\boldsymbol{q}(k)\\ \boldsymbol{u}_{\mathrm{c}}(k)=\boldsymbol{u}_{\mathrm{c}}(k-1)+\Delta\boldsymbol{u}_{\mathrm{c}}(k)\end{cases} \tag{7-17}$$

其中，$k=0,1,\cdots,N-1$，T 表示采样周期，$\Delta\boldsymbol{u}_{\mathrm{c}}(k)$ 表示当前控制增量，$\boldsymbol{u}_{\mathrm{c}}(k-1)$ 为系统前一时刻的控制量；矩阵 $\boldsymbol{A}(k)$ 和 $\boldsymbol{B}(k)$ 由系统的动态特性确定如下：

$$\boldsymbol{A}(k)=\left[\begin{array}{c:ccc}\boldsymbol{I}_3 & & T\boldsymbol{I}_3 & \\ \hdashline & 1 & 0 & -T\dot{p}\\ \boldsymbol{O}_{3\times3} & 0 & 1 & -T\dot{q}\\ & 0 & 0 & 1\end{array}\right],\quad \boldsymbol{B}(k)=\left[\begin{array}{c}\boldsymbol{O}_{3\times4}\\ \hdashline \dfrac{T}{M+m}\cdot\begin{pmatrix}-\sin\theta & \cos\theta & -\sin\theta & \cos\theta\\ \cos\theta & \sin\theta & \cos\theta & \sin\theta\\ 0 & 0 & 0 & 0\end{pmatrix}+\\ \dfrac{T}{I+mr_0^2}\cdot\begin{pmatrix}-p\lambda_1 & p\lambda_2 & p\lambda_3 & -p\lambda_1\\ -q\lambda_1 & q\lambda_2 & q\lambda_3 & -q\lambda_4\\ \lambda_1 & -\lambda_2 & -\lambda_3 & \lambda_4\end{pmatrix}\end{array}\right],\quad \boldsymbol{C}=\boldsymbol{I}_6$$

接下来，构建控制输入 $\boldsymbol{U}_{\mathrm{C}}$，跟踪误差 $\boldsymbol{e}=[\boldsymbol{e}_1^{\mathrm{T}}(t)\quad \boldsymbol{e}_2^{\mathrm{T}}(t)]^{\mathrm{T}}$、$\boldsymbol{e}_1(k+1)$ 和 $\boldsymbol{e}_2(k+1)$ 的约束条件如下：

$$\begin{cases}\boldsymbol{U}_{\mathrm{Cmin}}\leqslant \boldsymbol{U}_{\mathrm{C}}\leqslant \boldsymbol{U}_{\mathrm{Cmax}}\\ \boldsymbol{e}_{\min}\leqslant \boldsymbol{e}\leqslant \boldsymbol{e}_{\max}\\ \|\boldsymbol{e}_1(k+1)\|_2\leqslant \rho_1\|\boldsymbol{e}_1(k)\|_2,\rho_1\in(0,1)\\ \|\boldsymbol{e}_2(k+1)\|_2\leqslant \rho_2\|\boldsymbol{e}_2(k)\|_2,\rho_2\in(0,1)\end{cases} \tag{7-18}$$

其中，$\boldsymbol{e}=[\boldsymbol{e}^{\mathrm{T}}(k+1|k)\quad \boldsymbol{e}^{\mathrm{T}}(k+2|k)\quad \cdots\quad \boldsymbol{e}^{\mathrm{T}}(k+N|k)]^{\mathrm{T}}$ 表示从 $k+1$ 到 $k+N$ 时刻预测轨迹跟踪误差和速度跟踪误差，其中 N 表示预测时域。$\boldsymbol{e}_{\max}=[\boldsymbol{e}_{1\max}^{\mathrm{T}}\quad \boldsymbol{e}_{2\max}^{\mathrm{T}}]^{\mathrm{T}}$ 表示跟踪误差的上界，并且 $\boldsymbol{e}_{\max}=-\boldsymbol{e}_{\min}$。$\boldsymbol{U}_{\mathrm{C}}=[\boldsymbol{u}_{\mathrm{c}}^{\mathrm{T}}(k)\quad \boldsymbol{u}_{\mathrm{c}}^{\mathrm{T}}(k+1)\quad \cdots\quad \boldsymbol{u}_{\mathrm{c}}^{\mathrm{T}}(k+N_{\mathrm{C}}-1)]^{\mathrm{T}}$ 和 $\boldsymbol{U}_{\mathrm{Cmax}}=[\underbrace{\boldsymbol{u}_{\mathrm{cmax}}^{\mathrm{T}}\quad \boldsymbol{u}_{\mathrm{cmax}}^{\mathrm{T}}\quad \cdots\quad \boldsymbol{u}_{\mathrm{cmax}}^{\mathrm{T}}}_{N_{\mathrm{C}}}]^{\mathrm{T}}$ 分别表示从 k 到 $k+N_{\mathrm{C}}-1$ 时刻预测控制输入和控制输入的上界，并且 $\boldsymbol{U}_{\mathrm{Cmax}}=-\boldsymbol{U}_{\mathrm{Cmin}}$，其中 N_{C} 表示控制时域。

进一步，根据式(7-17)定义的预测模型可知，从 $k+1$ 到 $k+N$ 时刻的运动轨迹和速度方程如下：

$$\boldsymbol{q}_{\mathrm{p}}=\boldsymbol{F}(k)\boldsymbol{q}(k)+\boldsymbol{\Phi}(k)\boldsymbol{u}_{\mathrm{c}}(k-1)+\boldsymbol{G}_1(k)\Delta\boldsymbol{U}_{\mathrm{C}}+\boldsymbol{G}_2(k)\boldsymbol{\delta} \tag{7-19}$$

其中：

$$\boldsymbol{q}_{\mathrm{p}}=\begin{bmatrix}\boldsymbol{q}(k+1|k)\\ \boldsymbol{q}(k+2|k)\\ \vdots\\ \boldsymbol{q}(k+N|k)\end{bmatrix},\quad \boldsymbol{F}(k)=\begin{bmatrix}\boldsymbol{A}(k)\\ \boldsymbol{A}(k+1)\boldsymbol{A}(k)\\ \vdots\\ \boldsymbol{A}(k+N_{\mathrm{C}}-1)\cdots\boldsymbol{A}(k)\\ \boldsymbol{A}(k+N_{\mathrm{C}}-1)\boldsymbol{A}(k+N_{\mathrm{C}}-1)\cdots\boldsymbol{A}(k)\\ \vdots\\ \boldsymbol{A}^{N-N_{\mathrm{c}}}(k+N_{\mathrm{C}}-1)\boldsymbol{A}(k+N_{\mathrm{C}}-1)\cdots\boldsymbol{A}(k)\end{bmatrix},\quad \boldsymbol{\delta}=\begin{bmatrix}\boldsymbol{\delta}(k)\\ \boldsymbol{\delta}(k+1)\\ \vdots\\ \boldsymbol{\delta}(k+N_{\mathrm{C}}-1)\end{bmatrix},$$

$$\boldsymbol{\Phi}(k)=\boldsymbol{G}_0(k)\boldsymbol{L}_0,\quad \boldsymbol{G}_1(k)=\boldsymbol{G}_0(k)\boldsymbol{L},\quad \boldsymbol{G}_2(k)=\boldsymbol{G}_0(k),\quad \boldsymbol{L}_0=\begin{bmatrix}1\\ \vdots\\ 1\\ 1\end{bmatrix}_{N_{\mathrm{C}}\times 1}$$

$$\Delta\boldsymbol{U}_{\mathrm{C}}=[\Delta\boldsymbol{u}_{\mathrm{c}}^{\mathrm{T}}(k|k)\quad \Delta\boldsymbol{u}_{\mathrm{c}}^{\mathrm{T}}(k|k+1)\quad \cdots\quad \Delta\boldsymbol{u}_{\mathrm{c}}^{\mathrm{T}}(k|k+N_{\mathrm{C}}-1)]^{\mathrm{T}},$$

$$\boldsymbol{G}_0(k)=\begin{bmatrix}\boldsymbol{g}_{1,1}(k) & 0 & \cdots & 0\\ \boldsymbol{g}_{2,1}(k) & \boldsymbol{g}_{2,2}(k) & \cdots & 0\\ \vdots & \vdots & & \vdots\\ \boldsymbol{g}_{N_{\mathrm{C}},1}(k) & \boldsymbol{g}_{N_{\mathrm{C}},2}(k) & \cdots & \boldsymbol{g}_{N_{\mathrm{C}},N_{\mathrm{C}}}(k)\\ \boldsymbol{g}_{N_{\mathrm{C}}+1,1}(k) & \boldsymbol{g}_{N_{\mathrm{C}}+1,2}(k) & \cdots & \boldsymbol{g}_{N_{\mathrm{C}}+1,N_{\mathrm{C}}}(k)\\ \vdots & \vdots & & \vdots\\ \boldsymbol{g}_{N,1}(k) & \boldsymbol{g}_{N,2}(k) & \cdots & \boldsymbol{g}_{N,N_{\mathrm{C}}}(k)\end{bmatrix},\quad \boldsymbol{L}=\begin{bmatrix}1 & 0 & \cdots & 0\\ 1 & 1 & \cdots & 0\\ \vdots & \vdots & & \vdots\\ 1 & 1 & \cdots & 1\end{bmatrix}_{N_{\mathrm{C}}\times N_{\mathrm{C}}}$$

其中，$\boldsymbol{g}_{i,j}(k)\ (i=1,\cdots,N;\ j=1,\cdots,N_{\mathrm{C}})$ 定义如下：

$$\begin{cases}\boldsymbol{g}_{i,j}(k)=\displaystyle\prod_{m=-(i-1)}^{-j}\boldsymbol{A}(k-m)\boldsymbol{B}(k+j-1),\ i\neq j\\ \boldsymbol{g}_{i,j}(k)=\boldsymbol{B}(k+j-1),\ i=j\end{cases}$$

接下来，设医生指定的运动轨迹和速度为 $\boldsymbol{q}_{\mathrm{d}}(t)=[\boldsymbol{X}_{\mathrm{d}}^{\mathrm{T}}(t)\quad \dot{\boldsymbol{X}}_{\mathrm{d}}^{\mathrm{T}}(t)]^{\mathrm{T}}$。将式(7-13)、式(7-14)、式(7-17)、式(7-19)代入式(7-18)，将约束条件转化为控制增量约束 $\Delta\boldsymbol{U}_{\mathrm{C}}$ 的形式如下：

$$\begin{cases}\Delta\boldsymbol{U}_{\mathrm{Cmin}}\leqslant \boldsymbol{L}\Delta\boldsymbol{U}_{\mathrm{C}}\leqslant \Delta\boldsymbol{U}_{\mathrm{Cmax}}\\ \boldsymbol{b}_{\min}\leqslant \boldsymbol{G}_1(k)\Delta\boldsymbol{U}_{\mathrm{C}}\leqslant \boldsymbol{b}_{\max}\\ \left\|\boldsymbol{e}_1(k+1)\right\|_2\leqslant \rho_1\left\|\boldsymbol{e}_1(k)\right\|_2,\rho_1\in(0,1)\\ \left\|\boldsymbol{e}_2(k+1)\right\|_2\leqslant \rho_2\left\|\boldsymbol{e}_2(k)\right\|_2,\rho_2\in(0,1)\end{cases}\tag{7-20}$$

其中：

$$\Delta\boldsymbol{U}_{\mathrm{Cmin}}=\boldsymbol{U}_{\mathrm{Cmin}}-\boldsymbol{L}_0\boldsymbol{u}_{\mathrm{c}}(\boldsymbol{k}-1)$$

$$\Delta\boldsymbol{U}_{\mathrm{Cmax}}=\boldsymbol{U}_{\mathrm{Cmax}}-\boldsymbol{L}_0\boldsymbol{u}_{\mathrm{c}}(\boldsymbol{k}-1)$$

$$\begin{cases}\boldsymbol{b}_{\min}=\boldsymbol{e}_{\min}-\boldsymbol{F}(k)\boldsymbol{q}(k)-\boldsymbol{\Phi}(k)\boldsymbol{u}_{\mathrm{c}}(k-1)-\boldsymbol{G}_2(k)\boldsymbol{\delta}+\boldsymbol{Q}_{\mathrm{d}}\\ \boldsymbol{b}_{\max}=\boldsymbol{e}_{\max}-\boldsymbol{F}(k)\boldsymbol{q}(k)-\boldsymbol{\Phi}(k)\boldsymbol{u}_{\mathrm{c}}(k-1)-\boldsymbol{G}_2(k)\boldsymbol{\delta}+\boldsymbol{Q}_{\mathrm{d}}\\ \boldsymbol{e}_1(k+1)=\boldsymbol{C}_1\boldsymbol{A}(k)\boldsymbol{q}(k)+\boldsymbol{C}_1\boldsymbol{B}(k)\boldsymbol{u}_{\mathrm{c}}(k+1)+\boldsymbol{C}_1\boldsymbol{B}(k)\Delta\boldsymbol{u}_{\mathrm{c}}(k)+\boldsymbol{C}_1\boldsymbol{B}(k)\boldsymbol{\delta}(k)-\boldsymbol{C}_1\boldsymbol{q}_{\mathrm{d}}(k)\\ \boldsymbol{e}_2(k+1)=\boldsymbol{C}_2\boldsymbol{A}(k)\boldsymbol{q}(k)+\boldsymbol{C}_2\boldsymbol{B}(k)\boldsymbol{u}_{\mathrm{c}}(k+1)+\boldsymbol{C}_2\boldsymbol{B}(k)\Delta\boldsymbol{u}_{\mathrm{c}}(k)+\boldsymbol{C}_2\boldsymbol{B}(k)\boldsymbol{\delta}(k)-\boldsymbol{C}_2\boldsymbol{q}_{\mathrm{d}}(k)\end{cases}$$

且 $\boldsymbol{Q}_{\mathrm{d}}=[\boldsymbol{q}_{\mathrm{d}}^{\mathrm{T}}(k+1)\quad \boldsymbol{q}_{\mathrm{d}}^{\mathrm{T}}(k+2)\quad \cdots\quad \boldsymbol{q}_{\mathrm{d}}^{\mathrm{T}}(k+N)]^{\mathrm{T}}$。

进一步，有

$$\begin{cases}\boldsymbol{G}(k)\Delta\boldsymbol{U}_{\mathrm{C}}\leqslant \boldsymbol{b}\\ \left\|\boldsymbol{\Lambda}_1+\boldsymbol{\Omega}_1\Delta\boldsymbol{U}_{\mathrm{C}}\right\|_2\leqslant \rho_1\left\|\boldsymbol{e}_1(k)\right\|_2\\ \left\|\boldsymbol{\Lambda}_2+\boldsymbol{\Omega}_1\Delta\boldsymbol{U}_{\mathrm{C}}\right\|_2\leqslant \rho_2\left\|\boldsymbol{e}_2(k)\right\|_2\end{cases}\tag{7-21}$$

其中：

$$\boldsymbol{\Lambda}_1=\boldsymbol{C}_1\left\{\boldsymbol{A}(k)\boldsymbol{q}(k)+\boldsymbol{B}(k)[\boldsymbol{u}_{\mathrm{c}}(k-1)+\boldsymbol{\delta}(k)]\right\},$$

$$\boldsymbol{\Lambda}_2=\boldsymbol{C}_2\left\{\boldsymbol{A}(k)\boldsymbol{q}(k)+\boldsymbol{B}(k)[\boldsymbol{u}_{\mathrm{c}}(k-1)+\boldsymbol{\delta}(k)]\right\},$$

$$\boldsymbol{\Omega}_1=\boldsymbol{C}_1\boldsymbol{B}(k)\boldsymbol{\Omega}_0\Delta\boldsymbol{U}_{\mathrm{C}},\quad \boldsymbol{\Omega}_2=\boldsymbol{C}_2\boldsymbol{B}(k)\boldsymbol{\Omega}_0\Delta\boldsymbol{U}_{\mathrm{C}},$$

$$\boldsymbol{C}_1=[\boldsymbol{I}_3\ \vdots\ \boldsymbol{O}_{3\times3}],\quad \boldsymbol{C}_2=[\boldsymbol{O}_{3\times3}\ \vdots\ \boldsymbol{I}_3],\quad \boldsymbol{\Omega}_0=\left[\boldsymbol{I}_4\ \vdots\ \boldsymbol{O}_{4\times(4N_{\mathrm{c}}-4)}\right],$$

$$\boldsymbol{G}=\left[\boldsymbol{I}_{4N_{\mathrm{C}}}\quad -\boldsymbol{I}_{4N_{\mathrm{C}}}\quad \boldsymbol{G}_1^{\mathrm{T}}(k)\quad -\boldsymbol{G}_1^{\mathrm{T}}(k)\right]^{\mathrm{T}}$$

$$\boldsymbol{b}=\left[\Delta\boldsymbol{U}_{\mathrm{Cmax}}^{\mathrm{T}}\quad -\Delta\boldsymbol{U}_{\mathrm{Cmin}}^{\mathrm{T}}\quad \boldsymbol{b}_{\max}^{\mathrm{T}}\quad -\boldsymbol{b}_{\min}^{\mathrm{T}}\right]^{\mathrm{T}}$$

为了使二次型轨迹跟踪误差和速度跟踪误差在预测时域内最小，并且使控制时域内控制增量最小，设计目标函数为

$$J=\min(\boldsymbol{e}^{\mathrm{T}}\boldsymbol{e}+\Delta\boldsymbol{U}_{\mathrm{C}}^{\mathrm{T}}\Delta\boldsymbol{U}_{\mathrm{C}})\tag{7-22}$$

将式(7-19)代入式(7-22)，目标函数可以写为

$$J=\min(\Delta \boldsymbol{U}_{\mathrm{C}}^{\mathrm{T}}(\boldsymbol{G}_1^{\mathrm{T}}(k)\boldsymbol{G}_1(k)+\boldsymbol{I})\Delta \boldsymbol{U}_{\mathrm{C}}+\left[2\boldsymbol{G}_1^{\mathrm{T}}(k)\left(\boldsymbol{F}(k)\boldsymbol{q}(k)+\boldsymbol{\Phi}(k)\boldsymbol{u}_{\mathrm{c}}(k-1)+\boldsymbol{G}_2(k)\boldsymbol{\delta}-\boldsymbol{Q}_d\right)\right]^{\mathrm{T}}\Delta \boldsymbol{U}_{\mathrm{C}}) \tag{7-23}$$

进一步，有

$$J=\min(\Delta \boldsymbol{U}_{\mathrm{C}}^{\mathrm{T}}\boldsymbol{H}\Delta \boldsymbol{C}+\boldsymbol{\lambda}^{\mathrm{T}}\Delta \boldsymbol{U}_{\mathrm{C}}) \tag{7-24}$$

其中，$\boldsymbol{H}=\boldsymbol{G}_1^{\mathrm{T}}(k)\boldsymbol{G}_1(k)+\boldsymbol{I}$，$\boldsymbol{\lambda}=2\boldsymbol{G}_1^{\mathrm{T}}(k)[\boldsymbol{F}(k)\boldsymbol{q}(k)+\boldsymbol{\Phi}(k)\boldsymbol{c}(k-1)+\boldsymbol{G}_2(k)\boldsymbol{\delta}-\boldsymbol{Q}_{\mathrm{d}}]$。

结合式(7-21)和式(7-24)，具有跟踪误差约束的优化问题描述如下：

$$J=\min(\Delta \boldsymbol{U}_{\mathrm{C}}^{\mathrm{T}}\boldsymbol{H}\Delta \boldsymbol{U}_{\mathrm{C}}+\boldsymbol{\lambda}^{\mathrm{T}}\Delta \boldsymbol{U}_{\mathrm{C}})$$

$$\text{满足}\begin{cases}\boldsymbol{G}(k)\Delta \boldsymbol{U}_{\mathrm{C}}\leqslant b\\ \left\|\boldsymbol{\Lambda}_1+\boldsymbol{\Omega}_1\Delta \boldsymbol{U}_{\mathrm{C}}\right\|_2\leqslant \rho_1\left\|\boldsymbol{e}_1(k)\right\|_2\\ \left\|\boldsymbol{\Lambda}_2+\boldsymbol{\Omega}_2\Delta \boldsymbol{U}_{\mathrm{C}}\right\|_2\leqslant \rho_2\left\|\boldsymbol{e}_2(k)\right\|_2\end{cases} \tag{7-25}$$

因此，非脆弱非线性安全预测控制器的设计转化为式(7-25)所描述的二次规划问题的最优解。非脆弱安全控制器具体实现过程如下：

步骤 1：$k=0$ 时刻，初始化 $\boldsymbol{X}(0)$，$\dot{\boldsymbol{X}}(0)$，$\boldsymbol{u}_{\mathrm{c}}(-1)$ 和 $\boldsymbol{e}_{\max}$。

步骤 2：k 时刻，计算 $\boldsymbol{G}(k)$、$\boldsymbol{b}$、$\boldsymbol{\Lambda}_1$、$\boldsymbol{\Omega}_1$、$\boldsymbol{\Lambda}_2$ 和 $\boldsymbol{\Omega}_2$。根据预测轨迹跟踪误差和速度跟踪误差 $\boldsymbol{e}$，求解式(7-25)描述的优化问题，得到最优控制增量序列 $\Delta \boldsymbol{U}_{\mathrm{C}}$。

步骤 3：将增量序列 $\Delta \boldsymbol{U}_{\mathrm{C}}$ 中的第一个值 $\Delta \boldsymbol{u}_{\mathrm{c}}(1|k)$ 应用于系统(7-17)，得到控制变量 $\boldsymbol{u}_{\mathrm{c}}(k)$，并将控制器式(7-15)应用于 ODW 系统，获得 ODW 的实际运动轨迹和运动速度。

步骤 4：利用式(7-17)计算 ODW 的预测位置和速度，同时将预测的位置和速度与实际的位置和速度进行比较，校正 ODW 的实际运动位置和速度，从而实现安全的轨迹和速度跟踪；更新 $\boldsymbol{e}$、$\boldsymbol{A}(k)$ 和 $\boldsymbol{B}(k)$，设置 $k=k+1$ 并返回步骤 2。

7.2.2 稳定性分析

接下来，讨论轨迹跟踪误差 $\boldsymbol{e}_1(t)$ 和速度跟踪误差 $\boldsymbol{e}_2(t)$ 的指数稳定性，在得到主要结果之前，给出以下假设。

假设 7.1[27,28] 存在常数 $\beta_1,\beta_2\in(0,\infty)$ 使 $\left\|\boldsymbol{e}_1(k)\right\|_2\leqslant\beta_1$ 和 $\left\|\boldsymbol{e}_2(k)\right\|_2\leqslant\beta_2$ 有界，同时存在参数 $\rho_1,\rho_2\in(0,1)$ 使得在时间 t_k，对所有 $k\in\mathbf{Z}^*$ 满足式(7-25)的优化问题有一个可行解。

假设 7.2[27,28] 对所有 $t\in[t_k,t_{k+1}]$ 和 $k\in\mathbf{Z}^*$，假设存在常数 $\lambda_1,\lambda_2\in(0,\infty)$ 使得误差 $\boldsymbol{e}_1(t)$ 和 $\boldsymbol{e}_2(t)$ 分别满足 $\left\|\boldsymbol{e}_1(t)\right\|_2\leqslant\lambda_1\left\|\boldsymbol{e}_1(k)\right\|_2$ 和 $\left\|\boldsymbol{e}_2(t)\right\|_2\leqslant\lambda_2\left\|\boldsymbol{e}_2(k)\right\|_2$。

定理 7.1　假设式(7-25)描述的优化问题在时刻t_0是可行的，且假设 7.1 和假设 7.2 成立，那么轨迹跟踪误差$\boldsymbol{e}_1(t)$和速度跟踪误差$\boldsymbol{e}_2(t)$是指数稳定的，同时跟踪误差满足以下不等式：

$$\|\boldsymbol{e}_1(t)\|_2 \leqslant \lambda_1 \|\boldsymbol{e}_1(0)\|_2 \, \mathrm{e}^{-\frac{1-\rho_1}{T}(t-t_0)} \tag{7-26}$$

$$\|\boldsymbol{e}_2(t)\|_2 \leqslant \lambda_2 \|\boldsymbol{e}_2(0)\|_2 \, \mathrm{e}^{-\frac{1-\rho_2}{T}(t-t_0)} \tag{7-27}$$

其中，T是采样周期。

证明：基于假设 7.1，优化问题在时刻t_0和t_k都是可行的，因此轨迹跟踪误差$\boldsymbol{e}_1(t)$满足

$$\|\boldsymbol{e}_1(k)\|_2 \leqslant \rho_1 \|\boldsymbol{e}_1(k-1)\|_2 \leqslant \cdots \leqslant \rho_1^k \|\boldsymbol{e}_1(0)\|_2 \tag{7-28}$$

根据假设 7.2 和式(7-28)，$\boldsymbol{e}_1(t)$满足以下不等式：

$$\|\boldsymbol{e}_1(t)\|_2 \leqslant \lambda_1 \rho_1^k \|\boldsymbol{e}_1(0)\|_2 \tag{7-29}$$

其中，$t \in [t_k, t_{k+1}]$，$k \in \mathbf{Z}^*$。

由于$\rho_1 \in (0,1)$，于是有$\mathrm{e}^{\rho_1 - 1} - \rho_1 \geqslant 0$成立，这意味着对于所有的$k \in \mathbf{Z}^*$，有$\mathrm{e}^{(\rho_1-1)k} \geqslant \rho_1^k \geqslant 0$。这样不等式(7-29)可以写为

$$\|\boldsymbol{e}_1(t)\|_2 \leqslant \lambda_1 \|\boldsymbol{e}_1(0)\|_2 \, \mathrm{e}^{(\rho_1-1)k} \tag{7-30}$$

对于所有$t \in [t_0, t_k]$，有$Tk = t_k - t_0$和 $t - t_0 \leqslant t_k - t_0$成立，于是可得

$$\mathrm{e}^{(\rho_1-1)k} \leqslant \mathrm{e}^{-\frac{\rho_1-1}{T}(t-t_0)} \tag{7-31}$$

因此，根据式(7-30)和式(7-31)，得到

$$\|\boldsymbol{e}_1(t)\|_2 \leqslant \lambda_1 \|\boldsymbol{e}_1(0)\|_2 \, \mathrm{e}^{\frac{\rho_1-1}{T}(t-t_0)} \tag{7-32}$$

同理，对于$\boldsymbol{e}_2(t)$，可得

$$\|\boldsymbol{e}_2(t)\|_2 \leqslant \lambda_2 \|\boldsymbol{e}_2(0)\|_2 \, \mathrm{e}^{\frac{\rho_2-1}{T}(t-t_0)} \tag{7-33}$$

因此，由上述证明可知$\boldsymbol{e}_1(t)$和$\boldsymbol{e}_2(t)$是指数稳定的。

7.2.3　仿真分析

为了验证文中提出的非脆弱安全预测控制方法同时约束位置和速度跟踪误差的有效性，对医生指定的训练轨迹$\boldsymbol{X}_\mathrm{d}(t)$进行了跟踪，轨迹方程描述如下：

$$\begin{cases} x_{\rm d}(t) = 2\cos^3(0.1t) \\ y_{\rm d}(t) = 2\sin^3(0.1t) \\ \theta_{\rm d}(t) = \dfrac{\pi}{4} \end{cases}$$

仿真中，ODW 的物理参数为$M = 58\text{kg}$，$L = 0.4\text{m}$，$I_0 = 27.7\text{kg}\cdot\text{m}^2$，康复者质量$m = 60\text{kg}$，偏心距$r_0 = 0.16\text{m}$ 和偏心角$\beta = (\pi/4)\text{rad}$。设最大轨迹跟踪误差$\boldsymbol{e}_{1\max} = [0.25\text{m} \quad 0.25\text{m} \quad 0.25\text{rad}]^{\rm T}$，最大速度跟踪误差 $\boldsymbol{e}_{2\max} = [0.25\text{m/s} \quad 0.25\text{m/s} \quad (\pi/6)\text{rad/s}]^{\rm T}$，最大控制输入力 $\boldsymbol{u}_{\rm c\,max} = [300\text{N} \quad 300\text{N} \quad 300\text{N} \quad 300\text{N}]^{\rm T}$。初始位置$\boldsymbol{x}(0) = 2.1\text{m}$，$\boldsymbol{y}(0) = 0.1\text{m}$，$\boldsymbol{\theta}(0) = 0.7\text{rad}$，初始速度 $\boldsymbol{x}_2^{\rm T}(0) = [0\text{m/s} \quad 0\text{m/s} \quad 0\text{rad/s}]$。非脆弱安全预测控制器加性增益变化$\delta(t)$ 表示如下：

$$\boldsymbol{\delta}^{\rm T}(t) = [-0.02\sin t \quad -0.02\sin t \quad -0.02\sin t]$$

通过求解优化问题式(7-25)得到控制输入力$\boldsymbol{u}(t)$，并将其应用于 ODW 人机系统，获得康复机器人安全的实际运动轨迹和运动速度，仿真结果如图 7.16～图 7.27 所示。

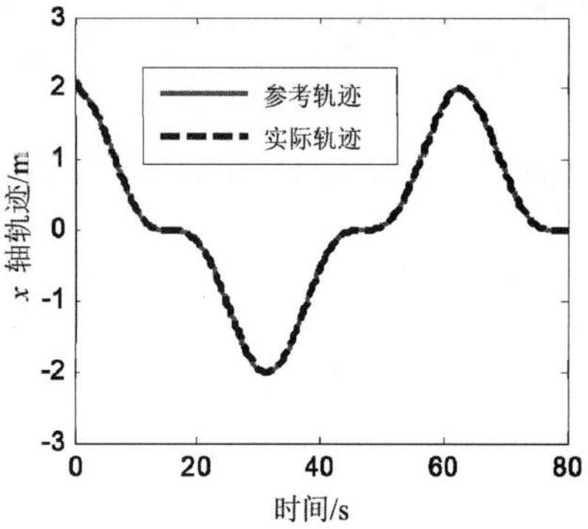

图 7.16　x 轴轨迹跟踪

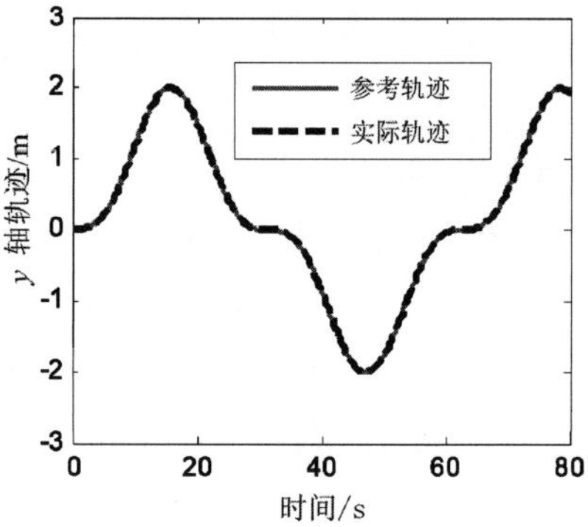

图 7.17　y 轴轨迹跟踪

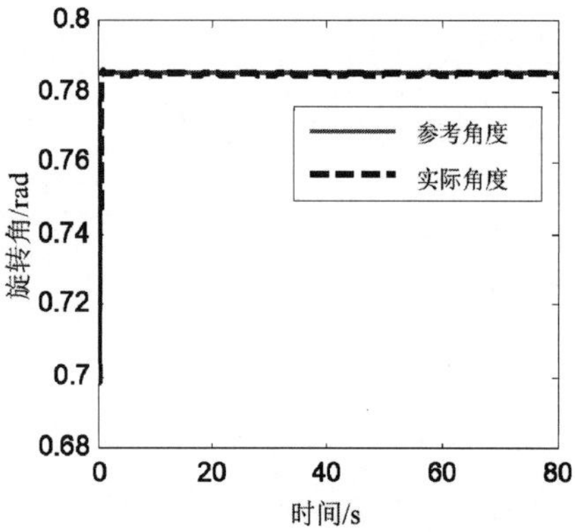

图 7.18　旋转角轨迹跟踪

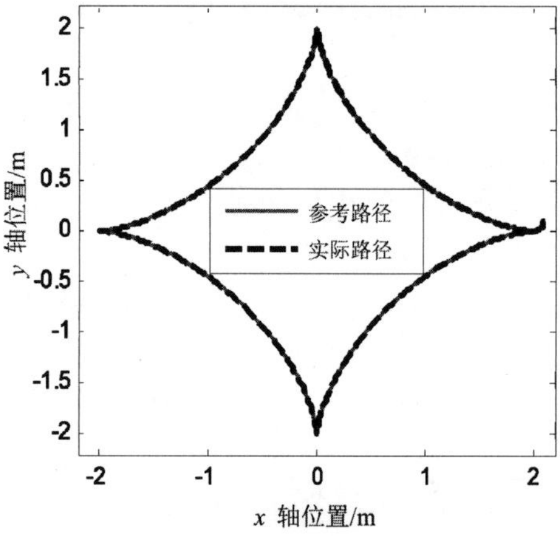

图 7.19　曲线路径跟踪

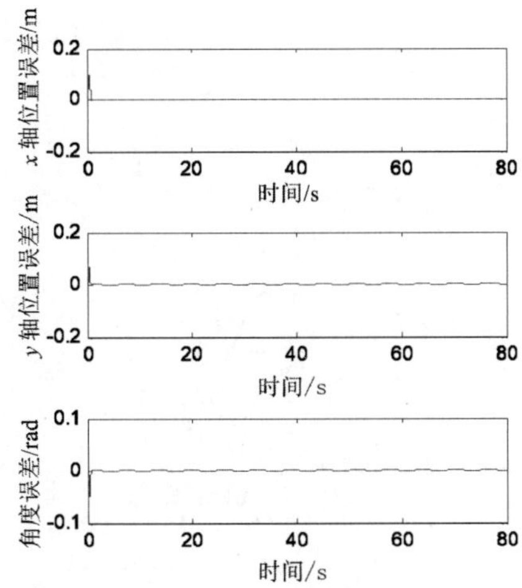

图 7.20　轨迹跟踪误差

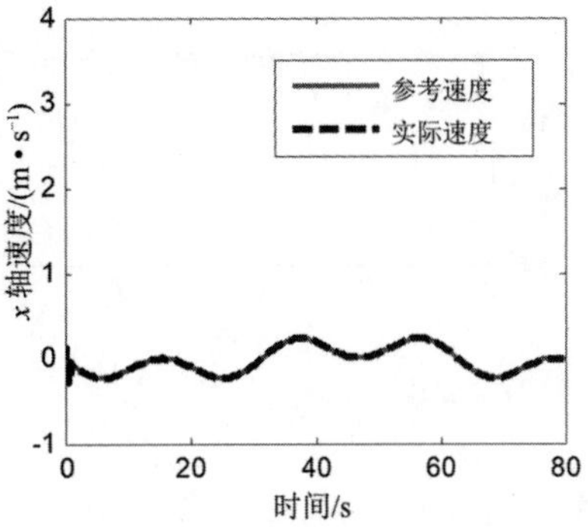

图 7.21　x 轴速度跟踪

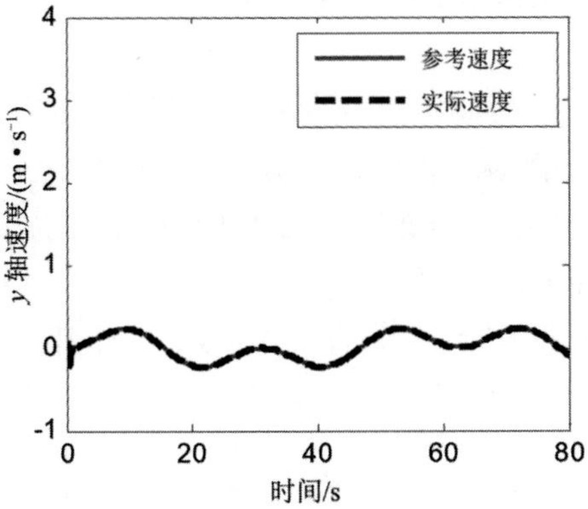

图 7.22　y 轴速度跟踪

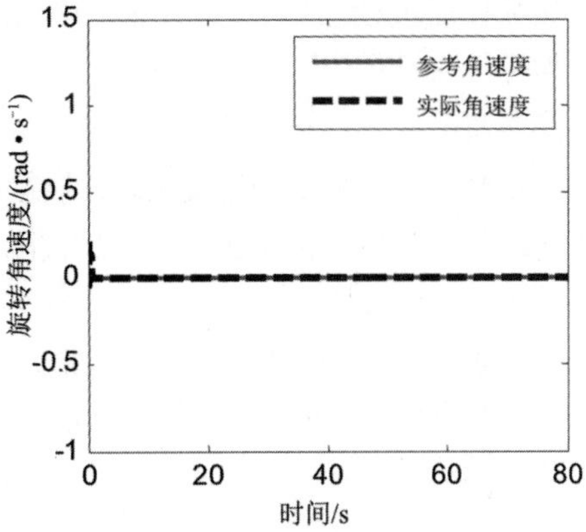

图 7.23　角速度跟踪

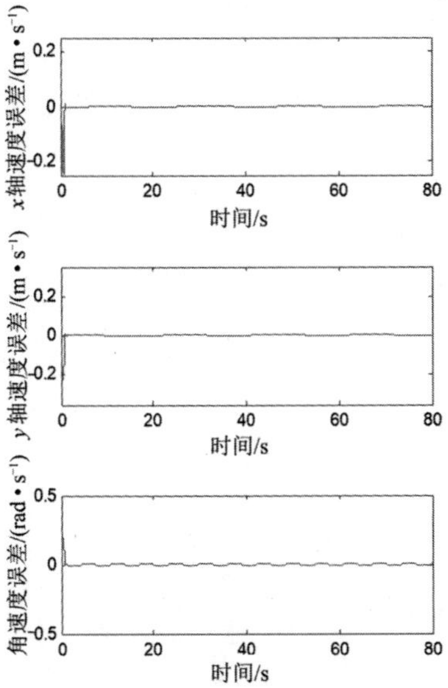

图 7.24　速度跟踪误差

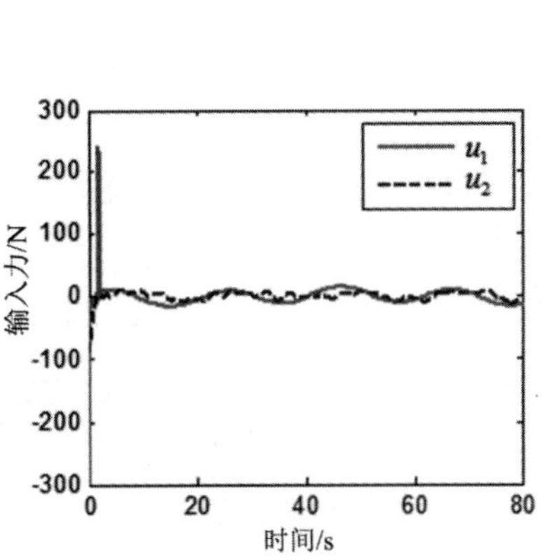

图 7.25　控制输入力 u_1 和 u_2

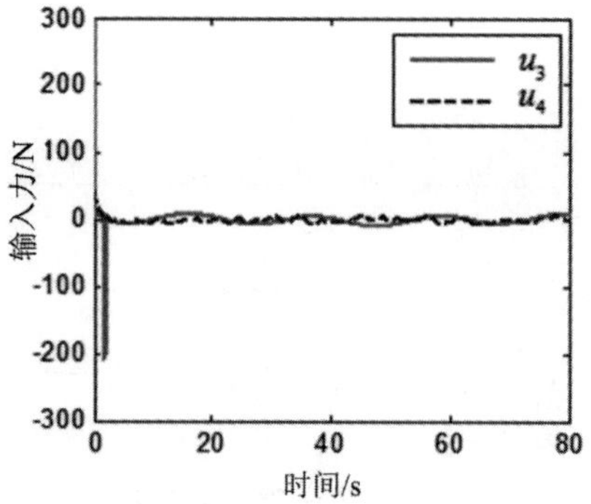

图 7.26 控制输入力 u_3 和 u_4

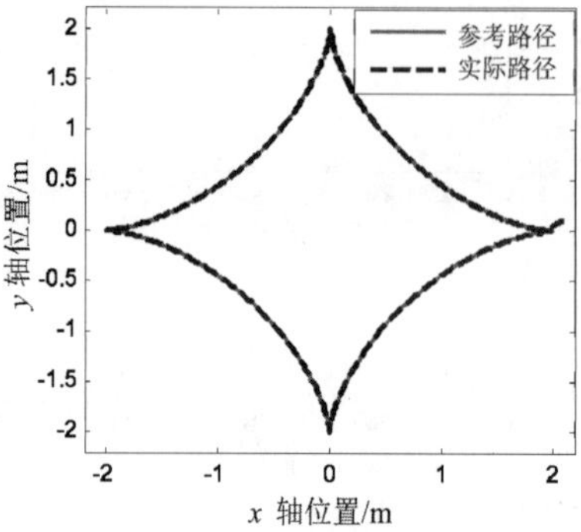

图 7.27 曲线路径跟踪

图 7.16～图 7.18 分别表示了康复机器人在 x 轴、y 轴和旋转角方向的运动轨迹曲线，可以看出 ODW 实现了稳定的路径跟踪(见图 7.19)，轨迹跟踪误差曲线如图 7.20 所示，误差系统实现了指数稳定。通过跟踪误差约束可以获得机器人的安全运动轨迹，避免 ODW 与周围物体碰撞，保障了人机系统运动轨迹的安全。

图 7.21～图 7.23 分别给出了康复机器人在 x 轴、y 轴和旋转角方向的运动速度曲线，结果表明 ODW 实现了稳定的速度跟踪，误差系统实现了指数稳定(见图 7.24)。康复机器人控制输入力曲线如图 7.25 和图 7.26 所示，均被限制在指定范围内。结果表明，提出的预测控制方法保证了轨迹和速度保持在安全的运动范围内，有效提高了人机系统运动状态的安全性。

接下来，为了验证非脆弱控制器的鲁棒性，选择质量 $m = 70\text{kg}$ 的不同康复者进行训练，并且随着训练者位姿变化，系统偏移量 $r_0 = 0.1\text{m}$，初始值和误差约束范围保持不变，仿真结果如图 7.28～图 7.31 所示。

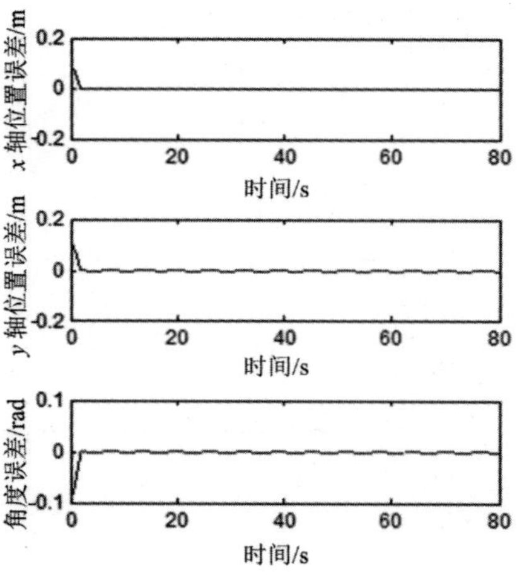

图 7.28 轨迹跟踪误差

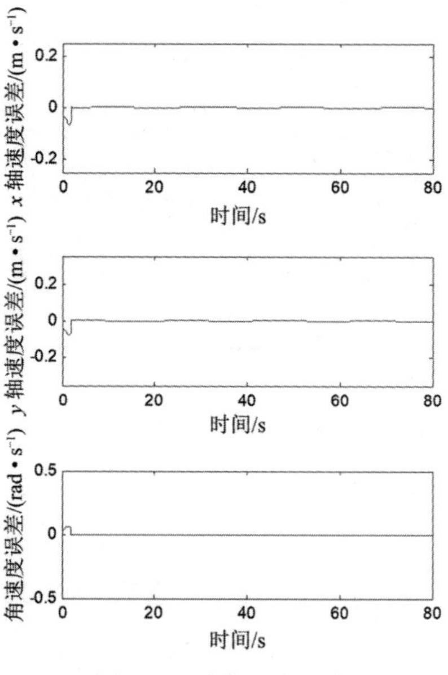

图 7.29 速度跟踪误差

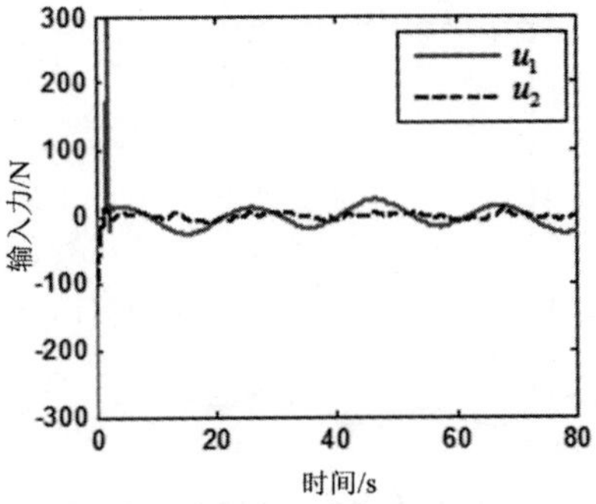

图 7.30　控制输入力 u_1 和 u_2

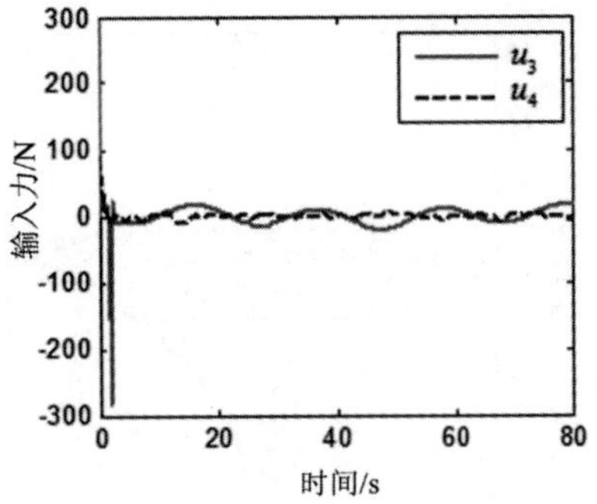

图 7.31　控制输入力 u_3 和 u_4

图 7.27 给出了康复机器人路径跟踪曲线，图 7.28 和图 7.29 分别给出了轨迹跟踪误差曲线和速度跟踪误差曲线，由此看出当训练者质量发生变化，控制器依然可实现人机系统的稳定跟踪运动，并将跟踪误差约束在指定范围内，各驱动轮控制输入力如图 7.30 和图 7.31 所示，均被约束在指定范围，说明非脆弱控制器提高了跟踪系统的鲁棒性，对不同使用者均可实现安全的康复训练。

为了进一步验证提出的轨迹和速度跟踪误差同时约束的非脆弱预测控制器的有效性，与不考虑跟踪误差约束和非脆弱性能的输出跟踪控制[29]进行了仿真对比。利用输出跟踪控制器[29]并且加入非脆弱增益变量 $\boldsymbol{\delta}(t)$，仿真结果如图 7.32～图 7.40 所示。

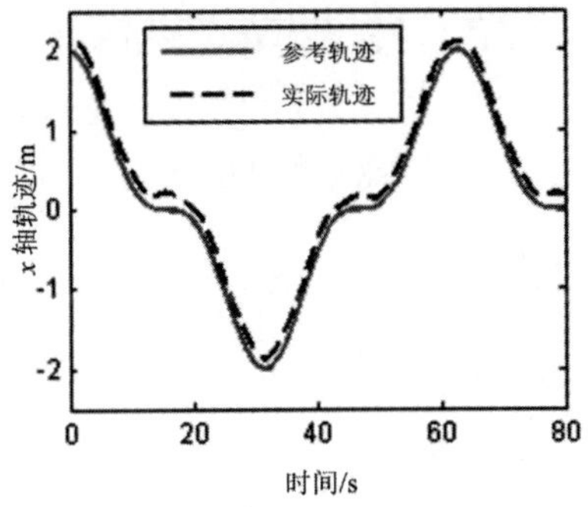

图 7.32　x 轴轨迹跟踪

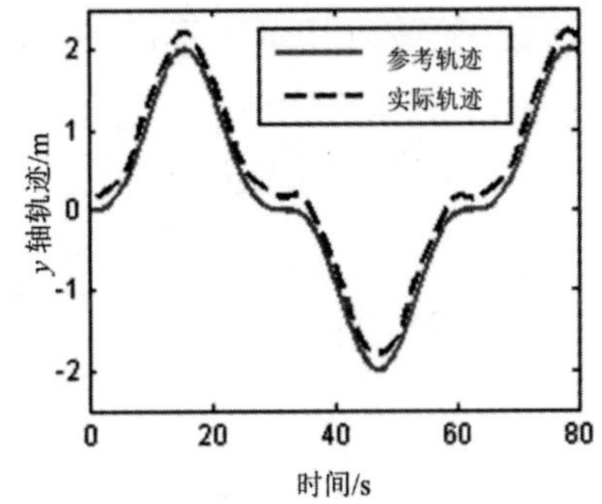

图 7.33　y 轴轨迹跟踪

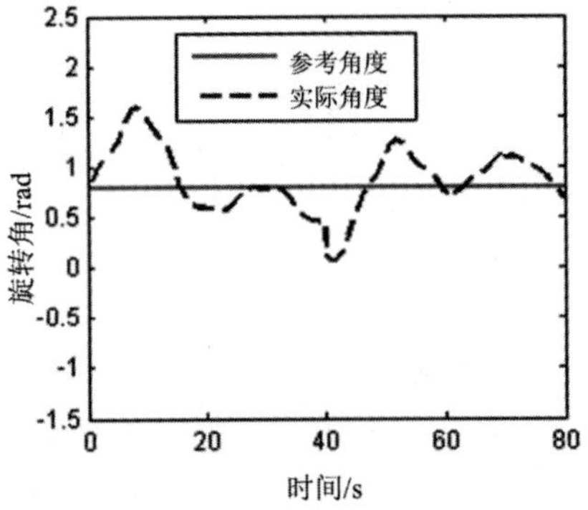

图 7.34　旋转角轨迹跟踪

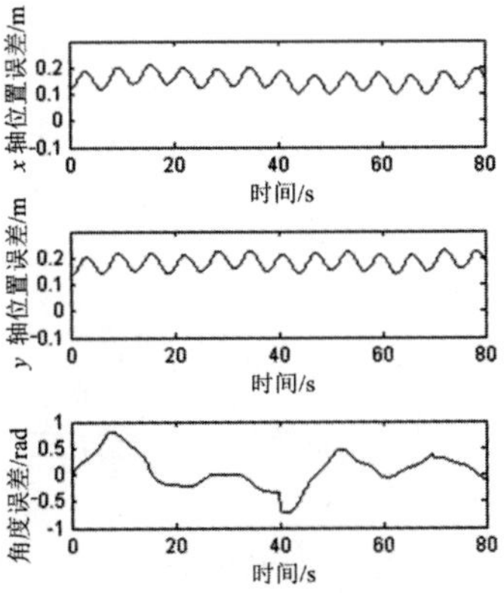

图 7.35　轨迹跟踪误差

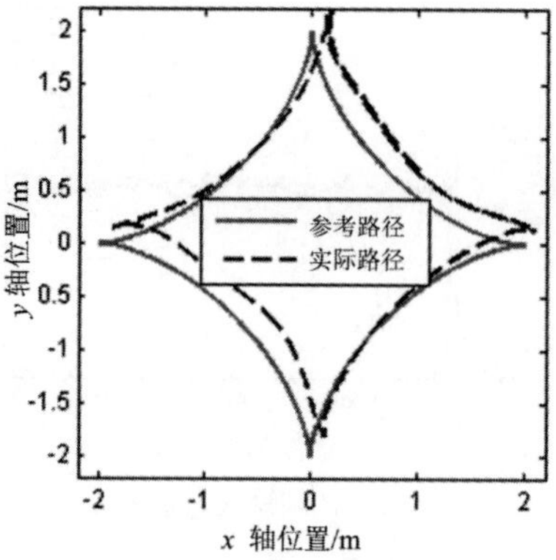

图 7.36　曲线路径跟踪

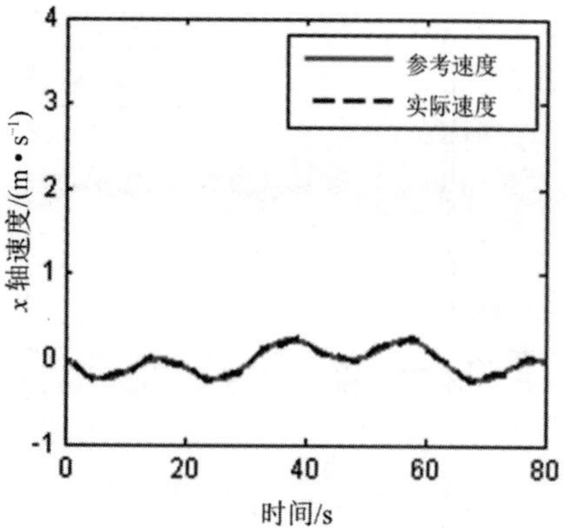

图 7.37　x 轴速度跟踪

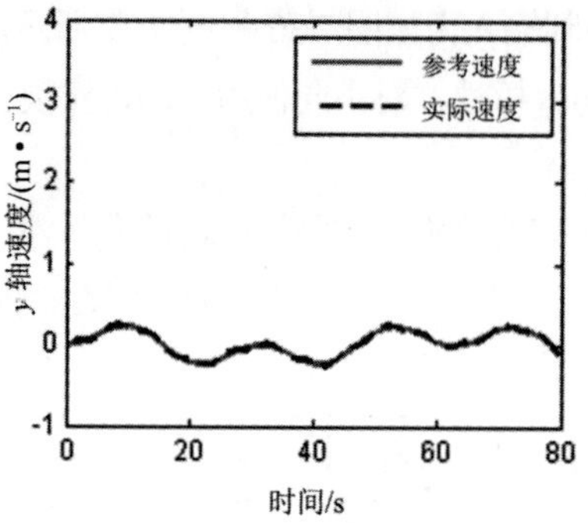

图 7.38　y 轴速度跟踪

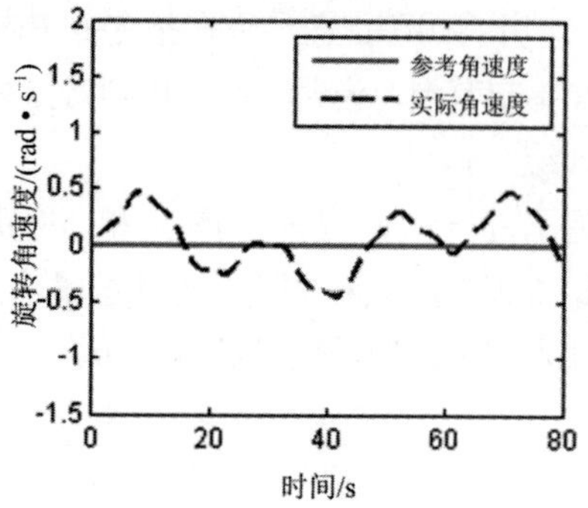

图 7.39　角速度跟踪

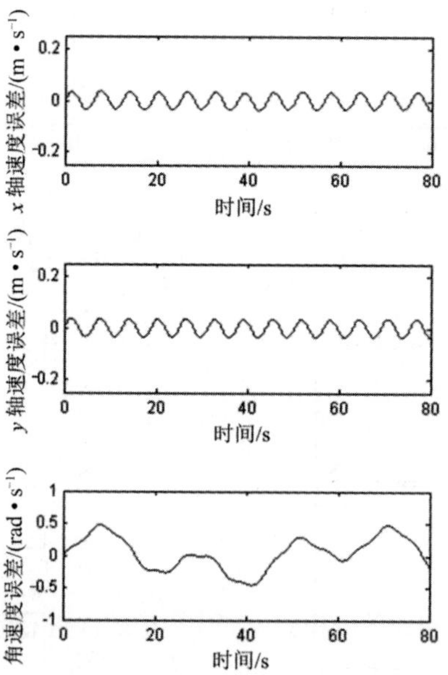

图 7.40　速度跟踪误差

图 7.32～图 7.34 分别给出了康复机器人在 x 轴、y 轴和旋转角方向的运动轨迹曲线，可以

看出 ODW 在各轴运动均产生了较大的跟踪误差，误差没有被约束在指定范围内，特别是在旋转角轨迹跟踪过程中误差较大(见图 7.35)，ODW 没有实现路径跟踪，如图 7.36 所示，由此可知，不考虑跟踪误差约束的输出跟踪控制器[29]无法获得康复机器人的安全运动轨迹。速度跟踪曲线如图 7.37～图 7.39 所示，x 轴、y 轴方向基本实现了速度跟踪，但旋转角方向没有实现稳定的速度跟踪，产生了较大的跟踪误差，如图 7.40 所示。上述结果表明，本节提出的轨迹误差和速度误差同时约束方法，可以有效获得 ODW 的安全运动轨迹和安全运动速度，同时非脆弱控制器设计方法增强了系统的鲁棒性，保障了人机系统的安全运动。

7.3　康复机器人速度和轨迹同时跟踪的解耦安全控制

7.3.1　输入输出线性化解耦模型

医生将训练路径存储在康复机器人系统内，患者只需要跟随机器人运动便可进行康复训练，因此康复机器人精确跟踪医生指定的训练路径非常重要。然而，在轨迹跟踪过程中难免会出现误差，这样机器人就会提高运动速度消除误差，一旦运动速度超过康复者的承受能力，就会影响康复者的安全，因此康复机器人同时实现速度跟踪和轨迹跟踪也是保障人机系统安全性的重要方式。

为了实现速度和轨迹同时跟踪，需要建立速度和驱动力之间的解耦状态方程。由式(3-8)可知 $v_1+v_2=v_3+v_4$ 成立，ODW 具有一个冗余自由度，并且基于第 2 章运动学模型(2-2)可得如下系统模型：

$$\boldsymbol{V}'=\boldsymbol{K}_{\mathrm{C}}'\dot{\boldsymbol{X}} \tag{7-34}$$

其中：

$$\boldsymbol{K}_{\mathrm{C}}'=\begin{bmatrix}-\sin\theta_1 & \cos\theta_2 & L\\ \sin\theta_2 & \cos\theta_2 & -L\\ \sin\theta_3 & -\cos\theta_3 & -L\end{bmatrix},\quad \boldsymbol{V}'=\begin{bmatrix}v_1\\ v_2\\ v_3\end{bmatrix},\quad \dot{\boldsymbol{X}}=\begin{bmatrix}\dot{x}_{\mathrm{c}}\\ \dot{y}_{\mathrm{c}}\\ \theta_{\mathrm{c}}\end{bmatrix}$$

同时，基于第 2 章动力学模型(2-26)可得

$$\bar{\boldsymbol{M}}\ddot{\boldsymbol{X}}=\boldsymbol{B}\boldsymbol{F} \tag{7-35}$$

其中：

$$\bar{\boldsymbol{M}}=\begin{bmatrix}M+m & 0 & 0\\ 0 & M+m & 0\\ 0 & 0 & I+mr_0^2\end{bmatrix},\ \ddot{\boldsymbol{X}}=\begin{bmatrix}\ddot{x}_{\mathrm{c}}\\ \ddot{y}_{\mathrm{c}}\\ \ddot{\theta}_{\mathrm{c}}\end{bmatrix},\ \boldsymbol{B}=\begin{bmatrix}-\sin\theta_1 & \sin\theta_2 & \sin\theta_3 & -\sin\theta_4\\ \cos\theta_1 & -\cos\theta_2 & -\cos\theta_3 & \cos\theta_4\\ L & -L & -L & L\end{bmatrix},\ \boldsymbol{F}=\begin{bmatrix}f_1\\ f_2\\ f_3\\ f_4\end{bmatrix}$$

将 $\boldsymbol{V}'=r\boldsymbol{w}$ 代入模型(7-34)，其中 r 表示轮子半径，$\boldsymbol{w}=\begin{bmatrix}w_1 & w_2 & w_3\end{bmatrix}^{\mathrm{T}}$ 表示角速度，则可得如下表达形式：

$$\dot{\boldsymbol{X}} = (\boldsymbol{K}_{\mathrm{C}}')^{-1} r\boldsymbol{w} \tag{7-36}$$

由式(7-36)可得

$$\dot{\boldsymbol{X}} = \boldsymbol{S}(x)\boldsymbol{w}(t) \tag{7-37}$$

其中：

$$\boldsymbol{S}(x) = (\boldsymbol{K}_{\mathrm{C}}')^{-1} r，\ \boldsymbol{w}(t) = \boldsymbol{w}$$

由于康复机器人具有一个冗余自由度，不妨假设如下两个输入力相等，即

$$f_2 = f_4 \tag{7-38}$$

于是得到动力学模型为

$$\bar{\boldsymbol{M}}\ddot{\boldsymbol{X}} = \bar{\boldsymbol{B}}\bar{\boldsymbol{F}} \tag{7-39}$$

其中：

$$\bar{\boldsymbol{B}} = \begin{bmatrix} -\sin\theta & 2\sin\theta & -\sin\theta \\ \cos\theta & 2\sin\theta & \cos\theta \\ L & 0 & -L \end{bmatrix}, \quad \bar{\boldsymbol{F}} = \begin{bmatrix} f_1 \\ f_2 \\ f_3 \end{bmatrix}$$

结合式(7-37)和式(7-39)，得到 ODW 系统数学模型如下：

$$\begin{cases} \dot{\boldsymbol{X}} = \boldsymbol{S}(x)\boldsymbol{w}(t) \\ \bar{\boldsymbol{M}}\ddot{\boldsymbol{X}} = \boldsymbol{B}\boldsymbol{F} \end{cases} \tag{7-40}$$

将式(7-37)进行微分运算，可得

$$\dot{\boldsymbol{X}} = \boldsymbol{S}(x)\boldsymbol{w}(t) + \boldsymbol{S}(x)\dot{\boldsymbol{w}}(t) \tag{7-41}$$

将式(7-41)代入式(7-39)，可得

$$\boldsymbol{M}_1\dot{\boldsymbol{w}}(t) + \boldsymbol{M}_2\boldsymbol{w}(t) = \bar{\boldsymbol{B}}\bar{\boldsymbol{F}} \tag{7-42}$$

其中：

$$\boldsymbol{M}_1 = \bar{\boldsymbol{M}}\boldsymbol{S}(x), \boldsymbol{M}_2 = \bar{\boldsymbol{M}}\dot{\boldsymbol{S}}(x)$$

结合式(7-37)和式(7-42)，得到 ODW 数学模型如下：

$$\begin{cases} \dot{\boldsymbol{X}} = \boldsymbol{S}(x)\boldsymbol{w}(t) \\ \boldsymbol{M}_1\dot{\boldsymbol{w}}(t) + \boldsymbol{M}_2\boldsymbol{w}(t) = \bar{\boldsymbol{B}}\bar{\boldsymbol{F}} \end{cases} \tag{7-43}$$

由式(7-43)可得 ODW 状态方程为

$$\begin{cases} \dot{\boldsymbol{X}} = \boldsymbol{S}(x)\boldsymbol{w}(t) \\ \dot{\boldsymbol{w}} = \boldsymbol{M}_1^{-1}(-\boldsymbol{M}_2\boldsymbol{w} + \bar{\boldsymbol{B}}\bar{\boldsymbol{F}}) \end{cases} \tag{7-44}$$

选取 ODW 的运动位置 $\boldsymbol{X}$ 和角速度 $\boldsymbol{w}$ 作为状态变量如下：

$$\boldsymbol{q}=\begin{bmatrix}\boldsymbol{X}\\ \boldsymbol{w}\end{bmatrix}=\begin{bmatrix}x_{\mathrm{c}} & y_{\mathrm{c}} & \theta_{\mathrm{c}} & w_1 & w_2 & w_3\end{bmatrix}^{\mathrm{T}} \tag{7-45}$$

则得到 ODW 仿射非线性系统方程为

$$\dot{\boldsymbol{q}}=\begin{bmatrix}\boldsymbol{S}\boldsymbol{w}\\ -\boldsymbol{M}_1^{-1}\boldsymbol{M}_2\boldsymbol{w}\end{bmatrix}+\begin{bmatrix}0\\ \boldsymbol{M}_1^{-1}\overline{\boldsymbol{B}}\end{bmatrix}\overline{\boldsymbol{F}} \tag{7-46}$$

设计非线性反馈控制器为

$$\overline{\boldsymbol{F}}=\overline{\boldsymbol{B}}^{-1}\boldsymbol{M}_1\boldsymbol{u}+\boldsymbol{B}^{-1}\boldsymbol{M}_2\boldsymbol{w} \tag{7-47}$$

于是可得

$$\dot{\boldsymbol{q}}=\begin{bmatrix}\boldsymbol{S}\boldsymbol{w}\\ \boldsymbol{O}_{3\times1}\end{bmatrix}+\begin{bmatrix}\boldsymbol{O}_{3\times3}\\ \boldsymbol{I}_{3\times3}\end{bmatrix}\boldsymbol{u} \tag{7-48}$$

将式(7-48)写成如下的模型形式：

$$\dot{\boldsymbol{q}}=\boldsymbol{f}(q)+\boldsymbol{g}(q)\boldsymbol{u} \tag{7-49}$$

其中：

$$\boldsymbol{f}(q)=\begin{bmatrix}\boldsymbol{S}\boldsymbol{w}\\ \boldsymbol{O}_{3\times1}\end{bmatrix},\quad \boldsymbol{g}(q)=\begin{bmatrix}\boldsymbol{O}_{3\times3}\\ \boldsymbol{I}_{3\times3}\end{bmatrix}$$

由式(7-49)可知，变量 $\boldsymbol{u}$ 成为新的待设计的控制器。定义系统输出为

$$\boldsymbol{y}=\boldsymbol{h}(q)=\begin{bmatrix}x_{\mathrm{c}} & y_{\mathrm{c}} & \theta_{\mathrm{c}} & w_1 & w_2 & w_3\end{bmatrix}^{\mathrm{T}} \tag{7-50}$$

结合式(7-49)和式(7-50)，得到系统模型：

$$\begin{cases}\dot{\boldsymbol{q}}=\boldsymbol{f}(q)+\boldsymbol{g}(q)\boldsymbol{u}\\ \boldsymbol{y}=\boldsymbol{h}(q)\end{cases} \tag{7-51}$$

对输出 $\boldsymbol{y}$ 进行微分，可得

$$\begin{aligned}\dot{\boldsymbol{y}}&=\nabla\boldsymbol{h}[\boldsymbol{f}(q)+\boldsymbol{g}(q)\boldsymbol{u}]\\ &=\boldsymbol{L}_f\boldsymbol{h}(q)+\boldsymbol{L}_g\boldsymbol{h}(q)\boldsymbol{u}\\ &=\frac{\partial\boldsymbol{h}(q)}{\partial q}\boldsymbol{f}(q)+\frac{\partial\boldsymbol{h}(q)}{\partial q}\boldsymbol{g}(q)\boldsymbol{u}\end{aligned} \tag{7-52}$$

于是得到

$$\begin{bmatrix}\dot{\boldsymbol{x}}_{\mathrm{c}}\\ \dot{\boldsymbol{y}}_{\mathrm{c}}\\ \dot{\boldsymbol{\theta}}_{\mathrm{c}}\\ \dot{\boldsymbol{w}}_{1}\\ \dot{\boldsymbol{w}}_{2}\\ \dot{\boldsymbol{w}}_{3}\end{bmatrix}=0.04\begin{bmatrix}\dfrac{\cos\theta-\sin\theta}{2}w_1+(\cos\theta)w_2-\dfrac{\cos\theta-\sin\theta}{2}w_3\\ \dfrac{\cos\theta-\sin\theta}{2}w_1+(\sin\theta)w_2-\dfrac{\cos\theta-\sin\theta}{2}w_3\\ \dfrac{w_1}{2L}+\dfrac{w_3}{2L}\\ 0\\ 0\\ 0\end{bmatrix}+\begin{bmatrix}0&0&0\\0&0&0\\0&0&0\\1&0&0\\0&1&0\\0&0&1\end{bmatrix}\boldsymbol{u} \tag{7-53}$$

从而得到 ODW 角速度和控制器 $\boldsymbol{u}$ 之间的解耦模型

$$\begin{bmatrix}\dot{\boldsymbol{w}}_1\\ \dot{\boldsymbol{w}}_2\\ \dot{\boldsymbol{w}}_3\end{bmatrix}=\begin{bmatrix}\boldsymbol{u}_1\\ \boldsymbol{u}_2\\ \boldsymbol{u}_3\end{bmatrix} \tag{7-54}$$

利用 ODW 的冗余自由度得到

$$\boldsymbol{w}_4=\boldsymbol{w}_1+\boldsymbol{w}_2-\boldsymbol{w}_3 \tag{7-55}$$

式(7-54)表明已经获得了 ODW 非线性输入输出解耦模型，通过分别设计 $\boldsymbol{u}_1$、$\boldsymbol{u}_2$ 和 $\boldsymbol{u}_3$ 可实现 ODW 的角速度控制。

7.3.2 安全控制器设计与稳定性分析

ODW 的角速度跟踪问题就是设计反馈控制器，使系统输出渐近趋于期望角速度。设期望角速度为 $\boldsymbol{w}_{\mathrm{d}}=\begin{bmatrix}\boldsymbol{w}_{1\mathrm{d}} & \boldsymbol{w}_{2\mathrm{d}} & \boldsymbol{w}_{3\mathrm{d}}\end{bmatrix}^{\mathrm{T}}$，则角速度误差可以表示为

$$\boldsymbol{e}_i=\boldsymbol{w}_i-\boldsymbol{w}_{i\mathrm{d}}(i=1,2,3) \tag{7-56}$$

对解耦后的系统(7-54)设计控制器如下：

$$\boldsymbol{u}_i=\dot{\boldsymbol{w}}_{i\mathrm{d}}+\boldsymbol{K}_{\mathrm{p}i}\boldsymbol{e}_i \tag{7-57}$$

其中，$\boldsymbol{K}_{\mathrm{p}i}$ 为待调节的控制器参数矩阵。接下来进行系统稳定性分析。

将控制器式(7-57)代入解耦模型(7-54)可得

$$\begin{bmatrix}\dot{\boldsymbol{w}}_1\\ \dot{\boldsymbol{w}}_2\\ \dot{\boldsymbol{w}}_3\end{bmatrix}=\begin{bmatrix}\dot{\boldsymbol{w}}_{1\mathrm{d}}\\ \dot{\boldsymbol{w}}_{2\mathrm{d}}\\ \dot{\boldsymbol{w}}_{3\mathrm{d}}\end{bmatrix}+\begin{bmatrix}\boldsymbol{K}_{\mathrm{p}1}\boldsymbol{e}_1\\ \boldsymbol{K}_{\mathrm{p}2}\boldsymbol{e}_2\\ \boldsymbol{K}_{\mathrm{p}3}\boldsymbol{e}_3\end{bmatrix} \tag{7-58}$$

进一步整理得到

$$\begin{bmatrix}\dot{\boldsymbol{e}}_1\\ \dot{\boldsymbol{e}}_2\\ \dot{\boldsymbol{e}}_3\end{bmatrix}-\begin{bmatrix}\boldsymbol{K}_{\mathrm{p}1}\boldsymbol{e}_1\\ \boldsymbol{K}_{\mathrm{p}2}\boldsymbol{e}_2\\ \boldsymbol{K}_{\mathrm{p}3}\boldsymbol{e}_3\end{bmatrix}=0 \tag{7-59}$$

由式(7-59)可以看出，通过调节参数矩阵$\boldsymbol{K}_{\mathrm{p}i}$，可使角速度跟踪误差$\boldsymbol{e}_i$趋于零，ODW 角速度可以实现渐近稳定跟踪。

基于非线性反馈控制器(7-47)和角速度跟踪控制器(7-57)，得到 ODW 轨迹跟踪控制器为

$$\begin{cases}\boldsymbol{u}=\dot{\boldsymbol{w}}_{\mathrm{d}}+\boldsymbol{K}_{\mathrm{p}}\boldsymbol{e}\\ \overline{\boldsymbol{F}}=\overline{\boldsymbol{B}}^{-1}\boldsymbol{M}_1\boldsymbol{u}+\overline{\boldsymbol{B}}^{-1}\boldsymbol{M}_2\boldsymbol{w}\end{cases} \tag{7-60}$$

利用控制器式(7-60)和动力学模型(7-39)，ODW 可实现轨迹跟踪。

7.3.3　仿真分析

为了验证文中提出控制器设计方法的有效性，基于 ODW 的运动学模型和动力学模型，对医生指定的直线运动轨迹进行了跟踪，直线方程描述如下：

$$\begin{cases}x_{\mathrm{d}}(t)=20\times(1-\mathrm{e}^{-01t})\\ y_{\mathrm{d}}(t)=20\times(1-\mathrm{e}^{-01t})\\ \theta_{\mathrm{d}}(t)=\dfrac{\pi}{2}\end{cases}$$

仿真研究中，ODW 的物理参数康复机器人质量$M=58\mathrm{kg}$，康复者质量$m_0=80\mathrm{kg}$，ODW 转动惯量$I=27.7\mathrm{kg}\cdot\mathrm{m}^2$，偏心距$r_0=0.16\mathrm{m}$，轮子半径$r=0.04\mathrm{m}$，康复机器人中心到轮子中心的距离$L$=0.4m。初始位置$x_{\mathrm{c}}(0)=0.46\mathrm{m}$，$y_{\mathrm{c}}(0)=0.39\mathrm{m}$，$\theta_{\mathrm{c}}(0)=\pi/2-0.0432$，控制器调节参数$k_{\mathrm{p}1}=-114.3$，$k_{\mathrm{p}2}=-114.3$，$k_{\mathrm{p}3}=-114.3$，仿真曲线如图 7.41～图 7.48 所示。

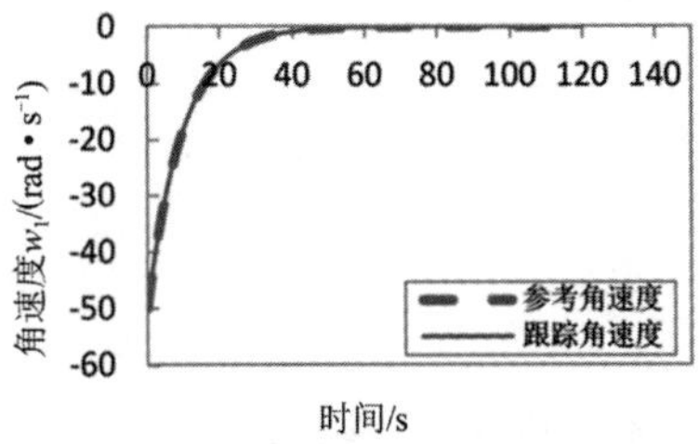

图 7.41　角速度w_1跟踪曲线

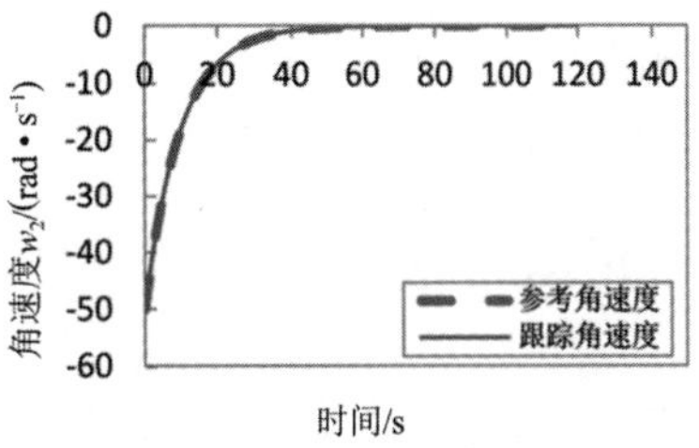

图 7.42　角速度w_2跟踪曲线

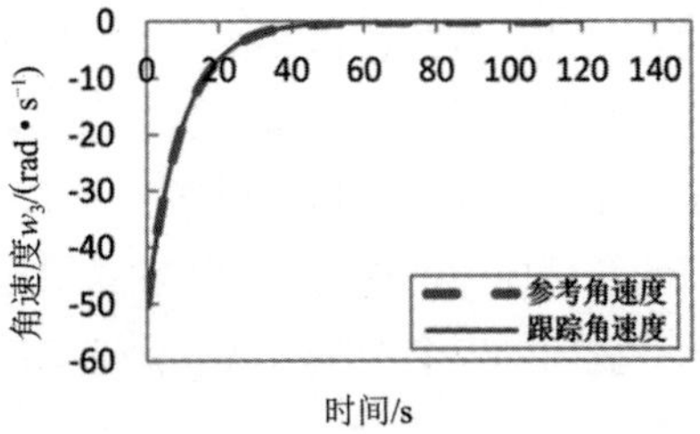

图 7.43　角速度w_3跟踪曲线

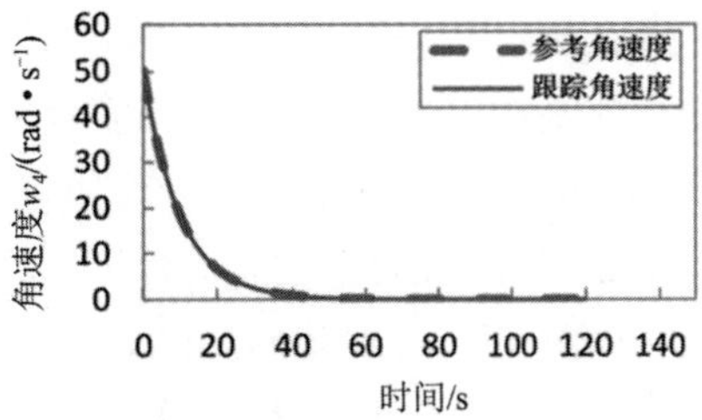

图 7.44　角速度w_4跟踪曲线

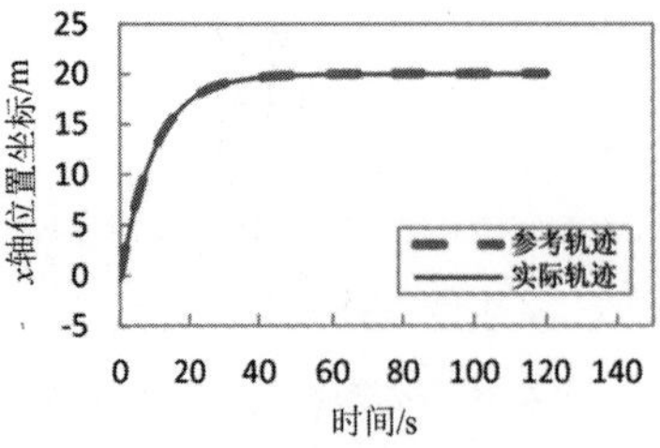

图 7.45　x 轴轨迹跟踪曲线

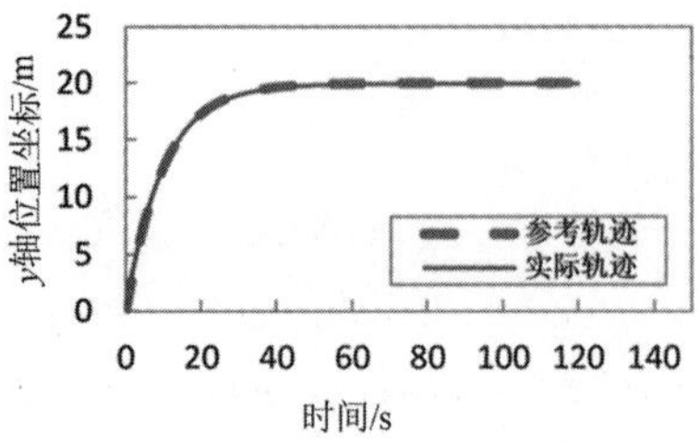

图 7.46　y 轴轨迹跟踪曲线

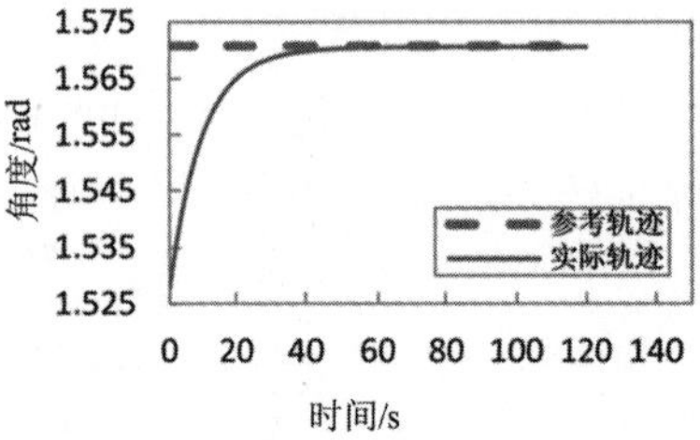

图 7.47　方向角轨迹跟踪曲线

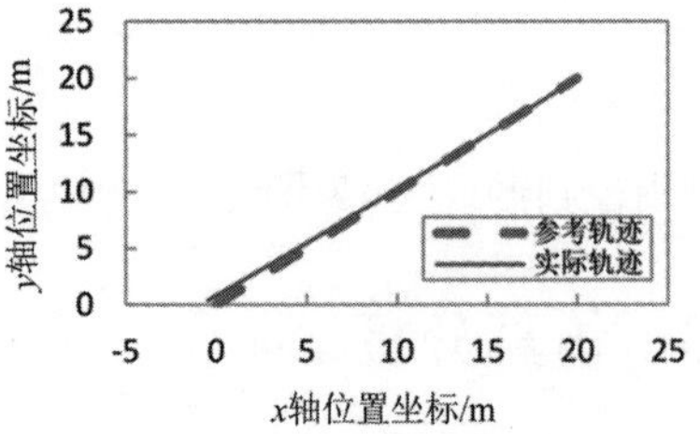

图 7.48　直线跟踪路径

图 7.41～图 7.44 分别给出了 ODW 角速度跟踪曲线，可以看出利用输入输出线性化方法所设计的控制器能够对指定轨迹的角速度进行跟踪，并且在很短的时间内达到渐近稳定，通过角速度和运动速度之间的物理关系，ODW 运动速度可实现跟踪控制，保障了人机运动速度的协调，提高了系统的安全性。

图 7.45～图 7.48 分别给出了 ODW 在各轴轨迹跟踪曲线及直线跟踪路径，由图可知 ODW 实现了医生指定轨迹的跟踪训练，由于方向角初始运动存在一定误差，使得角度跟踪在初始 20s 左右存在较大误差，随着控制器调节误差逐渐减小，直至实现渐近稳定跟踪。由此可知，基于本节提出的建立解耦模型和输入输出线性化方法，ODW 同时实现了速度和轨迹跟踪，避免康复机器人运动过程中产生较大的速度和轨迹误差，进而避免因人机运动不协调而发生碰撞危险，保障了人机系统的安全性。

7.4　本章小结

本章研究了康复机器人运动轨迹和速度跟踪误差同时约束的安全控制问题，给出了辅助运动轨迹构造方案，使 ODW 从任意位置出发都能同时实现运动轨迹和运动速度跟踪，且将跟踪误差约束在指定范围内，保证了 ODW 系统运动状态的安全性。本章还建立了 ODW 预测模型及性能优化函数，通过求解控制增量形式的二次规划问题，获得了时域内满足误差约束条件的预测控制。同时为了提高控制系统的鲁棒性，本章提出了非脆弱安全预测控制方法，并分析了跟踪误差系统的稳定性，建立了运动速度和驱动力之间的解耦模型，提出了利用输入输出线性化方法，同时实现速度和轨迹跟踪。仿真结果表明，本章提出的安全控制方法能保证 ODW 在安全运动轨迹和安全运动速度下帮助康复者进行步行训练。

参考文献

[1] Guo S, Ji J C, Ma G W, et al. Lower Limb Rehabilitation Robot for Gait Training [J]. Journal of Mechanics in Medicine and Biology, 2014, 14(6): 1440004-1-1440004-9.

[2] San M D, Cestari M, Arevalo J C, et al. Generation and Control of Adaptive Gaits in Lower Limb Exoskeletons for Motion Assistance [J]. Advanced Robotics, 2014, 28(5): 329-338.

[3] Zhao G, Yu H Y, Yin Y H. Developing a Mobile Lower Limb Robotic Exoskeletons for Gait Rehabilitation [J]. Journal of Medical Devices, 2014, 8(12): 044503-1-044503-6.

[4] Jiang Y L, Wang S Y, Ishida K, et al. Directional Control of an Omnidirectional Walking Support Walker: Adaptation to Individual Differences with Fuzzy Learning [J]. Advanced Robotics, 2014, 28(7): 479-485.

[5] Sun P, Wang S Y. Redundant Input Safety Tracking Control for Omnidirectional Rehabilitative Training Walker with Control Constraints [J]. Asian Journal of Control, 2017, 19(1): 116-130.

[6] Tan R P, Wang S Y, Jiang Y L. Adaptive Control Method for Path-tracking Control of an Omnidirectional Walker Compensating for Center-of-gravity Shifts and Load Changes [J]. International Journal of Innovative Computing, Information and Control, 2011, 7(7): 4423-4434.

[7] Liu Q, Liu D, Meng W, et al. Fuzzy Sliding Mode Control of a Multi-DOF Robot in Rehabilitation Environment [J]. International Journal of Humanoid Robotics, 2014, 11(1): 1-29.

[8] Li Y M, Tong S C, Li T S. Adaptive Fuzzy Output-feedback Control for Output Constrained Nonlinear Systems in the Presence of Input Saturation [J]. Fuzzy Sets and Systems, 2014, 248: 138-155.

[9] Han S I, Lee J M. Output Tracking Error Constrained Robust Positioning Control for a Nonsmooth Nonlinear Dynamic System [J]. IEEE Transactions on Industrial Electronics, 2014, 61(12): 6882-6891.

[10] 孙平. 速度受限的全方向康复步行训练机器人 Backstepping 补偿跟踪控制[J]. 信息与控制，2015，44(3)：309-315.

[11] Sun P, Wang S Y. Guaranteed Cost Tracking Control for an Omnidirectional Rehabilitative Training Walker with Safety Velocity Performance [J]. ICIC Express Letters, 2016, 10(5): 1165-1172.

[12] Niu B, Zhao J. Output Tracking Control for a Class of Switched Nonlinear Systems with Partial State Constraints [J]. IET Control Theory and Applications, 2013, 7(4): 623-631.

[13] Niu B, Zhao J. Tracking Control for Output-constrained Nonlinear Switched Systems with a Barrier Lyapunov Function [J]. International Journal of System Science, 2013, 44(5): 978-985.

[14] Yucelen T, Torre G D, Johnson E N. Improving Transient Performance of Adaptive Control Architectures Using Frequency-limited System Error Dynamics [J]. International Journal of Control, 2014, 87(11): 2383-2397.

[15] Zhang Z Q, Shen H, Li Z, et al. Zero-error Tracking Control of Uncertain Nonlinear System in the Presence of Actuator Hysteresis [J]. International Journal of System Science, 2015, 46(15): 2853-2864.

[16] Wei G L, Wang Z D, Shen B. Error-constrained Finite-horizon Tracking Control with Incomplete Measurements and Bounded Noises [J]. International Journal of Robust and Nonlinear Control, 2012, 22: 223-238.

[17] Karl W, Mohaned W, Mehre Z, et al. Model Predictive Control of Nonholonomic Mobile Robots Without Stabilizing Constraints and Costs [J]. IEEE Transactions on Control Systems Technology, 2016, 24(4): 1394-1406.

[18] 孙平，张帅. 康复步行训练机器人位置和速度跟踪误差同时约束的安全预测控制[J]. 电机与控制学报，2019，23(6)：119-128.

[19] 孙平，张帅，孙桐，等. 冗余康复步行训练机器人各轴跟踪误差最优预测控制方法：201710753885.6 [P]. 2020-10-02.

[20] Xiao H Z, Li Z J, Yang C G, et al. Robust Stabilization of a Wheeled Mobile Robot Using Model Predictive Control Based on Neurodynamics Optimization [J]. IEEE Transactions on Industrial Electronics, 2017, 64(1): 505-516.

[21] Rajavel S, Samidurai R, Cao J D, et al. Finite-time Non-fragile Passivity Control for Neural Networks with Time-varying Delay [J]. Applied Mathematics and Computation, 2017, 297: 145-158.

[22] Fu S S, Qiu J B, Ji W Q. Non-fragile Control of Fuzzy Affine Dynamic Systems via Piecewise Lyapunov Functions [J]. Frontiers of Computer Science, 2017, 11(6): 937-947.

[23] 孙平，刘博，孙桐，等. 康复训练机器人运动速度和运动轨迹同时跟踪的控制方法：201510850021.7 [P]. 2017-11-07.

[24] 孙平，刘博，杨德国. 全方向康复步行训练机器人的跟踪控制[J]. 沈阳工业大学学报，2017，39(1)：88-93.

[25] 曾志文，卢惠民，张辉，等. 基于模型预测控制的移动机器人轨迹跟踪[J]. 控制工程，2011，18：80-85.

[26] Sun P, Wang S Y. Guaranteed Cost Non-fragile Tracking Control for Omnidirectional Rehabilitative Training Walker with Velocity Constraints [J]. International Journal of Control, Automation and Systems, 2016, 4(5):1340-1351.

[27] Xie F, Fierro R. First-state Contractive Model Predictive Control of Nonholonomic Mobile Robots [C]. 2008 American Control Conference, Washington, 2008: 3494-3499.

[28] Sun P, Zhang S, Wang S Y, et al. Nonfragile Predictive Control for an Omnidirectional Rehabilitative Training Walker with Constraints on the Tracking Errors of Position and Velocity [J]. Optimation Control Applications and Methods, 2020, 5: 1-24.

[29] Chang H B, Sun P, Wang S Y. A Robust Adaptive Tracking Control Method for a Rehabilitative Walker Using Random Parameters [J]. International Journal of Control, 2017, 90(7): 1146-1456.

第8章

康复机器人抑制人机作用力的安全控制

近年来，研究者提出了康复步行训练机器人的多种跟踪控制方法，如基于路径规划的限速方法[1]、阻抗控制方法[2]、鲁棒可靠控制方法[3]等。然而，上述方法均忽略了康复训练者和机器人之间的相互作用力，在实际应用中有很大局限性。

事实上，康复机器人在辅助康复训练者步行的过程中会产生多种作用力，如对支撑板的压力[4]、扶把手的力[5]、步行力[6]等。这些力严重影响机器人的跟踪精度，甚至会产生较大的跟踪误差而威胁康复训练者的安全。目前，关于人机接触问题的研究受到了学者们关注，该问题主要有三种解决方法：①人机接触控制[7]，仅限制机器人的关节、运动速度和运动空间，忽略了康复训练者对机器人运动的影响，无法实现人机协调；②人机阻抗控制[8]，难以在运动空间中获得满意的阻抗；③肌电信号(electromyography，EMG)方法[9]，通过传感器测量人体EMG，但不易确定肌肉力量和EMG之间的关系。由此可见，对人机接触问题的研究还没有得到统一的方法，该问题依然具有挑战性。

此外，在康复训练过程中，机械故障、外界干扰等不可预见因素会使机器人运动状态发生突变，为了保证人机系统的安全，限制机器人各运动轴的跟踪误差不容忽视。常规方法[10-12]由于无法同时约束多个变量，不能将轨迹跟踪误差和速度跟踪误差限制在指定范围内。目前，模型预测控制(Model Predictive Control，MPC)在状态约束问题中得到了发展[13-15]，然而，研究结果建立的是总体轨迹跟踪误差的性能函数，没有实现各个运动轴最优轨迹跟踪。同时，抑制人机作用力对康复机器人跟踪性能的影响，避免过大轨迹误差使机器人发生碰撞危险，对提高康复机器人的安全性具有重要作用。

鉴于上述分析，本章研究了康复机器人的人机作用力观测方法，提出了抑制人机作用力并提高跟踪精度的控制策略，通过实现各运动轴最优轨迹跟踪控制、任意康复者质量变化的自适应控制、位姿随机变化的跟踪控制提高康复机器人的跟踪性能，从而保障人机系统的安全性。

8.1 康复机器人人机作用力的安全预测控制

8.1.1 基于冗余结构特征的人机作用力观测

康复机器人ODW帮助患者运动的过程中，患者将前臂放在扶板上支撑身体重量并随ODW

运动，便可实现步行训练。由图 8.1 可以看出，患者对 ODW 产生压力，以及在运动过程中向前行走产生的步行力，这些人机作用力严重影响 ODW 的跟踪运动，可能产生过大的跟踪误差导致机器人发生碰撞危险。为了提高 ODW 人机系统的安全性，抑制人机作用力极为重要。

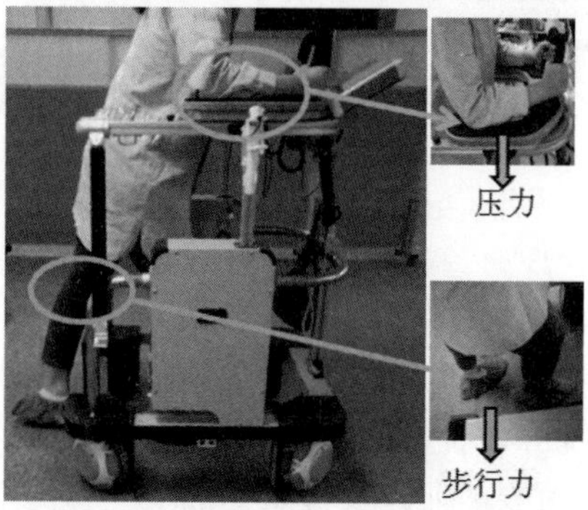

图 8.1 康复机器人的人机作用力

第 2 章中建立了康复机器人的运动学模型(2-1)，由此可得全向轮运动速度关系满足 $v_1+v_2=v_3+v_4$，这样可知 ODW 具有一个冗余自由度。因此，动力学模型(2-29)中的四个控制输入力只有三个是独立的，这样令输入力 $f_4=f_2$，于是得到

$$\boldsymbol{M}_1\ddot{\boldsymbol{X}}(t)+\boldsymbol{M}_2\dot{\boldsymbol{X}}(t)=\overline{\boldsymbol{B}}(\theta)\overline{\boldsymbol{u}}(t) \tag{8-1}$$

其中：

$$\overline{\boldsymbol{B}}(\theta)=\begin{bmatrix}-\sin\theta & 2\cos\theta & -\sin\theta\\ \cos\theta & 2\sin\theta & \cos\theta\\ \lambda_1 & \lambda_4-\lambda_2 & -\lambda_3\end{bmatrix},\quad \overline{\boldsymbol{u}}(t)=\begin{bmatrix}f_1\\ f_2\\ f_3\end{bmatrix}$$

系统模型(8-1)是由 Lagrangian 微分方程表示的机械系统，其控制输入是一种广义力[16]，可分解为控制力和耗散力，只有控制力才能用于实现机械系统的性能，如跟踪性、鲁棒性等，耗散力在系统运行中用于抑制各类扰动。由此可知，对于人机接触问题的研究结果，直接针对广义力设计的控制器，在实际应用中将会有一部分控制力用于抑制人机相互作用对跟踪性能的影响，即部分控制输入力被耗散，这样导致机器人跟踪效果不理想。为了抑制人机作用力并提高康复机器人的跟踪精度，将 ODW 的广义力 $\overline{\boldsymbol{u}}(t)$ 分解为控制力 $\overline{\boldsymbol{u}}_1(t)$ 和耗散力 $\overline{\boldsymbol{u}}_2(t)$，这里耗散力指人机相互作用力，于是系统模型(8-1)转化为如下形式：

$$\boldsymbol{M}_1\ddot{\boldsymbol{X}}(t)+\boldsymbol{M}_2\dot{\boldsymbol{X}}(t)=\overline{\boldsymbol{B}}(\theta)[\overline{\boldsymbol{u}}_1(t)+\overline{\boldsymbol{u}}_2(t)] \tag{8-2}$$

其中，$\overline{\boldsymbol{u}}_1(t)$ 表示待设计的控制输入力，$\overline{\boldsymbol{u}}_2(t)$ 表示人机作用力。令 $\boldsymbol{x}_1(t)=\boldsymbol{X}(t)$，$\boldsymbol{x}_2(t)=\dot{\boldsymbol{X}}(t)$ 分别表示系统的位置和速度状态，设 $\boldsymbol{x}_3(t)=-\boldsymbol{M}_1^{-1}\boldsymbol{M}_2\dot{\boldsymbol{X}}+\boldsymbol{M}_1^{-1}\overline{\boldsymbol{B}}(\theta)\overline{\boldsymbol{u}}_2(t)$，则模型(8-2)可转化为

$$\begin{cases}\dot{\boldsymbol{x}}_1(t)=\boldsymbol{x}_2(t)\\ \dot{\boldsymbol{x}}_2(t)=\boldsymbol{M}_1^{-1}\overline{\boldsymbol{B}}(\theta)\overline{\boldsymbol{u}}_1(t)+\boldsymbol{x}_3(t)\\ \dot{\boldsymbol{x}}_3(t)=\boldsymbol{h}_0(t)\end{cases} \tag{8-3}$$

式(8-3)中，定义 $\boldsymbol{x}_3(t)$ 一阶可导且 $|\boldsymbol{h}_0(t)| \leqslant \boldsymbol{h}$，$\boldsymbol{h}=[\boldsymbol{h}_1 \quad \boldsymbol{h}_2 \quad \boldsymbol{h}_3]^{\mathrm{T}}$ 为常量。

步行训练中，康复训练者会随着 ODW 运动调整位姿，导致人机作用力 $\overline{\boldsymbol{u}}_2(t)$ 具有时变特性，严重影响系统的跟踪性能，接下来利用 ODW 的实际位置输出 $\boldsymbol{y}=\boldsymbol{X}(t)$ 观测人机作用力。

基于 ODW 动力学模型(8-3)，设计观测器如下：

$$\begin{cases}\dot{\hat{\boldsymbol{x}}}_1(t)=\hat{\boldsymbol{x}}_2(t)+\boldsymbol{\mu}_2[\boldsymbol{y}(t)-\hat{\boldsymbol{y}}(t)] \\ \dot{\hat{\boldsymbol{x}}}_2(t)=\hat{\boldsymbol{x}}_3(t)+\boldsymbol{M}_1^{-1}\overline{\boldsymbol{B}}(\theta)\overline{\boldsymbol{u}}_1(t)+\boldsymbol{\mu}_1[\dot{\boldsymbol{y}}(t)-\dot{\hat{\boldsymbol{y}}}(t)] \\ \dot{\hat{\boldsymbol{x}}}_3(t)=\boldsymbol{x}_3(t)-\hat{\boldsymbol{x}}_3(t)+\boldsymbol{\mu}_0(t)[\boldsymbol{y}(t)-\hat{\boldsymbol{y}}(t)]\end{cases} \tag{8-4}$$

其中，$\hat{\boldsymbol{x}}_i(t)$ 表示 $\boldsymbol{x}_i(t)$ ($i=1, 2, 3$)的观测值。设 $\boldsymbol{r}_i(t)=\boldsymbol{x}_i(t)-\hat{\boldsymbol{x}}_i(t)$ 表示观测误差，由模型(8-3)和(8-4)可得观测误差方程为

$$\begin{cases}\dot{\boldsymbol{r}}_1(t)=\boldsymbol{r}_2(t)-\boldsymbol{\mu}_2\boldsymbol{r}_1(t) \\ \dot{\boldsymbol{r}}_2(t)=\boldsymbol{r}_3(t)-\boldsymbol{\mu}_1\boldsymbol{r}_2(t) \\ \dot{\boldsymbol{r}}_3(t)=\boldsymbol{h}_0(t)-\boldsymbol{r}_3(t)-\boldsymbol{\mu}_0(t)\boldsymbol{r}_1(t)\end{cases} \tag{8-5}$$

其中，$\boldsymbol{\mu}_1$、$\boldsymbol{\mu}_2$ 为待设计的定常增益，$\boldsymbol{\mu}_0(t)$ 是待设计的时变增益。

针对误差系统(8-5)建立 Lyapunov 函数如下：

$$\boldsymbol{V}(\boldsymbol{r}_i(t))=\frac{1}{2}\boldsymbol{r}_1^2(t)+\frac{1}{2}\boldsymbol{r}_2^2(t)+\frac{1}{2}\boldsymbol{r}_3^2(t)$$

沿系统(8-5)对 $\boldsymbol{V}(\boldsymbol{r}_i(t))$ 求导得

$$\begin{aligned}\dot{\boldsymbol{V}}(\boldsymbol{r}_i(t))&=\boldsymbol{r}_1^{\mathrm{T}}(t)\dot{\boldsymbol{r}}_1(t)+\boldsymbol{r}_2^{\mathrm{T}}(t)\dot{\boldsymbol{r}}_2(t)+\boldsymbol{r}_3^{\mathrm{T}}(t)\dot{\boldsymbol{r}}_3(t) \\ &=\boldsymbol{r}_1^{\mathrm{T}}(t)[\boldsymbol{r}_2(t)-\boldsymbol{\mu}_2\boldsymbol{r}_1(t)]+\boldsymbol{r}_2^{\mathrm{T}}(t)(\boldsymbol{r}_3(t)-\boldsymbol{\mu}_1\boldsymbol{r}_2(t))+\boldsymbol{r}_3^{\mathrm{T}}(t)[\boldsymbol{h}_0(t)-\boldsymbol{r}_3(t)-\boldsymbol{\mu}_0(t)\boldsymbol{r}_1(t)] \\ &=\boldsymbol{r}_1^{\mathrm{T}}(t)\boldsymbol{r}_2(t)-\boldsymbol{\mu}_2\boldsymbol{r}_1^2(t)+\boldsymbol{r}_2^{\mathrm{T}}(t)\boldsymbol{r}_3(t)-\boldsymbol{\mu}_1\boldsymbol{r}_2^2(t)+\boldsymbol{r}_3^{\mathrm{T}}(t)\boldsymbol{h}_0(t)-\boldsymbol{r}_3^2(t)-\boldsymbol{\mu}_0(t)\boldsymbol{r}_3^{\mathrm{T}}(t)\boldsymbol{r}_1(t) \\ &\leqslant \boldsymbol{r}_1^{\mathrm{T}}(t)\boldsymbol{r}_2(t)-\boldsymbol{\mu}_2\boldsymbol{r}_1^2(t)+\boldsymbol{r}_3^{\mathrm{T}}(t)[\boldsymbol{r}_2(t)+\boldsymbol{h}-\boldsymbol{\mu}_0(t)\boldsymbol{r}_1(t)]-\boldsymbol{r}_3^2(t)-\boldsymbol{\mu}_1\boldsymbol{r}_2^2(t)\end{aligned}$$

根据 Young's 不等式，并假设存在常数 $\varepsilon_1>0$，可得

$$\boldsymbol{r}_1^{\mathrm{T}}(t)\boldsymbol{r}_2(t) \leqslant \frac{1}{2}\varepsilon_1^2\boldsymbol{r}_1^2(t)+\frac{1}{2\varepsilon_1^2}\boldsymbol{r}_2^2(t)$$

设计观测器增益为

$$\boldsymbol{\mu}_0(t)\boldsymbol{r}_1(t)=\boldsymbol{r}_2(t)+\boldsymbol{h}$$

$$\boldsymbol{\mu}_1=1+\frac{1}{2\varepsilon_1^2}$$

$$\boldsymbol{\mu}_2=1+\frac{1}{2}\varepsilon_1^2$$

进一步，可得 $\dot{\boldsymbol{V}}(\boldsymbol{r}_i(t)) \leqslant -2\boldsymbol{V}(\boldsymbol{r}_i(t))$，于是观测误差系统(8-5)渐近稳定。从而可知，当 $t \to \infty$，$\boldsymbol{x}_3(t)=\hat{\boldsymbol{x}}_3(t)$，这样便可实现人机作用力 $\overline{\boldsymbol{u}}_2(t)$ 的观测。

8.1.2 最优轨迹跟踪预测控制器的设计

针对系统(8-3)，抑制人机作用力的非线性控制器设计如下：

$$\bar{\boldsymbol{u}}_1(t) = \bar{\boldsymbol{B}}^{-1}(\theta)\boldsymbol{M}_1[-\hat{\boldsymbol{x}}_3(t) + \ddot{\boldsymbol{X}}_{\mathrm{d}}(t) + \boldsymbol{u}_{\mathrm{c}}(t)] \tag{8-6}$$

其中，$\boldsymbol{u}_{\mathrm{c}}(t)$ 表示待设计的预测控制器。设 $\boldsymbol{X}_{\mathrm{d}}(t)$ 表示医生指定的训练轨迹，令 $\boldsymbol{e}_1(t) = \boldsymbol{x}_1(t) - \boldsymbol{X}_{\mathrm{d}}(t)$ 表示 ODW 轨迹跟踪误差，$\boldsymbol{e}_2(t) = \boldsymbol{x}_2(t) - \dot{\boldsymbol{X}}_{\mathrm{d}}(t)$ 表示 ODW 速度跟踪误差，进而有

$$\begin{aligned}\dot{\boldsymbol{e}}_1(t) &= \boldsymbol{e}_2(t)\\ \dot{\boldsymbol{e}}_2(t) &= \boldsymbol{u}_{\mathrm{c}}(t)\end{aligned} \tag{8-7}$$

其中，$\boldsymbol{e}_1(t) = [\boldsymbol{e}_{11}(t) \quad \boldsymbol{e}_{12}(t) \quad \boldsymbol{e}_{13}(t)]^{\mathrm{T}}$ 和 $\boldsymbol{e}_2(t) = [\boldsymbol{e}_{21}(t) \quad \boldsymbol{e}_{22}(t) \quad \boldsymbol{e}_{23}(t)]^{\mathrm{T}}$ 分别表示 x 轴、y 轴和旋转角方向的轨迹跟踪误差和速度跟踪误差，$\boldsymbol{u}_{\mathrm{c}}(t) = [\boldsymbol{u}_{\mathrm{c1}}(t) \quad \boldsymbol{u}_{\mathrm{c2}}(t) \quad \boldsymbol{u}_{\mathrm{c3}}(t)]^{\mathrm{T}}$ 分别表示三个运动轴方向的控制输入力。

将式(8-7)表示为各运动轴子系统误差方程：

$$\begin{cases}\dot{\boldsymbol{e}}_{1i}(t) = \boldsymbol{e}_{2i}(t)\\ \dot{\boldsymbol{e}}_{2i}(t) = \boldsymbol{u}_{\mathrm{c}i}(t)\end{cases} \qquad i = 1,2,3 \tag{8-8}$$

令 $\boldsymbol{e}^i(k) = [\boldsymbol{e}_{1i}(k) \quad \boldsymbol{e}_{2i}(k)]^{\mathrm{T}}$ 和 $\boldsymbol{y}^i(k) = \boldsymbol{e}_{1i}(k)$ 分别表示 k 时刻各运动轴子系统状态和位置输出；$\boldsymbol{u}_{\mathrm{c}i}(k)$ 为各子系统控制输入变量。将 $\boldsymbol{u}_{\mathrm{c}i}(k)$ 表示为增量形式，并根据式(8-8)得到各运动轴子系统如下：

$$\begin{cases}\boldsymbol{e}^i(k+1) = \boldsymbol{A}\boldsymbol{e}^i(k) + \boldsymbol{B}\boldsymbol{u}_{\mathrm{c}i}(k)\\ \boldsymbol{y}^i(k) = \boldsymbol{e}_{1i}(k) = \boldsymbol{C}\boldsymbol{e}_i(k)\\ \boldsymbol{u}_{\mathrm{c}i}(k) = \boldsymbol{u}_{\mathrm{c}i}(k-1) + \Delta\boldsymbol{u}_{\mathrm{c}i}(k)\end{cases} \tag{8-9}$$

其中，$\boldsymbol{A} = \begin{bmatrix}1 & T\\ 0 & 1\end{bmatrix}$，$\boldsymbol{B} = \begin{bmatrix}0\\ T\end{bmatrix}$，$\boldsymbol{C} = [1 \quad 0]$；$\boldsymbol{u}_{\mathrm{c}i}(k-1)$ 和 $\Delta\boldsymbol{u}_{\mathrm{c}i}(k)$ 分别表示 $k-1$ 时刻和 k 时刻子系统的控制变量和控制增量；T 表示采样周期。

令 N_{p} 表示预测时域，N_{c} 表示控制时域，由式(8-9)可得 ODW 各轴子系统在预测时域内的运动轨迹和速度方程：

$$\boldsymbol{e}_{1i} = \boldsymbol{F}_1\boldsymbol{e}^i(k) + \boldsymbol{\Phi}_1\boldsymbol{u}_{\mathrm{c}i}(k-1) + \boldsymbol{G}_1\Delta\boldsymbol{U}_{\mathrm{c}i} \tag{8-10}$$

$$\boldsymbol{e}_{2i} = \boldsymbol{F}_2\boldsymbol{e}^i(k) + \boldsymbol{\Phi}_2\boldsymbol{u}_{\mathrm{c}i}(k-1) + \boldsymbol{G}_2\Delta\boldsymbol{U}_{\mathrm{c}i} \tag{8-11}$$

其中：

$$\boldsymbol{e}_{1i} = \begin{bmatrix}\boldsymbol{e}_{1i}(k+1/k)\\ \boldsymbol{e}_{1i}(k+2/k)\\ \vdots\\ \boldsymbol{e}_{1i}(k+N_{\mathrm{p}}/k)\end{bmatrix}，\Delta\boldsymbol{U}_{\mathrm{c}i} = \begin{bmatrix}\Delta\boldsymbol{u}_{\mathrm{c}i}(k/k)\\ \Delta\boldsymbol{u}_{\mathrm{c}i}(k+1/k)\\ \vdots\\ \Delta\boldsymbol{u}_{\mathrm{c}i}(k+N_{\mathrm{c}}/k)\end{bmatrix}，\boldsymbol{F}_1 = \begin{bmatrix}\boldsymbol{CA}\\ \boldsymbol{CA}^2\\ \vdots\\ \boldsymbol{CA}^N\end{bmatrix}，\boldsymbol{\Phi}_1 = \begin{bmatrix}\boldsymbol{CB}\\ \boldsymbol{CAB}+\boldsymbol{CB}\\ \vdots\\ \sum_{i=0}^{N-1}\boldsymbol{CA}^i\boldsymbol{B}\end{bmatrix}$$

$$\boldsymbol{e}_{2i}=\begin{bmatrix}\boldsymbol{e}_{2i}(k+1/k)\\ \boldsymbol{e}_{2i}(k+2/k)\\ \vdots\\ \boldsymbol{e}_{2i}(k+N_{\mathrm{p}}/k)\end{bmatrix},\ \boldsymbol{F}_2=\begin{bmatrix}\boldsymbol{C}_1\boldsymbol{B}\\ \boldsymbol{C}_1\boldsymbol{A}^2\\ \vdots\\ \boldsymbol{C}_1\boldsymbol{A}^N\end{bmatrix},\ \boldsymbol{\Phi}_2=\begin{bmatrix}\boldsymbol{C}_1\boldsymbol{B}\\ \boldsymbol{C}_1\boldsymbol{A}\boldsymbol{B}+\boldsymbol{C}_1\boldsymbol{B}\\ \vdots\\ \sum_{i=0}^{N-1}\boldsymbol{C}_1\boldsymbol{A}^i\boldsymbol{B}\end{bmatrix},\ \boldsymbol{C}_1=\begin{bmatrix}0 & 1\end{bmatrix},$$

$$\boldsymbol{G}_1=\begin{bmatrix}\boldsymbol{CB} & \cdots & \cdots & 0\\ \boldsymbol{CAB}+\boldsymbol{CB} & \boldsymbol{CB} & \cdots & 0\\ \vdots & \vdots & & \vdots\\ \sum_{i=0}^{N_{\mathrm{c}}-1}\boldsymbol{CA}^i\boldsymbol{B} & \sum_{i=0}^{N_{\mathrm{c}}-2}\boldsymbol{CA}^i\boldsymbol{B} & \cdots & \boldsymbol{CB}\\ \sum_{i=0}^{N_{\mathrm{c}}}\boldsymbol{CA}^i\boldsymbol{B} & \sum_{i=0}^{N_{\mathrm{c}}-1}\boldsymbol{CA}^i\boldsymbol{B} & \cdots & \boldsymbol{CAB}+\boldsymbol{CB}\\ \vdots & \vdots & & \vdots\\ \sum_{i=0}^{N-1}\boldsymbol{CA}^i\boldsymbol{B} & \sum_{i=0}^{N-2}\boldsymbol{CA}^i\boldsymbol{B} & \cdots & \sum_{i=0}^{N-N_{\mathrm{c}}}\boldsymbol{CA}^i\boldsymbol{B}\end{bmatrix},$$

$$\boldsymbol{G}_2=\begin{bmatrix}\boldsymbol{C}_1\boldsymbol{B} & \cdots & \cdots & 0\\ \boldsymbol{C}_1\boldsymbol{AB}+\boldsymbol{C}_1\boldsymbol{B} & \boldsymbol{C}_1\boldsymbol{B} & \cdots & 0\\ \vdots & \vdots & & \vdots\\ \sum_{i=0}^{N_{\mathrm{c}}-1}\boldsymbol{C}_1\boldsymbol{A}^i\boldsymbol{B} & \sum_{i=0}^{N_{\mathrm{c}}-2}\boldsymbol{C}_1\boldsymbol{A}^i\boldsymbol{B} & \cdots & \boldsymbol{C}_1\boldsymbol{B}\\ \sum_{i=0}^{N_{\mathrm{c}}}\boldsymbol{C}_1\boldsymbol{A}^i\boldsymbol{B} & \sum_{i=0}^{N_{\mathrm{c}}-1}\boldsymbol{C}_1\boldsymbol{A}^i\boldsymbol{B} & \cdots & \boldsymbol{C}_1\boldsymbol{AB}+\boldsymbol{C}_1\boldsymbol{B}\\ \vdots & \vdots & & \vdots\\ \sum_{i=0}^{N-1}\boldsymbol{C}_1\boldsymbol{A}^i\boldsymbol{B} & \sum_{i=0}^{N-2}\boldsymbol{C}_1\boldsymbol{A}^i\boldsymbol{B} & \cdots & \sum_{i=0}^{N-N_{\mathrm{c}}}\boldsymbol{C}_1\boldsymbol{A}^i\boldsymbol{B}\end{bmatrix}$$

建立各运动轴子系统约束条件如下：

$$\begin{cases}\boldsymbol{e}_{1i\min}\leqslant\boldsymbol{e}_{1i}\leqslant\boldsymbol{e}_{1i\max}\\ \boldsymbol{e}_{2i\min}\leqslant\boldsymbol{e}_{2i}\leqslant\boldsymbol{e}_{2i\max}\\ \Delta\boldsymbol{U}_{\mathrm{c}i\min}\leqslant\Delta\boldsymbol{U}_{\mathrm{c}i}\leqslant\Delta\boldsymbol{U}_{\mathrm{c}i\max}\end{cases}\tag{8-12}$$

其中，$\boldsymbol{e}_{1i\min}$ 和 $\boldsymbol{e}_{1i\max}$ 分别表示各运动轴轨迹跟踪误差下限和上限；$\boldsymbol{e}_{2i\min}$ 和 $\boldsymbol{e}_{2i\max}$ 分别表示各运动轴速度跟踪误差下限和上限。

根据式(8-10)和式(8-11)，将式(8-12)转化为如下形式：

$$\begin{cases}\boldsymbol{b}_{1i\min}\leqslant\boldsymbol{G}_1\Delta\boldsymbol{U}_{\mathrm{c}i}\leqslant\boldsymbol{b}_{1i\max}\\ \boldsymbol{b}_{2i\min}\leqslant\boldsymbol{G}_2\Delta\boldsymbol{U}_{\mathrm{c}i}\leqslant\boldsymbol{b}_{2i\max}\\ \Delta\boldsymbol{U}_{\mathrm{c}i\min}\leqslant\Delta\boldsymbol{U}_{\mathrm{c}i}\leqslant\Delta\boldsymbol{U}_{\mathrm{c}i\max}\end{cases}\tag{8-13}$$

即

$$G\Delta U_{ci} \leqslant b_i \tag{8-14}$$

其中：

$$b_{1i\min} = e_{1i\min} - F_1 e^i(k) - \Phi_1 u_{ci}(k-1)$$

$$b_{1i\min} = e_{1i\min} - F_1 e^i(k) - \Phi_1 u_{ci}(k-1)$$

$$b_{2i\min} = e_{2i\min} - F_2 e^i(k) - \Phi_2 u_{ci}(k-1)$$

$$b_{2i\min} = e_{2i\min} - F_2 e^i(k) - \Phi_2 u_{ci}(k-1)$$

$$e_{1i}(k+1) = CAe^i(k) + CBu_{ci}(k-1) + CB\Delta u_{ci}$$

$$e_{2i}(k+1) = C_1 Ae^i(k) + C_1 Bu_{ci}(k-1) + C_1 B\Delta u_{ci}$$

$$G = [G_1 \quad -G_1 \quad G_2 \quad -G_2 \quad I_{N_c} \quad -I_{N_c}]^{\mathrm{T}}$$

$$b_i = [b_{1i\max} \quad -b_{1i\min} \quad b_{2i\max} \quad -b_{2i\min} \quad \Delta U_{ci\max} \quad -\Delta U_{ci\min}]^{\mathrm{T}}$$

接下来，为了实现各运动轴最优轨迹跟踪，以各轴子系统轨迹跟踪误差为变量，建立性能指标函数如下：

$$J_i = \min\ e_{1i}^{\mathrm{T}} e_{1i} \tag{8-15}$$

进一步，根据式(8-10)，将式(8-15)化为如下增量形式：

$$J_i = \min(\Delta U_{ci}^{\mathrm{T}} G_1^{\mathrm{T}} G_1 \Delta U_{ci} + \{2G_1^{\mathrm{T}}[F_1 e^i(k) + \Phi_1 u_{ci}(k-1)]\}^{\mathrm{T}} \Delta U_{ci}) \tag{8-16}$$

于是有

$$J_i = \min \frac{1}{2} \Delta U_{ci}^{\mathrm{T}} H \Delta U_{ci} + C_i^{\mathrm{T}} \Delta U_{ci} \tag{8-17}$$

其中，$C_i = 2G_1^{\mathrm{T}}[F_1 e^i(k) + \Phi_1 u_{ci}(k-1)]$，$H = 2G_1^{\mathrm{T}} G_1$。

这样，由式(8-17)和式 (8-14)得到了各运动轴最优轨迹跟踪二次规划问题。通过求解式(8-17)和式(8-14)可获得增量$\Delta u_{ci}(k)$，再利用模型(8-9)计算$u_{ci}(k)$，并计算$k+1$时刻系统位置和速度的预测误差，进而校正 ODW 的实际位置和速度，使 ODW 抑制人机作用力对跟踪性能的影响，实现对医生指定训练轨迹的跟踪。

8.1.3 仿真结果

为了验证本节提出的人机作用力观测和各运动轴最优轨迹跟踪控制方法的有效性，对医生指定的如下训练轨迹进行了跟踪：

$$\begin{cases} x_{\mathrm{d}}(t) = 20(1 - \mathrm{e}^{-0.5t}) \\ y_{\mathrm{d}}(t) = 20(1 - \mathrm{e}^{-0.5t}) \\ \theta_{\mathrm{d}}(t) = \pi / 4 \end{cases}$$

仿真研究中，ODW 的物理参数及各变量取值分别如表 8.1 和表 8.2 所示。

表 8.1　ODW 参数值

参数	取值
ODW 质量/kg	$M = 58$
中心到各轮距离/m	$L = 0.4$
转动惯量/ $\mathrm{kg \cdot m^2}$	$I_0 = 27.7$
康复者质量/kg	$m = 60$
偏心距/m	$r_0 = 0.16$
偏心角/rad	$\beta = \pi / 4$

表 8.2　变量取值

变量	取值		
	x 轴方向	y 轴方向	旋转角方向
初始速度误差	−0.04 m/s	−0.03 m/s	0.02 rad/s
初始位置误差	0.1 m	0.12 m	−0.08 rad
位置误差上限	0.25 m	0.25 m	0.3 rad
速度误差上限	0.25 m/s	0.25 m/s	0.3 rad/s
观测器参数 h	330	330	310
观测器增益	$\mu_2 = 1.5$	$\mu_1 = 1.5$	$\mu_0(t)$

通过求解观测器方程(8-4)和(8-5)可得人机作用力 $\bar{\boldsymbol{u}}_2(t)$ 。在此基础上，ODW 应用控制器(8-6)抑制人机作用力对跟踪性能的影响，同时在 $\boldsymbol{u}_{\mathrm{c}}(t)$ 控制下实现各运动轴最优轨迹跟踪，仿真结果如图 8.2～图 8.12 所示。

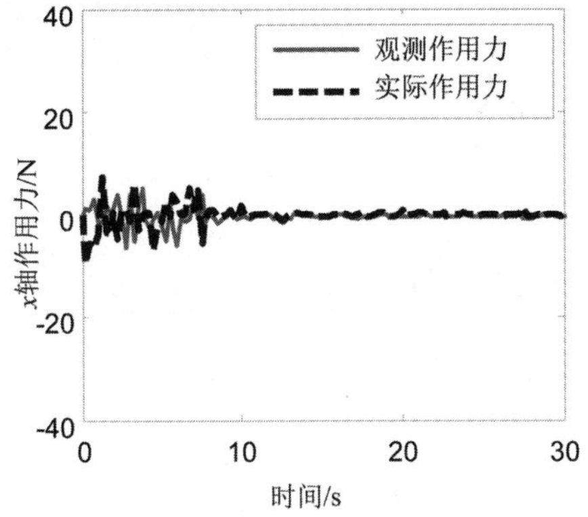

图 8.2　x 轴人机作用力

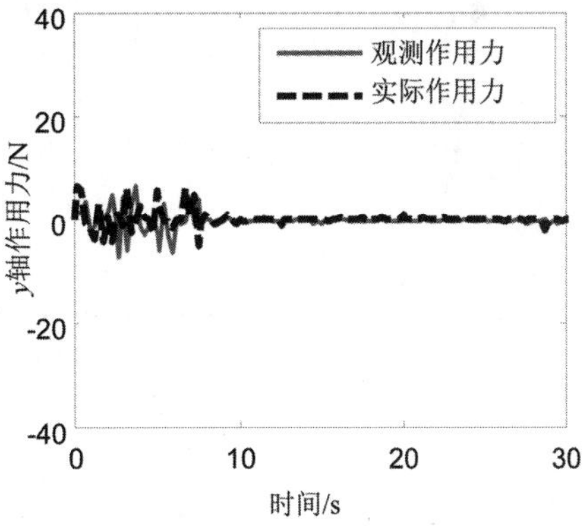

图 8.3　y 轴人机作用力

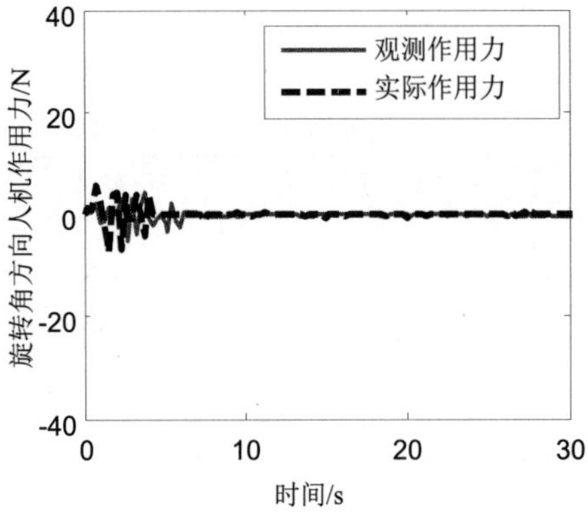

图 8.4 旋转角方向人机作用力

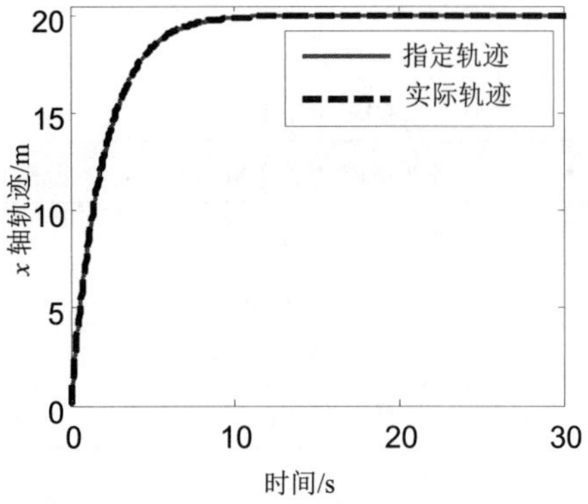

图 8.5 x 轴轨迹跟踪

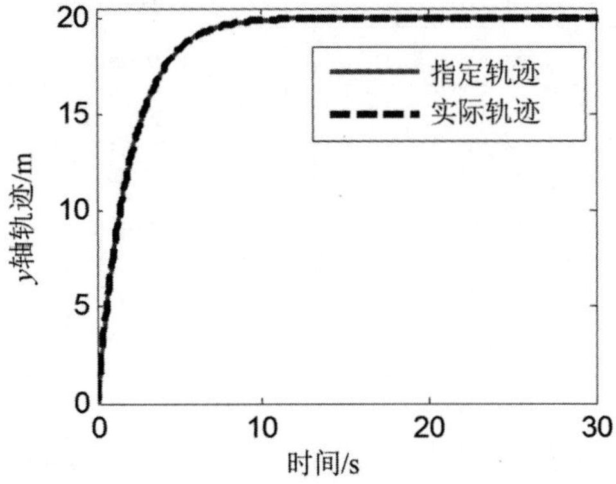

图 8.6 y 轴轨迹跟踪

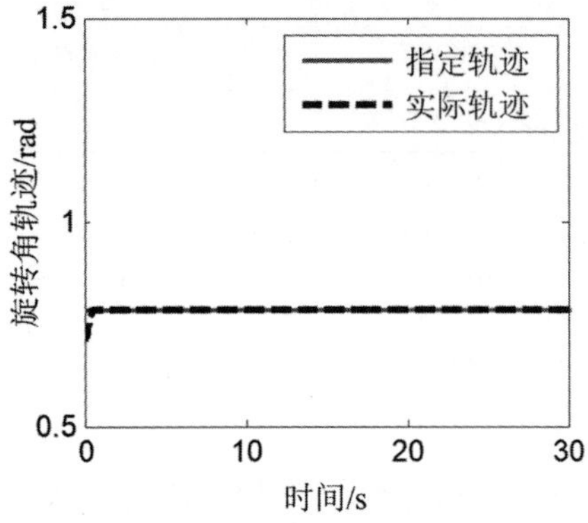

图 8.7 旋转角轨迹跟踪

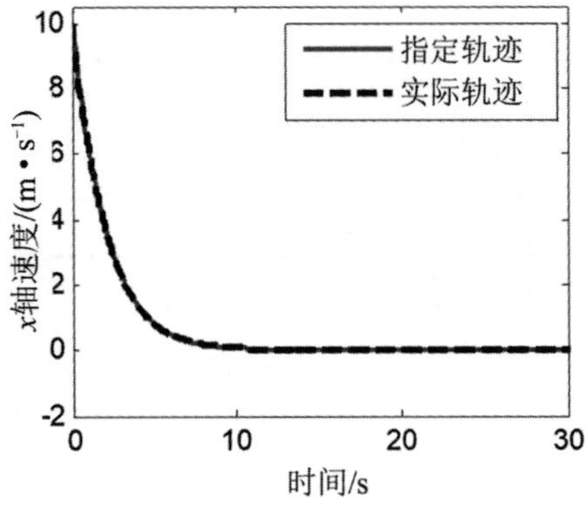

图 8.8 x 轴速度跟踪

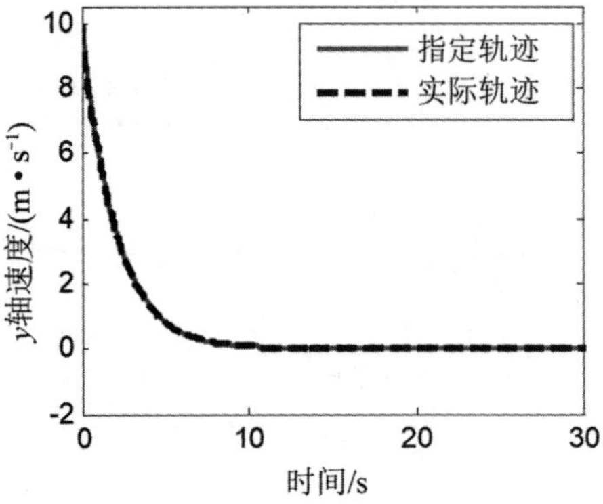

图 8.9 y 轴速度跟踪

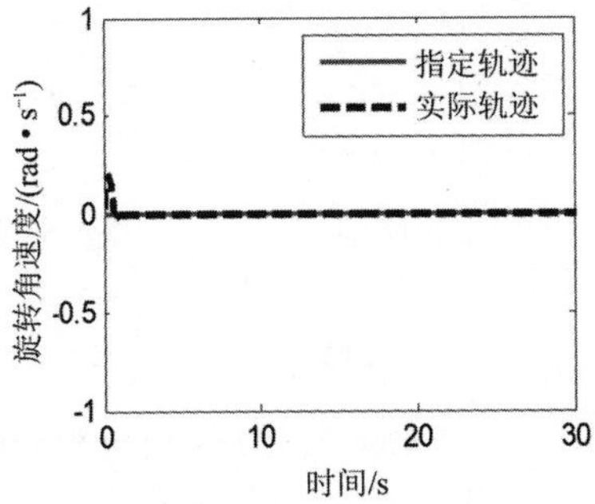

图 8.10　旋转角速度跟踪

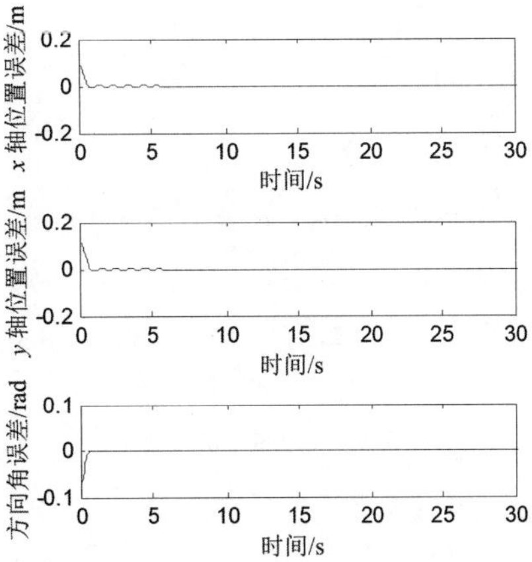

图 8.11　轨迹跟踪误差

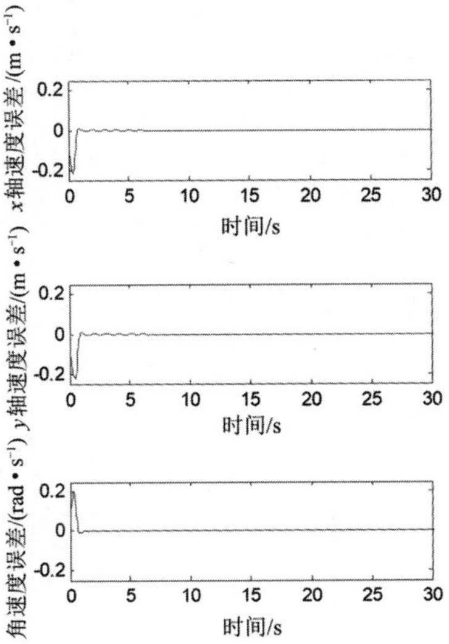

图 8.12　速度跟踪误差

图 8.2～图 8.4 分别给出了 ODW 系统各运动轴的人机相互作用力，由图中可以看出，所设计的观测器(8-4)有效估计了人机作用力，在 8s 左右，观测误差系统达到渐近稳定。该观测器定常和时变增益相结合的设计方法，仅需要 ODW 的实际运动位置，使算法简单且易于实现。图 8.5～图 8.10 分别给出了 ODW 系统各运动轴的轨迹跟踪和速度跟踪曲线，所设计的非线性控制器(8-6)有效抑制了人机作用力对跟踪性能的影响，并且控制器中变量 $\boldsymbol{u}_{\mathrm{c}}(t)$ 利用提出的预测控制方法，同时将各轴轨迹跟踪误差和速度跟踪误差约束在指定的范围内，如图 8.11 和图 8.12 所示，避免了过大的跟踪误差对康复者运动的影响，保障了人机系统的安全。

进一步，为了验证本节提出的人机作用力观测和跟踪预测控制方法的有效性，与一种输出反馈控制方法[17]进行了仿真对比，该控制方法仅考虑了重心随机偏移对跟踪性能的影响，忽略了人机作用力及对跟踪误差的约束。将人机作用力(图 8.2～图 8.4)作用于康复步行训练机器人系统[17]，仿真结果如图 8.13～图 8.19 所示。

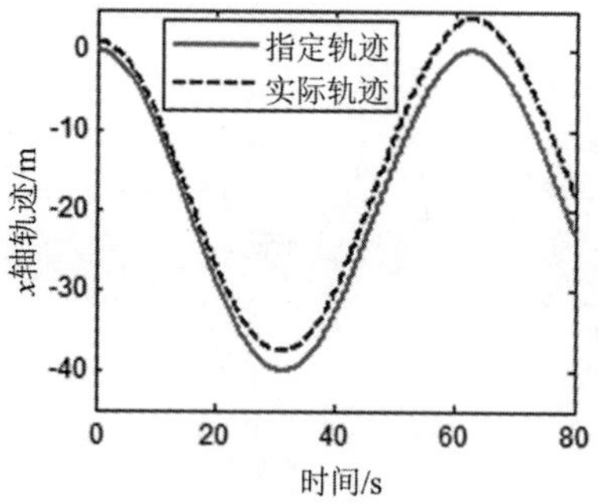

图 8.13　*x* 轴轨迹跟踪

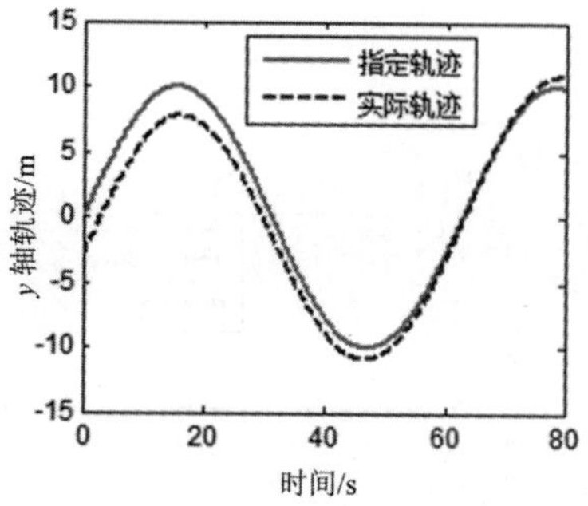

图 8.14　*y* 轴轨迹跟踪

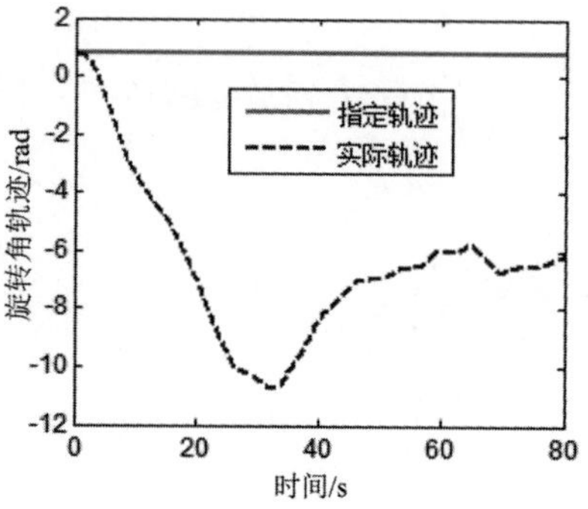

图 8.15　旋转角轨迹跟踪

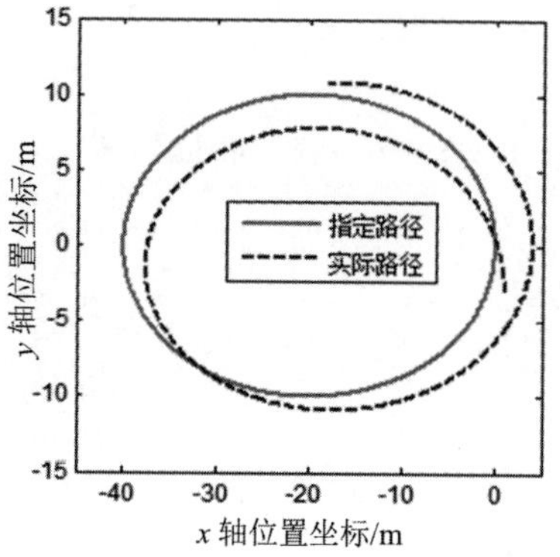

图 8.16　路径跟踪

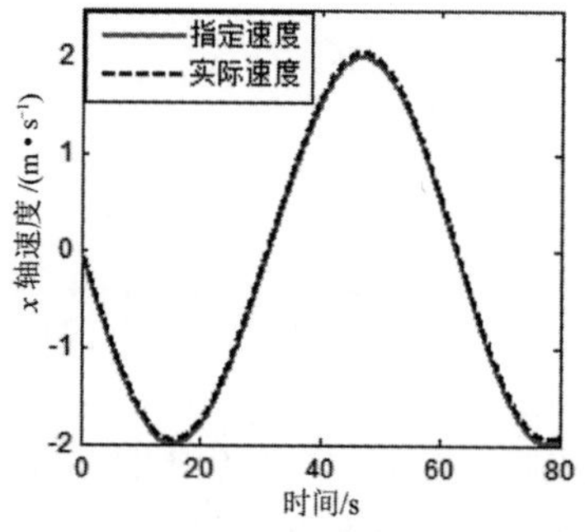

图 8.17　*x* 轴速度跟踪

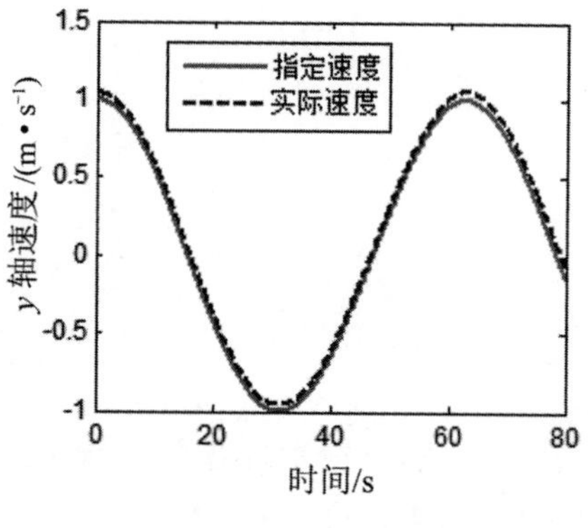

图 8.18　*y* 轴速度跟踪

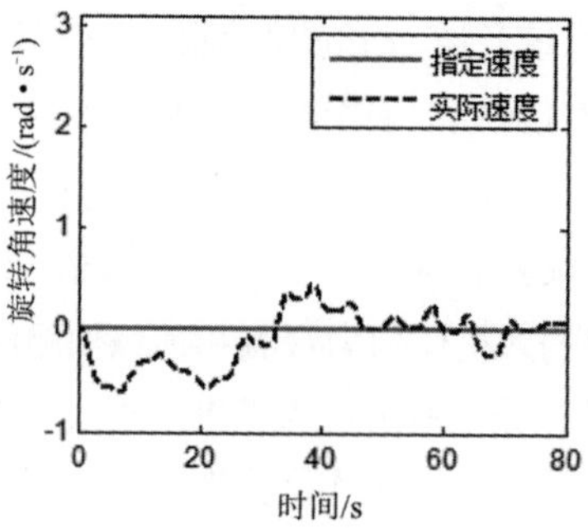

图 8.19　旋转角速度跟踪

图 8.13～图 8.15 分别给出了 ODW 系统在 x 轴、y 轴和旋转角方向的运动轨迹，由图可以看出，ODW 系统没有实现对指定轨迹的跟踪，特别是旋转角运动轨迹存在较大误差，主要由于人机作用力劣化了跟踪性能，误差没有被控制在指定范围内。ODW 实际运动路径大幅度偏离了指定路径，如图 8.16 所示，其可能会碰撞周围的障碍物，对康复者来讲是不安全的。图 8.17～图 8.19 分别给出了 ODW 系统各运动轴的速度跟踪曲线，可以看出 x 轴和 y 轴方向速度基本实现了跟踪，但旋转角方向速度未能跟踪指定曲线，y 轴和旋转角方向初始一段时间内误差较大，会导致 ODW 人机系统运动不协调而威胁康复者安全。

上述仿真结果表明，在实际应用中，ODW 系统人机作用力会严重影响系统的轨迹跟踪和速度跟踪，为提高系统跟踪性能，人机作用力是要考虑的关键要素；同时，为提高系统的安全性，约束轨迹和速度跟踪误差是重要的。

8.2　康复机器人人机作用力识别的自适应控制

8.2.1　人机作用力的模糊识别

由于模糊逻辑可以结合推理获得满意的估计函数，并且对于范围有界的连续人机作用力，总存在一个模糊模型可以近似表示这个作用力[18]，本节将利用模糊方法构建未知的人机系统作用力辨识模型。

1. 隶属度函数和模糊集的确定

在实际应用中，ODW 跟踪医生指定的各种运动轨迹帮助患者进行步行康复训练。由于人机接触会产生相互作用力，使 ODW 跟踪运动的过程中出现较大的轨迹误差，本节将利用轨迹跟踪误差辨识未知的人机作用力。

不失一般性，在构建辨识模型的过程中利用三角形隶属度函数，输入变量 $\boldsymbol{e}_x(t)$ 、$\boldsymbol{e}_y(t)$ 和 $\boldsymbol{e}_\theta(t)$ 分别表示 x 轴、y 轴和旋转角方向的轨迹跟踪误差，分为 4 个区域，分别是 NB(负大)、NM(负中)、NS(负小)和 Z(零)。输出变量 $\boldsymbol{F}_x(t)$ 、$\boldsymbol{F}_y(t)$ 和 $\boldsymbol{F}_\theta(t)$ 分别表示 x 轴、y 轴和旋转角方向的人机作用力，分为 5 个区域，分别是 NVB(负极大)、NB(负大)、NM(负中)、NS(负小)和 Z(零)。下面将以 x 轴作用力识别为例，其隶属度函数如图 8.20～图 8.23 所示。

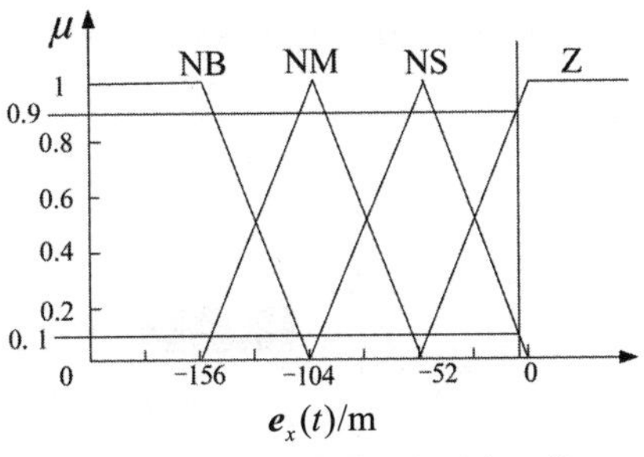

图 8.20　$\boldsymbol{e}_x(t)$ 的模糊隶属度函数

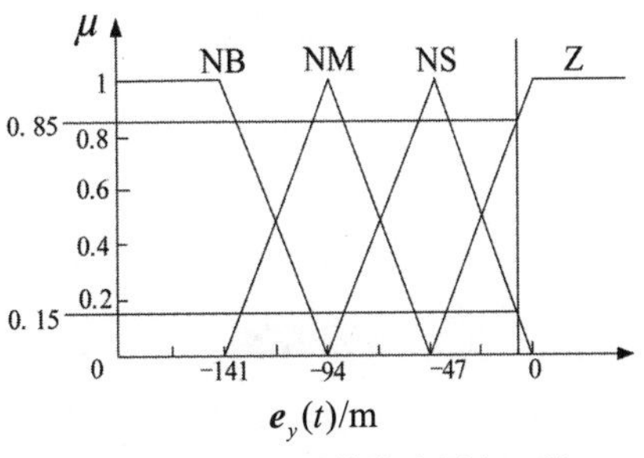

图 8.21　$\boldsymbol{e}_y(t)$ 的模糊隶属度函数

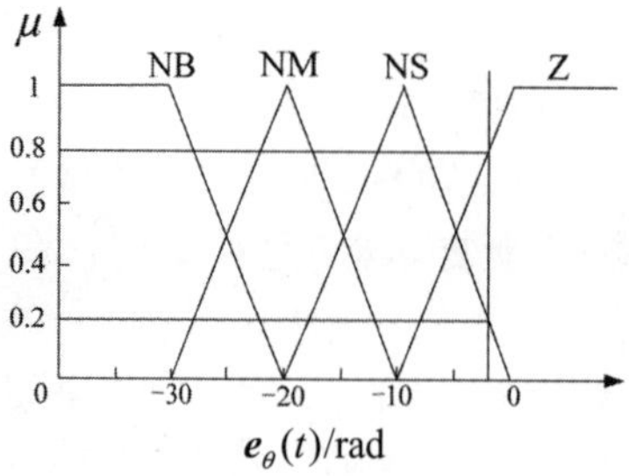

图 8.22　$e_\theta(t)$ 的模糊隶属度函数

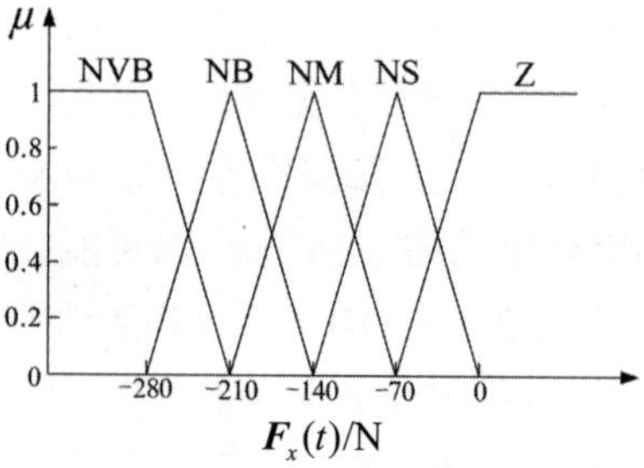

图 8.23　$F_x(t)$ 的模糊隶属度函数

2. 模糊规则的确定

模糊规则由前件和结果的 if…then 语句组成，知识库由 $4^3 \times 3 = 192$ 个规则构成。当 ODW 的实际运动位置远远大于指定的位置时，意味着人机相互作用力较大。下面以 x 轴的人机相互作用力 $F_x(t)$ 为例，说明确定的模糊规则。类似地，可以制定 y 轴和旋转角方向的人机作用力模糊规则。

模糊规则1：if $e_x(t)$ is NS, $e_y(t)$ is NS, and $e_\theta(t)$ is NS, then $F_x(t)$ is NM

模糊规则2：if $e_x(t)$ is NS, $e_y(t)$ is Z, and $e_\theta(t)$ is NS, then $F_x(t)$ is NM

模糊规则3：if $e_x(t)$ is NS, $e_y(t)$ is NS, and $e_\theta(t)$ is Z, then $F_x(t)$ is NS

模糊规则4：if $e_x(t)$ is NS, $e_y(t)$ is Z, and $e_\theta(t)$ is Z, then $F_x(t)$ is NS

模糊规则5：if $e_x(t)$ is Z, $e_y(t)$ is NS, and $e_\theta(t)$ is NS, then $F_x(t)$ is NS

模糊规则6：if $e_x(t)$ is Z, $e_y(t)$ is Z, and $e_\theta(t)$ is NS, then $F_x(t)$ is NS

模糊规则7：if $e_x(t)$ is Z, $e_y(t)$ is NS, and $e_\theta(t)$ is Z, then $F_x(t)$ is Z

模糊规则8：if $e_x(t)$ is Z, $e_y(t)$ is Z, and $e_\theta(t)$ is Z, then $F_x(t)$ is Z

3. 模糊推理机制与解模糊化

人机相互作用力影响 ODW 的运动方向，进而劣化轨迹跟踪性能，产生较大跟踪误差，确定模糊规则之后，基于 Mamdani 模糊推理获得人机相互作用力。为了解释模糊推理机制，假设各轴轨迹跟踪误差分别为 $e_x(t) = -5.2\text{m}$ 、$e_y(t) = -7.05\text{m}$ 和 $e_\theta(t) = -2.0\text{rad}$ 。如图 8.20～图 8.23 所示，真实值映射到模糊子集 NS 和 Z 中，因此，模糊规则 1～8 被激活，这样利用 Mamdani 推理方法得到输出的模糊隶属度。模糊规则 1～8 的模糊推理结果如图 8.24～图 8.26 所示，综合推理结果如图 8.27 所示。

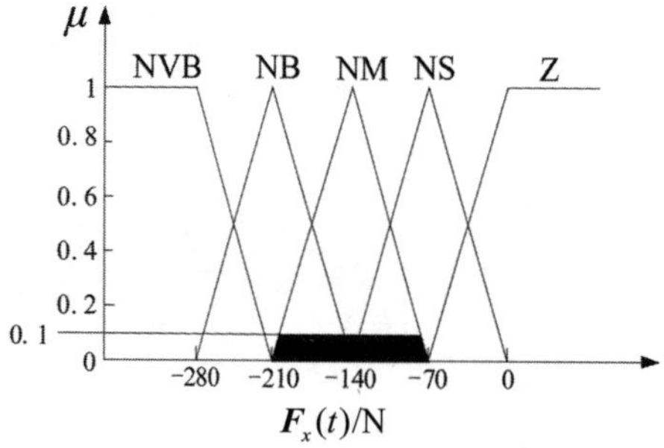

图 8.24　模糊规则 1 和 2 的推理结果

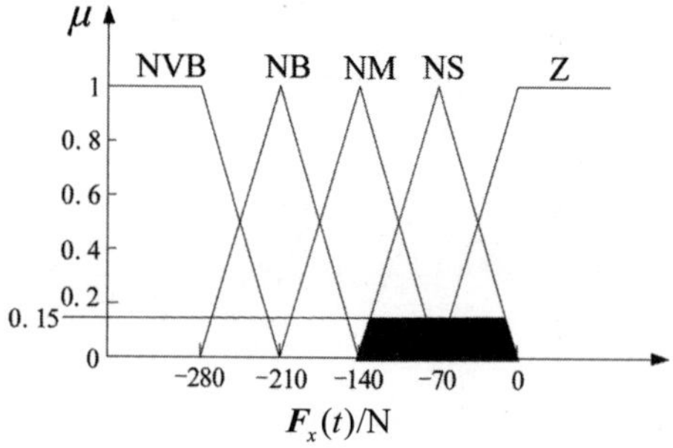

图 8.25　模糊规则 3～6 的推理结果

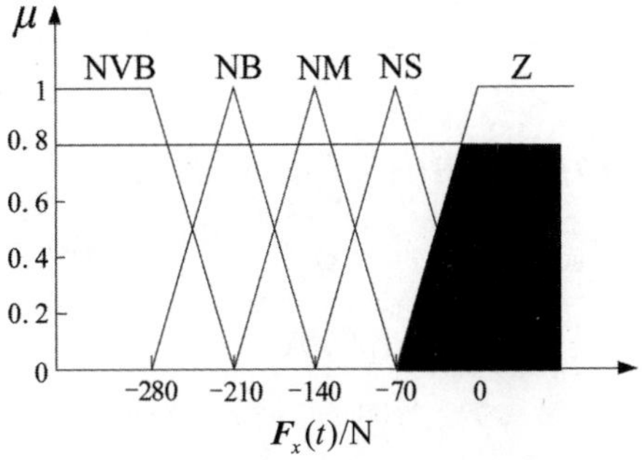

图 8.26　模糊规则 7 和 8 的推理结果

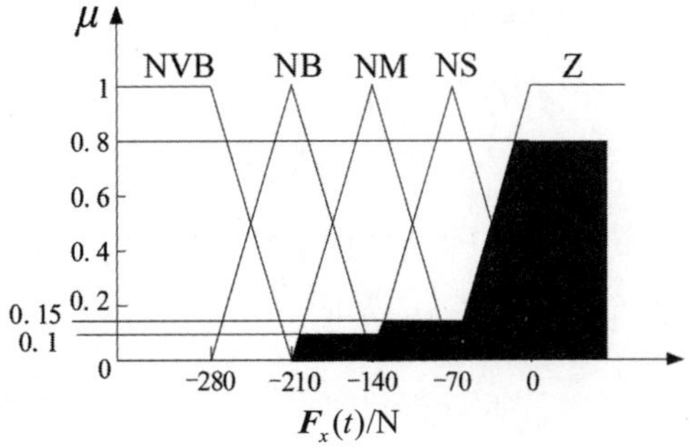

图 8.27　综合推理结果

获得模糊综合推理结果后，利用质心法对推理结果进行解模糊化，并且通过求和得到 x 轴人机相互作用力 $\boldsymbol{F}_x(t)$ 的辨识值 $\hat{\boldsymbol{F}}_x(t)$ 如下：

$$\hat{\boldsymbol{F}}_x(t)=\frac{\int_{\boldsymbol{F}_x(t)}\boldsymbol{\mu}(\boldsymbol{F}_x(t))\boldsymbol{F}_x(t)\mathrm{d}(\boldsymbol{F}_x(t))}{\int_{\boldsymbol{F}_x(t)}\boldsymbol{\mu}(\boldsymbol{F}_x(t))\mathrm{d}(\boldsymbol{F}_x(t))} \tag{8-18}$$

同样地，利用上述模糊推理方法可以分别得到 y 轴和旋转角方向的人机相互作用力 $\hat{\boldsymbol{F}}_y(t)$ 和 $\hat{\boldsymbol{F}}_\theta(t)$。接下来，将提出利用自适应 Backstepping 控制方法抑制人机相互作用并跟踪医生指定的训练轨迹。

8.2.2　自适应跟踪控制器的设计

分解 ODW 动力学模型(2-29)控制通道进入的人机相互作用力，得到

$$\boldsymbol{M}_0\boldsymbol{K}(\theta)\ddot{\boldsymbol{X}}(t)+\boldsymbol{M}_0\dot{\boldsymbol{K}}(\theta,\dot{\theta})\dot{\boldsymbol{X}}(t)=\boldsymbol{B}(\theta)\boldsymbol{u}_0(t)+\boldsymbol{F}(t) \tag{8-19}$$

其中，$\boldsymbol{u}_0(t)$ 表示待设计的 ODW 跟踪控制力，$\boldsymbol{F}(t)=\boldsymbol{B}(\theta)\boldsymbol{u}_1(t)$ 表示人机相互作用力。令 $\boldsymbol{x}_1(t)=\boldsymbol{X}(t),\boldsymbol{x}_2(t)=\dot{\boldsymbol{X}}(t)$，这样模型(8-19)可以转化为下面的表达形式：

$$\begin{cases}\dot{\boldsymbol{x}}_1(t)=\boldsymbol{x}_2(t)\\ \dot{\boldsymbol{x}}_2(t)=-\boldsymbol{K}^{-1}(\theta)\dot{\boldsymbol{K}}(\theta,\dot{\theta})\boldsymbol{x}_2(t)+\boldsymbol{K}^{-1}(\theta)\boldsymbol{M}_0^{-1}[\boldsymbol{B}(\theta)\boldsymbol{u}(t)+\hat{\boldsymbol{F}}(t)]\end{cases} \tag{8-20}$$

设 ODW 期望运动轨迹为 $\boldsymbol{X}_\mathrm{d}(t)$，实际运动轨迹为 $\boldsymbol{X}(t)$。因此，轨迹跟踪误差 $\boldsymbol{e}_1(t)$ 和速度跟踪误差 $\boldsymbol{e}_2(t)$ 分别为

$$\boldsymbol{e}_1(t)=\boldsymbol{x}_1(t)-\boldsymbol{X}_\mathrm{d}(t) \tag{8-21}$$

$$\boldsymbol{e}_2(t)=\dot{\boldsymbol{x}}_1(t)-\dot{\boldsymbol{X}}_\mathrm{d}(t)=\boldsymbol{x}_2(t)-\dot{\boldsymbol{X}}_\mathrm{d}(t) \tag{8-22}$$

设计虚拟控制变量 α 和速度跟踪误差 $\boldsymbol{e}_2(t)$ 如下：

$$\boldsymbol{\alpha}=-c_1\boldsymbol{e}_1(t)+\dot{\boldsymbol{X}}_\mathrm{d}(t) \tag{8-23}$$

$$\boldsymbol{e}_2(t)=\boldsymbol{x}_2(t)-\boldsymbol{\alpha}=c_1\boldsymbol{e}_1(t)+\dot{\boldsymbol{e}}_1(t) \tag{8-24}$$

沿系统(8-20)对式(8-24)求导，得到

$$\begin{aligned}\dot{\boldsymbol{e}}_2(t) &= \dot{\boldsymbol{x}}_2(t) - \dot{\boldsymbol{\alpha}} \\ &= -\boldsymbol{K}^{-1}(\theta)\dot{\boldsymbol{K}}(\theta,\dot{\theta})\boldsymbol{x}_2(t) + \boldsymbol{K}^{-1}(\theta)\boldsymbol{M}_0^{-1}[\boldsymbol{B}(\theta)\boldsymbol{u}(t) + \hat{\boldsymbol{F}}(t)] + \boldsymbol{c}_1\dot{\boldsymbol{e}}_1(t) - \ddot{\boldsymbol{X}}_{\mathrm{d}}(t)\end{aligned} \tag{8-25}$$

同时，为了实现 ODW 对任意使用者都可以实现跟踪训练，将康复者质量信息从模型(8-20)中进行分离，并且表示如下：

$$\boldsymbol{M}_0 = \boldsymbol{A} + \boldsymbol{m}\boldsymbol{H} \tag{8-26}$$

$$\hat{\boldsymbol{M}}_0 = \boldsymbol{A} + \hat{\boldsymbol{m}}\boldsymbol{H} \tag{8-27}$$

其中，$\hat{\boldsymbol{M}}_0$ 表示 $\boldsymbol{M}_0$ 的估计矩阵，$\hat{\boldsymbol{m}}$ 表示康复者质量 $\boldsymbol{m}$ 的估计值，估计误差 $\tilde{\boldsymbol{m}} = \boldsymbol{m} - \hat{\boldsymbol{m}}$，并且

$$\boldsymbol{A} = \begin{bmatrix} M & 0 & 0 \\ 0 & M & 0 \\ 0 & 0 & I \end{bmatrix}, \quad \boldsymbol{H} = \begin{bmatrix} 1 & 0 & 0 \\ 0 & 1 & 0 \\ 0 & 0 & r_0^2 \end{bmatrix}$$

为了抑制人机相互作用力对 ODW 跟踪运动的影响，并且对任意康复者都可实现跟踪训练，设计跟踪控制输入力和自适应律分别为

$$\boldsymbol{u}(t) = \widehat{\boldsymbol{B}}(\theta)\hat{\boldsymbol{M}}_0[\boldsymbol{K}(\theta)(\ddot{\boldsymbol{X}}_{\mathrm{d}}(t) - \boldsymbol{e}_1(t) - \boldsymbol{c}_1\dot{\boldsymbol{e}}_1(t) - \boldsymbol{c}_2\boldsymbol{e}_2(t)) + \boldsymbol{K}(\theta,\dot{\theta})\boldsymbol{x}_2(t)] - \widehat{\boldsymbol{B}}(\theta)\hat{\boldsymbol{F}}(t) \tag{8-28}$$

$$\dot{\hat{\boldsymbol{m}}} = -\gamma\boldsymbol{e}_2^{\mathrm{T}}(t)\boldsymbol{K}^{-1}(\theta)\boldsymbol{M}_0^{-1}\boldsymbol{H}(\boldsymbol{K}(\theta)(\ddot{\boldsymbol{X}}_{\mathrm{d}}(t) - \boldsymbol{e}_1(t) - \boldsymbol{c}_1\dot{\boldsymbol{e}}_1(t) - \boldsymbol{c}_2\boldsymbol{e}_2(t)) + \dot{\boldsymbol{K}}(\theta,\dot{\theta})\boldsymbol{x}_2(t)) \tag{8-29}$$

其中，$\widehat{\boldsymbol{B}}(\theta) = \boldsymbol{B}^{\mathrm{T}}(\theta)[\boldsymbol{B}(\theta)\boldsymbol{B}^{\mathrm{T}}(\theta)]^{-1}$ 表示 $\boldsymbol{B}(\theta)$ 的伪逆矩阵。

接下来分析 ODW 系统在控制器(8-28)和自适应律(8-29)的作用下，轨迹跟踪误差 $\boldsymbol{e}_1(t)$ 和速度跟踪误差 $\boldsymbol{e}_2(t)$ 的稳定性。

定理 8.1 考虑具有人机相互作用力的 ODW 系统(8-20)，给定正常数 c_1、c_2 和 γ，设计抑制人机相互作用力的控制器(8-28)和满足任意康复者的自适应律(8-29)，可使轨迹跟踪误差 $\boldsymbol{e}_1(t)$ 和速度跟踪误差 $\boldsymbol{e}_2(t)$ 达到渐近稳定。

证明： 定义 Lyapunov 函数

$$\boldsymbol{V}(t) = \frac{1}{2}\boldsymbol{e}_1^{\mathrm{T}}(t)\boldsymbol{e}_1(t) + \frac{1}{2}\boldsymbol{e}_2^{\mathrm{T}}(t)\boldsymbol{e}_2(t) + \frac{1}{2\gamma}\tilde{\boldsymbol{m}}^2 \tag{8-30}$$

对 $\boldsymbol{V}(t)$ 沿式(8-22)和式(8-25)求导，可得

$$\begin{aligned}\dot{\boldsymbol{V}}(t) &= \boldsymbol{e}_1^{\mathrm{T}}(t)\dot{\boldsymbol{e}}_1(t) + \boldsymbol{e}_2^{\mathrm{T}}(t)\dot{\boldsymbol{e}}_2(t) + \frac{1}{\gamma}\tilde{\boldsymbol{m}}\dot{\tilde{\boldsymbol{m}}} \\ &= \boldsymbol{e}_1^{\mathrm{T}}(t)(-\boldsymbol{c}_1\boldsymbol{e}_1(t) + \boldsymbol{e}_2(t)) + \boldsymbol{e}_2^{\mathrm{T}}(t)[-\boldsymbol{K}^{-1}(\theta)\dot{\boldsymbol{K}}(\theta,\dot{\theta})\boldsymbol{x}_2(t) + \\ &\qquad \boldsymbol{K}^{-1}(\theta)\boldsymbol{M}_0^{-1}(\boldsymbol{B}(\theta)\boldsymbol{u}(t) + \hat{\boldsymbol{F}}(t)) + \boldsymbol{c}_1\dot{\boldsymbol{e}}_1(t) - \ddot{\boldsymbol{X}}_{\mathrm{d}}(t)] - \frac{1}{\gamma}\tilde{\boldsymbol{m}}\dot{\hat{\boldsymbol{m}}}\end{aligned} \tag{8-31}$$

将式(8-28)和式(8-19)代入式(8-31)，有

$$\begin{aligned}\dot{V}(t)=&-c_1\boldsymbol{e}_1^{\mathrm{T}}(t)\boldsymbol{e}_1(t)+\boldsymbol{e}_2^{\mathrm{T}}(t)\{\boldsymbol{K}^{-1}(\theta)\boldsymbol{M}_0^{-1}\hat{\boldsymbol{M}}_0[\boldsymbol{K}(\theta)(\ddot{\boldsymbol{X}}_{\mathrm{d}}(t)-\boldsymbol{e}_1(t)-c_1\dot{\boldsymbol{e}}_1(t)-\\&c_2\boldsymbol{e}_2(t))+\dot{\boldsymbol{K}}(\theta,\dot{\theta})\boldsymbol{x}_2(t)]-\boldsymbol{K}^{-1}(\theta)\dot{\boldsymbol{K}}(\theta,\dot{\theta})\boldsymbol{x}_2(t)+\boldsymbol{e}_1(t)+c_1\dot{\boldsymbol{e}}_1(t)-\ddot{\boldsymbol{X}}_{\mathrm{d}}(t)\}+\\&\tilde{\boldsymbol{m}}\{\boldsymbol{e}_2^{\mathrm{T}}(t)\boldsymbol{K}^{-1}(\theta)\boldsymbol{M}_0^{-1}\boldsymbol{H}[\boldsymbol{K}(\theta)(\ddot{\boldsymbol{X}}_{\mathrm{d}}(t)-\boldsymbol{e}_1(t)-c_1\dot{\boldsymbol{e}}_1(t)-c_2\boldsymbol{e}_2(t))+\\&\dot{\boldsymbol{K}}(\theta,\dot{\theta})\boldsymbol{x}_2(t)]\}\end{aligned}\tag{8-32}$$

并且

$$\boldsymbol{K}^{-1}(\theta)\dot{\boldsymbol{K}}(\theta,\dot{\theta})\boldsymbol{x}_2(t)=\boldsymbol{K}^{-1}(\theta)\boldsymbol{M}_0^{-1}\boldsymbol{M}_0\dot{\boldsymbol{K}}(\theta,\dot{\theta})\boldsymbol{x}_2(t)\tag{8-33}$$

$$\begin{aligned}\boldsymbol{e}_1(t)+c_1\boldsymbol{e}_1(t)-\ddot{\boldsymbol{X}}_{\mathrm{d}}(t)=&\boldsymbol{K}^{-1}(\theta)\boldsymbol{M}_0^{-1}\boldsymbol{M}_0\boldsymbol{K}(\theta)(-\ddot{\boldsymbol{X}}_{\mathrm{d}}(t)+\\&\boldsymbol{e}_1(t)+c_1\dot{\boldsymbol{e}}_1+c_2\boldsymbol{e}_2-c_2\boldsymbol{e}_2)\end{aligned}\tag{8-34}$$

进一步，根据式(8-33)和式(8-34)可得

$$\begin{aligned}\dot{V}(t)=&-c_1\boldsymbol{e}_1^{\mathrm{T}}(t)\boldsymbol{e}_1(t)-c_2\boldsymbol{e}_2^{\mathrm{T}}(t)\boldsymbol{e}_2(t)-\boldsymbol{e}_2^{\mathrm{T}}(t)\{\boldsymbol{K}^{-1}(\theta)\boldsymbol{M}_0^{-1}\boldsymbol{M}_0[\boldsymbol{K}(\theta)(\ddot{\boldsymbol{X}}_{\mathrm{d}}(t)-\boldsymbol{e}_1(t)-\\&c_1\boldsymbol{e}_1(t)-c_2\boldsymbol{e}_2(t))+\dot{\boldsymbol{K}}(\theta,\dot{\theta})\boldsymbol{x}_2(t)]-\boldsymbol{K}^{-1}(\theta)\boldsymbol{M}_0^{-1}\hat{\boldsymbol{M}}_0[\boldsymbol{K}(\theta)(\ddot{\boldsymbol{X}}_{\mathrm{d}}(t)-\boldsymbol{e}_1(t)-\\&c_1\dot{\boldsymbol{e}}_1(t)-c_2\boldsymbol{e}_2(t))+\dot{\boldsymbol{K}}(\theta,\theta)\boldsymbol{x}_2(t)]\}+\boldsymbol{e}_2^{\mathrm{T}}(t)\boldsymbol{K}^{-1}(\theta)\boldsymbol{M}_0^{-1}\tilde{\boldsymbol{m}}\boldsymbol{H}[\boldsymbol{K}(\theta)(\ddot{\boldsymbol{X}}_{\mathrm{d}}(t)-\\&\boldsymbol{e}_1(t)-c_1\dot{\boldsymbol{e}}_1(t)-c_2\boldsymbol{e}_2(t))+\dot{\boldsymbol{K}}(\theta,\dot{\theta})\boldsymbol{x}_2(t)]\\=&-c_1\boldsymbol{e}_1^{\mathrm{T}}(t)\boldsymbol{e}_1(t)-c_2\boldsymbol{e}_2^{\mathrm{T}}(t)\boldsymbol{e}_2(t)-\boldsymbol{e}_2^{\mathrm{T}}(t)\{\boldsymbol{K}^{-1}(\theta)\boldsymbol{M}_0^{-1}(\boldsymbol{M}_0-\hat{\boldsymbol{M}}_0-\tilde{\boldsymbol{m}}\boldsymbol{H})[\boldsymbol{K}(\theta)\\&(\ddot{\boldsymbol{X}}_{\mathrm{d}}(t)-\boldsymbol{e}_1(t)-c_1\dot{\boldsymbol{e}}_1(t)-c_2\boldsymbol{e}_2(t))+\dot{\boldsymbol{K}}(\theta,\dot{\theta})\boldsymbol{x}_2(t)]\}\end{aligned}\tag{8-35}$$

将式(8-26)和式(8-27)代入式(8-35)得到

$$\dot{V}(t)=-c_1\boldsymbol{e}_1^{\mathrm{T}}(t)\boldsymbol{e}_1(t)-c_2\boldsymbol{e}_2^{\mathrm{T}}(t)\boldsymbol{e}_2(t)\tag{8-36}$$

这样，由式(8-36)可知$\dot{V}(t)\leqslant 0$，并且当$\boldsymbol{e}_1(t)=0$和$\boldsymbol{e}_2(t)=0$时，有$\dot{V}(t)=0$成立，即下面的集合只有零解：

$$\begin{aligned}\Pi&=\{\boldsymbol{e}_1(t),\boldsymbol{e}_2(t)\,|\,\dot{V}(t)=0\}\\&=\{\boldsymbol{e}_1(t),\boldsymbol{e}_2(t)\,|\,\boldsymbol{e}_1(t)=0,\boldsymbol{e}_2(t)=0\}\end{aligned}$$

因此，根据 LaSalle 不变集原理可得轨迹跟踪误差$\boldsymbol{e}_1(t)$和速度跟踪误差$\boldsymbol{e}_2(t)$渐近稳定，控制器(8-28)抑制了人机作用力对跟踪性能的影响，并在自适应律(8-29)的作用下可保证任意康复者安全、稳定的步行训练。

8.2.3 仿真结果

为了验证本节提出的人机相互作用力模糊辨识方法和抑制人机相互作用力自适应控制方法的有效性和优越性，对医生指定的如下直线训练轨迹进行了跟踪，轨迹描述如下：

$$\begin{cases}x_{\mathrm{d}}(t)=200(1-\mathrm{e}^{-0.5t})\\y_{\mathrm{d}}(t)=200(1-\mathrm{e}^{-0.5t})\\\theta_{\mathrm{d}}(t)=\dfrac{\pi}{4}\end{cases}$$

仿真中，ODW 的物理参数分别为$M=58\text{kg}$，$L=0.4\text{m}$，$I_0=27.7\text{kg}\cdot\text{m}^2$，$r_0=0.1\text{m}$和$\beta=(\pi/4)\text{rad}$。同时，为了检验所设计的控制器可适用任意质量的康复者，设质量满足$m=60+10\text{rand()}\ \text{kg}$。初始运动位置$x(0)=1\text{m}$，$y(0)=0\text{m}$，$\theta(0)=0\text{rad}$；控制器参数$c_1=10$，$c_2=4$；自适应参数$\gamma=3$，仿真结果如图 8.28～图 8.34 所示。

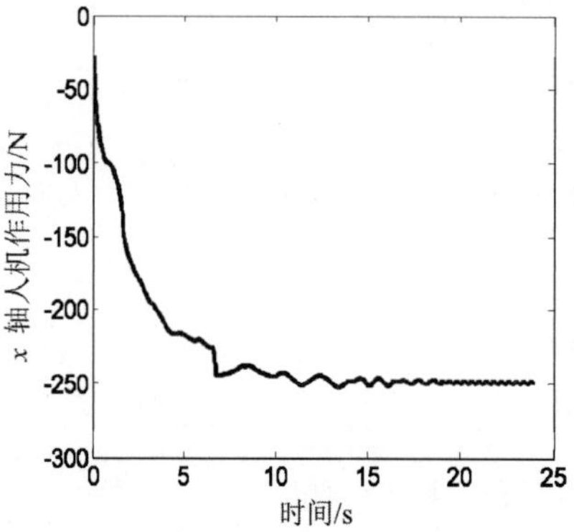

图 8.28　x 轴人机作用力

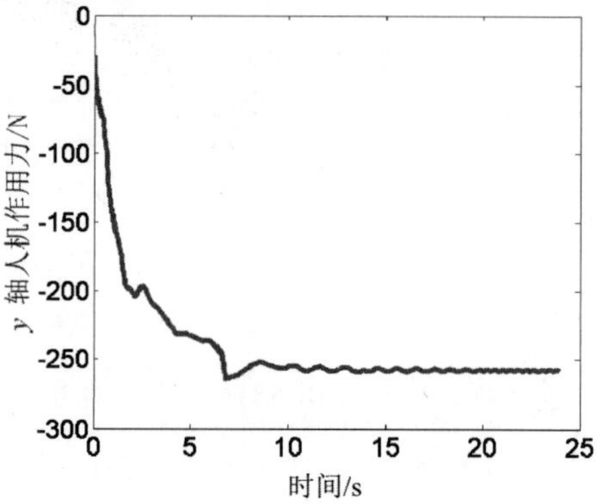

图 8.29　y 轴人机作用力

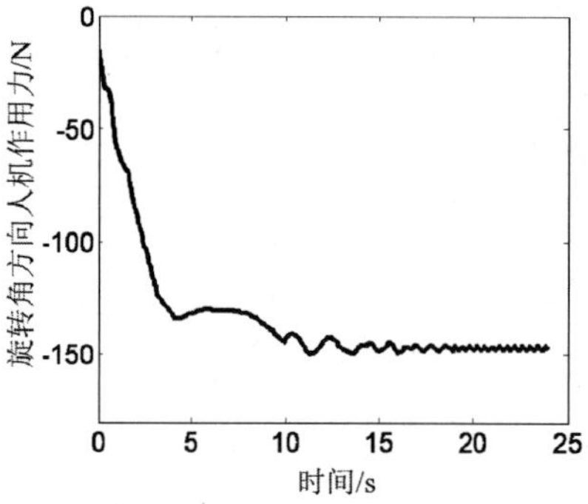

图 8.30　旋转角方向人机作用力

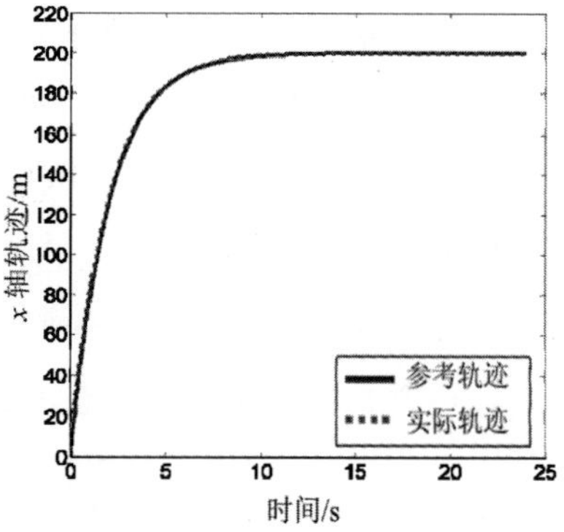

图 8.31　x 轴轨迹跟踪

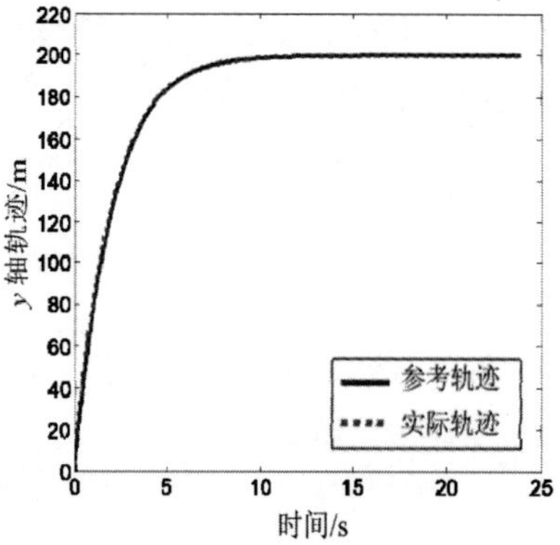

图 8.32　y 轴轨迹跟踪

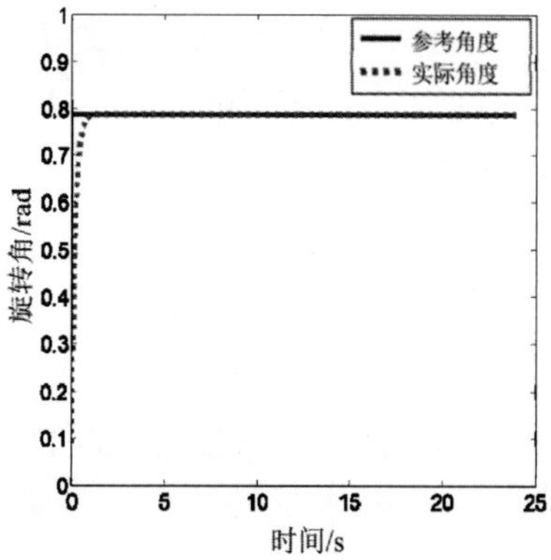

图 8.33　旋转角轨迹跟踪

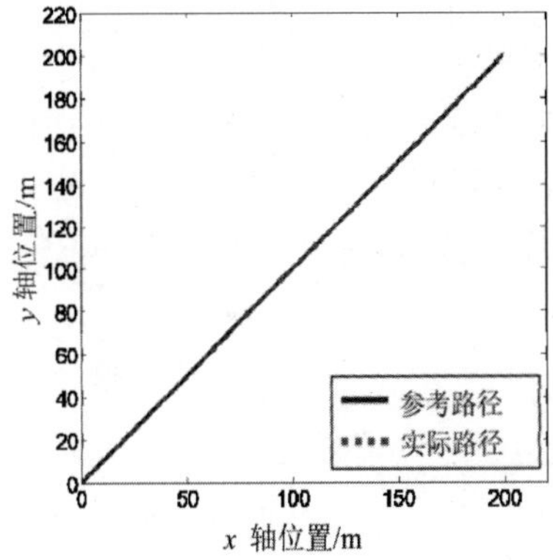

图 8.34　直线路径跟踪

图 8.28～图 8.30 分别给出了 ODW 在 x 轴、y 轴和旋转角方向的人机相互作用力，由图可知，通过模糊辨识方法，获得了 ODW 帮助康复者训练过程中产生的人机相互作用力 $\boldsymbol{F}(t)$ 。

图 8.31～图 8.33 分别给出了 ODW 在 x 轴、y 轴和旋转角方向的轨迹跟踪曲线，可以看出，ODW 抑制了人机相互作用力对跟踪性能的影响，任意质量的康复者在 ODW 的帮助下都可以稳定地跟踪医生指定的运动轨迹，实现了安全的路径跟踪训练(见图 8.34)。

为了验证本节提出的人机作用力辨识和自适应控制方法的优越性，与一种忽略了人机相互作用力的自适应控制方法[19]进行了对比仿真。由于人机相互作用力会干扰机器人的运动方向，进而影响 ODW 的正常轨迹跟踪。若人机相互作用力这一重要因素不加以解决，将无法从根本上提高 ODW 的跟踪性能。将图 8.28～图 8.30 辨识的人机相互作用力应用于自适应控制器[19]，仿真结果如图 8.35～图 8.38 所示。

图 8.35～图 8.37 分别给出了 ODW 在 x 轴、y 轴和旋转角方向的运动轨迹，由此可以看出，ODW 没有实现稳定的轨迹跟踪，而且产生较大的跟踪误差，无法抑制人机相互作用力对跟踪性能的影响。路径跟踪曲线如图 8.38 所示，在人机相互作用力的干扰下，ODW 实际运动路径远远偏离指定路径并产生过大的跟踪误差，导致 ODW 可能发生碰撞危险。因此，为了提高人机系统的跟踪精度和安全性，需要抑制人机相互作用力对 ODW 跟踪运动的影响。

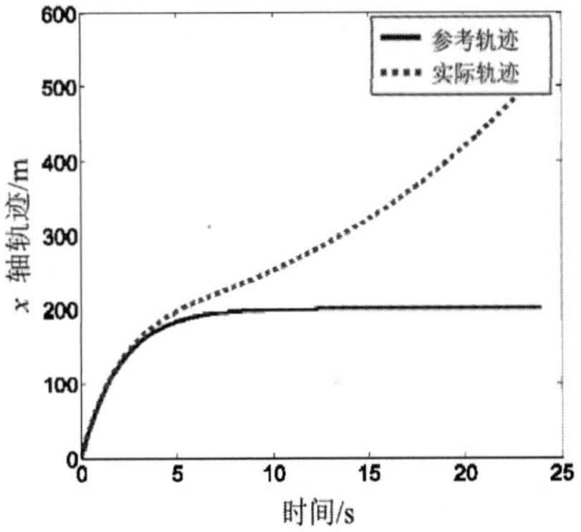

图 8.35　x 轴轨迹跟踪

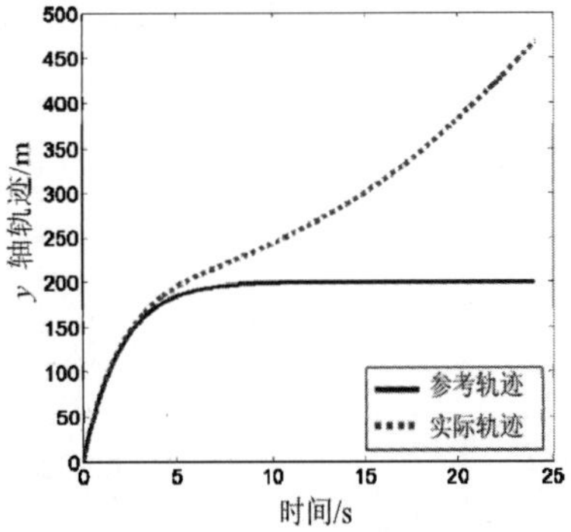

图 8.36　y 轴轨迹跟踪

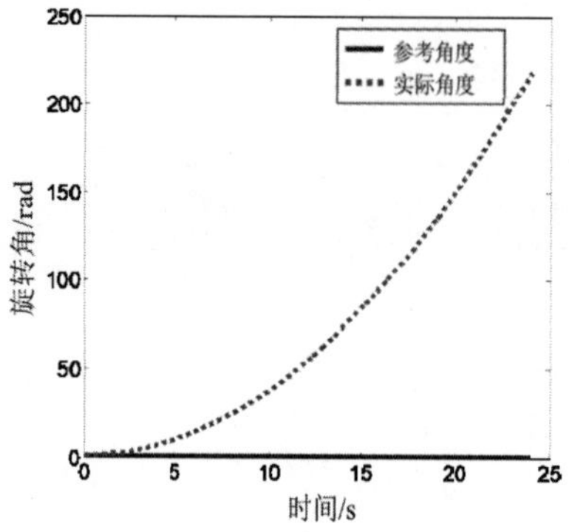

图 8.37　旋转角轨迹跟踪

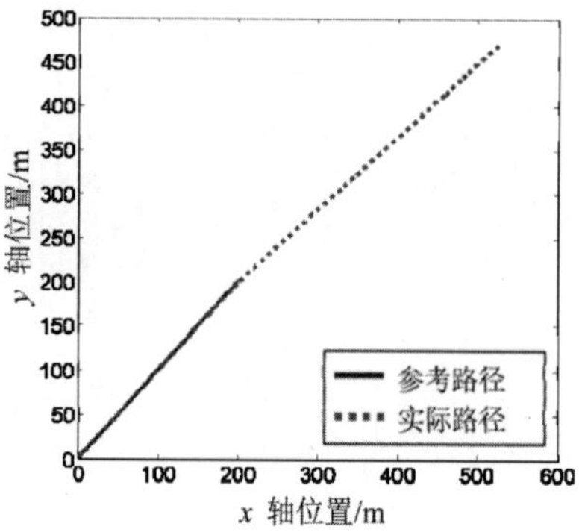

图 8.38　路径跟踪曲线

8.3　康复机器人人机作用力辨识的随机跟踪控制

8.3.1　人机作用力辨识的随机模型

在动力学模型(2-29)的基础上，分离系数矩阵 $\boldsymbol{B}(\theta)$ 中刻画重心偏移的物理量 λ_1、λ_2、λ_3、λ_4 并由 l_i 代替，得到如下模型：

$$\ddot{\boldsymbol{X}}(t)=\boldsymbol{M}_0^{-1}\boldsymbol{B}_1(\theta)\boldsymbol{u}(t)+\boldsymbol{M}_0^{-1}\boldsymbol{B}_2(\theta)\boldsymbol{\vartheta}(t) \tag{8-37}$$

其中：

$$\boldsymbol{B}_1(\theta)=\begin{bmatrix}-\sin\theta & \cos\theta & -\sin\theta & \cos\theta\\ \cos\theta & \sin\theta & -\cos\theta & \sin\theta\\ l_1 & -l_2 & -l_3 & l_4\end{bmatrix},$$

$$\boldsymbol{B}_2(\theta)=\frac{1}{2}(M+m)\begin{bmatrix}-\sin\theta & -\cos\theta & -\cos\theta & \sin\theta & 0\\ \cos\theta & -\sin\theta & -\sin\theta & -\cos\theta & 0\\ 0 & 0 & 0 & 0 & \dfrac{2}{M+m}\end{bmatrix},$$

$$\boldsymbol{\vartheta}(t)=\begin{bmatrix}\ddot{\boldsymbol{\theta}}(\lambda_1-\lambda_3)\\ \ddot{\boldsymbol{\theta}}(\lambda_2-\lambda_4)\\ \dot{\boldsymbol{\theta}}^2(\lambda_1-\lambda_3)\\ \dot{\boldsymbol{\theta}}^2(\lambda_2-\lambda_4)\\ (\lambda_1-l_1)f_1+(l_2-\lambda_2)f_2+(l_3-\lambda_3)f_3+(\lambda_4-l_4)f_4\end{bmatrix}$$

其中，$\boldsymbol{\vartheta}(t)$ 表示由白噪声引起的随机变量[20]，利用 $\dfrac{\mathrm{d}\varpi}{\mathrm{d}t}$ 代替 $\boldsymbol{\vartheta}(t)$ [21]，方程(8-37)的随机微分方程(SDE)表示如下：

$$\mathrm{d}\dot{\boldsymbol{X}}(t)=\boldsymbol{M}_0^{-1}\boldsymbol{B}_1(\theta)\boldsymbol{u}(t)\mathrm{d}t+\boldsymbol{M}_0^{-1}\boldsymbol{B}_2(\theta)\circ\mathrm{d}\varpi \tag{8-38}$$

其中，ϖ 表示独立的 Wiener 过程。

令 $\boldsymbol{M}_0^{-1}\boldsymbol{B}_2(\theta)=[\xi_{s\eta}]_{3\times 5}$ $(s=1,2,3;\ \eta=1,2,\cdots,5)$，则 Wong-Zakai 修正项表示为

$$\frac{1}{2}\begin{bmatrix}\sum_{j=1}^{5}(\frac{\partial\xi_{1\eta}}{\partial\dot{\boldsymbol{x}}(t)}\cdot\xi_{1\eta}+\frac{\partial\xi_{1\eta}}{\partial\dot{\boldsymbol{y}}(t)}\cdot\xi_{2\eta}+\frac{\partial\xi_{1\eta}}{\partial\dot{\boldsymbol{\theta}}(t)}\cdot\xi_{3\eta})\\ \sum_{j=1}^{5}(\frac{\partial\xi_{2\eta}}{\partial\dot{\boldsymbol{x}}(t)}\cdot\xi_{1\eta}+\frac{\partial\xi_{2\eta}}{\partial\dot{\boldsymbol{y}}(t)}\cdot\xi_{2\eta}+\frac{\partial\xi_{2\eta}}{\partial\dot{\boldsymbol{\theta}}(t)}\cdot\xi_{3\eta})\\ \sum_{j=1}^{5}(\frac{\partial\xi_{3\eta}}{\partial\dot{\boldsymbol{x}}(t)}\cdot\xi_{1\eta}+\frac{\partial\xi_{3\eta}}{\partial\dot{\boldsymbol{y}}(t)}\cdot\xi_{2\eta}+\frac{\partial\xi_{3\eta}}{\partial\dot{\boldsymbol{\theta}}(t)}\cdot\xi_{3\eta})\end{bmatrix}=\begin{bmatrix}0\\0\\0\end{bmatrix} \tag{8-39}$$

于是，得到式(8-38)的 Itô 随机微分方程如下：

$$\mathrm{d}\dot{\boldsymbol{X}}(t)=\boldsymbol{M}_0^{-1}\boldsymbol{B}_1(\theta)\boldsymbol{u}(t)\mathrm{d}t+\boldsymbol{M}_0^{-1}\boldsymbol{B}_2(\theta)\mathrm{d}\varpi \tag{8-40}$$

这里假定白噪声 $\boldsymbol{\vartheta}(t)$ 的功率谱密度等于 $\boldsymbol{\Pi}/2\pi$，即 $\mathrm{d}\varpi=\boldsymbol{\Pi}\mathrm{d}\omega$ 成立，则模型 (8-40)可以描述为

$$\mathrm{d}\dot{\boldsymbol{X}}(t)=\boldsymbol{M}_0^{-1}\boldsymbol{B}_1(\theta)\boldsymbol{u}(t)\mathrm{d}t+\boldsymbol{M}_0^{-1}\boldsymbol{B}_2(\theta)\boldsymbol{\Pi}\mathrm{d}\omega \tag{8-41}$$

由模型(8-41)可知，控制输入 $\boldsymbol{u}(t)$ 为作用在 ODW 系统(8-41)上的广义输入力[20]。由于广义力 $\boldsymbol{u}(t)$ 可以被分解为控制输入力 $\boldsymbol{u}_1(t)$ 和耗散力 $\boldsymbol{u}_2(t)$。具体来说，$\boldsymbol{u}_1(t)$ 作为控制输入力用于实现跟踪运动，$\boldsymbol{u}_2(t)$ 表示 ODW 运动过程中未知的耗散力，这里包括康复者的前臂压力和主动步行力。将广义力分解代入式(8-41)得到

$$\mathrm{d}\dot{\boldsymbol{X}}(t)=\boldsymbol{M}_0^{-1}\boldsymbol{B}_1(\theta)(\boldsymbol{u}_1(t)+\boldsymbol{u}_2(t))\mathrm{d}t+\boldsymbol{M}_0^{-1}\boldsymbol{B}_2(\theta)\boldsymbol{\Pi}\mathrm{d}\omega \tag{8-42}$$

令 $\boldsymbol{X}(t)=\boldsymbol{x}_1(t)$，$\dot{\boldsymbol{x}}_1(t)=\boldsymbol{x}_2(t)$，$\boldsymbol{x}_3(t)=\boldsymbol{M}_0^{-1}\boldsymbol{B}_1(\theta)\boldsymbol{u}_2(t)$，且 $\boldsymbol{x}_3(t)=[\boldsymbol{F}_x(t)\quad \boldsymbol{F}_y(t)\quad \boldsymbol{F}_\theta(t)]^{\mathrm{T}}$ 表示 x 轴、y 轴和旋转角方向的相互作用力。这样，具有人机相互作用力 $\boldsymbol{x}_3(t)$ 的随机模型(8-42)可以描述如下：

$$\begin{cases}\mathrm{d}\boldsymbol{x}_1(t)=\boldsymbol{x}_2(t)\mathrm{d}t\\ \mathrm{d}\boldsymbol{x}_2(t)=\boldsymbol{M}_0^{-1}\boldsymbol{B}_1(\theta)\boldsymbol{u}_1(t)\mathrm{d}t+\boldsymbol{x}_3(t)\mathrm{d}t+\boldsymbol{M}_0^{-1}\boldsymbol{B}_2(\theta)\boldsymbol{\Pi}\mathrm{d}\omega\\ \mathrm{d}\boldsymbol{x}_3(t)=\boldsymbol{h}_0(t)\mathrm{d}t\end{cases} \tag{8-43}$$

其中，$\boldsymbol{h}_0(t)$ 表示人机作用力 $\boldsymbol{x}_3(t)$ 的一阶导数。

假设 8.1[22]　设 $\boldsymbol{x}_3(t)$ 的一阶导数存在且有界，即 $|\boldsymbol{h}_0(t)|\leqslant\boldsymbol{h}_0$ 有界。

假设 8.2[22]　根据控制输入力 $\boldsymbol{u}_1(t)$ 的物理含义可知其有界，因此存在常数 h_1 和 h_2 使得

$$\left|\boldsymbol{M}_0^{-1}(\boldsymbol{B}_1(\theta)-\boldsymbol{B}_1(\hat{\theta}))\boldsymbol{u}_1(t)\right|^2\leqslant h_1 \tag{8-44}$$

$$\left\|\boldsymbol{M}_0^{-1}\right\|_F^2[(M+m)^2+1]\left\|\boldsymbol{\Pi}\right\|_F^2\leqslant h_2 \tag{8-45}$$

8.3.2 随机跟踪控制器的设计

1. 随机系统预备知识

考虑如下随机非线性系统[20]：

$$\mathrm{d}\boldsymbol{x}(t)=\boldsymbol{f}(\boldsymbol{x}(t),t)\mathrm{d}t+\boldsymbol{g}(\boldsymbol{x}(t),t)\mathrm{d}W \quad \forall \boldsymbol{x}(t_0)\in R^n \tag{8-46}$$

其中，$\boldsymbol{x}(t)\in R^n$ 表示系统状态，$W\in R^r$ 表示定义在完全概率空间$(\Omega,\mathcal{F},P)$上的r维标准维纳过程(或布朗运动)。Borel 可测函数 $f:R^n\times R\to R^n$ 和 $g:R^n\times R\to R^{n\times r}$ 在 $\boldsymbol{x}(t)\in R^n$ 上局部 Lipschitz，并且在$t\in R_+$上分段连续，即对于任意$R>0$，存在一个常数$C_R>0$，使得

$$\left|\boldsymbol{f}(x_1,t)-\boldsymbol{f}(x_2,t)\right|+\left\|\boldsymbol{g}(x_1,t)-\boldsymbol{g}(x_2,t)\right\|_F\leqslant C_R\left|x_1-x_2\right| \tag{8-47}$$

对于任意$t\in R_+$ 和 $x_1,x_2\in U_R=\{x:|x|\leqslant R\}$成立，并且$\boldsymbol{f}(0,t)$ 和$\boldsymbol{g}(0,t)$有界。

定义系统(8-46)的无穷小生成器为

$$\boldsymbol{LV}(\boldsymbol{x}(t),t)=\frac{\partial \boldsymbol{V}}{\partial t}+\frac{\partial \boldsymbol{V}}{\partial x}\boldsymbol{f}(\boldsymbol{x}(t),t)+\frac{1}{2}\mathrm{Tr}\left\{\boldsymbol{g}^{\mathrm{T}}(\boldsymbol{x}(t),t)\frac{\partial^2\boldsymbol{V}}{\partial x^2}\boldsymbol{g}(\boldsymbol{x}(t),t)\right\} \tag{8-48}$$

其中，$\dfrac{\partial \boldsymbol{V}}{\partial x}=\left(\dfrac{\partial \boldsymbol{V}}{\partial x_1},\dfrac{\partial \boldsymbol{V}}{\partial x_2},\cdots,\dfrac{\partial \boldsymbol{V}}{\partial x_n}\right)$ 和 $\dfrac{\partial^2 \boldsymbol{V}}{\partial x^2}=\left(\dfrac{\partial^2 \boldsymbol{V}}{\partial x_i\partial x_j}\right)_{n\times n}$。

定义 8.1[20] 如果存在正常数λ和d以及函数$\kappa\in\mathcal{K}$，使系统(8-46)满足

$$\boldsymbol{E}\left|\boldsymbol{x}(t)\right|^p\leqslant\kappa(|x_0|)\mathrm{e}^{-\lambda(t-t_0)}+d \qquad t\geqslant t_0,\ \boldsymbol{x}(t_0)=x_0\in R^n \tag{8-49}$$

那么称系统(8-46)在p时刻指数实际稳定；特别地，当$p=2$时，称系统(8-46)为指数实际均方稳定。

引理 8.1[20] 对于系统(8-46)，假设存在函数$\boldsymbol{V}(x,t)\in\boldsymbol{C}^{2,1}(R^n\times R_+,R_+)$以及正常数$k_i,k_i',p_i,p_i',c$和$d_\mathrm{c}$，使得式(8-50)和式(8-51)成立：

$$\sum_{i=1}^{n}k_i\left|x_i\right|^{p_i}\leqslant\boldsymbol{V}(x,t)\leqslant\sum_{i=1}^{n}k_i'\left|x_i\right|^{p_i'} \tag{8-50}$$

$$\boldsymbol{LV}(x,t)\leqslant-c\boldsymbol{V}(x,t)+d_\mathrm{c} \tag{8-51}$$

则系统(8-46)存在唯一解$\boldsymbol{x}(t)=\boldsymbol{x}(t;x_0;t_0)$；并且对于任意$\boldsymbol{x}(t_0)=x_0\in R^n$，系统 (8-46)是$p$时刻指数实际稳定的，其中$p=\min\{p_1,\cdots,p_n\}$。

2. 控制器的设计

在工程实践中，由于人机作用力的时变特性，直接测量是非常困难的。这里基于人机作用力对跟踪性能的影响，利用 ODW 的位置输出逆向辨识人机作用力，ODW 的位置输出如下：

$$\boldsymbol{y}(t)=\boldsymbol{X}(t)=\boldsymbol{x}_1(t) \tag{8-52}$$

为了辨识人机作用力，设计系统(8-43)的新颖观测器如下：

$$\begin{cases} \mathrm{d}\hat{\boldsymbol{x}}_1(t) = \hat{\boldsymbol{x}}_2(t)\mathrm{d}t + \varsigma_3[\boldsymbol{y}(t) - \hat{\boldsymbol{y}}(t)]\mathrm{d}t \\ \mathrm{d}\hat{\boldsymbol{x}}_2(t) = \boldsymbol{M}_0^{-1}\boldsymbol{B}_1(\hat{\theta})\boldsymbol{u}_1(t)\mathrm{d}t + \hat{\boldsymbol{x}}_3(t)\mathrm{d}t + \varsigma_2[\dot{\boldsymbol{y}}(t) - \dot{\hat{\boldsymbol{y}}}(t)]\mathrm{d}t \\ \mathrm{d}\hat{\boldsymbol{x}}_3(t) = [\boldsymbol{x}_3(t) - \hat{\boldsymbol{x}}_3(t)]\mathrm{d}t + \varsigma_1[\boldsymbol{y}(t) - \boldsymbol{X}_\mathrm{d}(t)]\mathrm{d}t \end{cases} \tag{8-53}$$

其中，$\hat{\boldsymbol{x}}_n(t) \in R^3$（$n = 1,2,3$）表示 $\boldsymbol{x}_n(t)$ 的估计值，ς_n 表示待设计的观测器增益，$\hat{\boldsymbol{x}}_1(t) = [\hat{x}, \hat{y}, \hat{\theta}]^\mathrm{T} \in R^3$ 表示 $\boldsymbol{X}(t)$ 的估计，$\hat{\boldsymbol{x}}_3(t) = [\hat{\boldsymbol{F}}_x(t), \hat{\boldsymbol{F}}_y(t), \hat{\boldsymbol{F}}_\theta(t)]^\mathrm{T} \in R^3$ 表示待辨识的人机相互作用力 $\boldsymbol{x}_3(t)$，$\boldsymbol{X}_\mathrm{d}(t)$ 表示医生指定的运动轨迹。

根据式(8-43)和式(8-53)，得到观测误差系统如下：

$$\begin{cases} \mathrm{d}\boldsymbol{r}_1(t) = \boldsymbol{r}_2(t)\mathrm{d}t - \varsigma_3\boldsymbol{r}_1(t)\mathrm{d}t \\ \mathrm{d}\boldsymbol{r}_2(t) = \boldsymbol{M}_0^{-1}[\boldsymbol{B}_1(\theta) - \boldsymbol{B}_1(\hat{\theta})]\boldsymbol{u}_1(t)\mathrm{d}t + \boldsymbol{r}_3(t)\mathrm{d}t - \varsigma_2\boldsymbol{r}_2(t)\mathrm{d}t + \boldsymbol{M}_0^{-1}\boldsymbol{B}_2(\theta)\boldsymbol{\Pi}\mathrm{d}\omega \\ \mathrm{d}\boldsymbol{r}_3(t) = \boldsymbol{h}_0(t)\mathrm{d}t - \boldsymbol{r}_3(t)\mathrm{d}t - \varsigma_1[\boldsymbol{r}_1(t) + \boldsymbol{e}_1(t)]\mathrm{d}t \end{cases} \tag{8-54}$$

其中，$\boldsymbol{r}_n(t) = \boldsymbol{x}_n(t) - \hat{\boldsymbol{x}}_n(t)$ 表示观测误差。

令 $\boldsymbol{X}(t)$ 表示 ODW 的实际运动轨迹，设计轨迹跟踪误差和速度跟踪误差如下：

$$\boldsymbol{e}_1(t) = \hat{\boldsymbol{x}}_1(t) - \boldsymbol{X}_\mathrm{d}(t) \tag{8-55}$$

$$\boldsymbol{e}_2(t) = \hat{\boldsymbol{x}}_2(t) - \dot{\boldsymbol{X}}_\mathrm{d}(t) - \alpha\boldsymbol{e}_1(t) \tag{8-56}$$

其中，α 表示待设计的参数。

结合式(8-55)、式(8-56)和式(8-53)，得到跟踪误差系统如下：

$$\mathrm{d}\boldsymbol{e}_1(t) = [\boldsymbol{e}_2(t) + \alpha\boldsymbol{e}_1(t) + \varsigma_3\boldsymbol{r}_1(t)]\mathrm{d}t \tag{8-57}$$

$$\mathrm{d}\boldsymbol{e}_2(t) = [\boldsymbol{M}_0^{-1}\boldsymbol{B}_1(\hat{\theta})\boldsymbol{u}_1(t) + \hat{\boldsymbol{x}}_3(t) - \ddot{\boldsymbol{X}}_\mathrm{d}(t) - \alpha\boldsymbol{e}_2(t) - \alpha^2\boldsymbol{e}_1(t) - \alpha\varsigma_3\boldsymbol{r}_1(t) + \varsigma_2\boldsymbol{r}_2(t)]\mathrm{d}t \tag{8-58}$$

定义李雅普诺夫函数如下：

$$\begin{aligned} \boldsymbol{V}(x,t) = {} & \frac{1}{4}[\boldsymbol{r}_1^\mathrm{T}(t)\boldsymbol{r}_1(t)]^2 + \frac{1}{4}[\boldsymbol{r}_2^\mathrm{T}(t)\boldsymbol{r}_2(t)]^2 + \frac{1}{4}[\boldsymbol{r}_3^\mathrm{T}(t)\boldsymbol{r}_3(t)]^2 + \frac{1}{4}[\boldsymbol{e}_1^\mathrm{T}(t)\boldsymbol{e}_1^\mathrm{T}(t)]^2 + \\ & \frac{1}{4}[\boldsymbol{e}_2^\mathrm{T}(t)\boldsymbol{e}_2(t)]^2 \end{aligned} \tag{8-59}$$

根据系统(8-54)、(8-57)和(8-58)计算 $V(x,t)$ 的无穷小生成器如下：

$$\begin{aligned} \boldsymbol{LV}(x,t) = {} & \boldsymbol{r}_1^\mathrm{T}(t)\boldsymbol{r}_1(t)\boldsymbol{r}_1^\mathrm{T}(t)[\boldsymbol{r}_2(t) - \varsigma_3\boldsymbol{r}_1(t)] + \\ & \boldsymbol{r}_2^\mathrm{T}(t)\boldsymbol{r}_2(t)\boldsymbol{r}_2^\mathrm{T}(t)[\boldsymbol{M}_0^{-1}(\boldsymbol{B}_1(\theta) - \boldsymbol{B}_1(\hat{\theta}))\boldsymbol{u}_1(t) + \boldsymbol{r}_3(t) - \varsigma_2\boldsymbol{r}_2(t)] + \\ & \frac{1}{2}\mathrm{Tr}\{\boldsymbol{\Pi}^\mathrm{T}\boldsymbol{B}_2^\mathrm{T}(\theta)\boldsymbol{M}_0^{-1}[2\boldsymbol{r}_2(t)\boldsymbol{r}_2^\mathrm{T}(t) + \boldsymbol{r}_2^\mathrm{T}(t)\boldsymbol{r}_2(t)\boldsymbol{I}]\boldsymbol{M}_0^{-1}\boldsymbol{B}_2(\theta)\boldsymbol{\Pi}\} + \\ & \boldsymbol{r}_3^\mathrm{T}(t)\boldsymbol{r}_3(t)\boldsymbol{r}_3^\mathrm{T}(t)[\boldsymbol{h}_0(t) - \boldsymbol{r}_3(t) - \varsigma_1(\boldsymbol{r}_1(t) + \boldsymbol{e}_1(t))] + \boldsymbol{e}_1^\mathrm{T}(t)\boldsymbol{e}_1(t)\boldsymbol{e}_1^\mathrm{T}(t)[\boldsymbol{e}_2(t) + \alpha\boldsymbol{e}_1(t) + \varsigma_3\boldsymbol{r}_1(t)] + \\ & \boldsymbol{e}_2^\mathrm{T}(t)\boldsymbol{e}_2(t)\boldsymbol{e}_2^\mathrm{T}(t)[\boldsymbol{M}_0^{-1}\boldsymbol{B}_1(\hat{\theta})\boldsymbol{u}_1(t) + \hat{\boldsymbol{x}}_3(t) - \ddot{\boldsymbol{X}}_\mathrm{d}(t) - \alpha\boldsymbol{e}_2(t) - \alpha^2\boldsymbol{e}_1(t) - \alpha\varsigma_3\boldsymbol{r}_1(t) + \varsigma_2\boldsymbol{r}_2(t)] \end{aligned} \tag{8-60}$$

其中，$\boldsymbol{I}$表示具有适当维数的单位矩阵。利用假设 8.1 和 Young's 不等式对式(8-60)等号右边的项进行分析，得到

$$\boldsymbol{r}_1^{\mathrm{T}}(t)\boldsymbol{r}_1(t)\boldsymbol{r}_1^{\mathrm{T}}(t)\boldsymbol{r}_2(t)\leqslant\frac{3}{4}\mu_1^{\frac{4}{3}}\left|\boldsymbol{r}_1(t)\right|^4+\frac{1}{4\mu_1^4}\left|\boldsymbol{r}_2(t)\right|^4 \tag{8-61}$$

$$\begin{aligned}\boldsymbol{r}_2^{\mathrm{T}}(t)\boldsymbol{r}_2(t)\boldsymbol{r}_2^{\mathrm{T}}(t)[\boldsymbol{M}_0^{-1}(\boldsymbol{B}_1(\theta)-\boldsymbol{B}_1(\hat{\theta}))\boldsymbol{u}_1(t)]&\leqslant\frac{3}{4}\mu_2^{\frac{4}{3}}\left|\boldsymbol{r}_2(t)\right|^4+\frac{1}{4\mu_2^4}\left\|\boldsymbol{M}_0^{-1}(\boldsymbol{B}_1(\theta)-\boldsymbol{B}_1(\hat{\theta}))\boldsymbol{u}_1(t)\right\|_F^4\\&\leqslant\frac{3}{4}\mu_2^{\frac{4}{3}}\left|\boldsymbol{r}_2(t)\right|^4+\frac{1}{4\mu_2^4}\boldsymbol{h}_1^2\end{aligned} \tag{8-62}$$

$$\boldsymbol{r}_2^{\mathrm{T}}(t)\boldsymbol{r}_2(t)\boldsymbol{r}_2^{\mathrm{T}}(t)\boldsymbol{r}_3(t)\leqslant\frac{3}{4}\mu_3^{\frac{4}{3}}\left|\boldsymbol{r}_2(t)\right|^4+\frac{1}{4\mu_3^4}\left|\boldsymbol{r}_3(t)\right|^4 \tag{8-63}$$

$$\boldsymbol{r}_3^{\mathrm{T}}(t)\boldsymbol{r}_3(t)\boldsymbol{r}_3^{\mathrm{T}}(t)\boldsymbol{h}_0(t)\leqslant\frac{3}{4}\mu_4^{\frac{4}{3}}\left|\boldsymbol{r}_3(t)\right|^4+\frac{1}{4\mu_4^4}\boldsymbol{h}_0^4 \tag{8-64}$$

$$\varsigma_1\boldsymbol{r}_3^{\mathrm{T}}(t)\boldsymbol{r}_3(t)\boldsymbol{r}_3^{\mathrm{T}}(t)\boldsymbol{r}_1(t)\leqslant\frac{3}{4}\varsigma_1^{\frac{4}{3}}\mu_5^{\frac{4}{3}}\left|\boldsymbol{r}_3(t)\right|^4+\frac{1}{4\mu_5^4}\left|\boldsymbol{r}_1(t)\right|^4 \tag{8-65}$$

$$\varsigma_1\boldsymbol{r}_3^{\mathrm{T}}(t)\boldsymbol{r}_3(t)\boldsymbol{r}_3^{\mathrm{T}}(t)\boldsymbol{e}_1(t)\leqslant\frac{3}{4}\varsigma_1^{\frac{4}{3}}\mu_6^{\frac{4}{3}}\left|\boldsymbol{r}_3(t)\right|^4+\frac{1}{4\mu_6^4}\left|\boldsymbol{e}_1(t)\right|^4 \tag{8-66}$$

$$\boldsymbol{e}_1^{\mathrm{T}}(t)\boldsymbol{e}_1(t)\boldsymbol{e}_1^{\mathrm{T}}(t)\boldsymbol{e}_2(t)\leqslant\frac{3}{4}\mu_7^{\frac{4}{3}}\left|\boldsymbol{e}_1(t)\right|^4+\frac{1}{4\mu_7^4}\left|\boldsymbol{e}_2(t)\right|^4 \tag{8-67}$$

$$\varsigma_3\boldsymbol{e}_1^{\mathrm{T}}(t)\boldsymbol{e}_1(t)\boldsymbol{e}_1^{\mathrm{T}}(t)\boldsymbol{r}_1(t)\leqslant\frac{3}{4}\varsigma_3^{\frac{4}{3}}\mu_8^{\frac{4}{3}}\left|\boldsymbol{e}_1(t)\right|^4+\frac{1}{4\mu_8^4}\left|\boldsymbol{r}_1(t)\right|^4 \tag{8-68}$$

$$\alpha\varsigma_3\boldsymbol{e}_2^{\mathrm{T}}(t)\boldsymbol{e}_2(t)\boldsymbol{e}_2^{\mathrm{T}}(t)\boldsymbol{r}_1(t)\leqslant\frac{3}{4}(\alpha\varsigma_3)^{\frac{4}{3}}\mu_9^{\frac{4}{3}}\left|\boldsymbol{e}_2(t)\right|^4+\frac{1}{4\mu_9^4}\left|\boldsymbol{r}_1(t)\right|^4 \tag{8-69}$$

$$\varsigma_2\boldsymbol{e}_2^{\mathrm{T}}(t)\boldsymbol{e}_2(t)\boldsymbol{e}_2^{\mathrm{T}}(t)\boldsymbol{r}_2(t)\leqslant\frac{3}{4}\varsigma_2^{\frac{4}{3}}\mu_{10}^{\frac{4}{3}}\left|\boldsymbol{e}_2(t)\right|^4+\frac{1}{4\mu_{10}^4}\left|\boldsymbol{r}_2(t)\right|^4 \tag{8-70}$$

进一步，根据F范数定义、范数相容性、假设8.2和Young's不等式，得到

$$\begin{aligned}&\frac{1}{2}\mathrm{Tr}\{\boldsymbol{\Pi}^{\mathrm{T}}\boldsymbol{B}_2^{\mathrm{T}}(\theta)\boldsymbol{M}_0^{-1}[2\boldsymbol{r}_2(t)\boldsymbol{r}_2^{\mathrm{T}}(t)+\boldsymbol{r}_2^{\mathrm{T}}(t)\boldsymbol{r}_2(t)\boldsymbol{I}]\boldsymbol{M}_0^{-1}\boldsymbol{B}_2(\theta)\boldsymbol{\Pi}\}\\\leqslant&\frac{3}{2}(\boldsymbol{r}_2^{\mathrm{T}}(t)\boldsymbol{r}_2(t))\left\|\boldsymbol{M}_0^{-1}\right\|_F^2\left\|\boldsymbol{B}_2(\theta)\right\|_F^2\left\|\boldsymbol{\Pi}\right\|_F^2\\\leqslant&\frac{3}{2}(\boldsymbol{r}_2^{\mathrm{T}}(t)\boldsymbol{r}_2(t))\left\|\boldsymbol{M}_0^{-1}\right\|_F^2[(M+m)^2+1]\left\|\boldsymbol{\Pi}\right\|_F^2\\\leqslant&\frac{3}{2}(\boldsymbol{r}_2^{\mathrm{T}}(t)\boldsymbol{r}_2(t))\boldsymbol{h}_2\leqslant\frac{9}{8}\mu_{11}^2\left|\boldsymbol{r}_2(t)\right|^4+\frac{1}{2\mu_{11}^2}\boldsymbol{h}_2^2\end{aligned} \tag{8-71}$$

其中，$\boldsymbol{\mu}_\delta>0\,(\delta=1,2,\cdots,11)$表示待设计的参数。

将式(8-61)～式(8-71)代入式(8-60)，可得

$$
\begin{aligned}
\boldsymbol{LV}(x,t) \leqslant & \left(-\varsigma_3+\frac{3}{4}\mu_1^{\frac{4}{3}}+\frac{1}{4\mu_5^4}+\frac{1}{4\mu_8^4}+\frac{1}{4\mu_9^4}\right)\left|\boldsymbol{r}_1(t)\right|^4+ \\
& \left[-\varsigma_2+\frac{1}{4\mu_1^4}+\frac{3}{4}\mu_2^{\frac{4}{3}}+\frac{3}{4}\mu_3^{\frac{4}{3}}+\frac{9}{8}\mu_{11}^2+\frac{1}{4\mu_{10}^4}\right]\left|\boldsymbol{r}_2(t)\right|^4+ \\
& \left[-1+\frac{1}{4\mu_3^4}+\frac{3}{4}\mu_4^{\frac{4}{3}}+\frac{3}{4}\varsigma_1^{\frac{4}{3}}\mu_5^{\frac{4}{3}}+\frac{3}{4}\varsigma_1^{\frac{4}{3}}\mu_6^{\frac{4}{3}}\right]\left|\boldsymbol{r}_3(t)\right|^4+ \\
& \left[\alpha+\frac{1}{4\mu_6^4}+\frac{3}{4}\mu_7^{\frac{4}{3}}+\frac{3}{4}\varsigma_3^{\frac{4}{3}}\mu_8^{\frac{4}{3}}\right]\left|\boldsymbol{e}_1(t)\right|^4+ \\
& \boldsymbol{e}_2^{\mathrm{T}}(t)\boldsymbol{e}_2(t)\boldsymbol{e}_2^{\mathrm{T}}(t)[\boldsymbol{M}_0^{-1}\boldsymbol{B}_1(\hat{\theta})\boldsymbol{u}_1(t)+\hat{\boldsymbol{x}}_3(t)-\ddot{\boldsymbol{X}}_{\mathrm{d}}(t)-\alpha\boldsymbol{e}_2(t)-\alpha^2\boldsymbol{e}_1(t)+ \\
& \frac{1}{4\mu_7^4}\boldsymbol{e}_2(t)+\frac{3}{4}(\alpha\varsigma_3)^{\frac{4}{3}}\mu_9^{\frac{4}{3}}\boldsymbol{e}_2(t)+\frac{3}{4}\varsigma_2^{\frac{4}{3}}\mu_{10}^{\frac{4}{3}}\boldsymbol{e}_2(t)]+\left(\frac{1}{4\mu_2^4}\boldsymbol{h}_1^2+\frac{1}{2\mu_{11}^2}\boldsymbol{h}_2^2+\frac{1}{4\mu_4^4}\boldsymbol{h}_0^4\right)
\end{aligned}
\tag{8-72}
$$

控制器设计如下：

$$
\begin{aligned}
\boldsymbol{u}_1(t)=\boldsymbol{B}_1^{\mathrm{T}}(\hat{\theta})(\boldsymbol{B}_1(\hat{\theta})\boldsymbol{B}_1^{T}(\hat{\theta}))^{-1}\boldsymbol{M}_0 & \left[-\frac{\gamma_5}{4}\boldsymbol{e}_2(t)-\hat{\boldsymbol{x}}_3(t)+\ddot{\boldsymbol{X}}_{\mathrm{d}}(t)+\alpha\boldsymbol{e}_2(t)+\right. \\
& \left.\alpha^2\boldsymbol{e}_1(t)-\frac{1}{4\mu_7^4}\boldsymbol{e}_2(t)-\frac{3}{4}(\alpha\varsigma_3)^{\frac{4}{3}}\mu_9^{\frac{4}{3}}\boldsymbol{e}_2(t)-\frac{3}{4}\varsigma_2^{\frac{4}{3}}\mu_{10}^{\frac{4}{3}}\boldsymbol{e}_2(t)\right]
\end{aligned}
\tag{8-73}
$$

其中，$\gamma_\rho>0\,(\rho=1,2,\cdots,5)$ 表示调节参数，并且

$$
\varsigma_1=(-\frac{\gamma_3}{4}+1-\frac{1}{4\mu_3^4}-\frac{3}{4}\mu_4^{\frac{4}{3}})^{\frac{3}{4}}(\frac{3}{4}\mu_5^{\frac{4}{3}}+\frac{3}{4}\mu_6^{\frac{4}{3}})^{-\frac{3}{4}}
\tag{8-74}
$$

$$
\varsigma_2=\frac{\gamma_2}{4}+\frac{1}{4\mu_1^4}+\frac{3}{4}\mu_2^{\frac{4}{3}}+\frac{3}{4}\mu_3^{\frac{4}{3}}+\frac{9}{8}\mu_{11}^2+\frac{1}{4\mu_{10}^4}
\tag{8-75}
$$

$$
\varsigma_3=\frac{\gamma_1}{4}+\frac{3}{4}\mu_1^{\frac{4}{3}}+\frac{1}{4\mu_5^4}+\frac{1}{4\mu_8^4}+\frac{1}{4\mu_9^4}
\tag{8-76}
$$

$$
\alpha=-\frac{\gamma_4}{4}-\frac{1}{4\mu_6^4}-\frac{3}{4}\mu_7^{\frac{4}{3}}-\frac{3}{4}\varsigma_3^{\frac{4}{3}}\mu_8^{\frac{4}{3}}
\tag{8-77}
$$

令 $\gamma=\min\{\gamma_1,\gamma_2,\gamma_3,\gamma_4,\gamma_5\}$ 和 $\kappa=\frac{1}{4\mu_2^4}\boldsymbol{h}_1^2+\frac{1}{2\mu_{11}^2}\boldsymbol{h}_2^2+\frac{1}{4\mu_4^4}\boldsymbol{h}_0^4$。将式(8-73)～式(8-77)代入式(8-72)，$\boldsymbol{V}(x,t)$ 沿系统(8-54)(8-57)和(8-58)的无穷小生成器满足如下表达式：

$$
\begin{aligned}
\boldsymbol{LV}(x,t) & \leqslant -\frac{\gamma_1}{4}(\boldsymbol{r}_1^{\mathrm{T}}(t)\boldsymbol{r}_1(t))^2-\frac{\gamma_2}{4}(\boldsymbol{r}_2^{\mathrm{T}}(t)\boldsymbol{r}_2(t))^2-\frac{\gamma_3}{4}(\boldsymbol{r}_3^{\mathrm{T}}(t)\boldsymbol{r}_3(t))-\frac{\gamma_4}{4}(\boldsymbol{e}_1^{\mathrm{T}}(t)\boldsymbol{e}_1(t))^2- \\
& \quad \frac{\gamma_5}{4}(\boldsymbol{e}_2^{\mathrm{T}}(t)\boldsymbol{e}_2(t))^2+\frac{1}{4\mu_2^4}\boldsymbol{h}_1^2+\frac{1}{2\mu_{11}^2}\boldsymbol{h}_2^2+\frac{1}{4\mu_4^4}\boldsymbol{h}_0^4 \\
& \leqslant -\gamma\boldsymbol{V}(x,t)+\kappa
\end{aligned}
\tag{8-78}
$$

8.3.3 误差系统稳定性分析

定理 8.2 考虑具有人机作用力的随机 Itô ODW 系统(8-43)，跟踪控制器(8-73)和人机作用力观测器(8-53) 可使误差系统$[\boldsymbol{r}_n^{\mathrm{T}}(t)\ \ \boldsymbol{e}_1^{\mathrm{T}}(t)\ \ \boldsymbol{e}_2^{\mathrm{T}}(t)]^{\mathrm{T}}$在$[t_0,\infty)$上有唯一解，并且对初始值$\boldsymbol{r}_n(t_0)\in R^3$、$\boldsymbol{e}_1(t_0)\in R^3$和$\boldsymbol{e}_2(t_0)\in R^3$误差系统指数均方稳定，且观测误差$\boldsymbol{r}_n(t)$、轨迹跟踪误差$\boldsymbol{e}_1(t)$和速度跟踪误差$\boldsymbol{e}_2(t)$满足：

$$\lim_{t\to\infty}\boldsymbol{E}\left|\boldsymbol{r}_n(t)\right|\leqslant\left(\frac{4\kappa}{\gamma}\right)^{\frac{1}{4}} \tag{8-79}$$

$$\lim_{t\to\infty}\boldsymbol{E}\left|\boldsymbol{e}_1(t)\right|\leqslant\left(\frac{4\kappa}{\gamma}\right)^{\frac{1}{4}} \tag{8-80}$$

$$\lim_{t\to\infty}\boldsymbol{E}\left|\boldsymbol{e}_2(t)\right|\leqslant\left(\frac{4\kappa}{\gamma}\right)^{\frac{1}{4}} \tag{8-81}$$

证明： 矩阵$\boldsymbol{M}_0$正定对称并且光滑，这样局部 Lipschitz 条件成立，同样$\boldsymbol{u}_1(t)$和$\boldsymbol{B}_1(\theta)$也满足局部 Lipschitz 条件，因此误差系统$[\boldsymbol{r}_n^{\mathrm{T}}(t)\ \ \boldsymbol{e}_1^{\mathrm{T}}(t)\ \ \boldsymbol{e}_2^{\mathrm{T}}(t)]^{\mathrm{T}}$满足局部 Lipschitz 条件。根据式(8-59)和式(8-78)、定义 8.1 和引理 8.1，在$[t_0,\infty]$上，对初始值$\boldsymbol{e}_1(t_0)\in R^3$，$\boldsymbol{r}_n(t_0)\in R^3$和$\boldsymbol{e}_2(t_0)\in R^3$，误差系统$[\boldsymbol{r}_n^{\mathrm{T}}(t)\ \ \boldsymbol{e}_1^{\mathrm{T}}(t)\ \ \boldsymbol{e}_2^{\mathrm{T}}(t)]^{\mathrm{T}}$存在唯一解并且指数均方稳定。

进一步，利用$\boldsymbol{e}^{\gamma t}>0$乘以不等式(8-78)的两端，得到

$$\boldsymbol{L}(\boldsymbol{e}^{\gamma t}\boldsymbol{V}(x,t))=\boldsymbol{e}^{\gamma t}(\boldsymbol{L}\boldsymbol{V}(x,t)+\gamma\boldsymbol{V}(x,t))\leqslant\boldsymbol{e}^{\gamma t}\kappa \tag{8-82}$$

对式 (8-82)从t_0到t进行积分，可得

$$\boldsymbol{E}(\boldsymbol{e}^{\gamma t}\boldsymbol{V}(x,t))\leqslant\boldsymbol{e}^{\gamma t_0}\boldsymbol{V}(x_0,t_0)+\boldsymbol{E}\int_{t_0}^{t}\boldsymbol{e}^{\gamma\tau}\kappa\cdot\mathrm{d}\tau \tag{8-83}$$

基于式(8-59)和式(8-83)，可得

$$\boldsymbol{E}\left|\boldsymbol{r}_n(t)\right|^2\leqslant 2\boldsymbol{e}^{\frac{1}{2}\gamma(t_0-t)}\boldsymbol{V}(x_0,t_0)+\left(\frac{4\kappa}{\gamma}\right)^{\frac{1}{2}} \tag{8-84}$$

$$\boldsymbol{E}\left|\boldsymbol{e}_1(t)\right|^2\leqslant 2\boldsymbol{e}^{\frac{1}{2}\gamma(t_0-t)}\boldsymbol{V}(x_0,t_0)+\left(\frac{4\kappa}{\gamma}\right)^{\frac{1}{2}} \tag{8-85}$$

$$\boldsymbol{E}\left|\boldsymbol{e}_2(t)\right|^2\leqslant 2\boldsymbol{e}^{\frac{1}{2}\gamma(t_0-t)}\boldsymbol{V}(x_0,t_0)+\left(\frac{4\kappa}{\gamma}\right)^{\frac{1}{2}} \tag{8-86}$$

因此，式(8-79)～式(8-81)成立。

8.3.4　仿真结果

为了验证提出的人机作用力辨识方法及随机跟踪控制方法的有效性，ODW 对直线路径进行了跟踪。重心随机偏移、ODW 的物理参数、系统初值、人机作用力辨识初值和设计参数分别如表 8.3～表 8.7 所示。跟踪轨迹描述如下：

$$
\begin{cases}
x_{\mathrm{d}}(t) = 20(1-\mathrm{e}^{-0.2t}) \\
y_{\mathrm{d}}(t) = 20(1-\mathrm{e}^{-0.2t}) \\
\theta_{\mathrm{d}}(t) = \dfrac{\pi}{4}
\end{cases}
\tag{8-87}
$$

表 8.3　重心随机偏移参数

参数	r_0	λ_1	λ_2	λ_3	λ_4	l_i
值	$0.1(1+\mathrm{rand}())$	$L-r_0$	$L+r_0$	$L-r_0$	$L+r_0$	$\lambda_i / \cos(\theta_i-\phi_i)$

表 8.4　ODW 的物理参数

参数	M/kg	m/kg	L/m	I_0 / (kg•m^2)
值	58	80	0.4	27.7

表 8.5　系统初始值

参数	$x(0)$ /m	$y(0)$ /m	$\theta(0)$ /rad	$\dot{x}(0)$ /(m • s^{-1})	$\dot{y}(0)$ /(m • s^{-1})	$\dot{\theta}(0)$ /(rad • s^{-1})
值	0.01	0.01	$\pi/4$	0	0	0

表 8.6　人机作用力辨识初始值

参数	$\hat{x}(0)$ /m	$\hat{y}(0)$ /m	$\hat{\theta}(0)$ /rad	$\dot{\hat{x}}(0)$ /(m • s^{-1})	$\dot{\hat{y}}(0)$ /(m • s^{-1})	$\dot{\hat{\theta}}(0)$ /(rad • s^{-1})	$\hat{x}_3(0)$ /N	$\hat{y}_3(0)$ /N	$\hat{\theta}_3(0)$ /N
值	0.01	0.01	$\pi/4$	0.02	0.05	0.01	0.1	0.1	0.05

表 8.7　参数设计(1)

参数	γ_1	γ_2	γ_3	γ_4	γ_5	μ_1	μ_2	μ_3	μ_4	μ_5	μ_6	μ_7	μ_8	μ_9	μ_{10}	μ_{11}
值	1.0	10.0	0.1	0.1	16.0	1.0	7.0	1.5	0.08	1.0	0.5	1.2	10.0	1.2	1.6	1.5

仿真结果如图 8.39～图 8.53 所示。

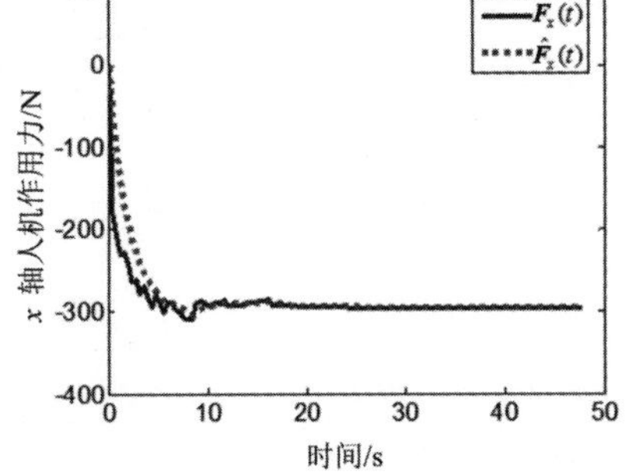

图 8.39　x 轴人机作用力

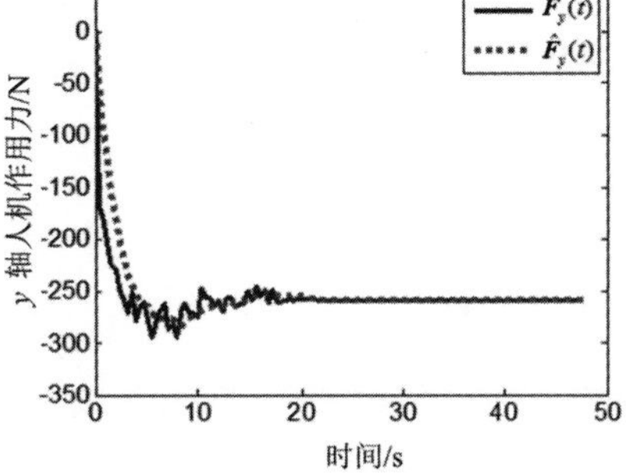

图 8.40　y 轴人机作用力

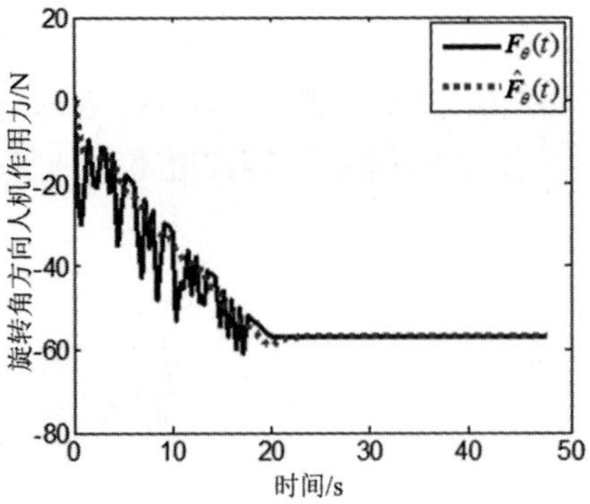

图 8.41 旋转角方向人机作用力

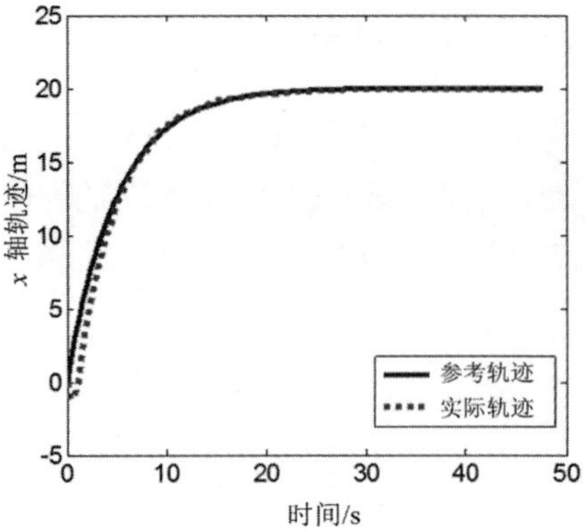

图 8.42 x 轴轨迹跟踪

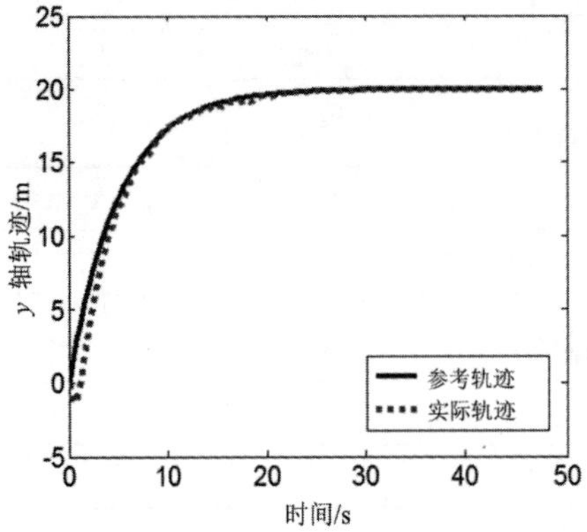

图 8.43 y 轴轨迹跟踪

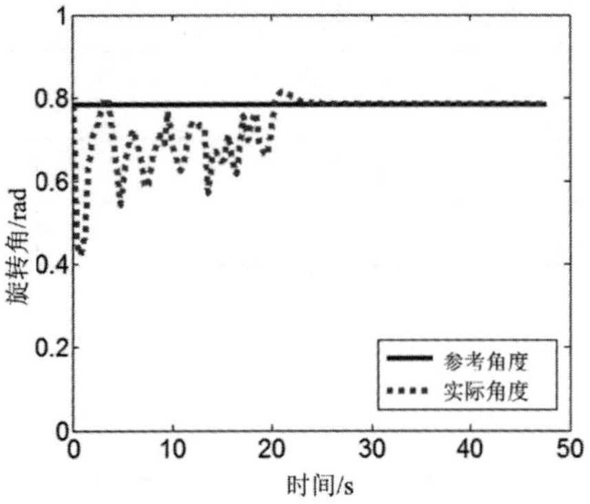

图 8.44 旋转角轨迹跟踪

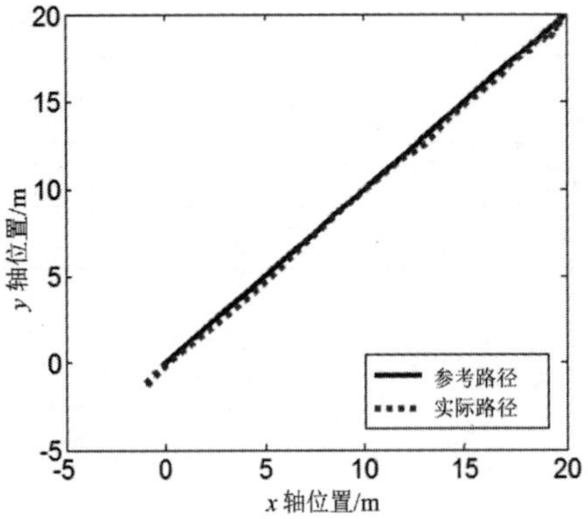

图 8.45 路径跟踪

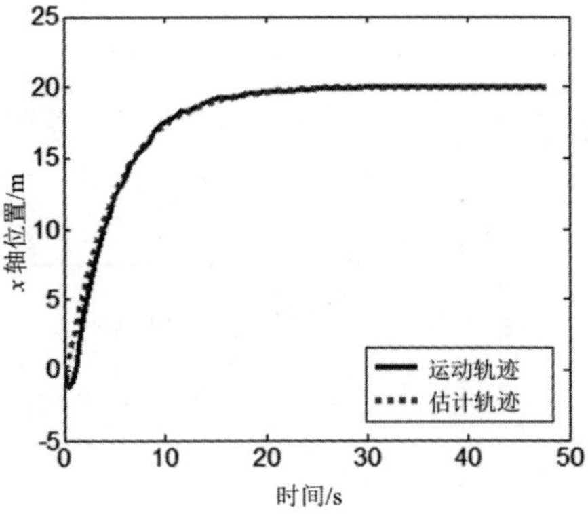

图 8.46 x 轴位置观测

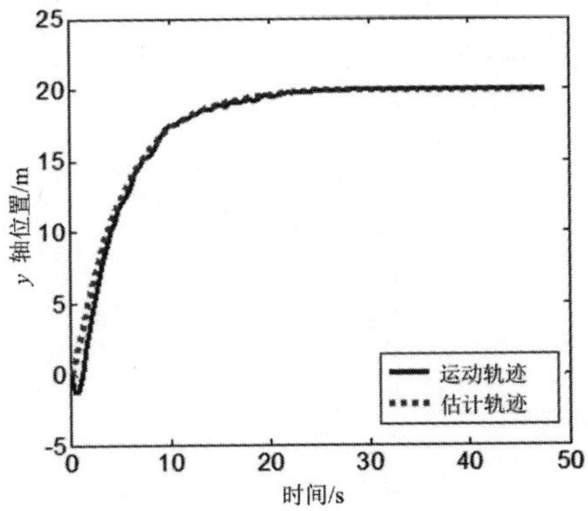

图 8.47　*y* 轴位置观测

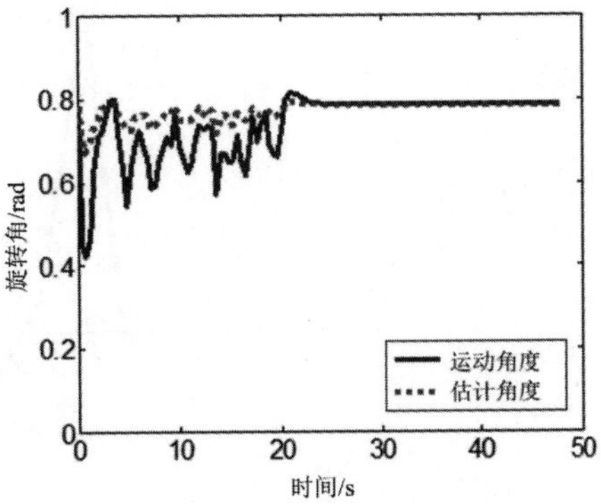

图 8.48　旋转角位置观测

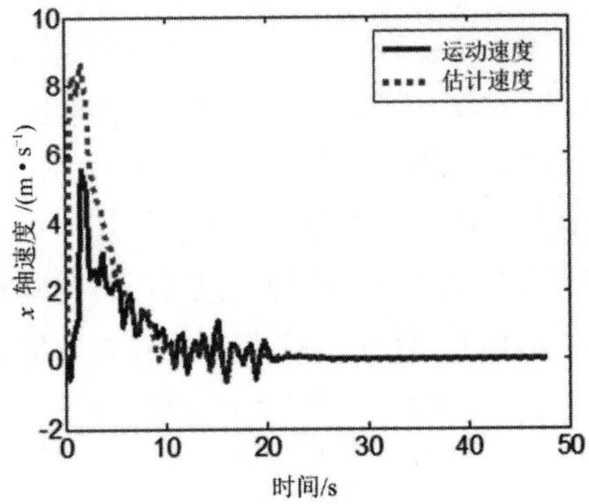

图 8.49　*x* 轴速度观测

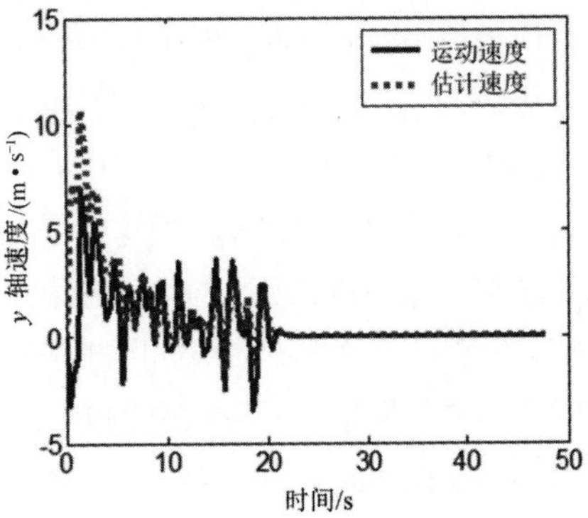

图 8.50　*y* 轴速度观测

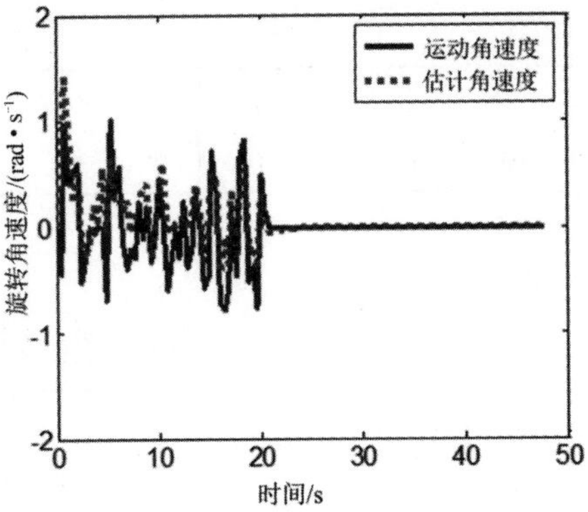

图 8.51　旋转角速度观测

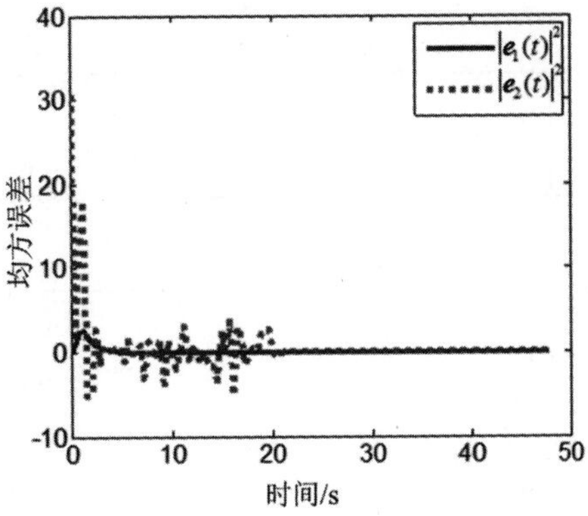

图 8.52　跟踪性能均方误差

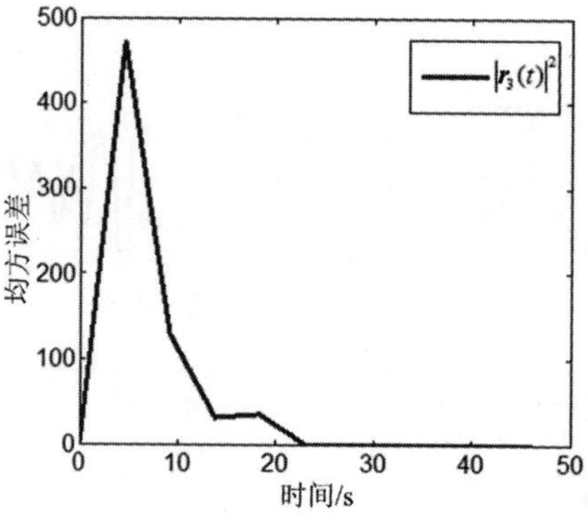

图 8.53 人机作用力均方误差

图 8.39～图 8.41 分别给出了 x 轴、y 轴和旋转角方向的人机作用力辨识结果。由图可知，人机作用力辨识误差系统(8-54)是指数均方稳定的，观测器(8-53)有效地估计了人机相互作用力，其设计优势利用了相互作用力与跟踪性能之间的关系。图 8.42～图 8.45 分别给出了重心随机偏移的 ODW 在 x 轴、y 轴和旋转角方向的轨迹跟踪曲线和路径跟踪曲线。在初始约 20s 时间内，旋转角出现少量的跟踪误差，但这些低幅值误差对旋转角度跟踪影响较小。由图可知，跟踪误差系统(8-57)和(8-58)实现了指数均方稳定，结果表明控制器(8-73)可以抑制人机作用力和重心随机偏移。位置和速度观测曲线如图 8.46～图 8.51 所示，可以看出设计的随机观测器有效地获得了 ODW 的位置和速度。跟踪性能和人机作用力均方误差如图 8.52 和图 8.53 所示，通过选择设计参数可使误差达到任意小。

接下来，对控制器(8-73)选择不同的设计参数(见表 8.8)来说明均方误差的变化，仿真结果如图 8.54 和图 8.55 所示。

表 8.8 参数设计(2)

参数	γ_1	γ_2	γ_3	γ_4	γ_5	μ_1	μ_2	μ_3	μ_4	μ_5	μ_6	μ_7	μ_8	μ_9	μ_{10}	μ_{11}
值	1.0	10.0	0.1	0.8	16.0	1.0	7.0	1.5	0.08	10.	0.5	1.2	10.0	1.2	1.6	1.5

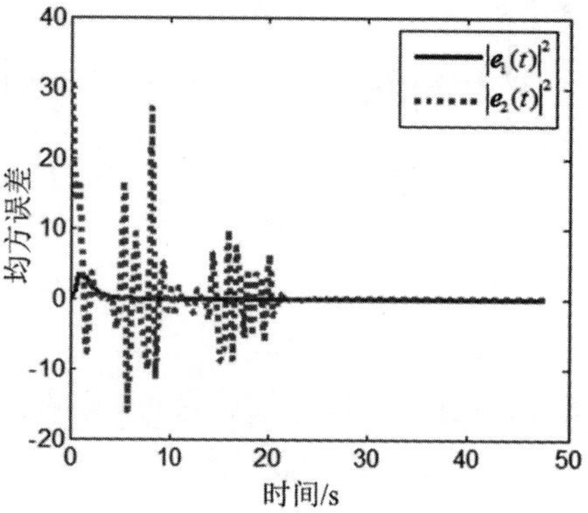

图 8.54 跟踪性能均方误差

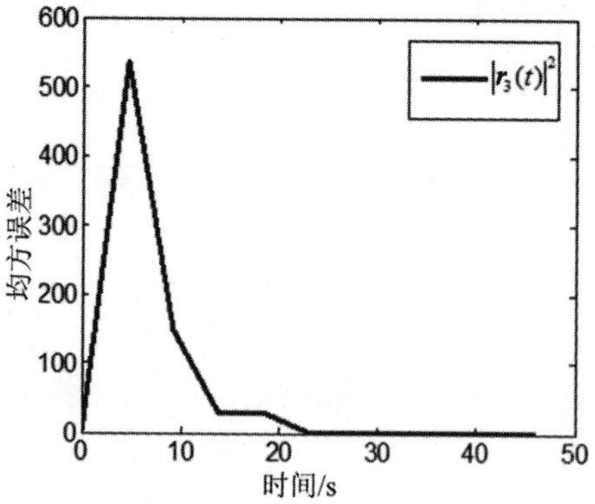

图 8.55 人机作用力均方误差

图 8.54 和图 8.55 给出了跟踪性能和人机作用力的均方误差曲线，由此可以看出控制器的不同设计参数可得到不同的均方误差，与图 8.52 和图 8.53 对比来看，控制器(8-73)利用表 8.7 的设计参数可以得到更小的均方误差。因此，在实际应用中，参数决定了跟踪性能和人机作用力的识别，两者性能要进行适当的平衡。

为了说明人机作用力辨识和处理重心随机偏移方法的有效性，与仅建立了随机参数模型，但没有考虑 ODW 与训练者之间相互作用力的控制算法[17]进行了仿真对比。此外，该控制方法将 ODW 系统的重心转化到几何中心，事实上，随着训练者位姿的变化，人机系统重心和几何中心往往不一致。因此，本章提出的随机模型(8-43)更具有一般适用性。将人机作用力应用于康复机器人系统[17]并跟踪运动轨迹(8-87)，仿真结果如图 8.56～图 8.59 所示。

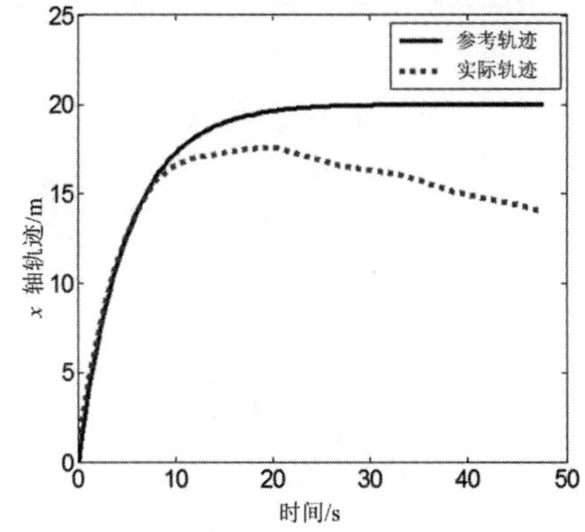

图 8.56　x 轴轨迹跟踪

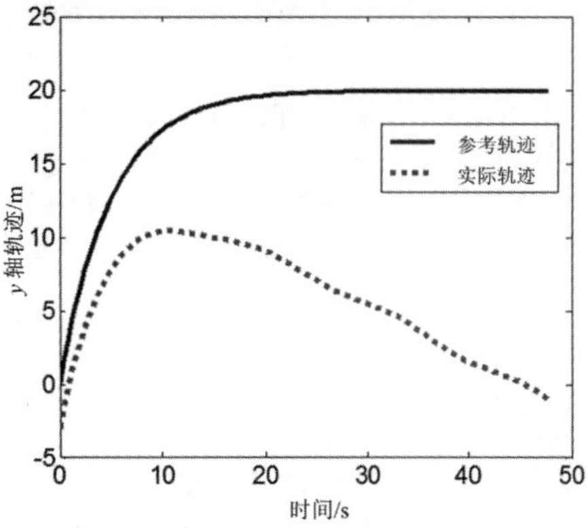

图 8.57　y 轴轨迹跟踪

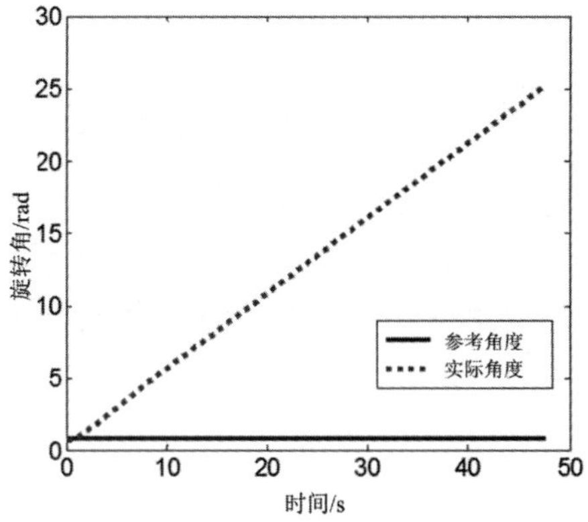

图 8.58　旋转角轨迹跟踪

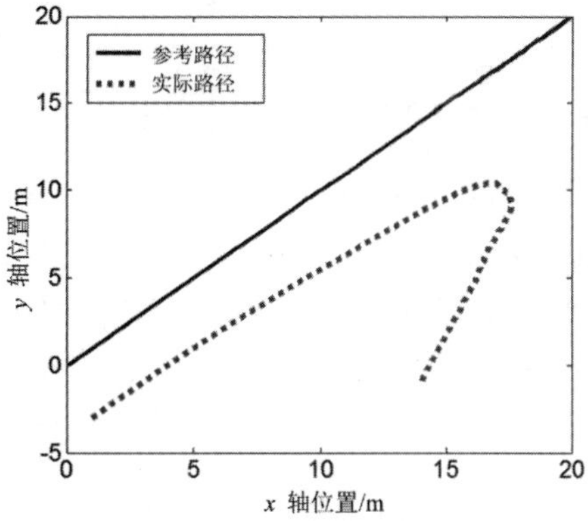

图 8.59　路径跟踪

图8.56～图8.59分别给出了ODW在x轴、y轴和旋转角方向的轨迹跟踪和路径跟踪曲线。显然，ODW人机系统没有实现指数均方稳定，尤其从图8.59所示路径跟踪曲线可以看出，ODW实际运动路径远远偏离指定路径，过大的跟踪误差可能导致机器人发生碰撞。这些仿真结果表明，控制器[17]在不考虑人机作用力的情况下是有效的，然而，实际的康复机器人需要人机合作才能完成训练任务，在控制系统设计中人机作用力是不能忽视的。

进一步，为了验证本章随机模型构建的优越性，将表 8.3 中的随机参数应用于人机系统[17]，其他参数、控制器及运动轨迹保持不变。仿真结果如图 8.60～图 8.63 所示。

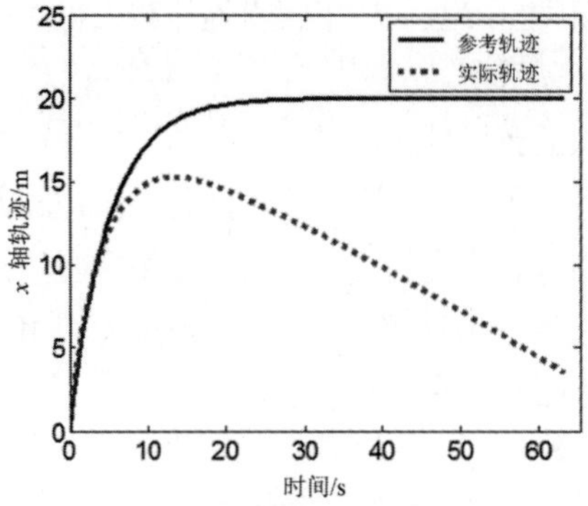

图 8.60 x 轴轨迹跟踪

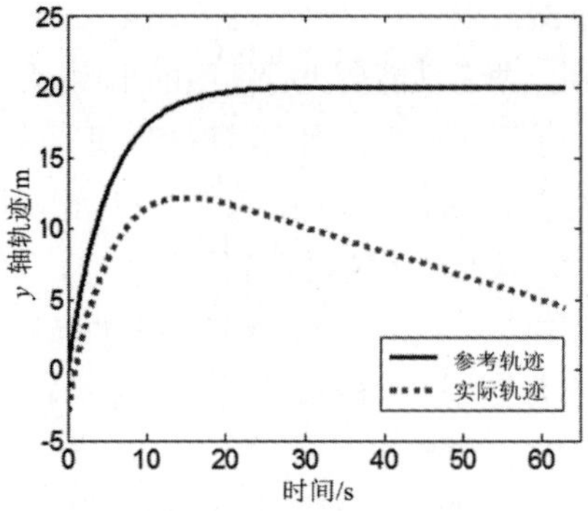

图 8.61 y 轴轨迹跟踪

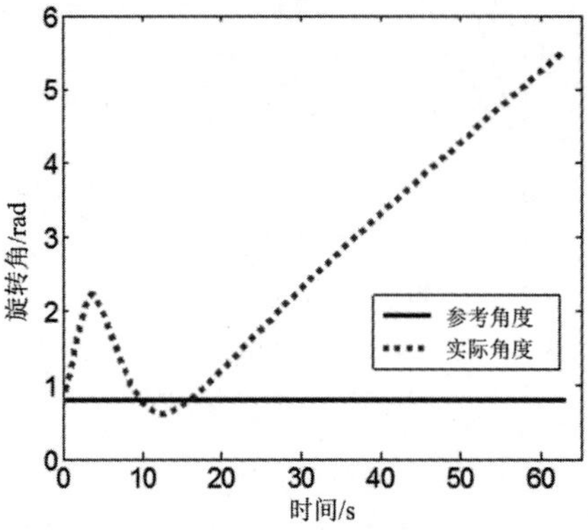

图 8.62 旋转角轨迹跟踪

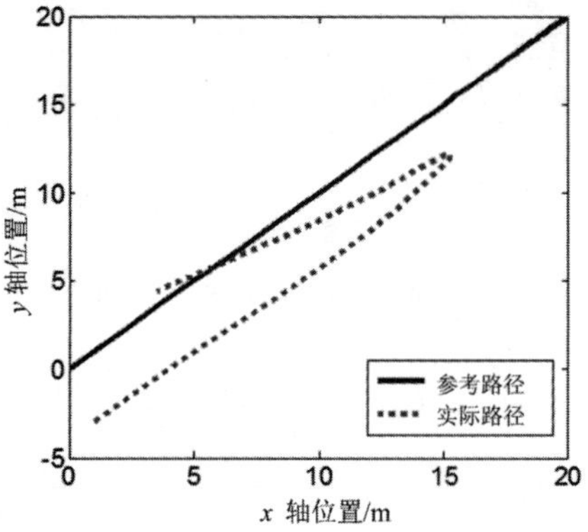

图 8.63 路径跟踪

图 8.60～图 8.63 给出了 ODW 在 x 轴、y 轴和旋转角方向的轨迹跟踪和路径跟踪曲线，仿真结果表明 ODW 无法实现稳定的跟踪训练。因此，构建的模型[17]不能处理人机系统发生的重心随机偏移，本章提出的改进模型(8-42)描述了人机系统重心随机偏移的特性，与人机系统模型[17]相比具有更广泛的适用性。

8.4 本章小结

本章研究了康复机器人的人机作用力观测方法，通过分别设计定常和时变增益相结合的观测器、模糊建模和利用跟踪误差逆向辨识技术获得了人机相互作用力；提出了非线性预测控制方法、自适应控制方法和随机跟踪控制方法抑制人机作用力对康复机器人运动的影响，实现轨迹跟踪误差和速度跟踪误差系统的稳定性，提高人机系统的跟踪精度，保障了系统的安全性。仿真研究表明了文中提出的人机作用力观测和控制器设计方法的有效性和优越性。

参考文献

[1] Sun P, Yu Z. Tracking Control for a Cushion Robot Based on Fuzzy Path Planning with Safe Angular Velocity [J]. IEEE/CAA Journal of Automatica Sinica, 2017, 4(4): 610-619.

[2] Wen Z, Qian J W, Shen L Y. Experimental Research on Trajectory Control of Walking Rehabilitation Training Robot [J]. Applied Mechanics and Materials, 2012, 187(2): 177-185.

[3] Sun P, Wang S Y. Robust Input Redundant Reliable Tracking Control for Omnidirectional Rehabilitative Training Walker [J]. ICIC Express Letters, 2014, 8(1): 79-85.

[4] Sun P, Zhang W J, Wang S Y, et al. Interaction Forces Identification Modeling and Tracking Control for Rehabilitative Training Walker [J]. Journal of Advanced Computational intelligence and Intelligent Informatics, 2019, 23(2): 183-195.

[5] Sarref T A, Marigold D S, Robinovitch S N. Maintaining Standing Balance by Handrail Grasping [J]. Gait & Posture, 2014, 39: 258-264.

[6] Khoshfel V. Voltage-based Adaptive Impedance Force Control for a Lower-limb Rehabilitation Robot [J]. Advanced Robotics, 2015, 29(15): 961-971.

[7] Melanie K, Sandra H. Invariance Control for Safe Human-robot Interaction in Dynamic Environments [J]. IEEE Transactions on Robotics, 2017, 33(6): 1237-1342.

[8] Mojtaba S, Saeed B, Gholamreza V. Nonlinear Model Reference Adaptive Impedance Control for Human-robot Interactions [J]. Control Engineering Practice, 2014, 32: 9-27.

[9] Chen X, Zeng Y, Yin Y. Improving the Transparency of an Exoskeleton Knee Joint Based on the Understanding of Motor Intent Using Energy Kernel Method of EMG [J]. IEEE Transactions on Neural Systems & Rehabilitation Engineering, 2017, 25(6): 577-588.

[10] Lu L, Yao B. A Performance Oriented Multi-loop Constrained Adaptive Robust Tracking Control of One-degree-of-freedom Mechanical Systems: Theory and Experiments [J]. Automatica, 2014, 50: 1143-1150.

[11] Niu B, Zhao J. Barrier Lyapunov Functions for the Output Tracking Control of Constrained Nonlinear Switched Systems [J]. Systems & Control Letters, 2013, 62(10): 963-971.

[12] Sun P, Wang S Y. Guaranteed Cost Non-fragile Tracking Control for Omnidirectional Rehabilitative Training Walker with Velocity Constraints [J]. International Journal of Control. Automation and Systems, 2016, 14(5): 1340-1351.

[13] Liu S, WeiI G, Song Y. Error-constrained Reliable Tracking Control for Discrete Time-varying Systems Subject to Quantization Effects [J]. Neurocomputing, 2016, 174: 897-905.

[14] Liu F. The Scenario Approach for Stochastic Model Predictive Control with Bounds on Closed-loop Constraint Violations [J]. Automatica, 2014, 50(12): 3009-3018.

[15] 孙平，张帅. 康复步行训练机器人位置和速度跟踪误差同时约束的安全预测控制[J]. 电机与控制学报，2019，23(6)：119-128.

[16] Cui M Y, Wu Z J, Xie X J. Output Feedback Tracking Control of Stochastic Lagrangian Systems and Its Application [J]. Automatica, 2014, 50(5): 1424-14233.

[17] Chang H B, Sun P, Wang S Y. Output Tracking Control for an Omnidirectional Rehabilitative Training Walker with Incomplete Measurements and Random Parameters [J]. International Journal of Systems Science, 2017, 48(12): 2509-2521.

[18] Li Y M, Tong S C, Li T S. Adaptive Fuzzy Out-feedback Control for Output Constrained Nonlinear Systems in the Presence of Input Saturation [J]. Fuzzy Sets and Systems, 2014, 248: 138-155.

[19] Tan R P, Wang S Y, Jiang Y L, et al. Adaptive Control Method for Path-tracking Control of an Omni-directional Walker Compensating for Center-of-gravity Shifts and Load Changes [J]. International Journal of Innovative Computing, Information and Control, 2011, 7(7): 4423-4434.

[20] Cui M Y, Wu Z J, Xie X J, et al. Modeling and Adaptive Tracking for a Class of Stochastic Lagrangian Control Systems [J]. Automatica, 2013, 49: 770-779.

[21] Khasminskii R Z. Stochastic Stability of Differential Equations [M]. 2nd ed. Berlin: Springer-Verlag, 2012.

[22] Sun P, Wang S, Chang H. Tracking Control and Identification of Interaction Forces for a Rehabilitative Training Walker Whose Centre of Gravity Randomly Shifts [J]. International Journal of Control, 2021, 94(5): 1143-1155.

第9章

康复机器人有限时间随机安全跟踪控制

近年来，越来越多的康复机器人被用于帮助步行障碍患者，通过跟踪预先指定的运动轨迹帮助障碍者康复训练，从而逐步恢复独立行走的能力。因此，康复机器人轨迹跟踪控制受到了研究者们的广泛关注，如外骨骼机器人的鲁棒非线性控制[1]、外骨骼步态机器人的多输入多输出滑模控制[2]、步行训练机器人的冗余输入安全跟踪控制[3]等。然而，上述研究都没有考虑系统参数随机变化的情况。

实际应用中，机器人系统往往由于工作环境的随机变化而受到不可预知的影响，这将大大降低机器人系统的跟踪精度[4-6]。目前，应用随机理论处理机器人系统的不确定性干扰取得了一定的研究成果，如针对受随机噪声干扰的柔性关节机器人提出了自适应跟踪控制[7]，随机拉格朗日机械臂系统的跟踪控制[8-9]，考虑高斯过程的水下机器人随机最优控制[10]等。然而，这些研究主要集中在外部环境的随机扰动方面，而忽略了系统内部参数的变化。

事实上，机器人系统通常涉及许多变化的参数，如抑制负载变化的鲁棒迭代学习控制[11]，人机系统作用力和重心偏移的随机跟踪控制[12]。虽然上述研究涉及了随机变化的系统参数，但忽略了康复者质量和机械臂抓取货物的随机变化特性。通常，机器人系统利用动力学模型设计跟踪控制器[13-15]，康复者质量或抓取货物质量的信息在系数矩阵中，这样无论是康复机器人还是工业机器人，质量是影响跟踪性能的关键要素，这就意味着不能简单地将质量视为系统的外部干扰[16-17]。因此，处理人机系统康复者质量随机变化问题具有一定的挑战性。

康复机器人通常工作在复杂的环境中，由于障碍物、信息反馈不完整、执行器故障等因素，速度发生突变是难以避免的。康复机器人不同于一般的机械系统，保障康复者的安全性是至关重要的。众所周知，当康复机器人用随机系统描述时，系统状态通常用均值进行刻画，也就是说利用随机系统模型只能限制机器人的平均速度，传统的饱和函数[18]、有界 Lyapunov 函数[19]、主动速度约束[20]，都无法约束机器人的实时运动速度。因此，描述不同康复者质量随机变化，约束机器人的实时运动速度，并在有限时间内实现轨迹跟踪，对提高康复机器人的暂态性能和安全性具有重要研究价值。

9.1 随机质量变化的康复机器人动力学模型

为了构建一个随机模型来解释不同康复者质量的变化问题，将模型(2-29)中质量参数 m 分解为$m = m_s + \Delta m$，其中m_s为固定常数，Δm表示不同康复者质量 m 与m_s之间的差值，于是得到

$$\ddot{\boldsymbol{X}}(t) = \boldsymbol{M}_s^{-1}\boldsymbol{B}(\theta)\boldsymbol{u}(t) + \boldsymbol{M}_s^{-1}\boldsymbol{B}_s(\theta)\boldsymbol{\varsigma}(t) \tag{9-1}$$

其中：

$$\boldsymbol{M}_s = \begin{bmatrix} M + m_s & 0 & 0 \\ 0 & M + m_s & 0 \\ 0 & 0 & \boldsymbol{I}_0 + m_s\boldsymbol{r}_0^2 \end{bmatrix},$$

$$\boldsymbol{B}_s(\theta) = \frac{1}{2}(M+m)\begin{bmatrix} -\sin\theta & -\cos\theta & -\cos\theta & \sin\theta & \dfrac{2}{M+m} & 0 & 0 \\ \cos\theta & -\sin\theta & -\sin\theta & -\cos\theta & 0 & \dfrac{2}{M+m} & 0 \\ 0 & 0 & 0 & 0 & 0 & 0 & \dfrac{2}{M+m} \end{bmatrix},$$

$$\boldsymbol{\varsigma}(t) = \begin{bmatrix} \ddot{\boldsymbol{\theta}}(t)(\lambda_1 - \lambda_3) \\ \ddot{\boldsymbol{\theta}}(t)(\lambda_2 - \lambda_4) \\ \dot{\boldsymbol{\theta}}^2(t)(\lambda_1 - \lambda_3) \\ \dot{\boldsymbol{\theta}}^2(t)(\lambda_2 - \lambda_4) \\ \Delta m\ddot{\boldsymbol{x}}(t) \\ \Delta m\ddot{\boldsymbol{y}}(t) \\ \Delta m r_0^2\ddot{\boldsymbol{\theta}}(t) \end{bmatrix}$$

这里随机参数$\boldsymbol{\varsigma}(t)$具有白噪声特性[21]，并且$\boldsymbol{\varsigma}(t)$可由$\dfrac{\mathrm{d}\vartheta}{\mathrm{d}t}$来代替[22]，这样得到康复机器人的随机微分方程(SDE)为

$$\mathrm{d}\dot{\boldsymbol{X}}(t) = \boldsymbol{M}_s^{-1}\boldsymbol{B}(\theta)\boldsymbol{u}(t)\mathrm{d}t + \boldsymbol{M}_s^{-1}\boldsymbol{B}_s(\theta) \circ \mathrm{d}\vartheta \tag{9-2}$$

其中，ϑ表示一个独立的维纳过程。

设$\boldsymbol{M}_s^{-1}\boldsymbol{B}_s(\theta) = [\eta_{\rho d}]_{3\times7}$ $(\rho = 1,2,3;\ d = 1,2,\cdots,7)$，Wong-Zakai 修正项为

$$\frac{1}{2}\begin{bmatrix} \sum_{\delta=1}^{7}(\dfrac{\partial\eta_{1\delta}}{\partial\dot{\boldsymbol{x}}(t)}\cdot\eta_{1\delta} + \dfrac{\partial\eta_{1\delta}}{\partial\dot{\boldsymbol{y}}(t)}\cdot\eta_{2\delta} + \dfrac{\partial\eta_{1\delta}}{\partial\dot{\boldsymbol{\theta}}(t)}\cdot\eta_{3\delta}) \\ \sum_{\delta=1}^{7}(\dfrac{\partial\eta_{2\delta}}{\partial\dot{\boldsymbol{x}}(t)}\cdot\eta_{1\delta} + \dfrac{\partial\eta_{2\delta}}{\partial\dot{\boldsymbol{y}}(t)}\cdot\eta_{2\delta} + \dfrac{\partial\eta_{2\delta}}{\partial\dot{\boldsymbol{\theta}}(t)}\cdot\eta_{3\delta}) \\ \sum_{\delta=1}^{7}(\dfrac{\partial\eta_{3\delta}}{\partial\dot{\boldsymbol{x}}(t)}\cdot\eta_{1\delta} + \dfrac{\partial\eta_{3\delta}}{\partial\dot{\boldsymbol{y}}(t)}\cdot\eta_{2\delta} + \dfrac{\partial\eta_{3\delta}}{\partial\dot{\boldsymbol{\theta}}(t)}\cdot\eta_{3\delta}) \end{bmatrix} = \begin{bmatrix} 0 \\ 0 \\ 0 \end{bmatrix} \tag{9-3}$$

这样得到 Itô 随机微分方程为

$$\mathrm{d}\dot{\boldsymbol{X}}(t) = \boldsymbol{M}_s^{-1}\boldsymbol{B}(\theta)\boldsymbol{u}(t)\mathrm{d}t + \boldsymbol{M}_s^{-1}\boldsymbol{B}_s(\theta)\mathrm{d}\vartheta \tag{9-4}$$

假设白噪声 $\varsigma(t)$ 的功率谱密度为 $\dfrac{\boldsymbol{\Pi}}{2\pi}$，即 $\mathrm{d}\vartheta=\boldsymbol{\Pi}\mathrm{d}\phi$，将其代入式(9-4)得

$$\mathrm{d}\dot{\boldsymbol{X}}(t)=\boldsymbol{M}_{\mathrm{s}}^{-1}\boldsymbol{B}(\theta)\boldsymbol{u}(t)\mathrm{d}t+\boldsymbol{M}_{\mathrm{s}}^{-1}\boldsymbol{B}_{\mathrm{s}}(\theta)\boldsymbol{\Pi}\mathrm{d}\phi \tag{9-5}$$

令 $\dot{\boldsymbol{X}}(t)=\boldsymbol{v}(t)=\begin{bmatrix}v_x(t) & v_y(t) & v_\theta(t)\end{bmatrix}^{\mathrm{T}}$ 分别表示 x 轴、y 轴和旋转角方向的实际运动速度，于是刻画康复者质量随机变化的模型(9-5)可以表示为如下形式：

$$\begin{cases}\mathrm{d}\boldsymbol{X}(t)=\boldsymbol{v}(t)\mathrm{d}t\\ \mathrm{d}\boldsymbol{v}(t)=\boldsymbol{M}_{\mathrm{s}}^{-1}\boldsymbol{B}(\theta)\boldsymbol{u}(t)\mathrm{d}t+\boldsymbol{M}_{\mathrm{s}}^{-1}\boldsymbol{B}_{\mathrm{s}}(\theta)\boldsymbol{\Pi}\mathrm{d}\phi\end{cases} \tag{9-6}$$

假设 9.1[23]　根据 ODW 系统物理量的含义，存在常数 h 使得下式成立：

$$\left\|\boldsymbol{M}_{\mathrm{s}}^{-1}\right\|_F^2[(M+m)^2+3]\left\|\boldsymbol{\Pi}\right\|_F^2\leqslant h \tag{9-7}$$

9.2　康复机器人的运动速度约束

在实际应用中，由于不同康复者质量的随机变化，直接限制 ODW 的速度是非常困难的。通常情况下，随机变量由数学期望来描述，也就是说利用恰当的方法仅能约束 ODW 的平均速度，针对随机系统(9-6)无法限制其实时的运动速度。这里通过 ODW 的运动学模型探索速度约束方法，运动学模型描述如下[24]：

$$\boldsymbol{V}(t)=\boldsymbol{K}_{\mathrm{G}}(t)\dot{\boldsymbol{X}}(t) \tag{9-8}$$

其中：

$$\boldsymbol{K}_{\mathrm{G}}(t)=\begin{bmatrix}-\sin\theta_1(t) & \cos\theta_1(t) & \lambda_1\\ \sin\theta_2(t) & -\cos\theta_2(t) & -\lambda_2\\ \sin\theta_3(t) & -\cos\theta_3(t) & -\lambda_3\\ -\sin\theta_4(t) & \cos\theta_4(t) & \lambda_4\end{bmatrix}$$

$\boldsymbol{V}(t)=\begin{bmatrix}v_1(t) & v_2(t) & v_3(t) & v_4(t)\end{bmatrix}^{\mathrm{T}}$，$v_i(t)$ 表示每个全向轮的输入速度。

进一步，将式(9-8)表示为如下形式：

$$\dot{\boldsymbol{X}}(t)=\boldsymbol{K}_{\mathrm{P}}^{-1}(t)\boldsymbol{V}(t) \tag{9-9}$$

其中，$\boldsymbol{K}_{\mathrm{P}}^{-1}(t)=(\boldsymbol{K}_{\mathrm{G}}^{\mathrm{T}}\cdot\boldsymbol{K}_{\mathrm{G}})^{-1}\cdot\boldsymbol{K}_{\mathrm{G}}^{\mathrm{T}}$ 表示 $\boldsymbol{K}_{\mathrm{G}}(t)$ 的伪逆矩阵。

考虑系统状态 $\boldsymbol{X}(t)$ 和输出 $\boldsymbol{Y}(t)=\boldsymbol{X}(t)$、离散化模型(9-9)，应用非线性前馈差分方法，并将速度输入 $\boldsymbol{V}(t)$ 写成增量形式，可得

$$\begin{cases}\boldsymbol{X}(k+1)=\boldsymbol{A}\boldsymbol{X}(k)+\boldsymbol{B}\boldsymbol{V}(k)\\ \boldsymbol{V}(k)=\boldsymbol{V}(k-1)+\Delta\boldsymbol{V}(k)\\ \boldsymbol{Y}(k)=\dot{\boldsymbol{X}}(k)=\boldsymbol{B}\boldsymbol{V}(k)\end{cases} \tag{9-10}$$

其中，$k=0,1,\cdots,N-1$，N 表示预测时域，$\Delta\boldsymbol{V}(k)$ 表示当前速度输入增量，$\boldsymbol{V}(k-1)$ 表示系统

前一时刻速度输入，矩阵 $\boldsymbol{A}=\boldsymbol{I}_3$，$\boldsymbol{B}=T\cdot\boldsymbol{K}_{\mathrm{P}}^{-1}(t)$，$\boldsymbol{I}_3$ 表示单位矩阵，T 表示采样周期。

接下来，构建预测速度 $\bar{\dot{\boldsymbol{X}}}$ 在 x 轴、y 轴和旋转角方向的约束条件，以及 $\bar{\boldsymbol{V}}$ 的约束条件如下：

$$\begin{cases}\bar{\dot{\boldsymbol{X}}}_{\min}\leqslant\bar{\dot{\boldsymbol{X}}}\leqslant\bar{\dot{\boldsymbol{X}}}_{\max}\\ \bar{\boldsymbol{V}}_{\min}\leqslant\bar{\boldsymbol{V}}\leqslant\bar{\boldsymbol{V}}_{\max}\end{cases}\tag{9-11}$$

其中，$\bar{\boldsymbol{V}}=[\boldsymbol{V}^{\mathrm{T}}(k|k)\quad\boldsymbol{V}^{\mathrm{T}}(k+1|k)\quad\cdots\quad\boldsymbol{V}^{\mathrm{T}}(k+N_{\mathrm{C}}-1|k)]^{\mathrm{T}}$ 表示控制时域内 k 时刻到 $k+N_{\mathrm{C}}-1$ 时刻的速度输入，N_{C} 表示控制时域，$\bar{\dot{\boldsymbol{X}}}=[\dot{\boldsymbol{X}}^{\mathrm{T}}(k|k)\quad\dot{\boldsymbol{X}}^{\mathrm{T}}(k+1|k)\quad\cdots\quad\dot{\boldsymbol{X}}^{\mathrm{T}}(k+N-1|k)]^{\mathrm{T}}$ 表示预测时域内 k 时刻到 $k+N-1$ 时刻的运动速度，$\bar{\boldsymbol{V}}_{\max}$ 表示控制时域内系统速度输入的最大值，且 $\bar{\boldsymbol{V}}_{\max}=-\bar{\boldsymbol{V}}_{\min}$，$\bar{\dot{\boldsymbol{X}}}_{\max}$ 表示预测时域内 ODW 运动速度的最大值，且 $\bar{\dot{\boldsymbol{X}}}_{\max}=-\bar{\dot{\boldsymbol{X}}}_{\min}$。

那么，由模型(9-10)可得预测时域内 ODW 运动速度如下：

$$\bar{\dot{\boldsymbol{X}}}=\boldsymbol{\Phi}\boldsymbol{V}(k-1)+\boldsymbol{G}\Delta\bar{\boldsymbol{V}}\tag{9-12}$$

其中，$\Delta\bar{\boldsymbol{V}}=[\Delta\boldsymbol{V}^{\mathrm{T}}(k|k)\quad\Delta\boldsymbol{V}^{\mathrm{T}}(k+1|k)\quad\cdots\quad\Delta\boldsymbol{V}^{\mathrm{T}}(k+N_{\mathrm{C}}-1|k)]^{\mathrm{T}}$ 表示控制时域内 ODW 系统输入增量，$\boldsymbol{\Phi}=\boldsymbol{B}_{\mathrm{p}}\boldsymbol{L}_0$，$\boldsymbol{G}=\boldsymbol{B}_{\mathrm{p}}\boldsymbol{L}_1$，且

$$\boldsymbol{B}_{\mathrm{p}}=\begin{bmatrix}\boldsymbol{B}(k)&0&\cdots&0\\0&\boldsymbol{B}(k+1)&\cdots&0\\\vdots&\vdots&&\vdots\\0&0&\cdots&\boldsymbol{B}(k+N-1)\end{bmatrix},\quad \boldsymbol{L}_0=\begin{bmatrix}\boldsymbol{I}_4\\\boldsymbol{I}_4\\\vdots\\\boldsymbol{I}_4\end{bmatrix}_N,\quad \boldsymbol{L}_1=\begin{bmatrix}\boldsymbol{I}_4&0&\cdots&0\\\boldsymbol{I}_4&\boldsymbol{I}_4&\cdots&0\\\vdots&\vdots&&\vdots\\\boldsymbol{I}_4&\boldsymbol{I}_4&\cdots&\boldsymbol{I}_4\end{bmatrix}_N$$

其中，$\boldsymbol{B}(k+i),i=0,1,\cdots,N-1$ 表示预测时域内 k 时刻到 $k+N-1$ 时刻系统对应的输入系数矩阵，$\boldsymbol{I}_4$ 为单位矩阵。将式(9-12)代入式(9-11)可得速度输入增量 $\Delta\bar{\boldsymbol{V}}$ 的约束条件如下：

$$\begin{cases}\boldsymbol{b}_{1\min}\leqslant\boldsymbol{G}\Delta\bar{\boldsymbol{V}}\leqslant\boldsymbol{b}_{1\max}\\ \boldsymbol{b}_{2\min}\leqslant\boldsymbol{L}_1\Delta\bar{\boldsymbol{V}}\leqslant\boldsymbol{b}_{2\max}\end{cases}\tag{9-13}$$

其中：

$$b_{1\min}=\bar{\dot{\boldsymbol{X}}}_{\min}-\boldsymbol{\Phi}\boldsymbol{V}(k-1)$$

$$b_{1\max}=\bar{\dot{\boldsymbol{X}}}_{\max}-\boldsymbol{\Phi}\boldsymbol{V}(k-1)$$

$$b_{2\min}=\bar{\boldsymbol{V}}_{\min}-\boldsymbol{L}_0\boldsymbol{V}(k-1)$$

$$b_{2\max}=\bar{\boldsymbol{V}}_{\max}-\boldsymbol{L}_0\boldsymbol{V}(k-1)$$

进一步，可以得到

$$\boldsymbol{G}_0\Delta\bar{\boldsymbol{V}}\leqslant\boldsymbol{b}\tag{9-14}$$

其中，$\boldsymbol{G}_0=[-\boldsymbol{G}^{\mathrm{T}}\quad\boldsymbol{G}^{\mathrm{T}}\quad-\boldsymbol{L}_1^{\mathrm{T}}\quad\boldsymbol{L}_1^{\mathrm{T}}]^{\mathrm{T}}$ 和 $\boldsymbol{b}=[-\boldsymbol{b}_{1\min}^{\mathrm{T}}\quad\boldsymbol{b}_{1\max}^{\mathrm{T}}\quad-\boldsymbol{b}_{2\min}^{\mathrm{T}}\quad\boldsymbol{b}_{2\max}^{\mathrm{T}}]^{\mathrm{T}}$。

为了使预测时域内速度跟踪误差和控制时域内速度输入增量最小，建立目标性能函数如下：

$$\boldsymbol{J}=\min[(\bar{\dot{\boldsymbol{X}}}-\bar{\dot{\boldsymbol{X}}}_{\mathrm{d}})^{\mathrm{T}}\boldsymbol{Q}(\bar{\dot{\boldsymbol{X}}}-\bar{\dot{\boldsymbol{X}}}_{\mathrm{d}})+\Delta\bar{\boldsymbol{V}}^{\mathrm{T}}\boldsymbol{R}\Delta\bar{\boldsymbol{V}}]\tag{9-15}$$

其中，$\bar{\dot{X}}_{\mathrm{d}}=[\dot{X}_{\mathrm{d}}^{\mathrm{T}}(k|k)\quad \dot{X}_{\mathrm{d}}^{\mathrm{T}}(k+1|k)\quad \cdots\quad \dot{X}_{\mathrm{d}}^{\mathrm{T}}(k+N-1|k)]^{\mathrm{T}}$ 表示指定的运动速度，$\boldsymbol{Q}$ 和 $\boldsymbol{R}$ 是对角正定矩阵，用于调整性能指标 $\boldsymbol{J}$。将式(9-12)代入式(9-15)，可以将目标函数写成如下形式：

$$\boldsymbol{J}=\min\left(\frac{1}{2}\Delta\bar{\boldsymbol{V}}^{\mathrm{T}}\boldsymbol{H}\Delta\bar{\boldsymbol{V}}+\boldsymbol{c}^{\mathrm{T}}\Delta\bar{\boldsymbol{V}}\right) \tag{9-16}$$

其中，$\boldsymbol{H}=2(\boldsymbol{G}^{\mathrm{T}}\boldsymbol{Q}\boldsymbol{G}+\boldsymbol{R})$，$\boldsymbol{c}=2\boldsymbol{G}^{\mathrm{T}}\boldsymbol{Q}(\boldsymbol{\Phi}\boldsymbol{V}(k-1)-\bar{\dot{\boldsymbol{X}}}_{\mathrm{d}})$。

这样，将求解速度约束 $\bar{\dot{\boldsymbol{X}}}$ 的问题转化为式(9-14)和式(9-16)描述的二次规划问题。具体实现过程如下：

步骤 1：令 $k=0$ 并初始化 $\boldsymbol{X}(0)$、$\boldsymbol{V}(-1)$、$\bar{\dot{\boldsymbol{X}}}_{\max}$、$\bar{\boldsymbol{V}}_{\max}$。

步骤 2：对当前时刻 k，计算 $\boldsymbol{G}_0$ 和 $\boldsymbol{b}$。求解式(9-14)和式(9-16)组成的优化问题，并得到速度输入增量序列 $\Delta\bar{\boldsymbol{V}}$。

步骤 3：将速度输入增量序列的第一个值 $\Delta\bar{\boldsymbol{V}}(1|k)$ 应用于模型(9-10)得到每个全向轮的输入速度 $\boldsymbol{V}(k)$，然后，将其应用于 ODW 运动学模型(9-9)获得 x 轴、y 轴和旋转角方向的实际受限速度 $\dot{\boldsymbol{X}}(t)$。

步骤 4：令 $k=k+1$ 并返回步骤 1。

9.3　有限时间随机安全跟踪控制

引理 9.1[25]　考虑非线性系统 $\dot{\boldsymbol{x}}=\boldsymbol{f}(x), \boldsymbol{f}(0)=0,\ x\in R^n$，如果有定义在邻域 $\hat{U}\subset R^n$ 内的函数 $\boldsymbol{V}(x)$，以及正常数 c 和 d_{c}，且 $0<\delta<1$ 使得

(i) $\boldsymbol{V}(x)$ 在 $\hat{U}$ 内是正定的；

(ii) $\dot{\boldsymbol{V}}(x)\leqslant -\boldsymbol{c}\boldsymbol{V}^{\delta}(x)+\boldsymbol{d}_{\mathrm{c}}, \forall x\in\hat{U}$。

那么非线性系统的原点是局部实际有限时间稳定的。如果 $\hat{U}=R^n$ 和 $\boldsymbol{V}(x)$ 是径向无界的，则非线性系统的原点是全局实际有限时间稳定的。

引理 9.2[21]　对于随机非线性系统 $\mathrm{d}\boldsymbol{x}(t)=\boldsymbol{f}(\boldsymbol{x}(t),t)\mathrm{d}t+\boldsymbol{g}(\boldsymbol{x}(t),t)\mathrm{d}W$ ($W\in R^r$，表示 r 维标准维纳过程或布朗运动)，如果存在函数 $\boldsymbol{V}(x,t)\in \boldsymbol{C}^{2,1}(R^n\times R_+,R_+)$ 以及正常数 $k_i,k_i^{'},p_i,p_i^{'},c,d_{\mathrm{c}}$，使得

$$\sum_{i=1}^{n}k_i\left|\boldsymbol{x}_i\right|^{p_i}\leqslant \boldsymbol{V}(x,t)\leqslant\sum_{i=1}^{n}k_i^{'}\left|\boldsymbol{x}_i\right|^{p_i^{'}}$$

$$\boldsymbol{L}\boldsymbol{V}(\boldsymbol{x}(t),t)=\frac{\partial\boldsymbol{V}}{\partial t}+\frac{\partial\boldsymbol{V}}{\partial x}\boldsymbol{f}(\boldsymbol{x}(t),t)+\frac{1}{2}\mathrm{Tr}\left\{\boldsymbol{g}^{\mathrm{T}}(\boldsymbol{x}(t),t)\frac{\partial^2\boldsymbol{V}}{\partial x^2}\boldsymbol{g}(\boldsymbol{x}(t),t)\right\}$$

$$\boldsymbol{L}\boldsymbol{V}(x,t)\leqslant -\boldsymbol{c}\boldsymbol{V}(x,t)+d_{\mathrm{c}}$$

那么，对于随机非线性系统任意初始点 $\boldsymbol{x}(t_0)=\boldsymbol{x}_0\in R^n$ 存在一个唯一的强解 $\boldsymbol{x}(t)=\boldsymbol{x}(t;\boldsymbol{x}_0;t_0)$；同时，系统是 p 时刻指数实际稳定的，其中 $p=\min\{p_1,\cdots,p_n\}$，$\dfrac{\partial\boldsymbol{V}}{\partial\boldsymbol{x}}=\left(\dfrac{\partial\boldsymbol{V}}{\partial\boldsymbol{x}_1},\dfrac{\partial\boldsymbol{V}}{\partial\boldsymbol{x}_2},\cdots,\dfrac{\partial\boldsymbol{V}}{\partial\boldsymbol{x}_n}\right)$，

$\frac{\partial^2 \boldsymbol{V}}{\partial \boldsymbol{x}^2}=\left(\frac{\partial^2 \boldsymbol{V}}{\partial \boldsymbol{x}_i \partial \boldsymbol{x}_j}\right)_{n\times n}$ 。

设 ODW 的期望运动轨迹和实际运动轨迹分别为 $\boldsymbol{X}_{\mathrm{d}}(t)$ 和 $\boldsymbol{X}(t)$，则轨迹和速度跟踪误差表示如下：

$$\boldsymbol{e}_1(t)=\boldsymbol{X}(t)-\boldsymbol{X}_{\mathrm{d}}(t) \tag{9-17}$$

$$\boldsymbol{e}_2(t)=\dot{\boldsymbol{X}}(t)-\dot{\boldsymbol{X}}_{\mathrm{d}}(t)-\boldsymbol{\alpha}\boldsymbol{e}_1(t)=\boldsymbol{v}(t)-\dot{\boldsymbol{X}}_{\mathrm{d}}(t)-\boldsymbol{\alpha}\boldsymbol{e}_1(t) \tag{9-18}$$

其中，$\dot{\boldsymbol{X}}(t)=\boldsymbol{v}(t)$ 是9.2节设计的受约束的运动速度，α 表示待设计的参数；定义向量 $\mathrm{Sig}(\boldsymbol{\Sigma})^{\nu}=\left[|\boldsymbol{\Sigma}_1|^{\nu}\,\mathrm{sgn}(\boldsymbol{\Sigma}_1),\dots,|\boldsymbol{\Sigma}_n|^{\nu}\,\mathrm{sgn}(\boldsymbol{\Sigma}_n)\right]^{\mathrm{T}}$，$\boldsymbol{\Sigma}=[\boldsymbol{\Sigma}_1,\dots,\boldsymbol{\Sigma}_n]^{\mathrm{T}}\in\mathbf{R}^n$，$0<\nu<1$。

为了处理康复者质量随机变化和速度约束问题，设计一个有限时间跟踪控制器，在有限时间内保证跟踪误差 $\boldsymbol{e}_1(t)$ 和 $\boldsymbol{e}_2(t)$ 充分小，对任意康复者实现稳定和安全的步行训练。结合式(9-17)(9-18)和(9-6)，得到跟踪误差系统：

$$\mathrm{d}\boldsymbol{e}_1(t)=[\boldsymbol{e}_2(t)+\boldsymbol{\alpha}\boldsymbol{e}_1(t)]\mathrm{d}t \tag{9-19}$$

$$\mathrm{d}\boldsymbol{e}_2(t)=[\boldsymbol{M}_{\mathrm{s}}^{-1}\boldsymbol{B}(\theta)\boldsymbol{u}(t)-\ddot{\boldsymbol{X}}_{\mathrm{d}}(t)-\boldsymbol{\alpha}\boldsymbol{e}_2(t)-\boldsymbol{\alpha}^2\boldsymbol{e}_1(t)]\mathrm{d}t+\boldsymbol{M}_{\mathrm{s}}^{-1}\boldsymbol{B}_{\mathrm{s}}(\theta)\boldsymbol{\Pi}\,\mathrm{d}\phi \tag{9-20}$$

引入辅助变量 $\boldsymbol{\chi}(\boldsymbol{e}_1(t))$，且 $\boldsymbol{\chi}(0)=0$，并且定义误差变量 $\boldsymbol{z}(t)=\boldsymbol{e}_2(t)-\boldsymbol{\chi}(\boldsymbol{e}_1(t))$，同时将 $\boldsymbol{z}(t)$ 代入式(9-19)和式(9-20)，跟踪误差系统可以写为如下表达形式：

$$\begin{cases}\mathrm{d}\boldsymbol{e}_1(t)=[\boldsymbol{z}(t)+\boldsymbol{\chi}(\boldsymbol{e}_1(t))+\boldsymbol{\alpha}\boldsymbol{e}_1(t)]\mathrm{d}t\\ \mathrm{d}\boldsymbol{z}(t)=[\boldsymbol{M}_{\mathrm{s}}^{-1}\boldsymbol{B}(\theta)\boldsymbol{u}(t)-\ddot{\boldsymbol{X}}_{\mathrm{d}}(t)-\boldsymbol{\alpha}\boldsymbol{z}(t)-\boldsymbol{\alpha}\boldsymbol{\chi}(\boldsymbol{e}_1(t))-\boldsymbol{\alpha}^2\boldsymbol{e}_1(t)-\\ \qquad\dot{\boldsymbol{\chi}}(\boldsymbol{e}_1(t))]\mathrm{d}t+\boldsymbol{M}_{\mathrm{s}}^{-1}\boldsymbol{B}_{\mathrm{s}}(\theta)\boldsymbol{\Pi}\,\mathrm{d}\phi\end{cases} \tag{9-21}$$

接下来，针对随机 ODW 系统(9-6)设计跟踪控制器，使跟踪误差系统在有限时间内实现稳定性。

定理 9.1 针对模型(9-6)描述的适用于任意训练者的康复机器人，具有速度约束的随机跟踪控制器设计为

$$\begin{aligned}\boldsymbol{u}(t)=\widehat{\boldsymbol{B}}^{-1}(\theta)\boldsymbol{M}_{\mathrm{s}}[&\boldsymbol{\chi}(\boldsymbol{z}(t))+\ddot{\boldsymbol{X}}_{\mathrm{d}}(t)+\boldsymbol{\alpha}\boldsymbol{z}(t)+\boldsymbol{\alpha}^2\boldsymbol{e}_1(t)+\boldsymbol{\alpha}\boldsymbol{\chi}(\boldsymbol{e}_1(t))+\\ &\dot{\boldsymbol{\chi}}(\boldsymbol{e}_1(t))-\frac{1}{4\boldsymbol{\mu}_1^4}\boldsymbol{z}(t)-\frac{9}{8}\boldsymbol{\mu}_2^4\boldsymbol{z}(t)]\end{aligned} \tag{9-22}$$

对任意初始值 $\boldsymbol{e}_1(t_0)\in\mathbf{R}^3$ 和 $\boldsymbol{z}(t_0)=\boldsymbol{z}_0\in\mathbf{R}^3$，随机跟踪误差系统(9-21)有限时间稳定，而且有限稳定时间取决于初始状态 $\boldsymbol{z}(t_0)$，并满足

$$\boldsymbol{T}(\boldsymbol{z}(t))\leqslant\frac{1}{l_0\tilde{l}(1-\delta)}\left[\boldsymbol{V}_2^{1-\delta}(\boldsymbol{z}_0)-\left(\frac{d_{\mathrm{c}}}{(1-l_0)\tilde{l}}\right)^{\frac{1-\delta}{\delta}}\right] \tag{9-23}$$

其中，$\widehat{\boldsymbol{B}}^{-1}(\theta)=\boldsymbol{B}^{\mathrm{T}}(\theta)(\boldsymbol{B}(\theta)\boldsymbol{B}^{\mathrm{T}}(\theta))^{-1}$ 为 $\boldsymbol{B}(\theta)$ 的伪逆矩阵。$\boldsymbol{\mu}_o>0\ (o=1,2)$ 为控制器调节参数，$\boldsymbol{\alpha}=-\frac{3}{4}\boldsymbol{\mu}_1^{\frac{4}{3}}$。

证明：定义 Lyapunov 函数如下：

$$V_1(t)=\frac{1}{4}(e_1^{\mathrm{T}}(t)e_1(t))^2 \tag{9-24}$$

对式(9-24)，$V_1(t)$ 的无穷小生成器满足：

$$\begin{aligned}LV_1(t)&=e_1^{\mathrm{T}}(t)e_1(t)e_1^{\mathrm{T}}(t)[z(t)+\chi(e_1(t))+\alpha e_1(t)]\\&=e_1^{\mathrm{T}}(t)e_1(t)e_1^{\mathrm{T}}(t)z(t)+e_1^{\mathrm{T}}(t)e_1(t)e_1^{\mathrm{T}}(t)\chi(e_1(t))+\alpha(e_1^{\mathrm{T}}(t)e_1(t))^2\end{aligned} \tag{9-25}$$

利用 Young's 不等式对式(9-25)右边项进行分析，得到

$$e_1^{\mathrm{T}}(t)e_1(t)e_1^{\mathrm{T}}(t)z(t)\leqslant\frac{3}{4}\mu_1^{\frac{4}{3}}\left|e_1(t)\right|^4+\frac{1}{4\mu_1^4}\left|z(t)\right|^4 \tag{9-26}$$

接下来，定义辅助控制变量 $\chi(e_1(t))=-\Lambda_1\mathrm{Sig}(e_1(t))^{\gamma}$，并且令 $e_1(t)=[e_{11}\quad e_{12}\quad e_{13}]^{\mathrm{T}}$ 和 $\Lambda_1=\mathrm{diag}\{l_{11},l_{12},l_{13}\}$，有

$$\begin{aligned}e_1^{\mathrm{T}}(t)e_1(t)e_1^{\mathrm{T}}(t)\chi(e_1(t))&=-\sum_{j=1}^{3}\left|e_{1j}\right|^2\cdot\sum_{j=1}^{3}l_{1j}\left|e_{1j}\right|^{\gamma+1}\\&\leqslant-\sum_{j=1}^{3}\left|e_{1j}\right|^2\cdot l_1\cdot(\frac{1}{2}\sum_{j=1}^{3}\left|e_{1j}\right|^2)^{\frac{\gamma+1}{2}}\\&=-2l_1[(\frac{1}{2}\sum_{j=1}^{3}\left|e_{1j}\right|^2)^2]^{\frac{\gamma+3}{4}}\\&=-\tilde{l}_1V_1^{\frac{\gamma+3}{4}}(x,t)=-\tilde{l}_1V_1^{\delta}(x,t)\end{aligned} \tag{9-27}$$

其中，$\tilde{l}_1=-2l_1$，$l_1=2^{\frac{\gamma+1}{2}}l_{1\min}$，$l_{1\min}=\min\{l_{1j}\}$，$\delta=\dfrac{\gamma+3}{4}$，$0<\gamma<1$。

将不等式(9-26)和(9-27)代入式(9-25)，可以得到

$$LV_1(t)\leqslant-\tilde{l}_1V_1^{\delta}(t)+\alpha(e_1^{\mathrm{T}}(t)e_1(t))^2+\frac{3}{4}\mu_1^{\frac{4}{3}}\left|e_1(t)\right|^2+\frac{1}{4\mu_1^4}\left|z(t)\right|^2 \tag{9-28}$$

进一步，定义 Lyapunov 函数 $V_2(t)$ 如下：

$$V_2(t)=\frac{1}{4}(z^{\mathrm{T}}(t)z(t))^2+V_1(t) \tag{9-29}$$

其无穷小生成器表示为

$$\begin{aligned}LV_2(t)=&z^{\mathrm{T}}(t)z(t)z^{\mathrm{T}}(t)[M_{\mathrm{s}}^{-1}B(\theta)u(t)-\ddot{X}_{\mathrm{d}}(t)-\alpha z(t)-\alpha\chi(e_1(t))-\alpha^2e_1(t)-\dot{\chi}(e_1(t))]+\\&\frac{1}{2}\mathrm{tr}\{\Pi^{\mathrm{T}}B_{\mathrm{s}}^{\mathrm{T}}(\theta)M_{\mathrm{s}}^{-1}[2z(t)z^{\mathrm{T}}(t)+z^{\mathrm{T}}(t)z(t)I]M_{\mathrm{s}}^{-1}B_{\mathrm{s}}(\theta)\Pi\}+LV_1(t)\end{aligned} \tag{9-30}$$

其中，I 表示适当维数的单位矩阵。

另外，考虑Frobenius范数、范数相容性和假设9.1，并利用Young's不等式，可以得到

$$\begin{aligned}
&\frac{1}{2}\mathrm{tr}\{\boldsymbol{\Pi}^{\mathrm{T}}\boldsymbol{B}_{\mathrm{s}}^{\mathrm{T}}(\theta)\boldsymbol{M}_{\mathrm{s}}^{-1}[2\boldsymbol{z}(t)\boldsymbol{z}^{\mathrm{T}}(t)+\boldsymbol{z}^{\mathrm{T}}(t)\boldsymbol{z}(t)\boldsymbol{I}]\boldsymbol{M}_{\mathrm{s}}^{-1}\boldsymbol{B}_{\mathrm{s}}(\theta)\boldsymbol{\Pi}\}\\
&\leqslant\frac{3}{2}(\boldsymbol{z}^{\mathrm{T}}(t)\boldsymbol{z}(t))\left\|\boldsymbol{M}_{\mathrm{s}}^{-1}\right\|_F^2\left\|\boldsymbol{B}_{\mathrm{s}}(\theta)\right\|_F^2\left\|\boldsymbol{\Pi}\right\|_F^2\\
&\leqslant\frac{3}{2}(\boldsymbol{z}^{\mathrm{T}}(t)\boldsymbol{z}(t))\left\|\boldsymbol{M}_{\mathrm{s}}^{-1}\right\|_F^2[(M+m)^2+3]\left\|\boldsymbol{\Pi}\right\|_F^2\\
&\leqslant\frac{3}{2}(\boldsymbol{z}^{\mathrm{T}}(t)\boldsymbol{z}(t))\boldsymbol{h}\leqslant\frac{9}{8}\boldsymbol{\mu}_2^2\left|\boldsymbol{z}(t)\right|^4+\frac{1}{2\boldsymbol{\mu}_2^2}h^2
\end{aligned}\tag{9-31}$$

将控制器(9-22)和式(9-31)代入式(9-30)得到

$$\boldsymbol{L}\boldsymbol{V}_2(t)\leqslant(\boldsymbol{\alpha}+\frac{3}{4}\boldsymbol{\mu}_1^{\frac{4}{3}})\left|\boldsymbol{e}_1(t)\right|^4-\tilde{l}_1\boldsymbol{V}_1^{\delta}(x,t)+\boldsymbol{z}^{\mathrm{T}}(t)\boldsymbol{z}(t)\boldsymbol{z}^{\mathrm{T}}(t)\boldsymbol{\chi}(\boldsymbol{z}(t))+\frac{1}{2\boldsymbol{\mu}_2^2}h^2\tag{9-32}$$

类似地，定义辅助控制变量$\boldsymbol{\chi}(\boldsymbol{z}(t))=-\boldsymbol{\Lambda}_2\mathrm{Sig}(\boldsymbol{z}(t))^{\gamma}$，其中$\boldsymbol{z}(t)=[z_{11}\quad z_{12}\quad z_{13}]^{\mathrm{T}}$，$\boldsymbol{\Lambda}_2=\mathrm{diag}\{l_{21},l_{22},l_{23}\}$。进一步，得到

$$\begin{aligned}
\boldsymbol{z}^{\mathrm{T}}(t)\boldsymbol{z}(t)\boldsymbol{z}^{\mathrm{T}}(t)\boldsymbol{\chi}(\boldsymbol{z}(t))&\leqslant-\sum_{j=1}^{3}\left|z_{1j}\right|^2\cdot l_2\cdot\left(\frac{1}{2}\sum_{j=1}^{3}\left|z_{1j}\right|^2\right)^{\frac{\gamma+1}{2}}\\
&=-2l_2\left[\left(\frac{1}{2}\sum_{j=1}^{3}\left|\boldsymbol{z}_{1j}\right|^2\right)^2\right]^{\frac{\gamma+3}{4}}\\
&=-\tilde{l}_2\left[\left(\frac{1}{2}\sum_{j=1}^{3}\left|\boldsymbol{z}_{1j}\right|^2\right)^2\right]^{\delta}
\end{aligned}\tag{9-33}$$

其中，$\tilde{l}_2=-2l_2$，$l_2=2^{\frac{\gamma+1}{2}}l_{2\min}$，$l_{2\min}=\min\{l_{2j}\}$。

将式(9-33)代入式(9-32)可得

$$\begin{aligned}
\boldsymbol{L}\boldsymbol{V}_2(t)&\leqslant-\tilde{l}_1\boldsymbol{V}_1^{\delta}(t)-\tilde{l}_2\left[\left(\frac{1}{2}\sum_{j=1}^{3}\left|\boldsymbol{z}_{1j}\right|^2\right)^2\right]^{\delta}+\frac{1}{2\boldsymbol{\mu}_2^2}h^2\\
&\leqslant-\tilde{l}\boldsymbol{V}_2^{\delta}(t)+d_{\mathrm{c}}
\end{aligned}\tag{9-34}$$

其中，$\tilde{l}=\min\{\tilde{l}_1,\tilde{l}_2\}$，$d_{\mathrm{c}}=\frac{1}{2\boldsymbol{\mu}_2^2}h^2$。

进一步，设存在标量$0<l_0\leqslant1$，则式(9-34)可以写成如下形式：

$$\boldsymbol{L}\boldsymbol{V}_2(t)\leqslant-l_0\tilde{l}\boldsymbol{V}_2^{\delta}(t)-(1-l_0)\tilde{l}\boldsymbol{V}_2^{\delta}(t)+d_{\mathrm{c}}\tag{9-35}$$

令集合$\boldsymbol{\Theta}=\left\{x\middle|\boldsymbol{V}_2^{\delta}(t)>(d_{\mathrm{c}}/(1-l_0)\tilde{l})\right\}$，这样可以得到

$$\boldsymbol{L}\boldsymbol{V}_2(t)\leqslant-l_0\tilde{l}\boldsymbol{V}_2^{\delta}(t)\tag{9-36}$$

对不等式(9-36)两边同时积分，得到：

$$
\boldsymbol{T}(z(t)) \leqslant \frac{1}{l_0 \tilde{l}(1-\delta)}\left[\boldsymbol{V}_2^{1-\delta}(\boldsymbol{z}_0)-\left(\frac{d_{\mathrm{c}}}{(1-l_0)\tilde{l}}\right)^{\frac{1-\delta}{\delta}}\right]
$$

因此，根据引理 9.1 和 9.2 可知，随机跟踪误差系统(9-21)是有限时间稳定的，并且式(9-23)成立。

接下来，针对有限时间控制器(9-22)，设计 ODW 控制系统框图，如图 9.1 所示。

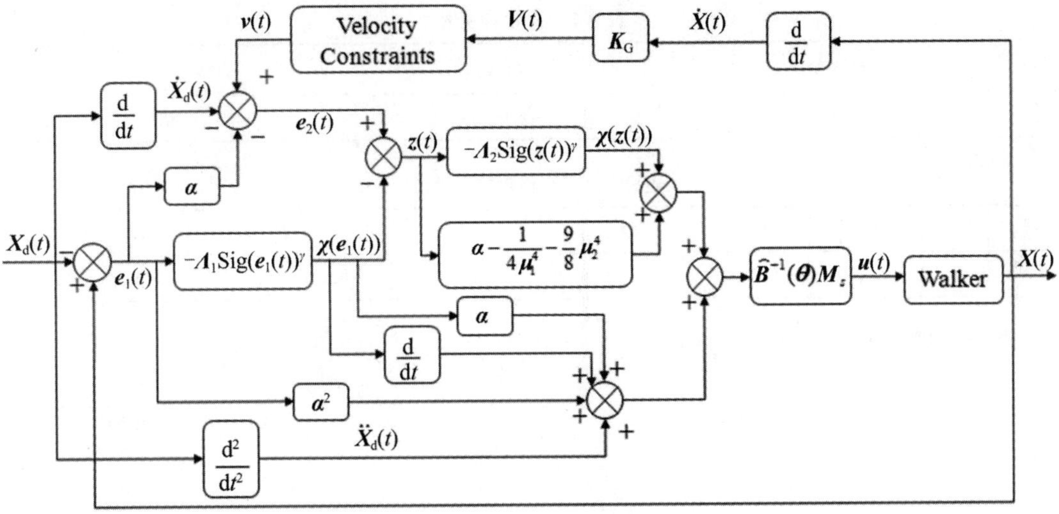

图 9.1　ODW 控制系统框图

9.4　仿真结果

本节中，通过对康复机器人 ODW 系统仿真来验证提出算法的有效性和优越性。设 ODW 跟踪医生指定的曲线路径，其重心参数值如表 9.1 所示。表 9.2 给出了 ODW 的物理参数和康复者的随机质量。ODW 系统的初始状态如表 9.3 所示，表 9.4 和表 9.5 分别给出了控制器(9-22)的速度约束值和参数设计值。ODW 跟踪轨迹 $\boldsymbol{X}_{\mathrm{d}}(t)$ 描述如下：

$$
\begin{cases}
x_{\mathrm{d}}(t)=2\cos^3(0.1t) \\
y_{\mathrm{d}}(t)=2\sin^3(0.1t) \\
\theta_{\mathrm{d}}(t)=\dfrac{\pi}{4}
\end{cases}
\tag{9-37}
$$

表 9.1　ODW 的重心参数值　　单位：m

参数	r_0	λ_1	λ_2	λ_3	λ_4	l_i
值	0.16	$L-r_0$	$L+r_0$	$L-r_0$	$L+r_0$	$\lambda_i/\cos(\theta_i-\phi_i)$

表 9.2 ODW 的物理参数

参数	M/kg	m/kg	L/m	I_0 /kg·m^2
值	58	80(1+rand())	0.4	27.7

表 9.3 系统的初始状态

参数	$x(0)$ / m	$y(0)$ / m	$\theta(0)$ / rad	$\dot{x}(0)$ / (m•s^{-1})	$\dot{y}(0)$ / (m•s^{-1})	$\dot{\theta}(0)$ / (rad•s^{-1})	$v_1(0)$ / (m•s^{-1})	$v_2(0)$ / (m•s^{-1})	$v_3(0)$ / (m•s^{-1})	$v_4(0)$ / (m•s^{-1})
值	2.1	0.1	0.75	0.1	0	0	0	0	0	0

表 9.4 速度约束值

参数	$\lvert \boldsymbol{v}_x(t) \rvert$ /(m•s^{-1})	$\lvert \boldsymbol{v}_y(t) \rvert$ /(m•s^{-1})	$\lvert v_\theta(t) \rvert$ /(rad•s^{-1})
值	0.25	0.25	0.15

表 9.5 控制器参数设计(1)

参数	μ_1	μ_2	m_s	α	$\boldsymbol{Q}$	$\boldsymbol{R}$
值	1.5	7.0	70	–17.5	diag{18,20,20}	diag{10,15,10}

仿真结果如图 9.2～图 9.9 所示。

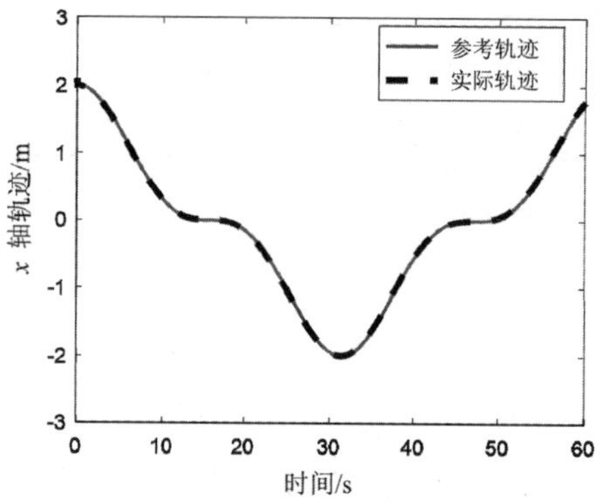

图 9.2 x 轴跟踪性能

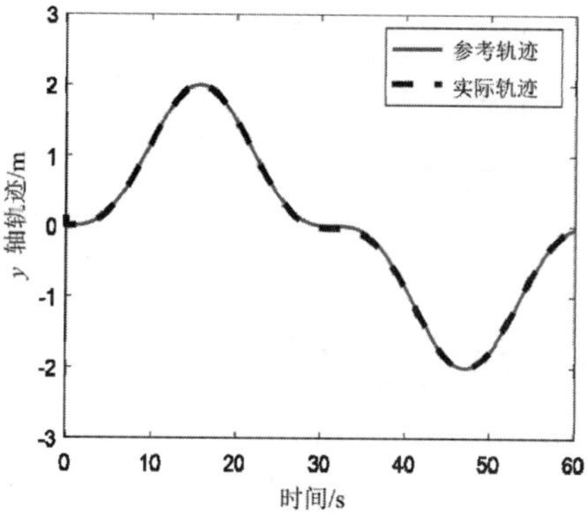

图 9.3 y 轴跟踪性能

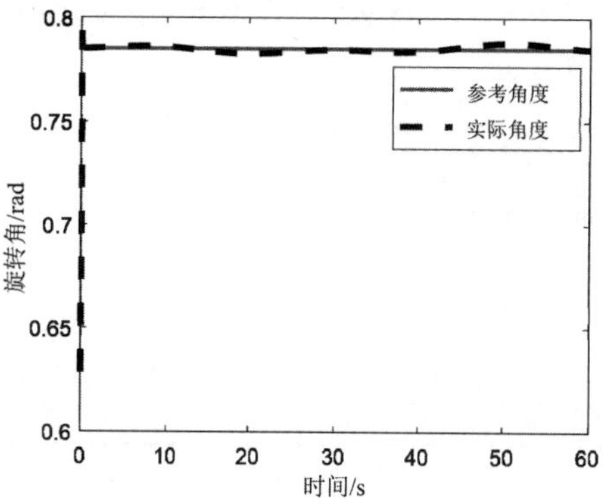

图 9.4 旋转角跟踪性能

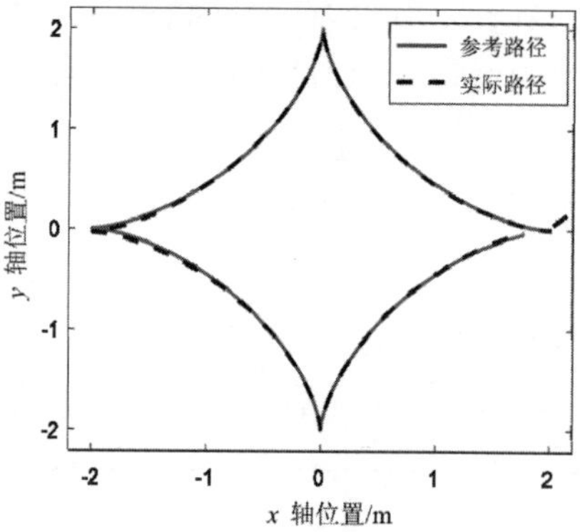

图 9.5 曲线路径跟踪

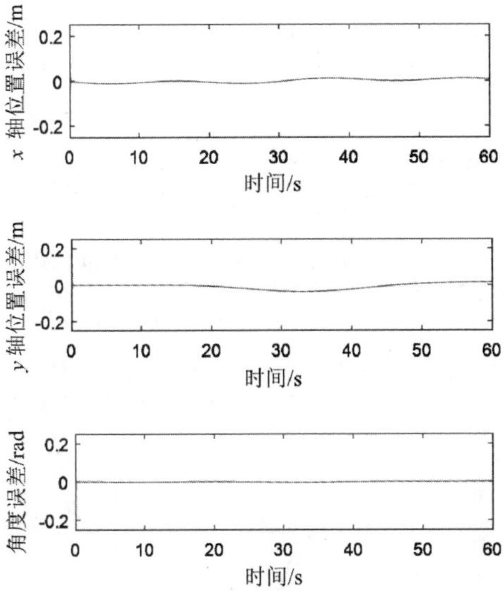

图 9.6　轨迹跟踪误差

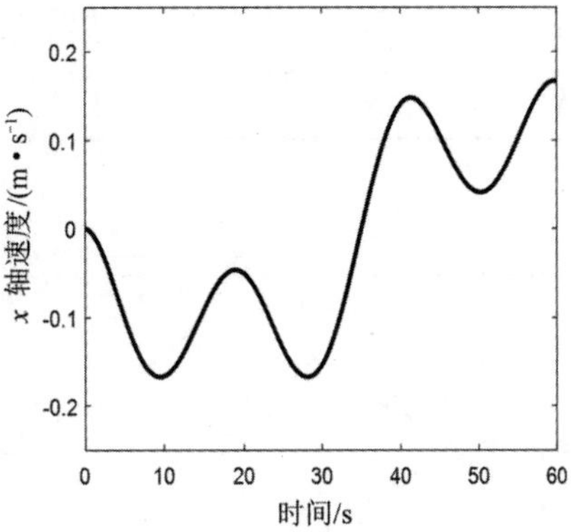

图 9.7　*x* 轴运动速度

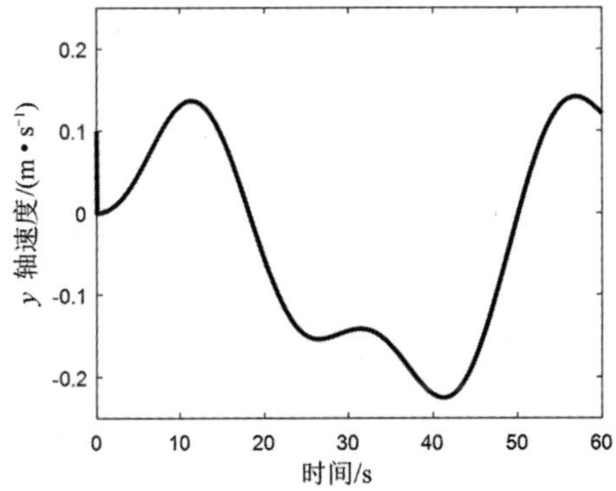

图 9.8　*y* 轴运动速度

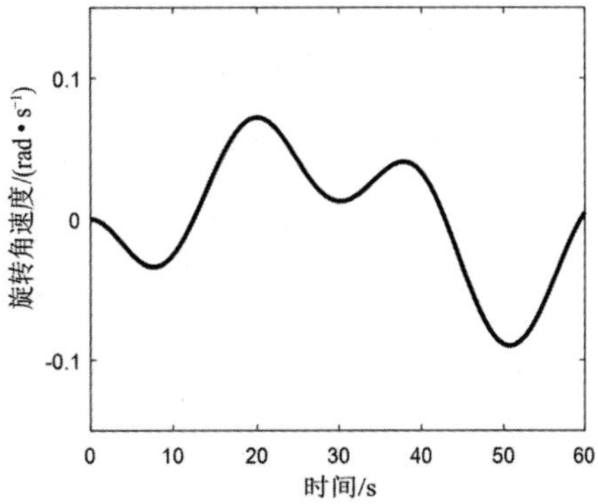

图 9.9　旋转角速度

图 9.2～图 9.4 分别给出了 x 轴、y 轴、旋转角方向的轨迹跟踪性能曲线，ODW 曲线路径跟踪如图 9.5 所示，图 9.6 给出了轨迹跟踪误差曲线。由图可知，设计的控制器能够处理系统康复者质量的随机变化，使 ODW 准确跟踪医生指定的训练路径，并在有限时间内使跟踪误差系统实现稳定。因此，建立的 ODW 模型(9-6)处理人机系统参数随机变化是有效的，在控制器(9-22)作用下抑制了参数的随机变化，提高了系统的跟踪性能。

图 9.7～图 9.9 分别给出了 ODW 在 x 轴、y 轴、旋转角方向的运动速度曲线，结果表明速度被约束在指定范围内，保障了人机系统运动的安全性。在控制器设计过程中，通过模型预测方法约束 ODW 的运动速度，为随机系统速度约束提供了一种新技术。利用运动学模型约束运动速度，再利用受约束的运动速度和动力学模型设计跟踪控制器，并抑制不同康复者质量的随机变化，所提出方法的优点在于有效结合了运动学和动力学的模型信息。

接下来，为了研究不同设计参数对跟踪误差的影响，考虑了一组不同的控制器参数值，如表 9.6 所示。其中，跟踪轨迹与式(9-37)相同，系统参数、ODW 的物理参数、初始状态、速度约束值与表 9.1～表 9.4 相同。仿真结果如图 9.10～图 9.13 所示。

表 9.6 控制器参数设计(2)

参数	μ_1	μ_2	m_s	α	$\boldsymbol{Q}$	$\boldsymbol{R}$
值	1.8	6.9	70	–6.6	diag{30,5,35}	diag{1,10,3}

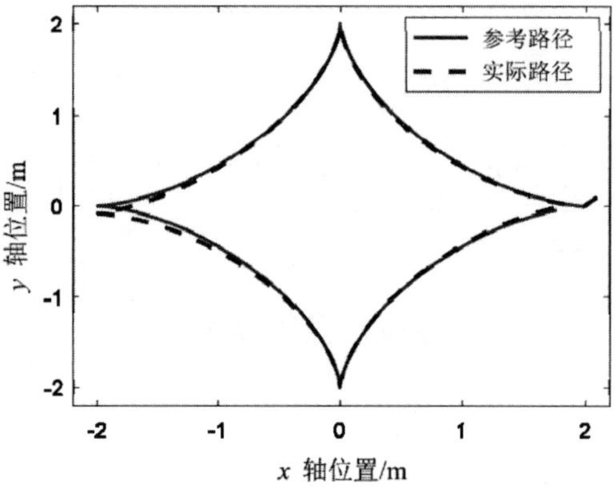

图 9.10 曲线路径的跟踪

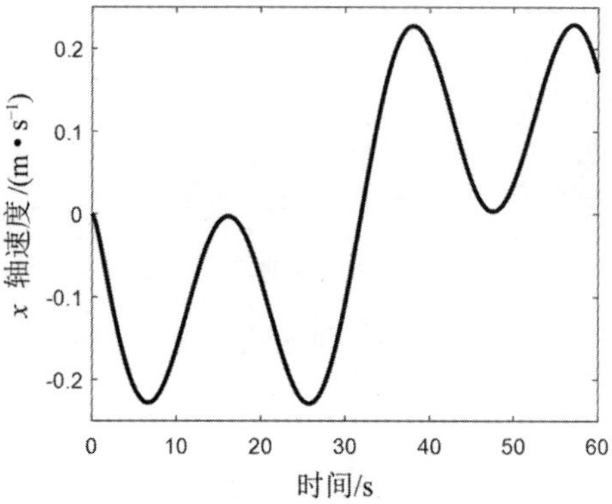

图 9.11 x 轴运动速度

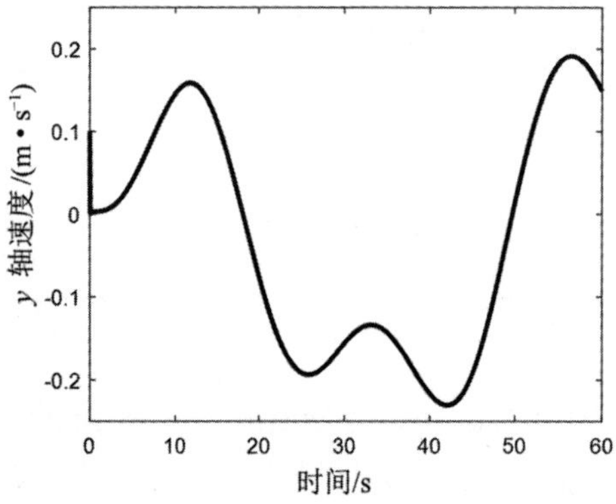

图 9.12 y 轴运动速度

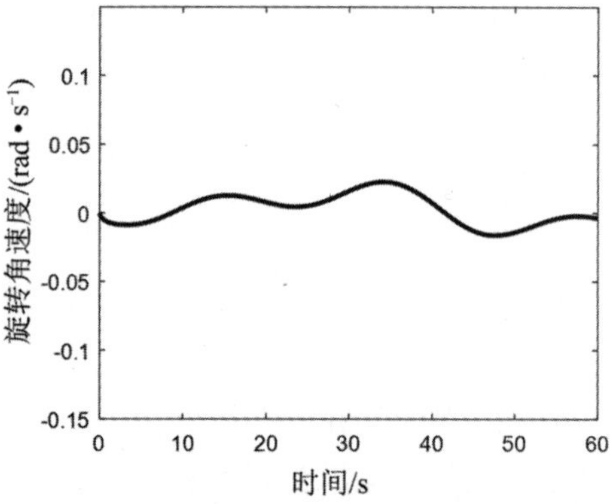

图 9.13 旋转角速度

图 9.10 给出了 ODW 路径跟踪曲线，可以看出，不同的控制器设计参数仍然可以实现精确的路径跟踪。图 9.11～图 9.13 绘制了 ODW 分别在 x 轴、y 轴、旋转角方向的运动速度曲线，可以明显地看到跟踪控制器(9-22)有效防止了运动速度超出预定的安全范围。

接下来，为了进一步说明提出的有限时间控制方法的有效性，与构建了系统重心随机偏移的动力学模型，没有考虑不同康复者质量变化对跟踪性能影响的随机控制方法[26]进行了仿真对比。事实上，随着不同训练者位姿的变化，会严重劣化康复机器人的跟踪性能，因此，为了提高跟踪精度，不同康复者质量变化是考虑的关键要素。同时，随机控制方法[26]没有解决运动速度约束问题，这就意味着人机系统速度突变时会严重威胁康复者的安全。将控制器[26]应用于本章的 ODW 系统，训练轨迹与式(9-37)相同。仿真结果如图 9.14～图 9.20 所示。

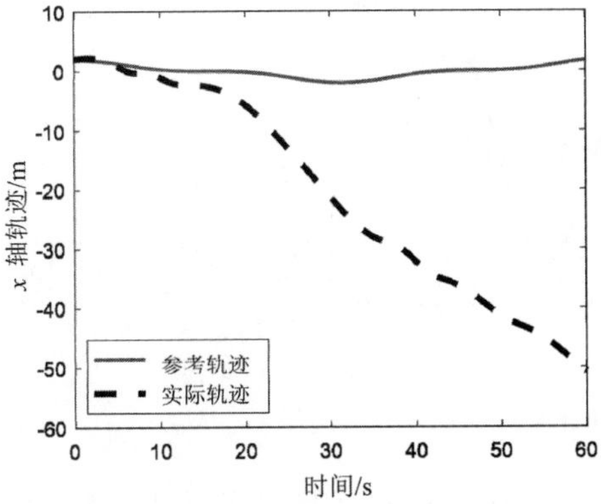

图 9.14　x 轴跟踪性能

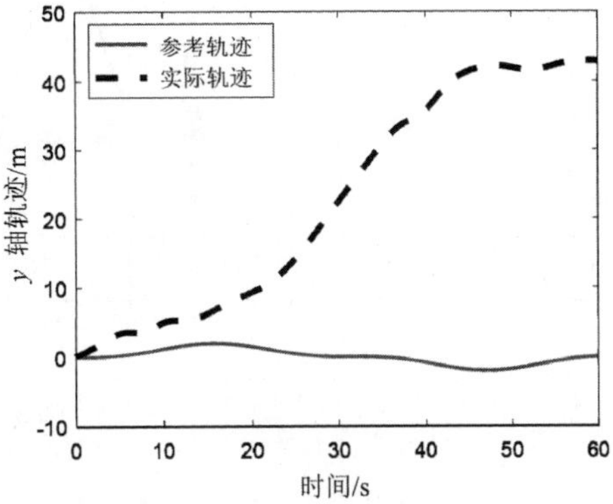

图 9.15　y 轴跟踪性能

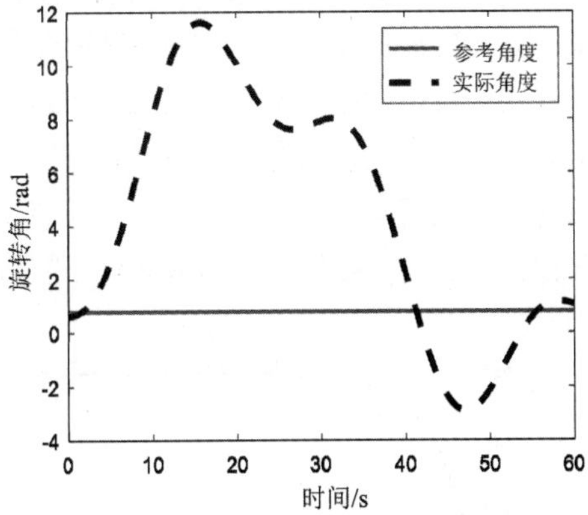

图 9.16　旋转角跟踪性能

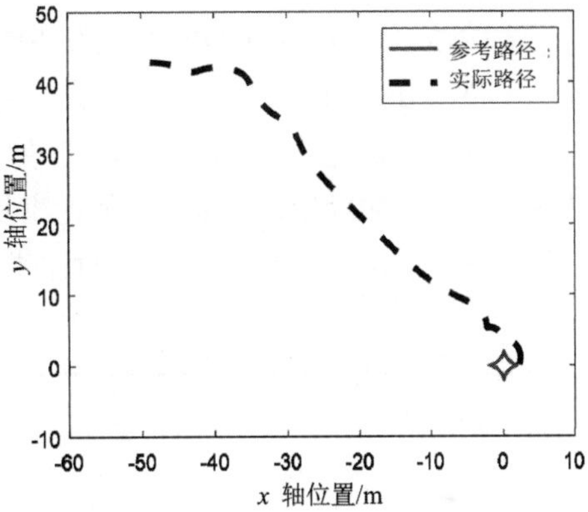

图 9.17　曲线路径跟踪

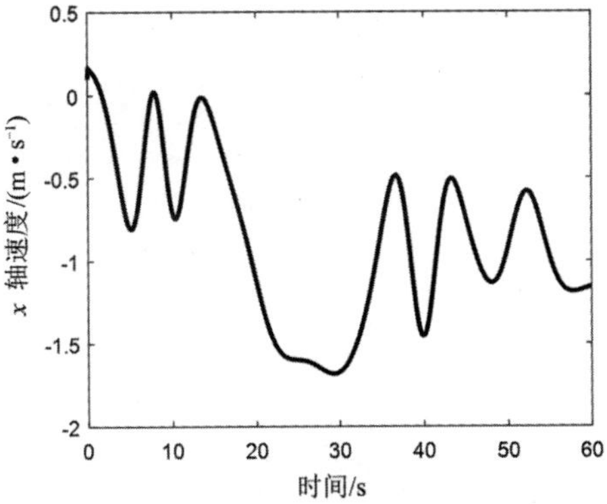

图 9.18　x 轴运动速度

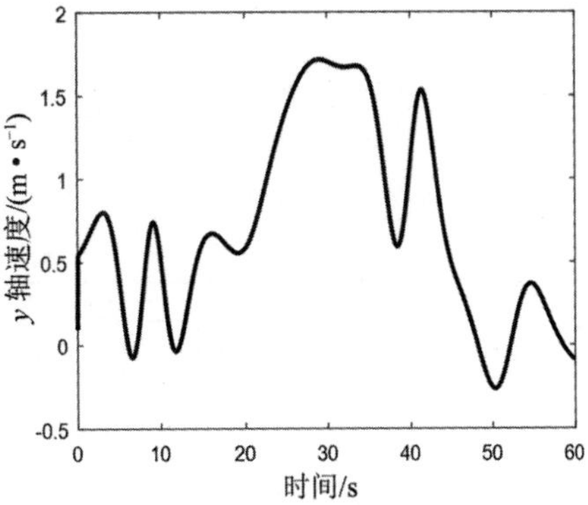

图 9.19　y 轴运动速度

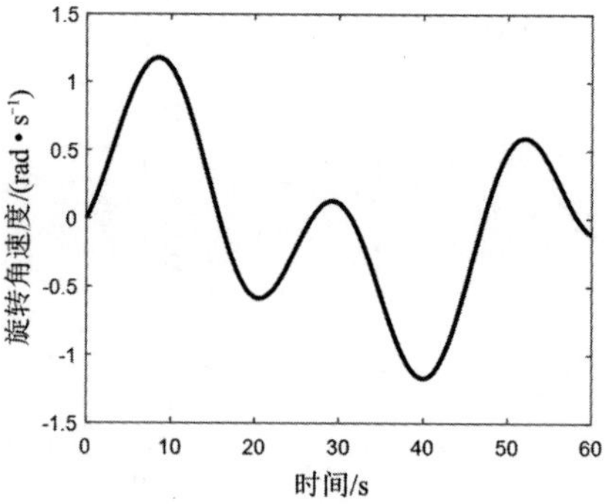

图 9.20　旋转角速度

图 9.14～图 9.16 分别描绘了 ODW 在 x 轴、y 轴、旋转角方向的跟踪性能曲线，图 9.17 给出了路径跟踪曲线。由图可以看出，随机控制器[26]无法抑制康复者质量随机变化对跟踪性能的影响，并且未能在有限时间内实现人机稳定。特别地，图 9.17 所示跟踪曲线严重偏离指定的路径，过大的跟踪误差导致 ODW 可能发生碰撞危险而威胁康复者的安全。图 9.18～图 9.20 分别给出了 ODW 在 x 轴、y 轴、旋转角方向的运动速度曲线，可以看出速度没有被限制在给定的范围内，而且远远超过了限定值，这会导致人机运动不协调。因此，只有考虑康复者随机变化并约束机器人的实际运动速度，才能为康复者提供安全的运动环境。

为了进一步说明本章提出的有限时间跟踪控制器设计方法的优越性，将控制器(9-22)应用于构建的随机模型[26]，仿真结果如图 9.21～图 9.27 所示。

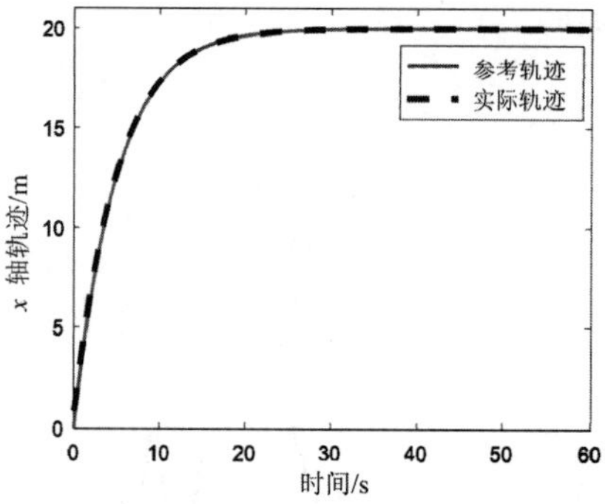

图 9.21　x 轴跟踪性能

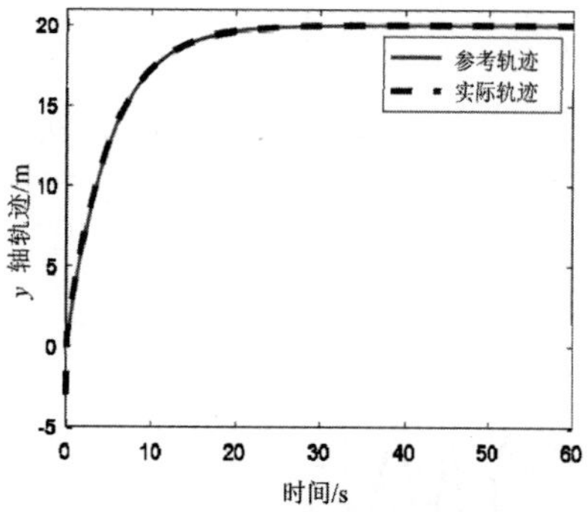

图 9.22　y 轴跟踪性能

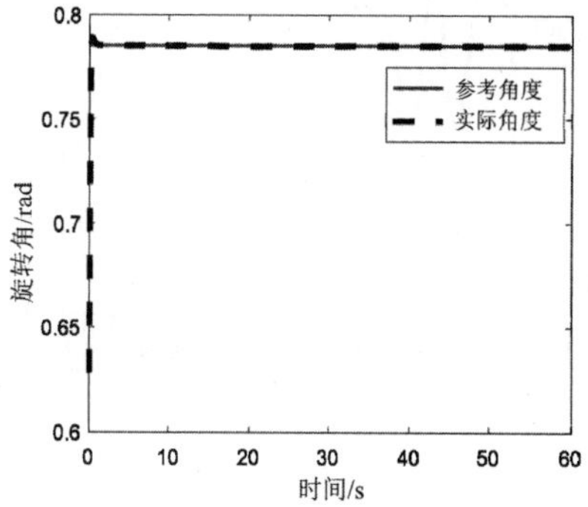

图 9.23　旋转角跟踪性能

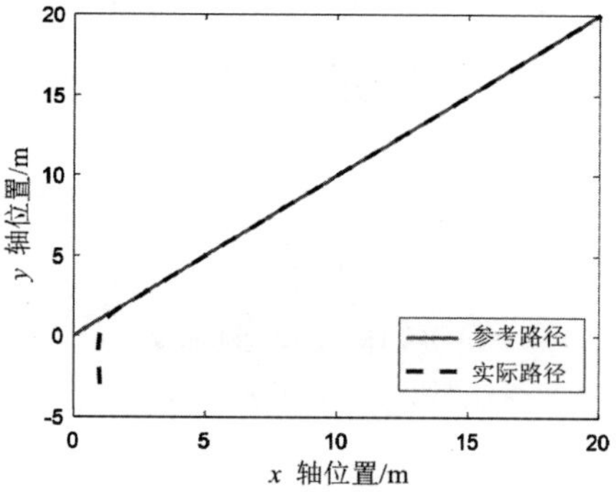

图 9.24　直线路径跟踪

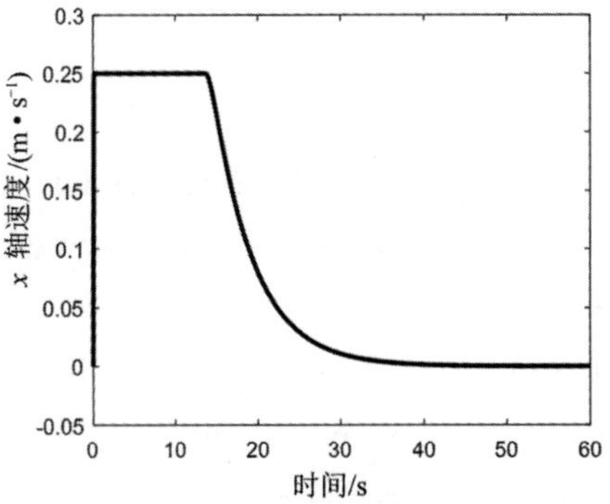

图 9.25　x 轴运动速度

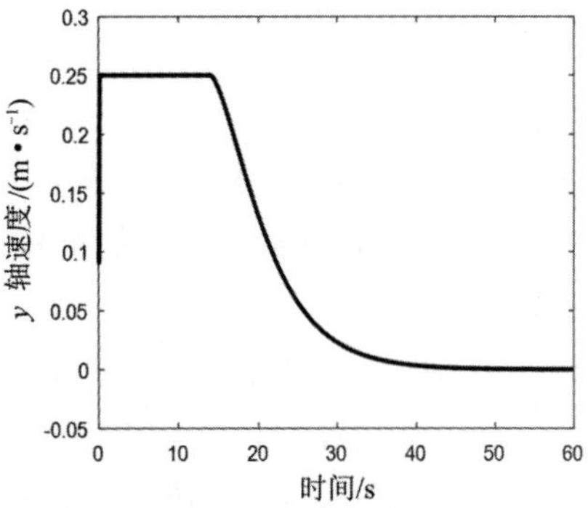

图 9.26　y 轴运动速度

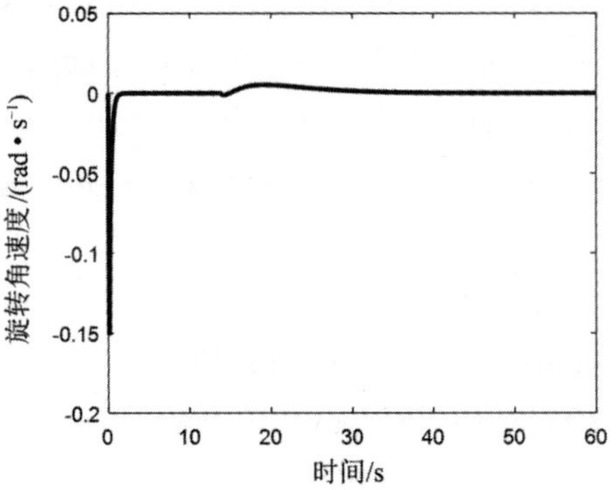

图 9.27　旋转角速度

图 9.21～图 9.23 分别描绘了 ODW 在 x 轴、y 轴、旋转角方向的跟踪性能曲线，图 9.24 给出了路径跟踪曲线。可以看出，本章提出的控制器(9-22)有效实现了随机康复机器人系统[26]的有限时间跟踪运动。此外，图 9.25～图 9.27 中 ODW 的运动速度被限制在指定的安全范围内。由于构建的随机模型[26]仅仅考虑了人机系统的重心偏移，没有解决不同康复者质量引起的位姿变化以及运动速度约束问题，使得设计的随机控制器[26]在实际应用中具有一定的局限性。因此，本章提出的控制器(9-22)有效解决了速度约束和有限时间稳定跟踪问题，与仅考虑重心随机偏移的控制器[26]相比，具有更广泛的应用性，有效保障了康复者运动环境的安全性。

9.5　本章小结

本章研究了康复机器人适用于不同康复者质量随机变化的跟踪控制方法。通过构建康复机器人的动力学模型，提出了随机有限时间控制方法抑制不同训练者对跟踪性能的影响。基于运动学模型，本章提出了速度约束模型预测方法，通过限制每个轮子的输入约束机器人的运动速度，并将受限的运动速度引入跟踪误差系统，基于 Lyapunov 稳定理论，分析了跟踪误差系统的有限时间稳定性，保障了任意康复者能够在安全的环境下进行步行训练。

参考文献

[1] Abooee A, Arefi M M, Sedghi F, et al. Robust Nonlinear Control Schemes for Finite-time Tracking Objective of a 5-DOF Robotic Exoskeleton [J]. International Journal of Control, 2018: 1-37.

[2] Cao J, Xie S Q, Das R. MIMO Sliding Mode Controller for Gait Exoskeleton Driven by Pneumatic Muscles [J]. IEEE Transactions on Control Systems Technology, 2017, 99: 1-8.

[3] Sun P, Wang S Y. Redundant Input Safety Tracking for Omnidirectional Rehabilitative Training Walker with Control Constraints [J]. Asian Journal of Control, 2017, 19(1): 116-130.

[4] Benzaoui M, Chekireb H, Tadjine M. Trajectory Tracking with Obstacle Avoidance of Redundant Manipulator Based on Fuzzy Inference Systems [J]. Neurocomputing, 2016, 196: 23-30.

[5] Nagamani G, Joo Y H, Soundararajan G, et al. Robust Event-triggered Reliable Control for T-S Fuzzy Uncertain Systems via Weighted Based Inequality [J]. Information Science, 2020, 512: 31-49.

[6] Hu S F, Jie Z, Chen C. State Estimation for Dynamic Systems with Unknown Process Inputs and Applications [J]. IEEE Access, 2018. 6: 14857-14869.

[7] Liu Z G, Wu Y Q. Modelling and Adaptive Tracking Control for Flexible Joint Robot with Random Noises [J]. International Journal of Control, 2014, 87(12): 2499-2510.

[8] Cui M Y, Xie X J, Wu Z J. Dynamics Modeling and Tracking Control of Robot Manipulators in Random Vibration Environment [J].IEEE Transactions on Automatic Control, 2013, 58(6): 1540-1545.

[9] Cui M Y, Wu Z J, Xie X J. Output Feedback Tracking Control of Stochastic Lagrangian Systems and Its Application [J]. Automatica, 2014, 50(5): 1424-1433.

[10] Duecker D A, Geist A R, Kreuzer E, et al. Learning Environmental Field Exploration with Computationally Constrained Underwater Robots: Gaussian Processes Meet Stochastic Optimal Control [J]. Sensor, 2019, 19: 1-28.

[11] Alsubaie M A, Rogers E. Robustness and Load Disturbance Conditions for State Based Iterative Learing Control [J]. Optimal Control Applications and Methods, 2018, 39(6): 1965-1975.

[12] Sun P, Wang S Y, Chang H B. Tracking Control and Identification of Interaction Forces for a Rehabilitative Training Walker Whose Centre of Gravity Randomly Shifts [J]. International Journal of Control, 2021, 94(5): 1143-1155.

[13] Meng W, Liu Q, Zhou Z. Recent Development of Mechanisms and Control Strategies for Robot-assisted Lower Limb Rehabilitation [J]. Mechatronics, 2015, 31: 132-145.

[14] Ahmadi S M, Fateh M M. Robust Control of Electrically Driven Robot Using Adaptive Uncertainty Estimation [J]. Computers and Electrical Engineering, 2016, 56: 674-687.

[15] Hwang B, Oh B M, Jeon D. An Optimal Method of Training the Specific Lower Limb Muscle Group Using an Exoskeletal Robot [J]. IEEE Transactions on Neural Systems and Rehabilitation Engineering, 2018, 26(4): 830-838.

[16] Chen X L, Zhao H, Zhen S C, et al. Adaptive Robust Control for a Lower Limbs Rehabilitation Robot Running Under Passive Training Mode [J]. IEEE/CAA Journal of Automatica Sinica, 2019, 6(2): 493-502.

[17] Alsubaie M, Rogers E. Robustness and Load Disturbance Conditions for State Based Iterative Learning Control [J]. Optimal control applications and methods, 2018, 39(6): 1965-1975.

[18] Lu L, Yao B. A Performance Oriented Multi-loop Constrained Adaptive Robust Tracking Control of One-degree-of-freedom Mechanical Systems: Theory and Experiments [J]. Automatica, 2014, 50(4): 1143-1150.

[19] Sun T R, Pan Y P. Robust Adaptive Control for Prescribed Performance Tracking of Constrained Uncertain Nonlinear Systems [J]. Journal of the Franklin Institute, 2019, 356(1): 18-30.

[20] Sun P, Wang S Y. Guaranteed Cost Non-fragile Tracking Control for Omnidirectional Rehabilitative Training Walker with Velocity Constraints [J]. International Journal Control, Automation and Systems, 2016, 14(5): 1340-1351.

[21] Cui M Y, Wu Z J, Xie X J, et al. Modeling and Adaptive Tracking for a Class of Stochastic Lagrangian Control Systems [J]. Automatica, 2013, 49: 770-779.

[22] Khasminskii R Z. Stochastic Stability of Differential Equations [M]. 2nd ed. Berlin: Springer-Verlag, 2012.

[23] Sun P, Wang S Y, Shan R. Finite-time Tracking Control with Velocity Constraints for the Stochastic Rehabilitative Training Walker Systems Considering Different Rehabilitee Massese [J]. Nonlinear Dynamics, 2021, DOI: 10.1007/s11071-021-06912-3.

[24] Sun P, Wang S Y. Redundant Input Guaranteed Cost Switched Tracking Control for Omnidirectional Rehabilitative Training Walker [J]. International Journal of Innovative Computing Information and Control, 2014,10(3): 883-895.

[25] Zhai D H, Xia Y Q. Adaptive Finite-time Control for Nonlinear Teleoperation Systems with Asymmetric Time-varying Delays [J]. International Journal of Robust and Nonlinear Control, 2016, 26: 2586-2607.

[26] Chang H B, Sun P, Wang S Y. Output Tracking Control for Omnidirectional Rehabilitative Training Walker with Incomplete Measurements and Random Parameters [J]. International Journal of System Science, 2017, 48(12): 2509-2521.

第 10 章

康复机器人速度决策的限时学习安全控制

近年来，关于康复机器人迭代学习控制研究受到了学者们的广泛关注[1-5]，提出了多种跟踪控制方法，如迭代学习阻抗控制[6]、主动训练双迭代补偿学习控制[7]、自适应迭代学习控制[8]、基于软液压执行器的神经网络迭代学习控制[9]等。然而，上述方法都没有考虑学习时间的约束问题，导致康复机器人暂态运动阶段调节时间过长，使人机系统康复过程中运动训练的跟踪性能不理想。

事实上，迭代学习时间的长短直接决定了机器人控制系统的跟踪性能，针对给定学习时间的机器人控制问题，已有一定的研究结果，如倒立摆系统的有限时间迭代学习控制[10]、分数阶多智能体的有限时间迭代学习控制[11]、奇异多智能体的有限时间迭代学习控制[12]、基于观测器的线性多智能体有限时间自适应迭代学习控制[13]等。虽然上述研究涉及了有限时间的学习问题，但实质上仅直接指定了每次学习的定常时间，没有考虑在指定的学习时间内系统能否实现稳定，还未能解决学习时间的限制问题。

另外，康复机器人不同于一般的机械系统，通常需要人机合作才能完成康复训练任务[14-15]。因此，机器人与训练者运动速度保持协调一致，对人机系统的安全性具有重大意义。研究者通过康复机器人运动学模型限制了运动速度，并提出了一种迭代学习控制方法[16]；基于数据驱动迭代学习方法，研究了非完整约束轮式移动机器人的速度受限问题[17]。虽然上述方法通过约束机器人运动速度提高了系统的安全性，但是仅解决了机器人被动跟踪运动轨迹的速度约束问题，无法实现康复者主动训练状态下人机速度协调的安全运动。

实际上，康复机器人通常设计成多个训练模式，包括被动训练、主动训练、被动与主动混合训练[18-19]等。当康复者经过被动阶段的训练后，随着腿部力量和平衡能力的提高，其会有主动参与训练的愿望。如果机器人能感知康复者的运动速度，并不断进行自身调整与康复者保持一致，不仅能提高机器人的智能性，还能保证人机系统的安全性。

鉴于以上分析，本章研究了康复机器人运动速度决策及有限学习时间的迭代跟踪控制问题，建立了人机系统具有不确定偏移特征的动力学模型；通过传感器实时测量康复者的步行速度，并与机器人实际运动速度进行比较，根据比较的差值提出了一种康复机器人的运动速度决策方法；利用决策的运动速度及康复机器人的动力学模型建立了跟踪误差系统，提出了限时学习迭代控制方法，并基于 Lyapunov 理论验证了跟踪误差系统的稳定性，从而实现人机速度协调一致，保障训练者的安全。

10.1 具有不确定偏移量的人机系统动力学模型

如图 10.1 所示，康复者将前臂放在扶板上支撑身体重量，随 ODW 步行运动跟踪医生指定的训练轨迹，当康复者步行能力增强后，由被动训练模式进入主动训练模式，此时人机协调运动是提高系统安全性的关键。在实际训练中，康复者通常需要调整运动位姿，使人机系统发生不确定偏移。因此，建立具有不确定偏移量的人机系统动力学模型对实现准确的轨迹跟踪训练至关重要。

图 10.1 康复者步行训练

当 ODW 跟踪运动迭代学习到第 k 次时，系统模型(2-29)写成如下形式：

$$\boldsymbol{M}_1\ddot{\boldsymbol{X}}_k(t)+\boldsymbol{M}_2\dot{\boldsymbol{X}}_k(t)=\boldsymbol{B}(\theta)\boldsymbol{u}_k(t) \tag{10-1}$$

其中，$k\in z^+$，$\boldsymbol{u}_k(t)$ 表示第 k 次迭代学习的控制输入力。根据模型(10-1)，分离系数矩阵 $\boldsymbol{M}_1$ 中受训练者位姿变化影响的物理量，记 $\boldsymbol{M}_1=\boldsymbol{M}_{\mathrm{a}}+\Delta\boldsymbol{M}_{\mathrm{a}}$，其中：

$$\boldsymbol{M}_{\mathrm{a}}=\begin{bmatrix} M+m & 0 & 0 \\ 0 & M+m & 0 \\ 0 & 0 & \boldsymbol{I}_0 \end{bmatrix},\quad \Delta\boldsymbol{M}_{\mathrm{a}}=\begin{bmatrix} 0 & 0 & p(M+m) \\ 0 & 0 & p(M+m) \\ 0 & 0 & mr_0^2 \end{bmatrix}$$

于是建立具有不确定偏移量 ODW 系统的动力学模型如下：

$$\ddot{\boldsymbol{X}}_k(t)=\boldsymbol{M}_{\mathrm{a}}^{-1}\boldsymbol{B}(\theta)\boldsymbol{u}_k(t)+\boldsymbol{\eta}(t) \tag{10-2}$$

其中，$\boldsymbol{\eta}(t)=-\boldsymbol{M}_{\mathrm{a}}^{-1}(\Delta\boldsymbol{M}_{\mathrm{a}}\ddot{\boldsymbol{X}}_k(t)+\boldsymbol{M}_2\dot{\boldsymbol{X}}_k(t))$ 表示系统偏移量，由物理含义可知 $\boldsymbol{\eta}(t)$ 有界。

10.2　基于强化学习的运动速度决策方法

在康复者主动训练模式下，利用传感器测量康复者的步行速度，并与 ODW 的实际运动速度进行比较，依据比较的速度值之差设计决策过程的奖惩值函数；以 ODW 加速、减速、匀速运动作为速度决策的动作，从而保证人机速度协调一致。ODW 运动速度决策状态描述如下：

$$\text{state}_1 : v_t < V_t \tag{10-3}$$

$$\text{state}_2 : v_t = V_t \tag{10-4}$$

$$\text{state}_3 : v_t > V_t \tag{10-5}$$

其中，v_t 表示机器人当前速度，V_t 表示训练者当前速度，ODW 每次动作调整的速度变化值为 Δv。其中，v_{t+1} 表示机器人下一时刻速度，决策动作描述如下：

$$\text{加速动作}\ a_1 : v_{t+1} = v_t + \Delta v \tag{10-6}$$

$$\text{匀速动作}\ a_2 : v_{t+1} = v_t \tag{10-7}$$

$$\text{减速动作}\ a_3 : v_{t+1} = v_t - \Delta v \tag{10-8}$$

设 $\Delta V = v_t - V_t$，表示 ODW 和康复者当前时刻的速度值之差，奖惩值函数 R 设计为

$$R = \begin{cases} 100 & |\Delta V| \leqslant \tau \\ -1000|\Delta V| & |\Delta V| > \tau \end{cases} \tag{10-9}$$

其中，τ 是预先指定的速度值之差。

ODW 强化学习运动速度决策步骤如下。

步骤 1：对 ODW 初始速度、初始状态的行为 (S, A) 进行初始化，其中 S 为 ODW 当前状态，A 为机器人当前采取的动作；设置机器人更新状态学习速率 α，衰减系数 γ，决策动作的选择概率 ε，其中 $\alpha \in [0,1]$，$\gamma \in [0,1]$，$\varepsilon \in [0,1]$。

步骤 2：比较 ODW 和康复者的当前速度值的大小，并判断机器人在 state_1、state_2、state_3 中所处的状态，将其记为 S，ODW 以概率 ε 选取 a_1、a_2、a_3 中的任意一个动作，并记为 A，确定当前时刻的状态行为 (S, A)；进一步，根据 R 获得奖惩值，使 ODW 进入下一个状态，记为 S'，再利用概率 ε 选择新的动作 A'，获得新的行为 (S', A')，同时根据当前时刻 R 的奖惩值对 (S, A) 的价值进行更新，更新过程为

$$Q(S, A) \leftarrow Q(S, A) + \alpha\left[R + \gamma Q(S', A') - Q(S, A)\right] \tag{10-10}$$

其中，$Q(S, A)$ 为当前状态行为 (S, A) 获得的价值；$Q(S', A')$ 为下一时刻状态行为 (S', A') 的价值。这样根据式(10-10)的价值，可以完成一次动作决策。

步骤 3：将 (S', A') 作为当前新的状态和动作，重复步骤 2，机器人不断进行动作决策，直到速度误差满足 $|\Delta V| \leqslant \tau$，ODW 通过不断调整速度，保证人机速度协调一致。

10.3 人机协调运动限时学习迭代控制方法

10.3.1 人机协调运动安全控制器的设计

令$\boldsymbol{x}_{1,k}(t)=\boldsymbol{X}_k(t)$，$\boldsymbol{x}_{2,k}(t)=\dot{\boldsymbol{X}}_k(t)$，将模型(10-2)化为如下形式：

$$\begin{cases}\dot{\boldsymbol{x}}_{1,k}(t)=\boldsymbol{x}_{2,k}(t)\\ \dot{\boldsymbol{x}}_{2,k}(t)=\boldsymbol{M}_{\mathrm{a}}^{-1}\boldsymbol{B}(\theta)\boldsymbol{u}_k(t)+\boldsymbol{\eta}(t)\end{cases} \tag{10-11}$$

根据机器人在第k次迭代学习的轨迹$\boldsymbol{x}_{1,k}(t)$和指定轨迹$\boldsymbol{x}_{\mathrm{d}}(t)$，设计轨迹跟踪误差和速度跟踪误差分别为

$$\begin{aligned}\boldsymbol{e}_{1,k}(t)&=\boldsymbol{x}_{1,k}(t)-\boldsymbol{x}_{\mathrm{d}}(t)\\ \boldsymbol{e}_{2,k}(t)&=\boldsymbol{x}_{2,k}(t)-\boldsymbol{V}(t)\end{aligned} \tag{10-12}$$

其中，$\boldsymbol{V}(t)=[\boldsymbol{v}_x(t)\quad \boldsymbol{v}_y(t)\quad \boldsymbol{v}_\theta(t)]^{\mathrm{T}}$表示机器人决策的运动速度。设计辅助变量$z_k(t)=\boldsymbol{e}_{2,k}(t)-\boldsymbol{\varphi}(\boldsymbol{e}_{1,k}(t))$，$\boldsymbol{\varphi}(\boldsymbol{e}_{1,k}(t))=-\boldsymbol{R}_1\mathrm{Sig}(\boldsymbol{e}_{1,k}(t))^{\varpi}$，其中$\boldsymbol{R}_1=\mathrm{diag}(r_{11},r_{12},r_{13})$，$r_{1n}>0$，$n=1,2,3$。

令$\ell=\boldsymbol{e}_{1,k}(t)$，定义如下公式：

$$\mathrm{Sig}(\ell)^{\tau}=[|\ell_1|^{\tau}\mathrm{sgn}(\ell_1)\quad |\ell_2|^{\tau}\mathrm{sgn}(\ell_2)\quad \cdots\quad |\ell_\mu|^{\tau}\mathrm{sgn}(\ell_\mu)]^{\mathrm{T}},\quad \mathrm{sgn}(\ell)=\begin{cases}1, & \ell>0\\ 0, & \ell=0\\ -1, & \ell<0\end{cases},\quad 0<\tau<1$$

由式(10-11)和式(10-12)可知跟踪误差系统为

$$\begin{cases}\dot{\boldsymbol{e}}_{1,k}(t)=z_k(t)+\boldsymbol{\varphi}(\boldsymbol{e}_{1,k}(t))\\ \dot{z}_k(t)=\boldsymbol{M}_{\mathrm{a}}^{-1}\boldsymbol{B}(\theta)\boldsymbol{u}_k(t)+\boldsymbol{\eta}(t)-\ddot{x}_{\mathrm{d}}(t)-\dot{\boldsymbol{\varphi}}(\boldsymbol{e}_{1,k}(t))\end{cases} \tag{10-13}$$

设计第k次学习的控制器如下：

$$\boldsymbol{u}_k(t)=\widehat{\boldsymbol{B}}(\theta)\boldsymbol{M}_{\mathrm{a}}\left[\ddot{x}_{\mathrm{d}}(t)+\dot{\boldsymbol{\varphi}}(\boldsymbol{e}_{1,k}(t))-\boldsymbol{e}_{1,k}(t)+\boldsymbol{\varphi}(z_k(t))-\hat{\boldsymbol{\eta}}_k(t)-\boldsymbol{\omega}\frac{z_k(t)}{\|z_k(t)\|}\right] \tag{10-14}$$

$$\hat{\boldsymbol{\eta}}_k(t)=\hat{\boldsymbol{\eta}}_{k-1}(t)-\boldsymbol{\vartheta}z_k(t) \tag{10-15}$$

其中，$\widehat{\boldsymbol{B}}(\theta)=(\boldsymbol{B}^{\mathrm{T}}(\theta)\boldsymbol{B}(\theta))^{-1}\boldsymbol{B}^{\mathrm{T}}(\theta)$是$\boldsymbol{B}(\theta)$的广义逆矩阵，$\boldsymbol{\varphi}(z_k(t))=-\boldsymbol{R}_2\mathrm{Sig}(z_k(t))^{\varpi}$，$\boldsymbol{R}_2=\mathrm{diag}(r_{21},r_{22},r_{23})$，$r_{2\varepsilon}>0$，$\varepsilon=1,2,3$，$\hat{\boldsymbol{\eta}}_k(t)$为系统偏移量$\boldsymbol{\eta}(t)$在第$k$次学习时的估计值，且估计误差为$\tilde{\boldsymbol{\eta}}_k(t)=\boldsymbol{\eta}(t)-\hat{\boldsymbol{\eta}}_k(t)$，$\hat{\eta}_{-1}(t)=[0\quad 0\quad 0]^{\mathrm{T}}$，$\vartheta>0$为学习增益。

10.3.2 跟踪误差系统稳定性分析

定理 10.1 针对具有运动速度决策的 ODW 跟踪误差系统(10-13)，设计限时学习迭代控制

器(10-14)和(10-15)，经过第 k 次学习后，误差系统在有限时间内可实现稳定，且有限的学习时间满足 $T \leqslant \dfrac{\boldsymbol{V}_k^{1-\delta}(\boldsymbol{e}_{1,k}(0))}{\xi \overline{r}(1-\delta)}$；同时，随迭代学习次数 k 不断增加，限时学习迭代控制器能使跟踪误差趋向于零，即 $\lim\limits_{k\to\infty} \boldsymbol{e}_{1,k}(t) = \lim\limits_{k\to\infty} z_k(t) = 0$。

证明：建立李雅普诺夫函数如下：

$$\boldsymbol{V}_k(t) = \frac{1}{2}\boldsymbol{e}_{1,k}^{\mathrm{T}}(t)\boldsymbol{e}_{1,k}(t) + \frac{1}{2}\boldsymbol{z}_k^{\mathrm{T}}(t)\boldsymbol{z}_k(t) \tag{10-16}$$

沿误差系统(10-13)对式(10-16)求导，可得

$$\begin{aligned}\dot{\boldsymbol{V}}_k(t) = &-\boldsymbol{e}_{1,k}^{\mathrm{T}}(t)\boldsymbol{R}_1\mathrm{Sig}(\boldsymbol{e}_{1,k}(t))^{\varpi} - \boldsymbol{z}_{\mathrm{k}}^{\mathrm{T}}(t)\boldsymbol{R}_2\mathrm{Sig}(\boldsymbol{z}_k(t))^{\varpi} - \\ &\omega\|\boldsymbol{z}_k(t)\| + \boldsymbol{z}_k^{\mathrm{T}}(t)\tilde{\boldsymbol{\eta}}_k(t)\end{aligned} \tag{10-17}$$

令参数 $\omega > \|\tilde{\boldsymbol{\eta}}_k(t)\|$，则式(10-17)化为如下形式：

$$\dot{\boldsymbol{V}}_k(t) \leqslant -\boldsymbol{e}_{1,k}^{\mathrm{T}}(t)\boldsymbol{R}_1\mathrm{Sig}(\boldsymbol{e}_{1,k}(t))^{\varpi} - \boldsymbol{z}_k^{\mathrm{T}}(t)\boldsymbol{R}_2\mathrm{Sig}(\boldsymbol{z}_k(t))^{\varpi} \tag{10-18}$$

其中：

$$-\boldsymbol{e}_{1,k}^{\mathrm{T}}(t)\boldsymbol{R}_1\mathrm{Sig}(\boldsymbol{e}_{1,k}(t))^{\varpi} = -\sum_{g=1}^{3} r_{1g}\left|\boldsymbol{e}_{1g,k}(t)\right|^{1+\varpi} \leqslant -\overline{r}_{1\min}\left(\frac{1}{2}\sum_{g=1}^{3}\boldsymbol{e}_{1g,k}^2(t)\right)^{\frac{1+\varpi}{2}} \leqslant -\overline{r}_1\boldsymbol{e}_{1,k}^{\mathrm{T}}(t)\mathrm{Sig}(\boldsymbol{e}_{1,k}(t))^{\delta}$$

$$-\boldsymbol{z}_k^{\mathrm{T}}(t)\boldsymbol{R}_2\mathrm{Sig}(\boldsymbol{z}_k(t))^{\varpi} = -\sum_{g=1}^{3} r_{2g}\left|\boldsymbol{z}_{1g,k}(t)\right|^{1+\varpi} \leqslant -\overline{r}_{2\min}\left(\frac{1}{2}\sum_{g=1}^{3}\boldsymbol{z}_{1g,k}^2(t)\right)^{\frac{1+\varpi}{2}} \leqslant -\overline{r}_2\boldsymbol{z}_k^{\mathrm{T}}(t)\mathrm{Sig}(\boldsymbol{z}_k(t))^{\delta}$$

其中，$\delta = \dfrac{1+\varpi}{2}$，$\dfrac{1}{2} < \delta < 1$，$r_{1\min} = \min\{r_{1g}\}$，$r_{2\min} = \min\{r_{2g}\}$，$\overline{r}_1 = 2^{\delta} r_{1\min}$，$\overline{r}_2 = 2^{\delta} r_{2\min}$。

由式(10-18)可得

$$\dot{\boldsymbol{V}}_k(t) \leqslant -\overline{r}\boldsymbol{V}_k^{\delta}(t) \tag{10-19}$$

其中，$\overline{r} = \min\{\overline{r}_1, \overline{r}_2\}$。

设存在参数 $0 < \xi < 1$，式(10-19)可以写成如下形式：

$$\dot{\boldsymbol{V}}_k(t) \leqslant -\xi\overline{r}\,\boldsymbol{V}_k^{\delta}(t) - (1-\xi)\overline{r}\,\boldsymbol{V}_k^{\delta}(t) \tag{10-20}$$

对式(10-20)两边同时积分，可得有限的迭代学习时间 T 满足

$$T \leqslant \frac{\boldsymbol{V}_k^{1-\delta}(\boldsymbol{e}_{1,k}(0))}{\xi\overline{r}(1-\delta)}$$

接下来，进一步说明随着学习次数的增加，限时学习迭代控制器能使人机系统的跟踪误差逐渐趋向于零。

定义 $\boldsymbol{L}_k(t)$ 函数如下：

$$\boldsymbol{L}_k(t) = \boldsymbol{V}_k(t) + \frac{1}{2\vartheta}\int_0^t \tilde{\boldsymbol{\eta}}_k^2(t)\mathrm{d}\tau \tag{10-21}$$

结合式(10-17)和式(10-21)可知

$$\begin{aligned}\Delta \boldsymbol{L}_k(t) &= \boldsymbol{L}_k(t) - \boldsymbol{L}_{k-1}(t) \\ &\leqslant -\boldsymbol{V}_{k-1}(t) + \boldsymbol{V}_k(0) + \int_0^t (-\boldsymbol{e}_{1,k}^{\mathrm{T}}(\iota)\boldsymbol{R}_1\mathrm{Sig}(\boldsymbol{e}_{1,k}(\iota))^{\varpi} - \boldsymbol{z}_k^{\mathrm{T}}(\iota)\boldsymbol{R}_2\mathrm{Sig}(\boldsymbol{z}_k(\iota))^{\varpi} + \\ &\quad \boldsymbol{z}_k^{\mathrm{T}}(\iota)\tilde{\boldsymbol{\eta}}_k(\iota))\mathrm{d}\iota + \frac{1}{2\vartheta}\int_0^t \tilde{\boldsymbol{\eta}}_k^2(\iota) - \tilde{\boldsymbol{\eta}}_{k-1}^2(\iota)\mathrm{d}\iota\end{aligned} \tag{10-22}$$

其中：

$$\begin{aligned}\tilde{\boldsymbol{\eta}}_k^2(t) - \tilde{\boldsymbol{\eta}}_{k-1}^2(t) &= (\boldsymbol{\eta}(t) - \hat{\boldsymbol{\eta}}_k(t))^2 - (\boldsymbol{\eta}(t) - \hat{\boldsymbol{\eta}}_{k-1}(t))^2 \\ &= -(\hat{\boldsymbol{\eta}}_k(t) - \hat{\boldsymbol{\eta}}_{k-1}(t))^2 - 2\tilde{\boldsymbol{\eta}}_k(t)(\hat{\boldsymbol{\eta}}_k(t) - \hat{\boldsymbol{\eta}}_{k-1}(t))\end{aligned} \tag{10-23}$$

令$\boldsymbol{V}_k(0)=0$，将控制器(10-14)(10-15)和式(10-23)代入式(10-22)，可得

$$\Delta \boldsymbol{L}_k(t) = \boldsymbol{L}_k(t) - \boldsymbol{L}_{k-1}(t) \leqslant -\boldsymbol{V}_{k-1}(t) + \int_0^t \boldsymbol{\sigma}(\iota)\mathrm{d}\iota < 0 \tag{10-24}$$

其中，$\boldsymbol{\sigma}(t) = -\boldsymbol{e}_{1,k}^{\mathrm{T}}(\iota)\boldsymbol{R}_1\mathrm{Sig}(\boldsymbol{e}_{1,k}(\iota))^{\varpi} - \boldsymbol{z}_k^{\mathrm{T}}(\iota)\boldsymbol{R}_2\mathrm{Sig}(\boldsymbol{z}_k(\iota))^{\varpi}$。

当$k=0$时，对式(10-21)求导，可得

$$\dot{\boldsymbol{L}}_0(t) = \boldsymbol{e}_{1,0}^{\mathrm{T}}(t)(\boldsymbol{z}_0(t) + \boldsymbol{\varphi}(\boldsymbol{e}_{1,0}(t)) + \boldsymbol{z}_0^{\mathrm{T}}(t)\dot{\boldsymbol{z}}_0(t)) + \frac{1}{2\vartheta}\tilde{\boldsymbol{\eta}}_0^2(t) \tag{10-25}$$

将误差系统(10-13)和控制器(10-14)(10-15)代入式(10-25)，可得

$$\begin{aligned}\dot{L}_0(t) &= -\boldsymbol{e}_{1,0}^{\mathrm{T}}(t)\boldsymbol{R}_1\mathrm{Sig}(\boldsymbol{e}_{1,0}(t))^{\varpi} - \boldsymbol{z}_0^{\mathrm{T}}(t)\boldsymbol{R}_2\mathrm{Sig}(\boldsymbol{z}_0(t))^{\varpi} + \\ &\quad \boldsymbol{z}_0^{\mathrm{T}}(t)(\boldsymbol{\eta}(t) - \vartheta\boldsymbol{z}_0(t)) + \frac{1}{2\vartheta}(\boldsymbol{\eta}(t) - \vartheta\boldsymbol{z}_0(t))^2 \\ &\leqslant \frac{1}{2\vartheta}\boldsymbol{\eta}^2(t)\end{aligned} \tag{10-26}$$

由式(10-22)可知，式$\boldsymbol{L}_k(t)$可以写成如下形式：

$$\boldsymbol{L}_k(t) = \boldsymbol{L}_0(t) + \sum_{j=1}^{k}\Delta \boldsymbol{L}_j(t) \tag{10-27}$$

将式(10-24)代入式(10-27)可得

$$\boldsymbol{L}_k(t) \leqslant \boldsymbol{L}_0(t) - \sum_{j=0}^{k}\boldsymbol{V}_{j-1}(t) \leqslant \boldsymbol{L}_0(t) - \frac{1}{2}\sum_{j=0}^{k}\int_0^t (\boldsymbol{e}_{1,j-1}^{\mathrm{T}}(\iota)\boldsymbol{e}_{1,j-1}(\iota) + \boldsymbol{z}_{j-1}^{\mathrm{T}}(\iota)\boldsymbol{z}_{j-1}(\iota))\mathrm{d}\iota \tag{10-28}$$

进一步，由式(10-28)可得

$$\sum_{j=1}^{k}\int_0^t (\boldsymbol{e}_{1,j-1}^{\mathrm{T}}(\iota)\boldsymbol{e}_{1,j-1}(\iota) + \boldsymbol{z}_{j-1}^{\mathrm{T}}(\iota)\boldsymbol{z}_{j-1}(\iota))\mathrm{d}\iota \leqslant 2(\boldsymbol{L}_0(t) - \boldsymbol{L}_k(t)) \leqslant 2\boldsymbol{L}_0(t) \tag{10-29}$$

根据式(10-29)，由级数收敛的必要条件可得

$$\lim_{k\to\infty}\boldsymbol{e}_{1,k}(t) = \lim_{k\to\infty}\boldsymbol{z}_k(t) = 0$$

这样，由上述推导过程可知 $\boldsymbol{L}_k(t)$ 为递减函数且连续有界，随着学习次数增加，限时学习控制器能使跟踪误差趋于零。

具有运动速度决策的 ODW 系统控制结构框图如图 10.2 所示。

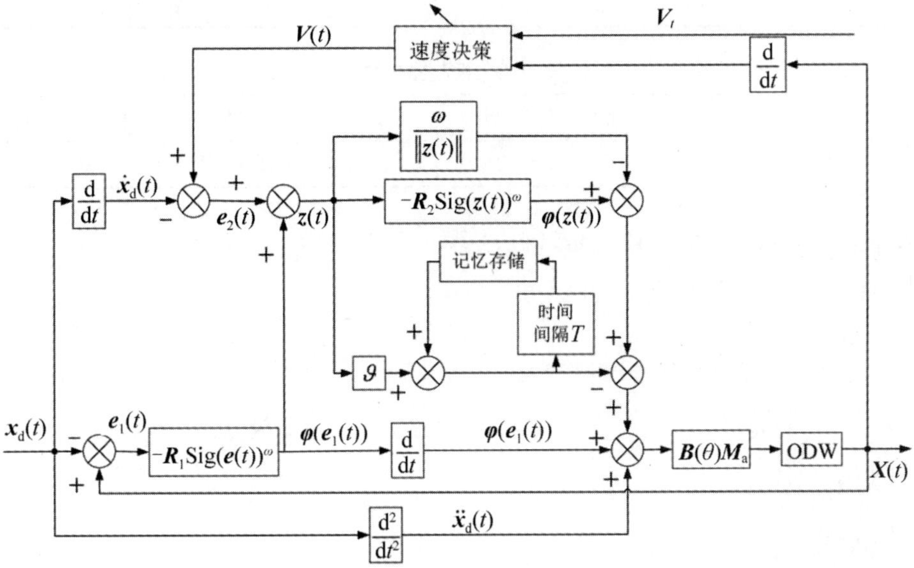

图 10.2　ODW 系统控制结构框图

10.4　仿真分析

为了验证文中康复机器人速度决策和有限学习时间迭代控制方法的有效性，对医生指定的运动轨迹进行了主动模式的跟踪训练，跟踪轨迹描述如下：

$$\begin{cases} x_{\mathrm{d}}(t)=t+2\mathrm{e}^{-0.5t} \\ y_{\mathrm{d}}(t)=t+2\mathrm{e}^{-0.5t} \\ \theta_{\mathrm{d}}(t)=\dfrac{\pi}{4} \end{cases} \tag{10-30}$$

仿真研究中，机器人决策的速度误差 $\tau=0.06\,\mathrm{m/s}$、ODW 的物理参数、系统初值和控制器参数设置分别如表 10.1、表 10.2 和表 10.3 所示。

表 10.1　ODW 的物理参数

参数	M/kg	m/kg	L/m	$I_0/\mathrm{kg\cdot m^2}$	r_0/m	β/rad
值	58	60	0.4	27.7	0.4(1+rand())	π/4

表 10.2 系统初值

参数	$x(0)$ /m	$y(0)$ /m	$\theta(0)$ /rad	$v_x(0)$ /$(\mathrm{m}\cdot\mathrm{s}^{-1})$	$v_y(0)$ /$(\mathrm{m}\cdot\mathrm{s}^{-1})$	$v_\theta(0)$ /$(\mathrm{rad}\cdot\mathrm{s}^{-1})$
值	2	2	$\frac{\pi}{4}$	0	0	0

表 10.3 控制器参数

参数	α	γ	ε	ω	ϑ	$\boldsymbol{R}_1$	$\boldsymbol{R}_2$
值	0.55	0.85	0.67	25	6	diag{35,45,24}	diag{0.1,5,0.1}

仿真结果如图 10.3～图 10.12 所示。

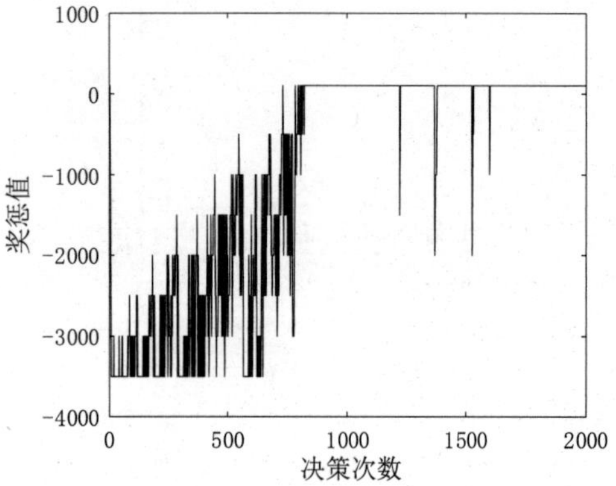

图 10.3 速度决策奖惩值

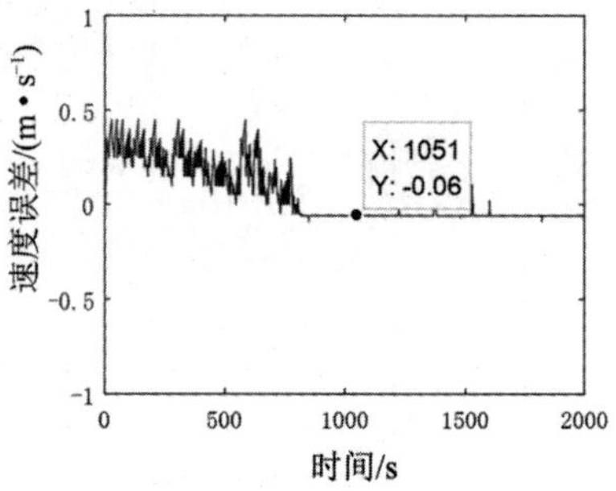

图 10.4 人机速度误差

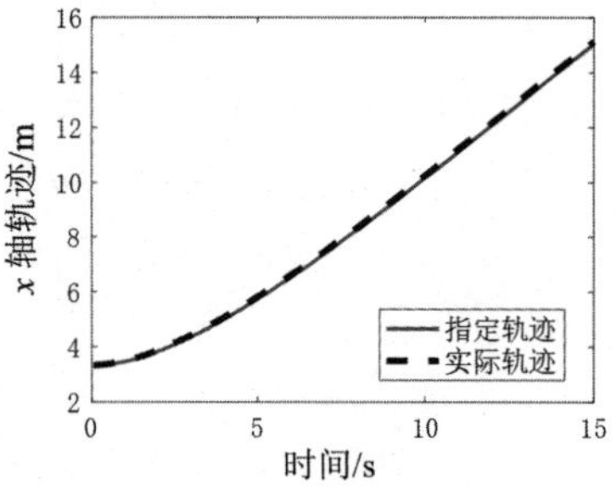

图 10.5 x 轴轨迹跟踪

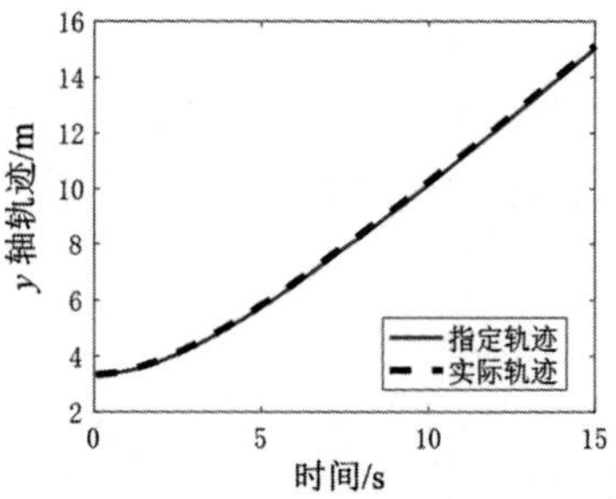

图 10.6 y 轴轨迹跟踪

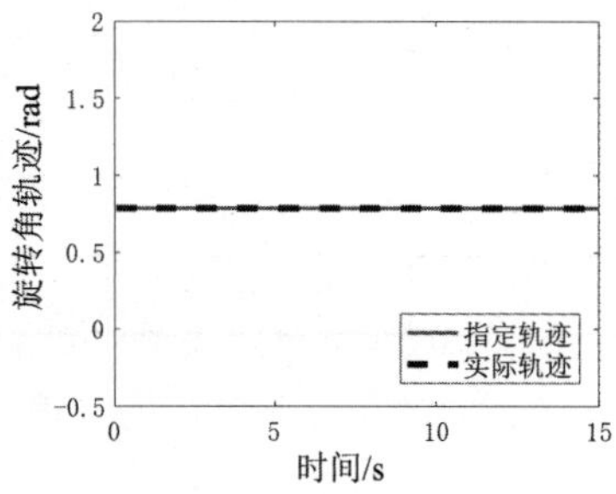

图 10.7 旋转角轨迹跟踪

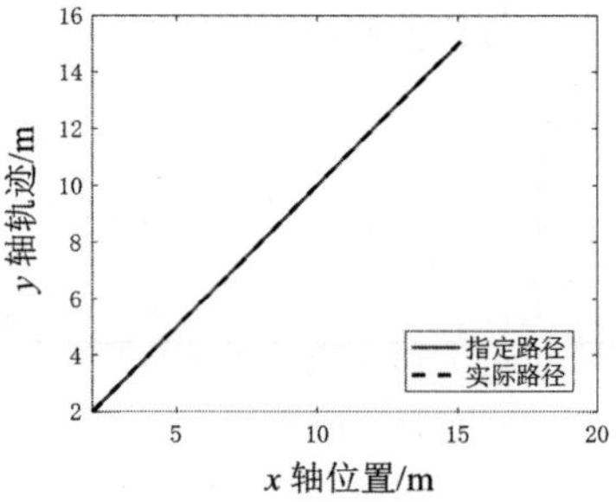

图 10.8 路径跟踪

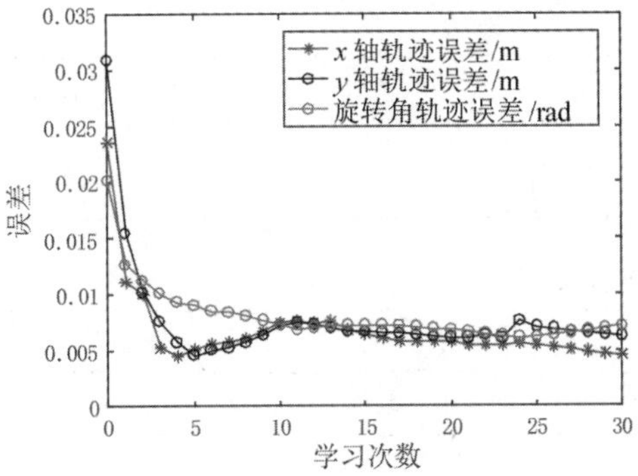

图 10.9 轨迹收敛误差

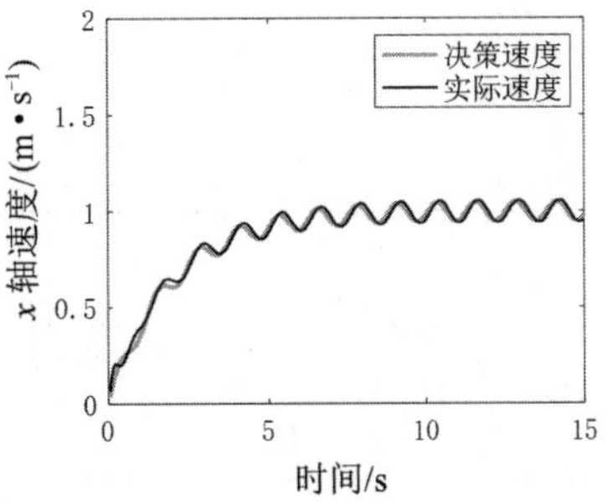

图 10.10 *x* 轴决策速度跟踪

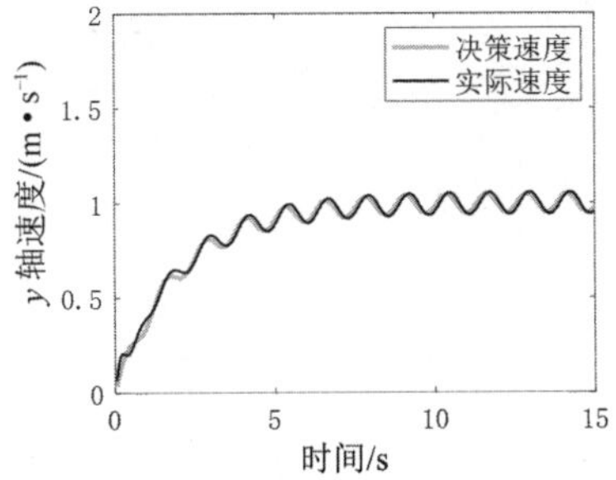

图 10.11 *y* 轴决策速度跟踪

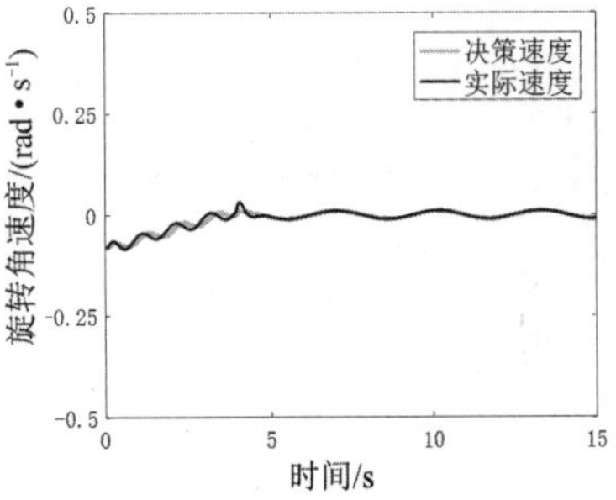

图 10.12 旋转角决策速度跟踪

图 10.3 给出了机器人运动速度决策过程中的奖惩值变化曲线，由图可知随着动作决策次数不断增加，康复机器人最终达到了人机协调的运动速度，且人机速度误差满足了指定范围的要求，即$|\Delta V| \leqslant \tau$(如图 10.4 所示)，机器人实现了速度决策，从而与康复者主动步行速度协调一致，保证了人机系统的安全性。图 10.5～图 10.7 分别给出了 ODW 在 x 轴、y 轴和旋转角方向的轨迹跟踪曲线，在有限的学习时间内，机器人抑制了系统偏移实现了稳定跟踪，路径跟踪曲线如图 10.8 所示。图 10.9 给出了各轴轨迹跟踪误差收敛曲线，人机系统大约经过 5 次学习后便实现了有限时间的稳定跟踪，提高了系统的暂态性能，并且随着学习次数的不断增加，各轴的轨迹跟踪误差逐渐收敛到零。图 10.10～图 10.12 分别给出了 ODW 在 x 轴、y 轴和旋转角方向对康复者运动速度的跟踪曲线，可以看出 ODW 实现了与康复者主动步行速度协调一致的安全运动。

为了验证文中基于运动速度决策的限时学习迭代控制方法的有效性，与仅考虑了系统重心偏移特性及不完整位置输出反馈信息的康复训练机器人随机跟踪控制方法[20]进行了仿真对比，利用随机控制器[20]跟踪本章的训练轨迹及决策的运动速度，仿真结果如图 10.13～图 10.18 所示。

图 10.13～图 10.15 分别给出了 ODW 在 x 轴、y 轴和旋转角方向的轨迹跟踪曲线，可以看出 ODW 实现了稳定的轨迹跟踪训练，随机控制器[20]可以抑制系统偏移量对跟踪性能的影响。图 10.16～图 10.18 分别给出了 ODW 在 x 轴、y 轴和旋转角方向对决策速度的跟踪曲线，由图可知 ODW 的实际运动速度无法适应康复者的主动步行速度，不能与康复者保持协调一致的运动，说明随机控制器[20]仅能应用于被动训练模式，机器人不能决策运动速度并实现主动训练模

式下的速度跟踪。

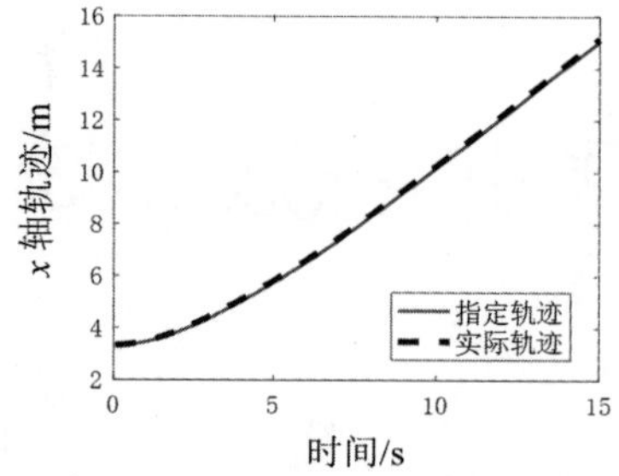

图 10.13 x 轴轨迹跟踪

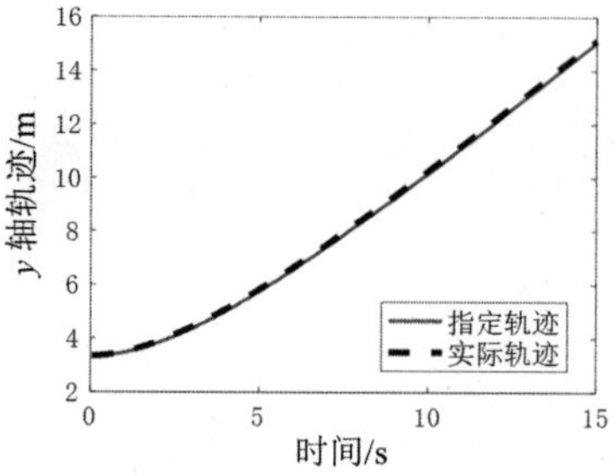

图 10.14 y 轴轨迹跟踪

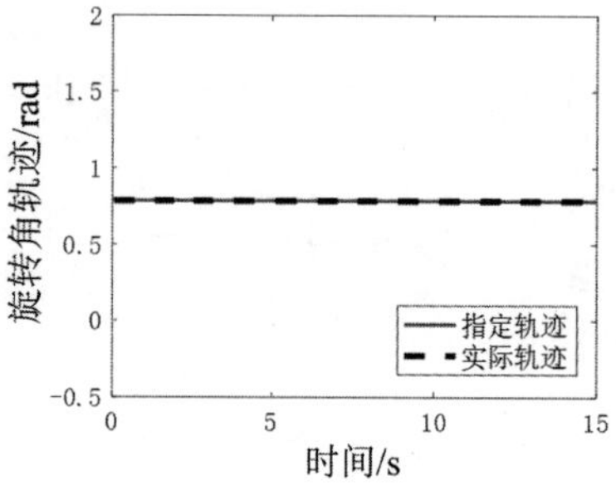

图 10.15 旋转角轨迹跟踪

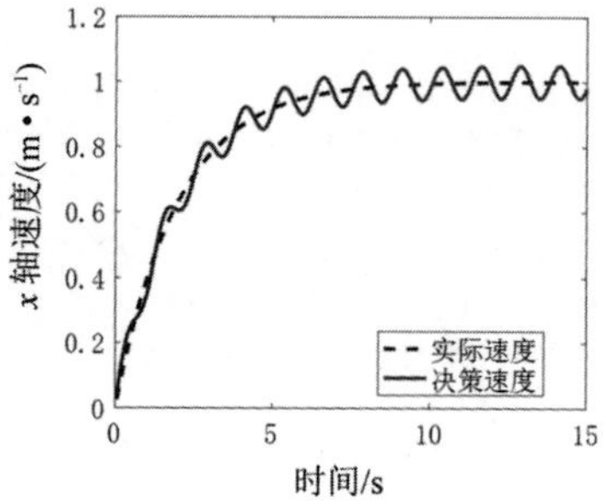

图 10.16 x 轴速度跟踪

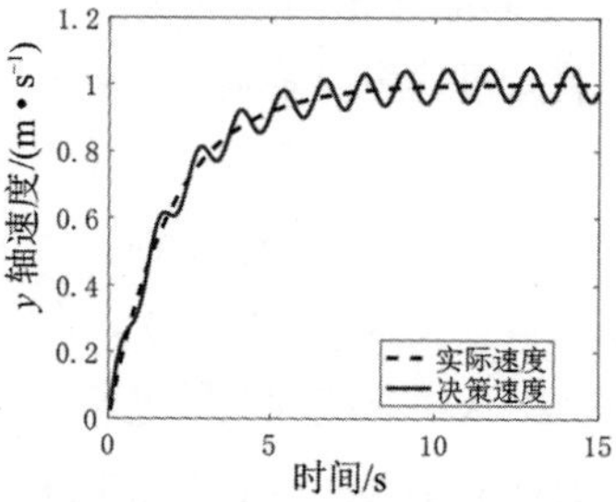

图 10.17 y 轴速度跟踪

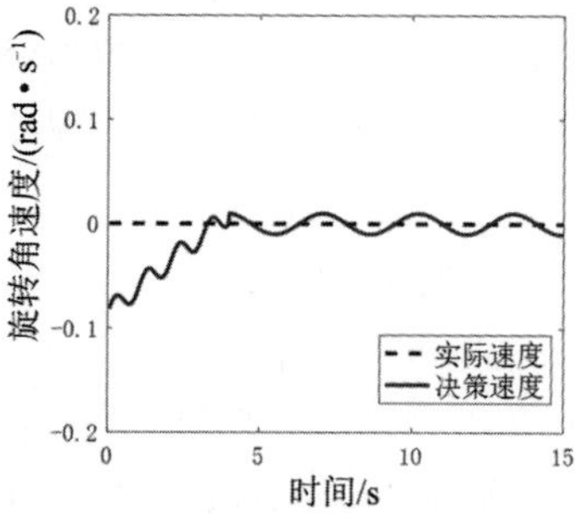

图 10.18 旋转角速度跟踪

接下来，为了进一步说明本章提出控制方法的优越性，与一种自适应迭代学习控制方法[21]，用于解决外界不确定干扰对双关节自由度刚性机械臂跟踪性能的影响，然而忽略了机械臂重复学习时间的约束问题，实际上实现的是渐近稳定跟踪的方法进行仿真对比。将自适应迭代学习控制器[21]加入学习时间约束，仿真结果如图 10.19～图 10.21 所示。

图 10.19 和图 10.20 分别给出了机械臂关节 q_1、q_2 的角位移跟踪曲线，可以看出双关节 q_1 和 q_2 在加入学习时间约束后，无法实现稳定的角位移跟踪。同时，由路径跟踪曲线(见图 10.21)可知，机械臂实际运动路径与指定路径产生了较大的跟踪误差，有碰撞周围障碍物的危险，说明自适应迭代学习控制器[21]无法在有限的学习时间内实现稳定跟踪。

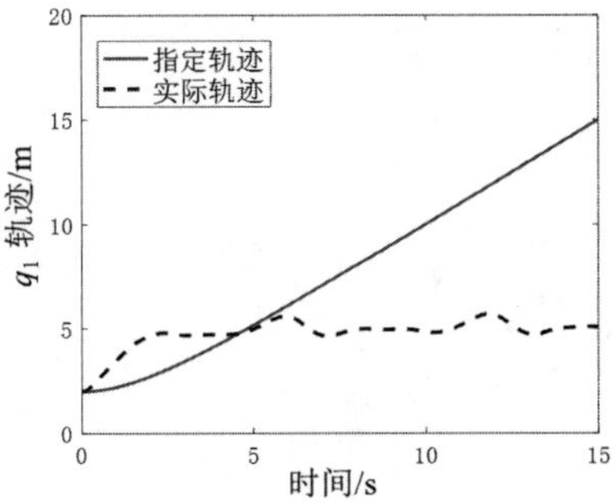

图 10.19　q_1 轨迹跟踪

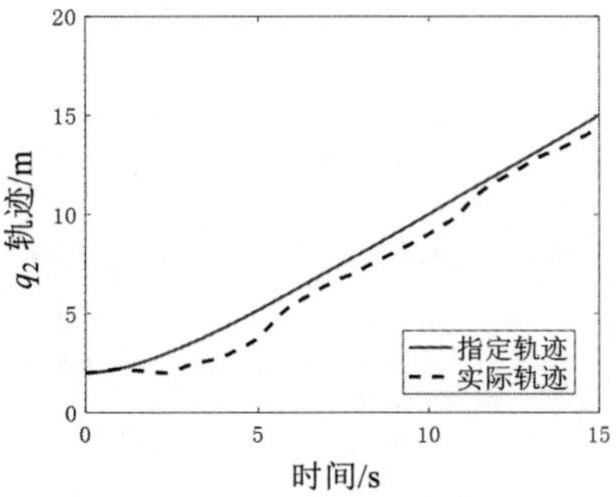

图 10.20　q_2 轨迹跟踪

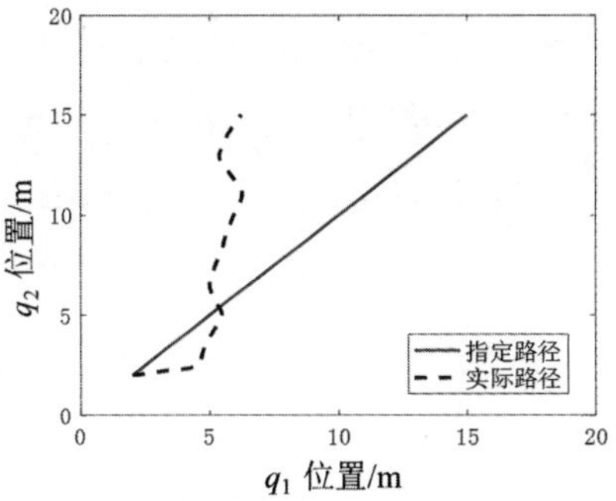

图 10.21 机器臂路径跟踪

为了说明本章限时学习迭代控制的有效性，将控制器设计方法应用于机械臂[21]实现运动控制，跟踪曲线与本章相同，仿真结果如图 10.22～图 10.26 所示。

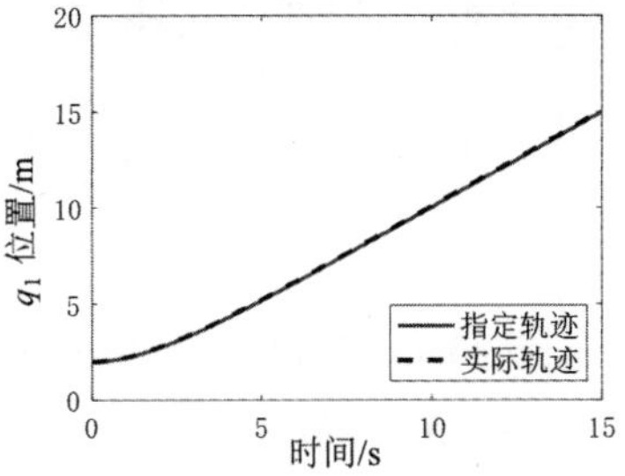

图 10.22　q_1 轨迹跟踪

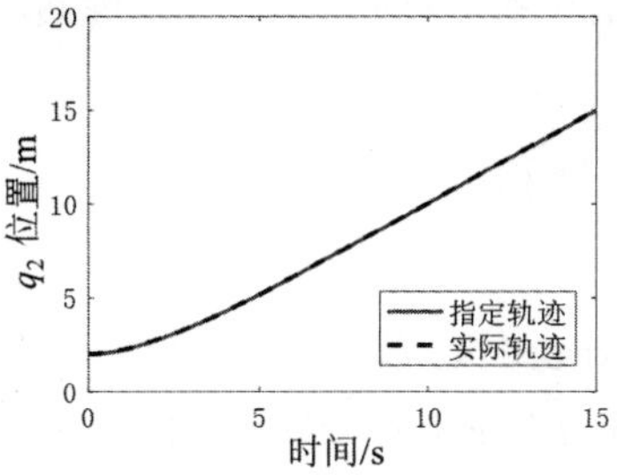

图 10.23　q_2 轨迹跟踪

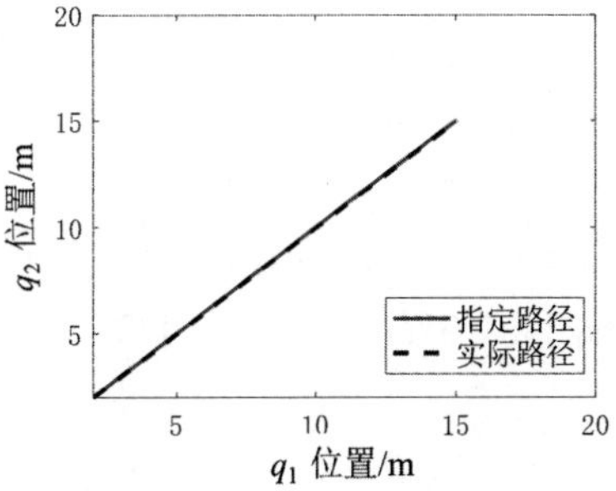

图 10.24　机器臂路径跟踪

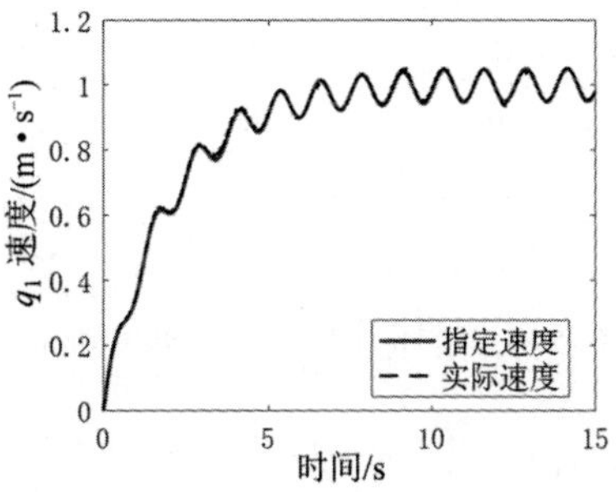

图 10.25　q_1 决策速度跟踪

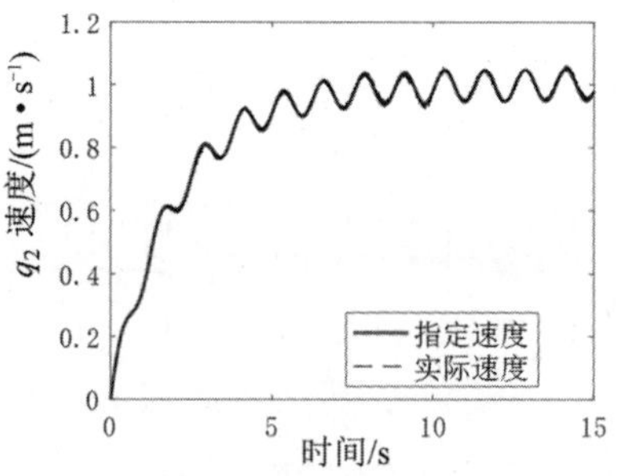

图 10.26　q_2 决策速度跟踪

图 10.22～图 10.24 分别给出了机械臂双关节 q_1、q_2 的角位移跟踪曲线和路径跟踪曲线，可以看出机械臂在有限时间内实现了稳定跟踪，控制器可以抑制不确定干扰对跟踪运动的影响，具有鲁棒性能。图 10.25 和图 10.26 分别给出了关节 q_1 和 q_2 的角速度跟踪曲线，由图可知应用本章方法设计的控制器在有限时间内可同时实现轨迹和速度跟踪，提高了系统暂态运动阶段的跟踪性能。

10.5　本章小结

本章提出了一种具有速度决策的限时学习迭代控制方法，建立了具有不确定偏移量的人机系统动力学模型，并利用机器人和康复者当前的速度误差，提出了机器人速度决策方法；利用决策的运动速度设计了限时学习迭代控制器，并分析了跟踪误差系统的有限时间稳定性，抑制了康复者位姿不确定性对跟踪性能的影响，同时保障了康复者主动训练的安全性。

参考文献

[1] Maqsood K, Luo J, Yang C, et al. Iterative Learning-based Path Control for Robot-assisted Upper-limb Rehabilitation [J]. Neural Computing and Applications, 2021, 2: 1-13.

[2] Tu X, Xuan Z, Li J, et al. Iterative Learning Control Applied to a Hybrid Rehabilitation Exoskeleton System Powered by PAM and FES [J]. Cluster Computing, 2017, 20(4): 2855-2868.

[3] Esmaeili B, Madani S S, Salim M, et al. Model-free Adaptive Iterative Learning Integral Terminal Sliding Mode Control of Exoskeleton Robots [J]. Journal of Vibration and Control, 2021, 20: DOI: 10.1177/10775463211026031.

[4] Wu W, Qiu L, Liu X, et al. Data-driven Iterative Learning Predictive Control for Power Converters [J]. IEEE Transactions on Power Electronics, 2022, 37(12): 14028-14033.

[5] Octavio N, Pierre-Jean M, Stephen T, et al. Robust Control of the Sit-to-Stand Movement for a Powered Lower Limb Orthosis [J]. IEEE Transactions on Control Systems Technology, 2020, 28(6):2390-2403.

[6] Xiang L, Liu Y H, Yu H. Iterative Learning Impedance Control for Rehabilitation Robots Driven by Series Elastic Actuators [J]. Automatica, 2018, 90:1-7.

[7] Zhu X F, Wang J H. Double Iterative Compensation Learning Control for Active Training of Upper Limb Rehabilitation Robot [J]. International Journal of Control, Automation and Systems, 2018, 16(3): 1312-1322.

[8] Sun Z B, Li F, Duan X Q, et al. A Novel Adaptive Iterative Learning Control Approach and Human-in-the-loop Control Pattern for Lower Limb Rehabilitation Robot in Disturbances Environment [J]. Autonomous Robots, 2021, 45(4):595-610.

[9] Zhang D L, Wang Z N, Masayoshi T. Neural-network-based Iterative Learning Control for Multiple Tasks [J]. IEEE Transactions on Neural Networks and Learning system, 2021, 32 (9): 4178-4190.

[10] 齐丽强，孙明轩，管海娃. 非参数不确定系统的有限时间迭代学习控制[J]. 自动化学报，2014，40(7)：1320-1327.

[11] Luo D H, Wang J R, Shen D. Learning Formation Control for Fractional-order Multi-agent Systems [J]. Mathematical Methods In the Applied Science, 2018, 41(13): 5003-5014.

[12] Panpan G, Senping T. Consensus Control of Singular Multi-agent Systems Based on Iterative Learning Approach [J]. IMA Journal of Mathematical Control and Information 2020, 37(2): 535-558.

[13] Li J, Liu S, Li J. Observer-based Distributed Adaptive Iterative Learning Control for Linear Multi-agent Systems [J]. International Journal of Systems Science, 2017, 48(14): 2948-2955.

[14] Ao D, Song R, Gao J W. Movement Performance of Human-robot Cooperation Control Based on EMG-driven Hill-type and Proportional Models for an Ankle Power-assist Exoskeleton Robot [J]. IEEE Transactions on Neural Systems & Rehabilitation Engineering, 2017, 25(8):1125-1134.

[15] 孙平，单芮，王硕玉. 人机不确定条件下康复步行训练机器人的部分记忆迭代学习限速控制[J]. 机器人，2021，43(4)：502-512.

[16] 孙平，张帅. 康复步行训练机器人位置和速度跟踪误差同时约束的安全预测控制[J]. 电机与控制学报，2019，23(6)：119-128.

[17] Hou R, Cui L, Bu X, et al. Distributed Formation Control for Multiple Non-holonomic Wheeled Mobile Robots with Velocity Constraint by Using Improved Data-driven Iterative Learning [J]. Applied Mathematics and Computation, 2021, 395: doi:10.1016/j.amc.2020.125829.

[18] Sun P, Wang S Y. Redundant Input Guaranteed Cost Nonfragile Tracking Control for Omnidirectional Rehabilitative Training Walker [J]. International Journal of Control, Automation and Systems, 2015, 13(2): 454-462.

[19] Sun P, Wang S, Chang H. Tracking Control and Identification of Interaction Forces for a Rehabilitative Training Walker Whose Centre of Gravity Randomly Shifts [J]. International Journal of Control, 2021, 94(5): 1143-1155.

[20] Chang H B, Sun P, Wang S Y. Output Tracking Control for an Omnidirectional Rehabilitative Training Walker with Incomplete Measurements and Random Parameters [J]. International Journal of Systems Science, 2017, 48(12): 2509-2521.

[21] Tayebi A. Adaptive Iterative Learning Control for Robot Manipulators [J]. Automatica, 2004, 40(7): 1195-1203.

结论和建议

虽然对康复机器人安全控制技术已经取得了一些研究成果，但由于安全性在实际工程中有着深刻的理论意义和广泛的应用价值，康复机器人安全控制问题的研究依然是人们关注的重要课题。本书从以下几方面对康复机器人安全控制技术进行了研究，在此进行总结并提出一些建议。

第 1 章介绍了国内外下肢康复机器人的发展概况、不确定康复训练机器人和运动状态受限康复训练机器人跟踪控制的研究现状，以及康复机器人运动速度决策和人机作用力观测的发展现状。

第 2 章研究了康复机器人数学模型，分析了人机系统重心偏移情况下所发生的模型状态变化，基于力学分析和拉格朗日方程，建立了康复训练机器人重心偏移的运动学模型和动力学模型；同时，考虑康复机器人的电机驱动环节，建立了带有电机驱动的动力学模型。虽然本书给出了康复机器人数学模型的表达形式，但依然缺少对闭环系统中康复者的分析，需要进一步探索包含康复者位姿变化的数学模型。

第 3 章研究了康复机器人执行器故障的安全控制问题，基于康复机器人冗余结构特征，分离故障执行器并建立安全控制机制，提出鲁棒非脆弱控制方法抑制故障执行器对康复机器人跟踪性能的影响；进一步为了避免执行器故障导致功能正常电动机快速增大输入力，利用饱和函数约束控制输入，提出了输入约束自适应鲁棒控制方法，通过自适应调节控制器参数抑制执行器故障对人机系统的影响，同时使轨迹跟踪误差和速度跟踪误差满足指定的性能指标，提高了康复机器人控制系统的安全性和鲁棒性，为执行器故障提供了解决方法。由于处理执行器故障依赖康复机器人冗余结构设计，因此建立普遍意义的故障模型并实现安全控制是一个值得重视的课题。

第 4 章研究了康复机器人各轴运动速度直接约束的安全控制问题，分别提出了各轴速度直接约束控制方法、非脆弱保性能直接约束控制方法、速度和加速度同时直接约束控制方法，通过建立各轴跟踪误差子系统，并巧妙地设计 Lyapunov 稳定条件，使控制器可以直接将各轴运动速度约束在安全范围内，无须通过补偿即可实现误差子系统的渐近稳定性；并利用非脆弱控制技术和人机系统不确定性滤波估计方法，提高了控制系统的鲁棒性能，为人机系统同时获得各轴安全运动速度提供了一种新的技术方案。虽然研究结果获得了安全运动速度，但是却对跟踪误差系统模型的表达形式要求严格，否则便无法成功约束机器人的运动速度。对于实际应用中的康复机器人来讲，由于人机合作会产生多种不确定性，要得到理想的跟踪误差系统是困难的。因此结合康复机器人运动环境，继续探索保障人机系统安全速度的跟踪控制方法需要进一步深入研究。

第 5 章研究了康复机器人具有安全速度性能的跟踪控制问题，通过幅值受限函数和模型预测方法对康复机器人的运动速度进行了限制，进而获得机器人运动的安全速度；提出了 Backstepping 补偿控制方法，给出了限制系统运动速度的补偿技术，以实现轨迹跟踪误差系统和速度跟踪误差系统的渐近稳定性；进一步，为了体现康复训练是一个不断重复运动的过程，利用上一次训练产生的跟踪误差，作为下一次系统的输入，通过这样不断迭代学习可以消除系统跟踪误差，从而提高康复训练机器人的跟踪精度，提出了自适应迭代学习控制方法。由于每一次学习都需要修正机器人的运动轨迹和速度，具有严格的跟踪性能要求，导致学习控制算法本身比较复杂，无法直接限制人机系统的运动速度，提出了基于运动学模型的速度预测约束方法，进而获得了康复机器人安全速度性能的跟踪控制策略，为人机系统获得安全运动速度提供了解决技术。虽然利用幅值受限函数和运动学模型获得了安全运动速度，但是这些技术对人机系统跟踪性能的影响还需要深入研究。

第 6 章研究了康复机器人轨迹跟踪误差约束安全控制问题，提出了最优轨迹跟踪误差安全预测方法，建立了运动轨迹和速度预测模型，并以各轴轨迹跟踪误差为变量构建了目标优化性能函数，通过求解具有控制增量形式的二次规划问题，得到了最优轨迹跟踪误差的安全预测控制，同时将轨迹跟踪误差和速度跟踪误差约束在指定范围内，保障康复者的安全训练；进一步，为了构建任意位置出发的康复机器人的安全运动轨迹，给出了一种辅助运动轨迹的设计方法，并建立了跟踪误差子系统，提出跟踪误差约束安全运动轨迹控制方法，使康复机器人暂态阶段跟踪辅助轨迹，稳态阶段跟踪指定轨迹，通过构建 Lyapunov 渐近稳定条件，使轨迹跟踪误差满足指定性能要求，从而保证康复机器人无论从何初始位置出发，其运动轨迹在安全区域内，提高了人机系统的安全性能。由于实际运动中康复机器人可以从任意位置出发，虽然通过设计辅助运动轨迹在一定程度上实现了安全性，但辅助轨迹与医生指定的实际轨迹只能随时间渐近趋近，因此研发更加有效的安全运动轨迹控制方法依然具有挑战性。

第 7 章研究了康复机器人运动轨迹和速度同时跟踪的安全控制问题，提出了安全预测控制方案，并给出了辅助运动轨迹构造方法，通过同时约束轨迹跟踪误差和速度跟踪误差，使康复机器人从任意位置出发都能同时实现安全的运动轨迹和运动速度；同时为了提高控制系统的鲁棒性，提出了具有加性增益变化的非脆弱安全预测控制器设计方法，应用非线性前馈差分法和零阶保持法离散化康复机器人模型，建立具有控制增量的预测模型，通过求解最优二次规划问题，获得非脆弱安全控制器，并分析了跟踪误差系统的稳定性；利用非线性输入输出线性化方法，建立运动速度和驱动力之间的解耦模型，提出了非线性控制方法，实现运动速度和运动轨迹同时跟踪，保证了康复机器人运动状态的安全性，为人机系统同时获得安全运动轨迹和安全运动速度提供了解决方案。在模型预测方法中由于实现运动轨迹和运动速度约束，有六个变量需要同时进行优化和求解，同时求得最优解是比较困难的，因此进一步探索安全运动轨迹和安全速度是一个值得思考的问题。

第 8 章研究了康复训练机器人抑制人机作用力的安全控制方法，提出了定常和时变增益相结合的观测器估计人机作用力，并设计含有变量的非线性控制器，通过进一步设计控制变量抑制作用力并实现安全轨迹跟踪误差约束；提出了人机作用力的模糊推理建模方法，基于人机作用力产生的机理，通过各轴跟踪误差推理人机作用力，并设计适应任意训练者的跟踪控制方法抑制人机作用力，保证不同训练者的安全步行训练；为了进一步描述训练者位姿随机变化产生的人机作用力，建立了具有人机作用力观测的随机模型，利用跟踪误差逆向辨识技术获得人机相互作用力，并设计了随机跟踪控制器抑制人机作用力对康复机器人运动的影响，同时基于随机理论分析了轨迹跟踪误差和速度跟踪误差系统的稳定性，提高人机系统的跟踪精度，保障了系统的安全性，为获得人机作用力辨识方法和安全跟踪控制提供了新的解决思路。对于人机接触的康复机器人，康复者在闭环系统中，除人机作用力之外，考虑康复者对人机系统跟踪性能的影响是值得深入探讨的问题。

第 9 章研究了康复机器人适用于不同康复者质量随机变化的跟踪控制方法。通过构建康复机器人的动力学模型，提出了随机有限时间控制方法抑制不同训练者对跟踪性能的影响；基于运动学模型，提出了速度约束模型预测方法，通过限制每个轮子的输入约束机器人的运动速度，并将受限的运动速度引入跟踪误差系统，基于 Lyapunov 稳定理论，分析了跟踪误差系统的有限时间稳定性，为解决不同康复者随机有限时间的安全稳定训练提供了新的解决方法。当康复机器人用随机系统描述时，系统状态通常用均值进行刻画，也就是说利用随机系统模型只能限制机器人的平均速度，于是利用运动学模型这一技术手段限制了机器人的实时运动速度，并将受限速度和随机动力模型相结合设计跟踪控制器，使不同康复者在有限时间内稳定跟踪训练轨迹，因此继续深入探索适用于随机训练者的安全运动轨迹和安全运动速度具有重要研究价值。

第 10 章研究了康复机器人运动速度决策和限时学习迭代控制方法，通过建立具有不确定偏移量的人机系统动力学模型，并根据机器人和康复者当前的速度误差，提出了机器人速度决策方法；利用决策的运动速度设计了限时学习迭代控制器，并分析了跟踪误差系统的有限时间稳定性，抑制了康复者位姿不确定性对跟踪性能的影响，从而实现人机运动速度协调一致，保障康复者主动训练的安全性，为人机协调运动提供了一种新的技术方案。实际上，康复机器人通常设计成多个训练模式，当康复者经过被动训练阶段后，随着腿部力量和平衡能力的提高，其会有主动参与训练的愿望。如果机器人能感知康复者的运动速度，并不断进行自身调整与康复者保持一致，不仅能提高机器人的智能性，还能保证人机系统协调运动的安全性，而实际康复机器人的运动环境是很复杂的，考虑训练者的运动意图、检测运动状态、评估训练效果等问题值得深入研究。